EMV

Joachim Franz

EMV

Störungssicherer Aufbau elektronischer Schaltungen

5. erweiterte und überarbeitete Auflage

Mit 253 Abbildungen und 19 Fallbeispielen

Dr.-Ing. Joachim Franz
Springe, Deutschland

ISBN 978-3-8348-1781-5   ISBN 978-3-8348-2211-6 (eBook)
DOI 10.1007/978-3-8348-2211-6

Die Deutsche Nationalbibliothek verzeichnet diese Publikation in der Deutschen Nationalbibliografie; detaillierte bibliografische Daten sind im Internet über http://dnb.d-nb.de abrufbar.

Springer Vieweg
© Springer Fachmedien Wiesbaden 2002, 2005, 2008, 2011, 2013

Das Werk einschließlich aller seiner Teile ist urheberrechtlich geschützt. Jede Verwertung, die nicht ausdrücklich vom Urheberrechtsgesetz zugelassen ist, bedarf der vorherigen Zustimmung des Verlags. Das gilt insbesondere für Vervielfältigungen, Bearbeitungen, Übersetzungen, Mikroverfilmungen und die Einspeicherung und Verarbeitung in elektronischen Systemen.

Die Wiedergabe von Gebrauchsnamen, Handelsnamen, Warenbezeichnungen usw. in diesem Werk berechtigt auch ohne besondere Kennzeichnung nicht zu der Annahme, dass solche Namen im Sinne der Warenzeichen- und Markenschutz-Gesetzgebung als frei zu betrachten wären und daher von jedermann benutzt werden dürften.

Gedruckt auf säurefreiem und chlorfrei gebleichtem Papier

Springer Vieweg ist eine Marke von Springer DE. Springer DE ist Teil der Fachverlagsgruppe Springer Science+Business Media
www.springer-vieweg.de

Vorwort

Hersteller elektronischer Schaltungen müssen seit dem 1.1.1996 die elektromagnetische Verträglichkeit (EMV) ihrer Geräte nachweisen. Auch vorher gab es EMV-Probleme. Und Schaltungen, die unter EMV-Gesichtspunkten entwickelt wurden, liefen stabiler bei geringerem Schaltungs- und Entwicklungsaufwand. Aus dieser Erkenntnis ging ich bereits in den 60er Jahren als Schaltungsentwickler in der Industrie den EMV-Problemen nach und änderte meine Entwurfsmethodik. Eine solche Vorgehensweise zahlte sich schon damals aus. Trotzdem waren die meisten Entwickler – wie heute – der Ansicht, für eine Analyse der „Schmutzeffekte" keine Zeit zu haben. Auch die in diesem Buch dargestellte Stromanalyse wurde in den 60er Jahren im Ansatz schon mit Erfolg eingesetzt; ihre große Bedeutung für die EMV-Analyse war aber noch nicht erkannt worden. Die Einrichtung eines Laboratoriumsversuchs an der Universität Hannover zum Thema EMV im Jahre 1975 (!) wurde von Vielen noch mit Verwunderung aufgenommen. Die Vorteile der Berücksichtigung der EMV bei der Planung wurden aber sehr schnell bei praktischen Aufbauten in Studien- und Diplomarbeiten deutlich: Obwohl häufig sehr anspruchsvolle EMV-Probleme vorlagen, liefen die Schaltungen auf Anhieb stabil. Für Redesigns wären auch weder Geld noch Zeit vorhanden gewesen – der Etat des Instituts war zu begrenzt, und die Prüfungsarbeiten der Studenten sind zeitlich terminiert. Eine Reihe unserer Absolventen trug die erlernte Arbeitsweise in die industrielle Praxis. Dadurch kamen viele Industriekontakte und ein vom Bundesministerium für Forschung und Technologie gefördertes EMV-Forschungsprojekt („EMC-Simulationssystem für die Aufbau- und Verbindungstechniken") zustande. So konnte eine Vielzahl von Anwendungsfällen auf ihren theoretischen Hintergrund untersucht werden. Die im Buch dargestellten Verfahren wurden für das genannte Forschungsprojekt aufbereitet oder entwickelt. Nach und nach wurde die grundlegende Bedeutung der Verfahren für die EMV-Arbeit des Schaltungsentwicklers immer deutlicher.

Das vorliegende Buch ist sowohl aus der Praxis der Entwicklertätigkeit in der Industrie und an der Universität als auch aus der theoretischen Arbeit über EMV-Probleme entstanden. Es wurde aus der Absicht heraus geschrieben, dem Entwickler eine einfache und wirkungsvolle Systematik für die EMV-Arbeit an die Hand zu geben, damit er aus dem Stadium einer Entwicklung nach „Versuch und Irrtum" herausfindet. Voraussetzung dafür ist, dass die Zusammenhänge nicht als Konglomerat aus beziehungslos nebeneinander stehenden Einzelphänomenen dargestellt werden, sondern dass eine Denk- und Sichtweise (Theorie[1]) entwickelt wird, mit der die Phänomene zueinander in Beziehung gesetzt werden. So wurde mit Hilfe der Stromanalyse für den gesamten Bereich der Impedanzkopplung und damit für einen wesentlichen und wohl den unübersichtlichsten Bereich der EMV eine einfache, leicht zu handhabende, durchgehende Methodik erarbeitet. Bei einer für den Praktiker bestimmten Darstellung hat der mathematische Aufwand im Hintergrund zu bleiben. Die entwickelte Systematik macht dies auch möglich.

Mit dieser beschriebenen Methodik wurden in einer Reihe von Firmen, die sie konsequent einsetzen und nun für ihre Prototypen eine exzellente EMV ohne Redesigns erreichen, Entwicklungszeiten und Kosten drastisch reduziert. Ihre Anwendung führte auch bei der Entwicklung einer CCD-Stereo-Fernsehkamera für Weltraumeinsätze im Max-Planck-Institut für Aeronomie in Katlenburg-Lindau (Harz) erst zum gewünschten Ziel. Die Kamera war im Jahre 1997 mit der Mars-Pathfinder-Sonde auf dem Mars gelandet und hatte die bekannten herrlichen und eindrucksvollen Bilder von der Marsoberfläche aufgenommen. Ihre Zuverlässigkeit wurde in den Medien besonders hervorgehoben – mit Sicherheit auch ein Ergebnis einer exzellenten EMV.

Die ersten Kapitel dieses Buches umfassen die Grundlagen; sie sind in einigen wesentlichen Punkten anders als üblich dargestellt. Da gerade diese Unterschiede zum Verständnis der nachfolgenden Kapitel wichtig sind, wird empfohlen, diese Kapitel zuerst zu studieren. Der Aufbau des Buches lässt aber neben einem Studium unter Einhaltung der Reihenfolge auch die Benutzung als Nachschlagewerk zu. Zahlreiche Querverweise sowie das Sachwortverzeichnis helfen, alle notwendigen Zusammenhänge zu erhalten.

Dank gebührt den Professoren, vielen Kollegen und Studenten am Institut für Grundlagen der Elektrotechnik und Messtechnik der Universität Hannover für die Unterstützung dieser Arbeit, für Anregungen, Diskussionen und Korrekturen. Besonderer Dank gilt den Herren Dipl.-Ing. Axel Knobloch und Dr.-Ing. Robert Kebel für ihre aufopferungsvolle Tätigkeit des Korrekturlesens, ihre Kritik und die vielen Anregungen für Verbesserungen. Gedankt sei an dieser Stelle denjenigen Studenten, die den Wagemut hatten, in ihren Studien- und Diplomarbeiten zu diesem Thema zu neuen Ufern aufzubrechen. Sie wurden dafür immer mit wichtigen, neuen Ergebnissen und Einsichten belohnt. Und schließlich danke ich meiner Frau für ihre große Geduld, die sie mir bei der Arbeit an diesem Buch entgegenbrachte. Ihr sei dieses Buch gewidmet.

Hannover, Frühjahr 2002 *Joachim Franz*

---

[1] von griech. θεωρία: (wissenschaftliche) Betrachtung

Vorwort zur fünften Auflage

Das Konzept dieses Buches, die EMV durch eine Methodik schon in einem Abschnitt der Schaltungsentwicklung, in dem Schaltungseinzelheiten noch gar nicht vorliegen, weitgehend planbar zu machen, hat sich in der Praxis sehr bewährt. Die Methodik wurde weiter vertieft und ihre Darstellung in einer Reihe von Punkten erweitert. Insbesondere wurde das Kapitel Fallbeispiele um die EMV-Planung bei Sensorikschaltungen und Wechselrichtern erweitert; der leistungselektronische Teil wurde neu gestaltet.

Herzlicher Dank gebührt Herrn Prof. Dr.-Ing. Stefan Dickmann für seine wertvollen Hinweise sowie Herrn Dr.-Ing. Axel Knobloch für seinen unermüdlichen und treuen Einsatz beim Korrekturlesen.

Springe, September 2012 *Joachim Franz*

Inhaltsverzeichnis

Vorwort iv

Vorwort zur fünften Auflage vi

Schreibweisen und Hinweise xiii

1 Einleitung 1

2 Grundbegriffe und Grundlagen 7
    2.1 Das Modell der Störbeeinflussung 7
    2.2 Spannungs- und Stromübertragung 8
    2.3 Der Störabstand als Gütekriterium 9
    2.4 Quellen und Empfänger für die Stromübertragung 10
        2.4.1 Stromquelle mit einem Operationsverstärker 11
        2.4.2 Stromquelle mit einem Transistor 12
        2.4.3 Stromquelle mit Operationsverstärker und Transistor 13
        2.4.4 Auswahl einer geeigneten Stromquelle 15
        2.4.5 Stromempfänger 15
    2.5 Unsymmetrische und symmetrische Übertragung 16
    2.6 Teilkapazität und Betriebskapazität 20
    2.7 Selbstinduktivität und Gegeninduktivität 22
        2.7.1 Dämpfung magnetischer Felder durch Kurzschlussringe 26
    2.8 EMV-Ersatzschaltbilder von Bauelementen 29
        2.8.1 Das Ersatzschaltbild von Leitungen 30
        2.8.2 Das Ersatzschaltbild von Widerständen 31
        2.8.3 Das Ersatzschaltbild von Kondensatoren 32
        2.8.4 Das Ersatzschaltbild von Spulen 35
        2.8.5 Das Ersatzschaltbild von Transistoren 38
        2.8.6 Transformatoren und EMV 40
    Literatur 42

3 Kopplungsmechanismen ... 43
- 3.1 Kapazitive Kopplung ... 43
  - 3.1.1 Kapazitive Kopplung in unsymmetrische Signalkreise ... 43
  - 3.1.2 Amplitudengang der eingekoppelten Störung ... 45
  - 3.1.3 Kapazitive Kopplung in symmetrische Signalkreise ... 47
- 3.2 Induktive Kopplung ... 48
  - 3.2.1 Induktive Kopplung in Signalkreise ... 48
  - 3.2.2 Induktive Kopplung von Gleichtaktstörungen in symmetrische Signalkreise ... 51
- 3.3 Impedanzkopplung ... 51
  - 3.3.1 Impedanzkopplung in unsymmetrische Signalkreise ... 52
  - 3.3.2 Impedanzkopplung in symmetrische Signalkreise ... 54
- 3.4 Kopplung durch elektromagnetische Felder ... 55
- 3.5 Zusammenfassung ... 55
- Literatur ... 55

4 Verfahren ... 57
- 4.1 Die Stromanalyse ... 57
- 4.2 Das Verfahren der Verschiebung der Knotenpunkte ... 59
- 4.3 Beispiele zur Stromanalyse und Verschiebung der Knotenpunkte ... 61
- 4.4 Die Stromumschaltanalyse ... 63
- Literatur ... 64

5 Abblockung elektronischer Schaltungen ... 65
- 5.1 Das Wechselstrom-Ersatzschaltbild für die Abblockung ... 65
- 5.2 Ströme auf dem Masse- und Versorgungssystem ... 70
  - 5.2.1 Abblockung von Operationsverstärkern ... 70
  - 5.2.2 Abblockung digitaler ICs ... 73
- 5.3 Gruppenabblockung und Einzelabblockung ... 75
- 5.4 Auswahl geeigneter Abblockkondensatoren ... 76
- 5.5 Parallelschaltung von Abblockkondensatoren ... 77
- 5.6 Anschluss von Kondensatoren ... 81
- 5.7 Beispiele für das Layout des Versorgungsspannungssystems ... 85
  - 5.7.1 Layout von Digitalschaltungen auf zweilagigen Leiterplatten ... 85
  - 5.7.2 Layout von Schaltungen mit diskreten Transistoren ... 87
  - 5.7.3 Verbindung analoger und digitaler Baugruppen ... 88
- 5.8 Abblockung auf Zweilagenleiterplatten – Zusammenfassung ... 89
- 5.9 Abblockung auf Multilayern ... 90
  - 5.9.1 Die Impedanz des Abblocksystems ... 92
  - 5.9.2 Ein einfaches Modell des Leiterplattenkondensators ... 95
  - 5.9.3 Stehende Wellen auf dem Masse-/Versorgungssystem ... 95
  - 5.9.4 Berechnung des Abschlusswiderstandes einer rechteckigen Leiterplatte ... 102
  - 5.9.5 Abblockmaßnahmen ... 104
  - 5.9.6 Abblockung auf Multilayern – Zusammenfassung ... 118

        5.10 Simulation des Versorgungssystems mit SPICE 120
            5.10.1 Dimensionierung der Elemente des Simulationsmodells 121
            5.10.2 Erstellen des Simulationsmodells der Testleiterplatte 122
            5.10.3 Vergleich von Simulations- und Messwerten 125
        Literatur 126

6   **Masse- und Signalstrukturen** 127
    6.1 Reihenmassestruktur 128
    6.2 Masseschleifen 130
    6.3 Entkopplungsmethoden 131
        6.3.1   Vermaschung 132
        6.3.2   Sternstruktur 133
        6.3.3   Galvanische Trennung 136
        6.3.4   Differenzbildung 137
        6.3.5   Stromkompensierte Drossel (Gleichtaktdrossel) 138
        6.3.6   Schutzleiterdrossel 141
        6.3.7   Getrenntes Potentialbezugssystem 142
        6.3.8   Symmetrische Struktur 143
        6.3.9   Stromübertragung 145
        6.3.10 Filter 146
        6.3.11 Weitere Entkopplungsmethoden durch Änderung der Signalgröße . 147
    Literatur 148

7   **Planung der EMV von Baugruppen, Geräten und Anlagen** 149
    7.1 EMV-Zonen 150
        7.1.1   Einrichten von EMV-Zonen in elektronischen Schaltungen 151
        7.1.2   Ein leitfähiges Gerätegehäuse als EMV-Zonengrenze 153
        7.1.3   Konstruktive Voraussetzungen für EMV-Filter 155
    7.2 Massestruktur von Baugruppen 155
        7.2.1   Verkopplung einer Baugruppe mit der Umgebung 156
        7.2.2   Entkopplung durch Sternstruktur 158
        7.2.3   Verkopplung durch kapazitiven Rückschluss 159
        7.2.4   Entkopplung zwischen Baugruppe und Umgebung durch eine
                weitere Masseschleife 160
        7.2.5   Maßnahmen bei ungünstiger Platzierung der Anschlüsse 161
        7.2.6   Entwicklungsbegleitendes Testverfahren zur Prüfung des
                Massesystems 162
    7.3 Strahlungskopplung bei ungünstiger Massestruktur 163
        7.3.1   Teilmassen und Kabel als Antennenstrukturen 163
        7.3.2   Strahlung von ICs durch Ground-Bounce 166
        7.3.3   Strahlung von Schlitzantennen 170
    7.4 Strukturierung der Masse digitaler Baugruppen 173
    7.5 Massestrukturen von Geräten 175
    7.6 Masseschleifen und Kopplungen in einer Anlage 182

7.7 Verbindung von Baugruppen 183
    7.7.1 Transferadmittanz und Transferimpedanz 184
    7.7.2 Ein- oder beidseitiger Anschluss von Kabelschirmen 186
    7.7.3 Anschluss von Kabeln 189
    7.7.4 Verbindung digitaler Schaltungen mit Flachbandkabeln 192
7.8 Zonen mit definiertem Massebezugspotential 192
7.9 Zusammenfassung 193
Literatur 194

8 Fallbeispiele 197
8.1 Das klassische Spannungsteiler-Problem 197
8.2 Stereoverstärker 199
8.3 Beispiele für Stromübertragung 203
8.4 ESD-Schutz mit falschem Masseanschluss 206
8.5 Ein strahlendes Kabel 207
8.6 Messfehler bei elektronischen Messgeräten durch Masseströme 208
8.7 Signalstruktur höchstempfindlicher analoger Messschaltungen 208
8.8 Sensoren in elektronischen Schaltungen 209
    8.8.1 Sensoren in Brückenschaltungen 210
    8.8.2 Andere Messprinzipien für passive Sensoren 213
    8.8.3 Photodioden 214
    8.8.4 Sensoren mit Messschaltung am Messort 214
8.9 Störungen an einem Personal Computer 215
8.10 Ungünstige Massestruktur einer zugekauften Baugruppe 216
8.11 Brummstörungen an einer Telefonanlage 218
8.12 Verbindung von Analog- und Digitalmasse 220
8.13 Strukturierung einer Digitalschaltung mit einem schnellen Schaltungskern 221
8.14 Planung an einem Baugruppenträger 222
8.15 EMV-gerechte konstruktive Gerätegestaltung 225
8.16 Strahlung einer Baugruppe mit einem LCD 226
8.17 Leistungselektronische Schaltungen 227
    8.17.1 Analyse von Schaltnetzteilen 228
    8.17.2 Entstörung von IGBT-Umrichtern 237
    8.17.3 Wechselrichter 247
8.18 Zusammenfassung 252
Literatur 253

9 Abschließende Betrachtungen 255

Sachwortverzeichnis 259

Schreibweisen und Hinweise

Die Symbole physikalischer Größen sind *kursiv* gesetzt (z. B. U oder I), ihnen kann ein beliebiger Wert zugewiesen werden. Dagegen sind Zahlen, auch Zahlen wie e oder π, Naturkonstanten, Einheiten wie auch j sowie die Symbole für mathematische Funktionen und das Differentialzeichen d gerade gesetzt.

Die physikalischen Zusammenhänge werden entweder im Zeitbereich oder im Frequenzbereich diskutiert. Symbole physikalischer Größen im Zeitbereich sind klein gesetzt (z. B. u, i, b und φ), Symbole von Größen im Frequenzbereich (einschließlich für $f = 0$) dagegen groß (z. B. U, I, B und Φ). Vektoren (z. B. $\vec{B}$) sind am Pfeil über dem Symbol zu erkennen, komplexe Größen (z. B. $\underline{U}$, $\underline{I}$) an der Unterstreichung des Symbols.

Das Buch einschließlich aller Zeichnungen wurde mit dem Schriftsatzsystem LaTeX erstellt. Zur Erleichterung der Darstellung von Schaltbildern in LaTeX wurde vom Autor das Makropaket `element` entwickelt. Das Mathematik-Programm MATLAB^{TM}, das Simulationsprogramm LTspice der Fa. Linear Technology sowie das Simulationsprogramm CONCEPT II wurden für die Berechnungen bzw. Simulationen verwendet.

Kapitel 1
Einleitung

Unter elektromagnetischer Verträglichkeit (EMV, engl. EMC: electromagnetic compatibility) versteht man die Eigenschaft einer Anlage, eines Gerätes, einer Baugruppe oder Stufe, in der vorgesehenen oder vorgegebenen elektromagnetischen Umgebung definitionsgemäß zu arbeiten und dabei auch die Umgebung nicht unzulässig zu stören.

Verschiedene Faktoren beeinträchtigen eine optimale EMV-Arbeit: Der Schaltungsentwickler muss die Schaltung für die am späteren Einsatzort zu erwartenden, heute weitgehend in Normen festgelegten EMV-Bedingungen entwickeln. Diese liegen aber an seinem Laborplatz nicht vor. Außerdem steht der Entwickler in der Regel unter hohem Zeitdruck. Er ist bestrebt, die *Funktion* der geforderten Aufgabenstellung möglichst schnell in eine Schaltung umzusetzen. Für die EMV-Problematik hat er in dieser Phase keine Zeit, sie wird deshalb erst einmal beiseite gelassen. Auch ist er der Meinung, dass die EMV-Arbeit an der laufenden Schaltung leichter zu verrichten ist. Eine solche – scheinbar zügige – Vorgehensweise findet auch bei Vorgesetzten Zustimmung und Anerkennung. So verständlich dieses Verhalten ist, so bitter wird es sich rächen! Denn auf diese Weise wird der EMV die nötige Aufmerksamkeit erst dann geschenkt, wenn der Prototyp bereits aufgebaut ist und sich seine Mängel im Betrieb – oft erst im Zusammenwirken mit anderen Schaltungen – herausstellen. Üblicherweise wurden bis zu diesem Zeitpunkt einige EMV-Maßnahmen oder Regeln aus der „Erfahrung" berücksichtigt. Warum sie bei anderen Projekten zu einer akzeptablen Lösung geführt haben, ist oft nicht bekannt. Häufig hört man Begründungen, die auf den ersten Blick sehr einleuchtend klingen, einer genaueren Analyse aber nicht standhalten. Der Erfolg dieser Maßnahmen basiert deshalb mehr auf dem Zufall als auf zielgerichtetem Handeln. Auf dieser Grundlage bleibt dann keine andere Möglichkeit: Es muss eine vielleicht gerade ausreichende EMV-Qualität nach der Methode von „Versuch und Irrtum" zurechtgebastelt werden – meist unter Zuhilfenahme teurer „EMV-Bauelemente". Wenn die Maßnahmen aber nicht die *wirklichen Ursachen* beseitigen, haben sie trotz eines hohen Aufwandes nicht die erhoffte Wirkung. Diese grundlegend falsche, sehr zeit- und arbeitsaufwendige, leider viel geübte, allgemein aber anerkannte Vorgehensweise hat der EMV den Ruf eingebracht, teuer zu sein.

Eine unter EMV-Gesichtspunkten erfolgreiche Entwicklung sieht anders aus; sie erfordert koordinierte EMV-Maßnahmen in allen Phasen der Entwicklung:

1. In der *Definitionsphase* wird festgelegt, in welcher EMV-Umgebung die Schaltung eingesetzt werden soll. Damit liegen über die anzuwendenden Normen die Grenzwerte für Störaussendung und Störfestigkeit fest.
2. In der *Projektierungsphase* ist zu untersuchen, welche Konsequenzen dies auf Verfahren, Konstruktion, Schaltungsentwurf und Layout hat. Es gilt zu klären, was bei einer Aufteilung der Schaltung in Baugruppen oder bei einer räumlich mehr oder weniger weit verteilten Anlage in Teilgeräte an verfahrenstechnischen, konstruktiven und schaltungstechnischen Maßnahmen aus EMV-Gründen zu bedenken und zu veranlassen ist, wie z. B. Schnittstellen ausgestattet werden müssen, welchen Wechselwirkungen die Teile einer Schaltung untereinander und mit der Umgebung ausgesetzt sind und welchen entwicklungsbegleitenden EMV-Tests die zu entwickelnden Einzelkomponenten zweckmäßigerweise unterzogen werden sollten.
3. In der *Entwicklungsphase* werden die Erkenntnisse und Ergebnisse der EMV-Analyse aus den ersten beiden Phasen konsequent auf den Schaltungsentwurf umgesetzt. Verfahrenstechnische, schaltungstechnische aber auch konstruktive, aufbau- und bereits layouttechnische Gesichtspunkte sind in dieser Phase gezielt zum Erreichen einer guten EMV einzusetzen oder zu berücksichtigen. Ggf. sind zu Einzelfragen Voruntersuchungen durchzuführen. Allein das Vorhandensein von EMV-Testvorgaben für sein Teilprojekt wird den Entwickler anregen, sich schon von Beginn an in geeigneter Weise den EMV-Problemen zu widmen.
4. Mit dem *Layoutentwurf* werden die parasitären Elemente einer Schaltung festgelegt und es wird damit über ihre schädliche oder förderliche Wirkung auf die Funktion und EMV der Schaltung entschieden. Der Layoutentwurf ist deshalb enger Bestandteil des Schaltungsentwurfs und nicht von ihm zu trennen. Der Layoutdesigner ist überfordert, wenn er die Schaltung in einen auch unter EMV-Gesichtspunkten günstigen Aufbau umsetzen soll, dazu die notwendigen Informationen aus der Entwicklung und sogar eine entsprechende Ausbildung fehlen. Wenn schon nicht das Layout vom Schaltungsentwickler selbst angefertigt werden kann, muss wenigstens eine sehr enge Zusammenarbeit zwischen Entwickler und Layouter sichergestellt sein. Den Layoutentwurf ohne die Möglichkeit dieser Zusammenarbeit außer Haus, ja in andere Länder oder Erdteile auszulagern, zeugt von einer völligen Unkenntnis der Wirkung der physikalischen Zusammenhänge bei der Schaltungsentwicklung und der dann teuren Folgen.
5. Die Messungen in der folgenden *Testphase* oder die Zertifizierungsmessungen sind nicht für eine *Analyse* der EMV-Fehler ausgelegt und dafür auch nicht geeignet. Mit ihnen soll die Einhaltung der gesetzlich geforderten EMV-Eigenschaften *überprüft* werden. Trotzdem wird üblicherweise diese Phase benutzt, um die Schaltung EMV-mäßig zu „härten". Häufigere Nichteinhaltungen von EMV-Tests sollten als Warnsignal verstanden werden, dass die EMV-Arbeitsweise in den vorhergehenden Phasen grundlegend zu verbessern ist.

Die geforderte Vorgehensweise setzt voraus, dass die Ergebnisse von EMV-Analysen einer beliebigen Phase und deren Begründungen festgehalten, auf die weiteren Phasen durchgereicht und dort berücksichtigt werden. Dies erfordert ein Mindestmaß an EMV-Informationsmanagement durch die Projektleitung.

1 Einleitung

Eine im Management aus Unwissenheit oder Nachlässigkeit getroffene, aus EMV-Sicht ungünstige oder falsche Vorgabe kann einen Entwickler vor schwer lösbare oder unlösbare EMV-Probleme stellen. So ist es ein weit verbreiteter Fehler, die konstruktive Ausführung eines Gerätes und seines Gehäuses sehr früh und ohne jede Berücksichtigung von EMV-Belangen festzulegen – mit gravierenden Folgen für die EMV. Eine optimale EMV-Qualität erfordert häufig ganz andere konstruktive, schaltungs- und layouttechnische Lösungen als die, die ohne Berücksichtigung der EMV üblicherweise gewählt werden. Schaltungs- und Geräteentwicklung ohne Einschluss der EMV-Überlegungen *von Anfang* an kann kaum zu optimalen Ergebnissen führen. Zudem lassen sich aus EMV-Sicht schlecht konzipierte Schaltungen nur sehr schwer nachträglich analysieren. Verbesserungsmaßnahmen zeigen wegen anderer noch nicht erkannter Einflüsse häufig kaum einen Effekt, obwohl sie richtig und notwendig sind – eine Tatsache, die jeder allzu gut kennt, der dann als Berater hinzugezogen wird. Es entsteht ein völlig falsches Bild, das sich aber als „Erfahrung" festsetzt. Darüber hinaus kann man sich von ungünstigen Festlegungen nur schwer wieder trennen – und nicht nur aus psychologischen Gründen, sondern auch aus Kompatibilitätsgründen: Bei bereits auf dem Markt eingeführten Geräten ist das Nachrüsten einer EMV-gerechten Struktur häufig aus Kompatibilitätsgründen kaum möglich; es würde zu einem ganz neuen Produkt führen und, sind sie Teil einer größeren Anordnung, auch zur Änderung dieser Anordnung. Es ist deshalb unerlässlich, dass das Projektmanagement sich der Sicherstellung der EMV-Qualität durch eine systematische EMV-Arbeit *in den ersten Entwicklungsphasen* in viel größerem Maße als üblich annimmt.

Der Mehraufwand an Zeit für diese Arbeit in den frühen Entwicklungsphasen wird oft gescheut; man meint, ihn sich nicht leisten zu können. Aber er erfordert nur einen Bruchteil an Zeit und Kosten, die bei einer Entwicklung ohne EMV-Planung später für oft wenig erfolgreiche Redesigns gebraucht werden – von den häufig enormen Folgekosten durch zusätzliche Serviceleistungen, Vertrauensverlust beim Kunden und der Einschränkung der Leistungsfähigkeit des Entwicklers durch Verunsicherung und Frustration einmal abgesehen.

Um die EMV-Situation in den Entwicklungsabteilungen zu verbessern, wurden EMV-Regelwerke aufgestellt. Eine regelbasierte Arbeitsweise aber besitzt gravierende Nachteile: Nur wenige Regeln gelten allgemein. Für die meisten Regeln müssen oder müssten nicht nur Bedingungen angegeben werden, unter denen sie richtig oder zweckmäßig sind, sondern auch solche, unter denen sie falsch oder unzweckmäßig sind. Ein Regelwerk wird durch Vernetzung der EMV-Zusammenhänge mit Bedingungen unübersichtlich, unhandlich, unbrauchbar. Eine auf Regeln basierende Arbeit versagt außerdem bei neuen Problemen, über die noch keine Erfahrungen vorliegen. Der folgenschwerste Nachteil aber ist, dass die Anwendung eines Regelwerkes das *Verständnis* der Zusammenhänge nicht erfordert und deshalb auch nicht fördert, ja sogar behindert.

In diesem Buch wird deshalb ein ganz anderer Weg aufgezeigt: Nicht die kochrezeptartige Anwendung von „Maßnahmen", sondern die *Analyse* der EMV-Situation und eine *ganzheitliche* Betrachtung der Schaltung, die die Berücksichtigung der EMV-Bedingungen und ein Verstehen der EMV-Zusammenhänge von Anfang an einschließt, wird Basis der EMV-Arbeit. Zunächst wird in die grundlegenden Zusammenhänge der Kopplungsmechanismen eingeführt, von denen die Impedanzkopplung in der Praxis der unübersichtlichste ist. Um die durch sie entstehenden EMV-Probleme durchschaubar und dadurch lösbar zu machen, wurden die vorgestellten Verfahren entwickelt. Sie ermöglichen ein *qualitatives* Vorgehen: Man erkennt, warum die eine Lösung besser als die andere ist, kann so eine Schaltung optimieren und die üblichen Fehler vermeiden. Auf *quantitative* Untersuchungen kann dann in der Regel verzichtet werden. Die daraus entstandene Methodik ermöglicht eine systematische EMV-Arbeit schon in einem Stadium der Entwicklung, in dem Schaltungs*einzelheiten* noch gar nicht bekannt sind. Dies macht die geforderte EMV-Planung in den frühen Entwicklungsphasen überhaupt erst möglich. Soweit die Störungen leitungsgebunden sind, basiert die EMV-Arbeit auf einer spezifischen Anwendung der Grundlagen der Elektrotechnik. Für höhere Frequenzen müssen auch die Zusammenhänge der Wellenausbreitung auf Leitungen und im freien Raum sowie der Antennentechnik berücksichtigt werden. Dem Schaltungsentwickler wird gezeigt, wie er mit einfachen Überlegungen die Verkopplung seiner Schaltung mit der Umgebung, in der sie später eingesetzt werden soll, berücksichtigen kann. Die Anwendung dieser Methodik wird an den Problemkreisen der Abblockung und der Planung des Massesystems aufgezeigt und an Beispielen verdeutlicht. Mit der dargestellten Vorgehensweise zur Behandlung leitungsgebundener Störungen werden auch Ursachen der Strahlungskopplung in wesentlichen Punkten durchschaubar und beherrschbar.

Die Überlegungen, die zur Funktion einer Digitalschaltung führen, sind zwar gänzlich andere als die für Analogschaltungen. Analog- und Digitalschaltungen können aber bezüglich der Verkopplung mit der Umgebung völlig gleich behandelt werden, auch wenn sich diese Verkopplungen unterschiedlich auswirken.

Es ist für die EMV-Arbeit nützlich, ja unerlässlich, Bauelemente und Baugruppen auf einfachste Ersatzschaltbilder zu reduzieren. Wenn man eine umfangreiche Anlage innerhalb kürzester Zeit nach EMV-Gesichtspunkten beurteilen und Verbesserungen vorschlagen soll, hat man gar keine andere Möglichkeit. Man braucht *die Funktion* der Schaltung nicht verstanden zu haben, sondern man muss in der Lage sein, aus den EMV-relevanten Charakteristika die EMV-Problematik einer Schaltung zu erkennen und in einfachsten aber hinreichend differenzierenden Ersatzschaltbildern darzustellen. Dies erfordert eine sinnvolle Modellierung der parasitären Effekte. Beispiele hierzu werden angeführt.

Das vorliegende Buch wurde von der Stoffauswahl so konzipiert und begrenzt, dass die *vorgestellte Methodik deutlich* wird. Die EMV-Literatur sollte nicht ersetzt, sondern in entscheidenden Punkten ergänzt werden. So wurde auch auf die Darstellung der EMV-Normen und der zu ihrer Sicherstellung notwendigen Messtechnik verzichtet, weil sie mit dem genannten Ansatz überhaupt nichts zu tun haben. Normen und EMV-Messtechnik sind außerordentlich wichtig, um die geforderte EMV-Qualität eines Gerätes *reproduzierbar nachzuweisen*; ihre Kenntnis hilft – mit Ausnahme der Zielvorgabe – bei seiner Entwicklung aber nicht, ja ist für einen Entwickler eher Ballast. Dagegen wird die konsequente Anwendung der hier vorgestellten Methodik das Verständnis für die im praktischen Fall wirklich vorliegenden EMV-Verhältnisse schnell vertiefen und damit zu einer ganz anderen EMV-Arbeitstechnik als üblich führen. Das Verständnis der EMV-Zusammenhänge ist unerlässlich und durch kein Hilfsmittel – Simulations-Software, Messtechnik, Regeln, die alle sehr hilfreich sein können – zu ersetzen. Der Leser erwarte keine „Kochrezepte"; auch wurde kein eigenes Kapitel über „EMV-Maßnahmen" zusammengestellt. Maßnahmen ergeben sich schlüssig aus der Analyse der Zusammenhänge, und nicht die Maßnahmen selbst, sondern der Weg dahin sollte beim Studium dieses Buches im Mittelpunkt stehen. Regeln werden nur aufgestellt, wenn sie umfassend gelten.

Eine gute EMV-Arbeit wird auch dadurch blockiert, dass man nur *eine* Lösung für *viele* unterschiedliche Probleme kennt. Dies wird gern als Vorteil angesehen, weil man sich keine weiteren Gedanken machen muss, erweist sich aber als Haupthindernis bei einer Suche nach optimalen Lösungen. Auch aus diesem Buch könnte man fälschlicherweise herauslesen, man käme mit einigen Standardlösungen aus. Hervorragend optimierte Schaltungen wird man nur finden, wenn man nach einer umfassenden Analyse mit dem Verständnis der parasitären Effekte und der Wellenausbreitung sowie unter Berücksichtigung realer Beschränkungen der Aufgabenstellung *ganzheitliche* Lösungen entwickelt. Diese werden auch weniger zeitaufwändige und sehr kostengünstige Lösungen sein. Es gilt zu erkennen, *wie* Lösungen für Verfahren, Schaltungsentwicklung, Konstruktion und Layout gegenseitig günstige oder ungünstige Bedingungen schaffen können. Die aufgeführten Beispiele aus der Praxis sollen also nicht dazu verleiten, die Ergebnisse gedankenlos in Form von Kochrezepten ohne die Erarbeitung eines Gesamtkonzeptes auf ein anderes Projekt zu übertragen. Sie sollen aufzeigen, wie die dargestellte Theorie mit der Praxis verbunden werden kann. Das bedeutet, die Theorie in praktischen Aufgabenstellungen in eine Realisierung umsetzen zu können. Andererseits müssen die in der Praxis in sehr komplexen Zusammenhängen auftretenden EMV-Phänomene durch eine geeignete Methodik *getrennt* werden können, damit sie überhaupt durchschaubar werden. Eine solche Trennung ist dem Praktiker äußerst suspekt, da er die Phänomene nur in komplexen Zusammenhängen erlebt und befürchtet, durch eine solche „Idealisierung" würde ein Teil der Fakten unberücksichtigt bleiben. Diese Gefahr besteht aber nur, wenn nicht umfassend genug analysiert wird. Bei guter theoretischer Arbeit decken sich theoretische und praktische Ergebnisse mit meist verblüffender Genauigkeit.

Der Erwerb der erforderlichen theoretischen Kenntnisse und das Erüben der Fähigkeit, sie richtig einzusetzen, stellt eine unerlässliche „Investition" dar. Erst damit wird eine gute EMV-Arbeit möglich. Auch die EMV-Diagnose an bereits aufgebauten Schaltungen kann nur effektiv sein, wenn eine Analyse auf einer guten theoretischen Basis das blinde Probieren ersetzt. Die zunehmende Erfahrung im Umgang mit der vorgestellten Methodik wird dem Anwender ein hohes Maß an Sicherheit in der Beurteilung geben – auch beim Vorliegen neuer, ihm noch unbekannter Phänomene. Ist er diese Arbeitsweise erst einmal gewohnt, macht sie auch in der ersten Entwicklungsphase kaum Mehrarbeit. Er wird einen ganz anderen, wesentlich effektiveren Entwicklungsstil bekommen.

Den geschilderten Wandel in einer Entwicklungsabteilung umzusetzen, ist eine wichtige Aufgabe der Abteilungsleitung und erfordert eine genaue Kenntnis der Problematik. In allen Bereichen der Entwicklung muss eine Sensibilisierung für EMV-Qualität und die *umfangreichen* Möglichkeiten ihrer Realisierung erreicht werden. Es reicht nicht, einige Mitarbeiter zu einem EMV-Kurs zu schicken; sie haben keine Chance, gewonnene neue Erkenntnisse gegen den traditionsbedingten Widerstand ihrer Abteilung und ihrer Vorgesetzten durchzusetzen. *Alle* mit der Projektplanung, Entwicklung, der Konstruktion und dem Layout befassten Mitarbeiter benötigen eine gründliche Ausbildung in der EMV und ihrer Planung. Die aus der neuen EMV-Arbeit sich ergebenden Veränderungen im Entwicklungsablauf sind zu trainieren. Ein EMV-Management hat ein Projekt über die *gesamte Entwicklungszeit* zu begleiten und die Bedingungen für die nötige EMV-Arbeit in allen Entwicklungsphasen sicherzustellen. Nur so kann eine exzellente EMV-Qualität und zugleich eine exzellente Funktionsqualität der Produkte erreicht werden.

> Nur wer Strukturen erkennt, wird sich nicht in einzelnen Phänomenen verlieren!

Kapitel 2
Grundbegriffe und Grundlagen

In diesem Kapitel werden einige allgemeine Grundlagen, Definitionen und Zusammenhänge dargestellt, die in den folgenden Kapiteln benötigt werden und auf die auch ohne Verweis zurückgegriffen wird.

2.1 Das Modell der Störbeeinflussung

Der Mechanismus der Störbeeinflussung wird üblicherweise mit den im Bild 2.1 dargestellten drei Blöcken beschrieben. In diesem Modell bedeuten [4]:

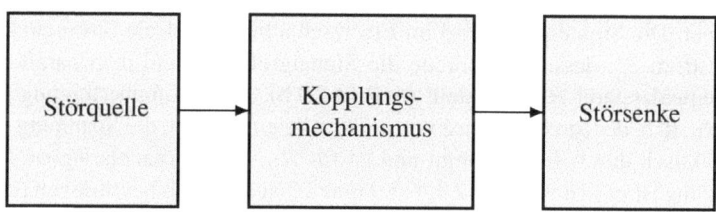

Bild 2.1 Modell der elektromagnetischen Beeinflussung

Störquelle: Objekt, von dem eine Störung ausgeht.
Störsenke: Elektrische oder elektronische Einrichtung (Masche, Stufe, Baugruppe, Gerät, Anlage), deren Funktion durch Störgrößen beeinträchtigt werden kann.
Störgröße: Elektromagnetische Größe (Spannung, Strom, Feldstärke, Energie), die in einer elektrischen oder elektronischen Einrichtung eine unerwünschte Beeinflussung erzeugen kann. Sie kann zeitlich konstant, periodisch, aperiodisch, determiniert

Kopplungsmechanismus: oder stochastisch, leitungs- oder feldgebunden in Erscheinung treten.
Physikalischer Zusammenhang, über den eine von einer Störquelle ausgehende Störung auf eine Störsenke einwirkt.

Grundsätzlich kann die EMV durch Maßnahmen an jedem der 3 Blöcke – der Störquelle, der Störsenke und dem Kopplungsmechanismus – verbessert werden.

2.2 Spannungs- und Stromübertragung

Ein elektrischer Signalkreis besteht aus einer *Signalquelle* (Sender), einer *Signalsenke* (Empfänger) und den impedanzbehafteten *Verbindungsleitungen* zwischen beiden. Ein Signal kann prinzipiell durch verschiedene elektrische Größen realisiert werden. Hier sollen von ihnen diskutiert werden:

- Die *Spannung*: Die Signalquelle wird im Ersatzschaltbild (ESB) als ideale Spannungsquelle mit der Quellenspannung $\underline{U}_q$, deren Amplitude die Signalgröße ist, sowie dem in Reihe geschalteten Innenwiderstand R_i modelliert (s. Bild 2.2 a). Der Lastwiderstand R_L kann auch den Eingangswiderstand der Folgeschaltung darstellen. Im Allgemeinen wird für die Spannungsübertragung $R_L \gg R_i$ gelten, d. h. die Spannung $\underline{U}_q$ wird von der Quelle eingeprägt, der Strom wird praktisch durch R_L bestimmt und ist für einen hohen Lastwiderstand R_L vernachlässigbar.
- Der *Strom*: Die Signalquelle wird im Ersatzschaltbild als ideale Stromquelle mit dem Quellenstrom $\underline{I}_q$, dessen Amplitude die Signalgröße ist, und dem parallelgeschalteten Innenwiderstand R_i dargestellt (s. Bild 2.2 b). Für Stromübertragung gilt i. Allg. $R_i \gg R_L$, d. h. der Strom $\underline{I}_q$ wird von der Quelle eingeprägt, die Spannung an der Last wird praktisch durch R_L bestimmt und ist für $R_L \to 0$ vernachlässigbar. Die Stromübertragung ist in den Abschn. 2.4, 6.3.9 und 8.3 ausführlich beschrieben (s. [2]).

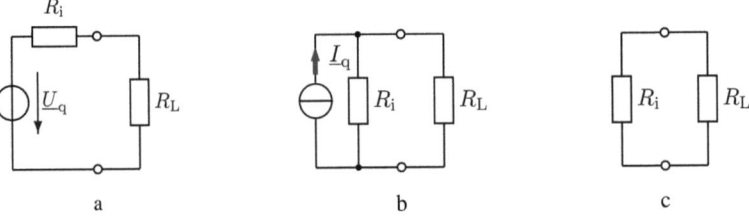

Bild 2.2 Signalkreise, Quellen im Spannungsquellen-ESB (a), im Stromquellen-ESB (b) und nur mit Innenwiderstand (c) modelliert

Auf *jeden* Signalkreis kann *jedes* der beiden Ersatzschaltbilder aus Bild 2.2 a und b angewandt werden. Beide können auch ineinander umgerechnet werden: Der Quellenstrom $\underline{I}_q$ der idealen Stromquelle entspricht dem Kurzschlussstrom $\underline{I}_K$ im Spannungsquellen-ESB ($\underline{I}_q = \underline{I}_K = \underline{U}_q/R_i$) und die Quellenspannung $\underline{U}_q$ der idealen Spannungsquelle der Leerlaufspannung $\underline{U}_L$ im Stromquellen-ESB ($\underline{U}_q = \underline{U}_L = \underline{I}_q \cdot R_i$). Welches ESB man anwendet, wird sich nach dem Verhältnis R_i/R_L richten. Bei $R_i/R_L \ll 1$ wird man das Spannungsquellenersatzschaltbild verwenden, es liegt Spannungsübertragung vor; bei $R_i/R_L \gg 1$ wird das Stromquellenersatzschaltbild zweckmäßiger sein (Stromübertragung).

Bei EMV-Betrachtungen interessieren häufig nur die eingekoppelten Störungen, nicht die Signalgröße. Dann kann der Wert der Signalgröße (der Quellenspannung oder des Quellenstromes) zu null gesetzt, die ideale Spannungsquelle durch einen Kurzschluss und die ideale Stromquelle durch eine Unterbrechung ersetzt werden. Mit der Darstellung der Quellen nur durch ihre Innenwiderstände werden die Ersatzschaltbilder von Spannungs- und Stromquellen gleich (s. Bild 2.2 c). Spannungs- und Stromübertragung unterscheiden sich nur noch durch das Verhältnis R_i/R_L. Auch der Fall des Abschlusses einer Leitung mit dem Leitungswellenwiderstand an beiden Enden zum Vermeiden von Reflexionen kann mit $R_i = R_L$ berücksichtigt werden; er entspricht formal der Leistungsübertragung. Die Betrachtungsweise, eine Quelle nur durch ihren Innenwiderstand darzustellen, ist für die EMV-Planung sehr zweckmäßig.

2.3 Der Störabstand als Gütekriterium

Der Störabstand dient der quantitativen Angabe der Qualität einer Übertragung. Für seine Berechnung muss neben der Störgröße ($U_{K,stör}$ im Bild 2.3) auch die Signalgröße berücksichtigt werden. Werden beide Quellen im Spannungsquellen-ESB modelliert, erhält man ein Ersatzschaltbild des gestörten Kreises, wie es Bild 2.3 wiedergibt; aus Gründen der Übersicht wurde hier der Innenwiderstand der Störquelle gegenüber den übrigen Widerständen im Kreis vernachlässigt.

Aus dem Verhältnis $U_S/U_{K,stör}$ ist der Störabstand zu berechnen[1]:

$$\frac{a_{stör}}{dB} = 20 \log\left(\frac{U_S}{U_{K,stör}}\right) \tag{2.1}$$

Für die Bestimmung des Störabstandes bei *Stromübertragung* müsste entsprechend das Verhältnis des Signalstromes I_S zu dem in der Masche fließenden Störstrom gebildet werden. Der Störstrom müsste aus der Störspannung bestimmt werden. Stromübertragung wird man aber gerade anwenden, um Massepotentialdifferenzen wie $U_{K,stör}$ zu beherrschen – ein Hauptproblem in der EMV! Sehr viel einfacher ist der Störabstand deshalb über Gl. 2.1 zu ermitteln, wenn die im vorherigen Abschnitt dargestellte Umrechnung zwischen Spannungs- und Stromquellenersatzschaltbild angewendet wird. Die

---

[1] U_S und $U_{K,stör}$ sind die Beträge der komplexen Spannungen aus Bild 2.3

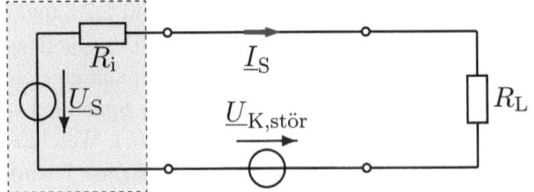

Bild 2.3 ESB des durch die eingekoppelte Spannung $U_{K,\text{stör}}$ gestörten Kreises

Quellenspannung U_S der Signalspannungsquelle aus Bild 2.3 wird durch die äquivalente Quellenspannung $U_{S,\text{ä}}$ der Signalstromquelle – das ist ihre Leerlaufspannung $I_S \cdot R_i$ – ersetzt. Der Störabstand bei Stromübertragung ist dann:

$$\frac{a_{\text{stör}}}{\text{dB}} = 20 \log\left(\frac{U_{S,\text{ä}}}{U_{K,\text{stör}}}\right) = 20 \log\left(\frac{I_S \cdot R_i}{U_{K,\text{stör}}}\right) \qquad (2.2)$$

Auf diese Weise wird die Übertragungsqualität von Spannungsübertragung und Stromübertragung vergleichbar.

Der Störabstand kann bei Spannungsübertragung durch Erhöhen von U_S und bei Stromübertragung durch Erhöhen von $U_{S,\text{ä}}$ vergrößert werden. Zweckmäßigerweise wird deshalb für Stromübertragung neben dem Innenwiderstand auch die äquivalente Quellenspannung einer Stromquelle bestimmt; sie kann auch als bezogene Spannung angegeben werden z. B. bei einer Bezugsspannung von $U = 1\,\text{V}$ in dBV. Ist bei Stromübertragung der Strom vorgegeben, wie bei der 20 mA-Schnittstelle, dann wird der Innenwiderstand R_i als Optimierungsgröße verwendet.

Beispiel: Für ein 20 mA-Schnittstellen-Treiber-IC ist im Datenblatt eines Herstellers ein Innenwiderstand $R_i \geq 10\,\text{M}\Omega$ bei 20 mA angegeben. Die äquivalente Quellenspannung beträgt dann $U_{S,\text{ä}} \geq 20\,\text{mA} \cdot 10\,\text{M}\Omega = 200\,000\,\text{V} = 106\,\text{dBV}$. Der damit erreichbare Störabstand ist, verglichen mit einer Spannungsübertragung mit einer Signalspannung von z. B. 10 V, um mindestens 86 dB höher.

2.4 Quellen und Empfänger für die Stromübertragung

Die wichtigste EMV-relevante Größe von Stromquellen ist ihre äquivalente Signalspannung $U_{S,\text{ä}}$. Sie sollte möglichst hoch sein, um einen möglichst hohen Störabstand bei der Übertragung zu erzielen. Für verschiedene Arten von Stromquellen wurde R_i aus den h-Parametern[2] errechnet und daraus die äquivalente Signalspannung $U_{S,\text{ä}}$ (in dBV) beispielhaft für einzelne Transistoren ermittelt (s. auch [2]).

Bei Spannungsübertragung können mehrere Lasten parallelgeschaltet werden; das ist ein großer Vorteil. Bei Stromübertragung müssten mehrere Lasten in Reihe liegen, was sich elektronisch weniger gut realisieren lässt. Für Punkt-zu-Punktverbindungen bietet sich allerdings die Stromübertragung mit ihrer hervorragenden Unempfindlichkeit gegenüber

---

[2] Leider werden die h-Parameter in neueren Transistor-Datenbüchern nicht mehr oder nicht mehr vollständig angegeben.

Massestörpotentialdifferenzen an. Sie hat ihre Grenzen in der Frequenzabhängigkeit der äquivalenten Signalspannung.

2.4.1 Stromquelle mit einem Operationsverstärker

Die mit einem Operationsverstärker aufgebaute Stromquelle in Bild 2.4 lässt Ströme in beide Richtungen zu. Mit der Vernachlässigung für die offene Spannungsverstärkung $V_0 \to \infty$ wird ihr Innenwiderstand:

$$R_i = R_1 R_3 \frac{R_1 + 2R_2}{(R_1 + R_2)(R_3 - R_2)}$$

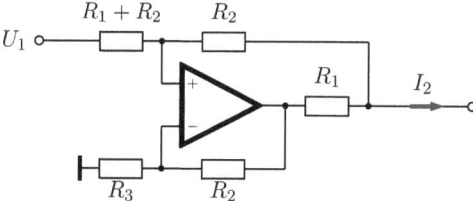

Bild 2.4 Stromquelle mit Operationsverstärker, Widerstände mit gleicher Bezeichnung besitzen den gleichen Widerstandswert

Die Gleichung hat eine Polstelle bei $R_3 = R_2$. Berechnet man nun mit $R_3 = R_2$ und endlicher Verstärkung V_0 den Innenwiderstand neu, erhält man mit der Näherung $R_2 \gg R_1$ die einfachen Ausdrücke:

$$R_i = \tfrac{1}{2} R_1 V_0, \qquad I_2 = \frac{U_1}{R_1} \qquad \text{und} \qquad \frac{U_{S,\text{ä}}}{\text{dBV}} = 20 \log \left(\tfrac{1}{2} V_0 \cdot \frac{U_1}{\text{V}} \right) \qquad (2.3)$$

Der Störabstand würde danach gegenüber der Spannungsübertragung mit dem Faktor $\tfrac{1}{2} V_0$ vergrößert: Bei einer offenen Verstärkung von 10^6 also um 114 dB. Er ist von deren Frequenzgang abhängig. Die Polstelle $R_3 = R_2$ ist aber empfindlich gegenüber Exemplarstreuungen oder Drift der Widerstandswerte. Deshalb ist der berechnete Störabstand in der Praxis nicht zu erreichen. Besitzen alle Widerstände die Fehlerklasse von g, so werden Innenwiderstand und äquivalente Quellenspannung:

$$R_i \geq \frac{R_1}{4g} \qquad \text{bzw.} \qquad \frac{U_{S,\text{ä}}}{\text{dBV}} \geq 20 \cdot \log \left(\frac{U_1}{\text{V}} \cdot \frac{1}{4g} \right) \qquad (2.4)$$

Beispiel: Bei einer relativen Fehlergrenze (Fehlerklasse) der Widerstände von ±1% wird bei tiefen Frequenzen der Innenwiderstand $R_i \geq 25 R_1$; der Störabstand wird um $a_{\text{stör}} \geq 28$ dB gegenüber einer Spannungsübertragung mit U_1 verbessert, bei einer Fehlergrenze von ±0,1 % um weitere 20 dB. Mit hochgenau abgeglichenen Widerstandsarrays sind also bessere Werte zu erreichen – auch wegen des geringeren Einflusses des Temperaturkoeffizienten.

2.4.2 Stromquelle mit einem Transistor

Bild 2.5 zeigt eine Stromquelle, bestehend aus einem Transistor mit Emitterwiderstand. Auf der Basisseite interessiert nur der wechselstrommäßig auftretende Quellenwiderstand R_q; alle anderen Bauelemente, so auch die den Arbeitspunkt festlegenden, sind nicht gezeichnet. U_E ist die Gleichspannung am Emitterwiderstand (Arbeitspunkt).

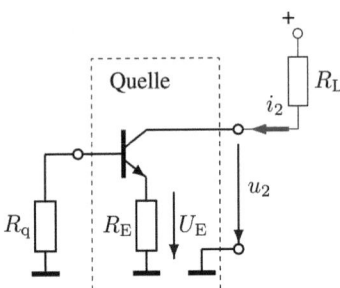

Bild 2.5 Stromquelle mit Transistor und Emitterwiderstand

Mit Hilfe der h'-Parameter der Emitterschaltung mit Stromgegenkopplung kann der Innenwiderstand dieser Stromquelle für niedrige Frequenzen berechnet werden:

$$R_i = \frac{u_2}{i_2} = \frac{h'_{11} + R_q}{\Delta h' + h'_{22} \cdot R_q}$$

Darin ist $\Delta h' = h'_{11} h'_{22} - h'_{12} h'_{21}$. Mit der Umrechnung der h'-Parameter auf die h-Parameter und mit $h_{21} \gg 1$ wird

$$R_i = \frac{h_{11} + R_E\, h_{21} + R_q}{\Delta h + (R_E + R_q)h_{22}} \cdot (1 + R_E\, h_{22}) \approx \frac{h_{21}}{h_{22}} \tag{2.5}$$

Die für den Innenwiderstand angegebene Näherung $R_i = h_{21}/h_{22}$ ist sehr grob und gilt für $R_q = 0$. Sie stellt einen optimistischen Schätzwert dar.

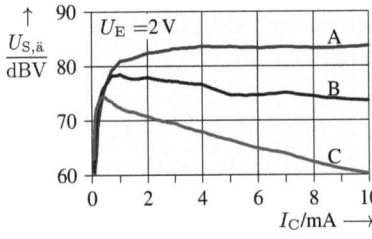 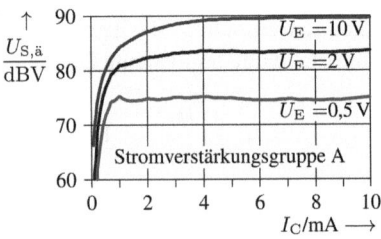

Bild 2.6 Äquivalente Quellenspannung der Stromquelle aus Bild 2.5, berechnet aus den h-Parametern des BC107. Parameter: Stromverstärkungsgruppen A, B und C (*links*), U_E (*rechts*),

2.4 Quellen und Empfänger für die Stromübertragung   13

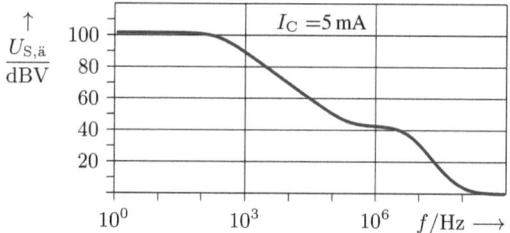

Bild 2.7 Frequenzabhängigkeit der äquivalenten Quellenspannung aus Bild 2.5 (berechnet aus gemessenen frequenzabhängigen Parametern des 2N2219, $U_E = 1\,V$)

Im Bild 2.6 ist die äquivalente Quellenspannung in Abhängigkeit vom Kollektorgleichstrom (Arbeitspunkt) und der Emittergleichspannung U_E aufgetragen. Sie gilt jeweils für Vollaussteuerung. U_E wurde über dem Kollektorstrom durch eine entsprechende Änderung von R_E konstant gehalten und $U_{CE} = 5\,V$ angenommen. Eine hohe äquivalente Quellenspannung erhält man mit kleiner Stromverstärkung und hohem Emitterwiderstand. Günstig ist deshalb die Verwendung von HF-Transistoren mit niedriger Rückwirkungskapazität; sie ergeben außerdem eine hohe Grenzfrequenz. Bild 2.7 zeigt die Frequenzabhängigkeit der äquivalenten Quellenspannung bei Verwendung eines NF-Transistors (2N2219). Die 3 dB-Grenzfrequenz beträgt hier zwar nur knapp 1 kHz, bei 1 MHz ist aber noch eine Spannung von mehr als 40 dBV zu erwarten.

Ersetzt man in der Schaltung nach Bild 2.5 den Emitterwiderstand R_E durch den sehr hohen Ausgangswiderstand einer weiteren Stromquelle, so kann man den Ausgangswiderstand der gesamten Schaltung deutlich erhöhen bei vergleichsweise niedrigem Gleichspannungsanteil von u_2. Anstelle der bipolaren Transistoren können auch Feldeffekttransistoren verwendet werden.

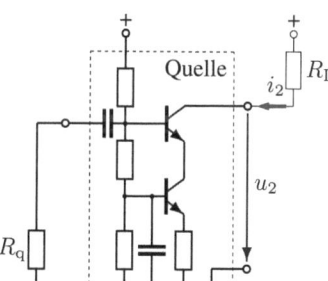

Bild 2.8 Stromquelle mit Transistor und weiterer Stromquelle als Emitterwiderstand

2.4.3 Stromquelle mit Operationsverstärker und Transistor

Der Innenwiderstand der Quelle nach Bild 2.9 lässt sich aus den h-Parametern (mit R_0, dem Innenwiderstand, und V_0, der offenen Verstärkung des Operationsverstärkers bei tiefen Frequenzen) berechnen:

$$R_\mathrm{i} = \frac{V_0 R_\mathrm{E} + \dfrac{1 + h_{22} R_\mathrm{E}}{h_{21} - h_{22} R_\mathrm{E}}(R_0 + h_{11} + V_0 R_\mathrm{E})}{\dfrac{h_{22}}{h_{21} - h_{22} R_\mathrm{E}}(R_0 + h_{11} + V_0 R_\mathrm{E}) - h_{12}} \approx \frac{h_{21}}{h_{22}} \qquad (2.6)$$

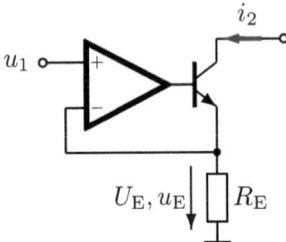

$$u_\mathrm{E} = u_1 \;\;\rightarrow\;\; i_2 = \frac{u_1}{R_\mathrm{E}}$$

Bild 2.9 Stromquelle mit Operationsverstärker und Transistor

Den Bildern 2.10 und 2.11 sind die Einflüsse auf den Störabstand zu entnehmen. Die Einflüsse des Transistors sind durch die Gegenkopplung mit dem Operationsverstärker zurückgedrängt, die Grenzfrequenz wesentlich heraufgesetzt.

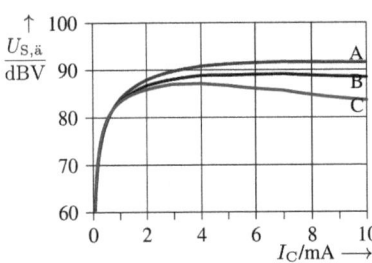
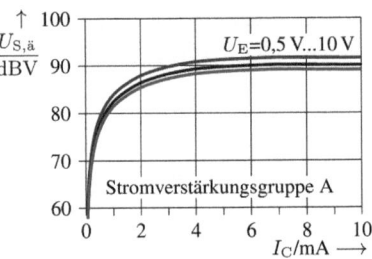

Bild 2.10 Äquivalente Quellenspannung der Stromquelle aus Bild 2.9, berechnet aus den h-Parametern des BC107. Parameter: Stromverstärkungsgruppen A, B und C (*links*), U_E (*rechts*),

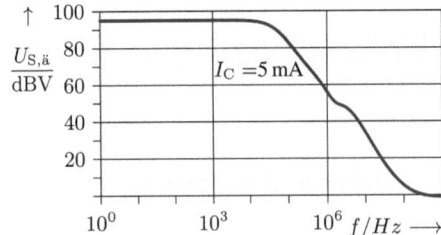

Bild 2.11 Frequenzabhängigkeit der äquivalenten Quellenspannung aus Bild 2.9 (berechnet aus gemessenen frequenzabhängigen Parametern des 2N2219, $U_\mathrm{E} = 1\,\mathrm{V}$)

2.4.4 Auswahl einer geeigneten Stromquelle

Die höchste äquivalente Quellenspannung, die höchste Grenzfrequenz und weitgehende Unabhängigkeit vom Arbeitspunkt wegen der Regelung der Emitterspannung bietet die Schaltung nach Bild 2.9. Mit einer sorgfältigen Transistorauswahl (h-Parameter) und Dimensionierung lässt sich eine vergleichbare äquivalente Quellenspannung auch mit der Schaltung der Stromquelle nach Bild 2.5 erreichen. Die Schaltungen mit einem Transistor lassen im Gegensatz zu der aus Bild 2.4 nur eine Stromrichtung zu. Abhilfe lässt sich schaffen durch eine Schaltung mit zwei komplementären Stromquellen – analog den komplementären Endstufen von Leistungsverstärkern.

Die Bilder 2.6 und 2.10 zeigen oberhalb etwa 1 mA eine vom Kollektorstrom nahezu unabhängige äquivalente Quellenspannung. Ursache dafür ist die Abhängigkeit des Innenwiderstandes R_i vom Kollektorstrom; das Produkt $I_C \cdot R_i$ ist etwa konstant; d. h. auch bei Strömen von deutlich unter 20 mA ist ein hoher Störabstand zu ereichen. Die Störabstände hängen von den h-Parametern des verwendeten Transistors ab. Obwohl die Abhängigkeit der Parameter vom Arbeitspunkt bei den verschiedenen Transistoren ähnlich ist, können besonders bei HF-Transistoren sich etwas andere Verläufe für den Störabstand einer Stromübertragung ergeben. Seine genaue Bestimmung bedarf deshalb der Berechnung aus den Transistor-Parametern. Bei Simulationen mit SPICE müssen geeignete Transistormodelle verwendet werden. Zu einfache Transistormodellierung führt zu unbrauchbaren Ergebnissen.

> Der Einsatzbereich der Stromübertragung ist begrenzt durch den Abfall des Innenwiderstandes zu hohen Frequenzen.

2.4.5 Stromempfänger

Als Stromempfänger können folgende Schaltungen dienen:
- Ein *Widerstand*. Er setzt den Strom in eine Spannung um; er kann auch elektrisch lange Leitungen am Ende abschließen, wenn er dem Leitungswellenwiderstand entspricht.
- Ein *Transistor in Basisschaltung*.
- Eine *Operationsverstärkerschaltung* nach Bild 2.12.

Der extrem kleine Eingangswiderstand der Operationsverstärkerschaltung hat zwei Vorteile: Der Aussteuerbereich der Quelle kann geringer sein und parasitäre Kapazitäten ($C_{stör}$) z. B. durch ein Kabel zwischen Quelle und Senke werden kurzgeschlossen und damit unwirksam. Die Schaltung ist jedoch instabil. Operationsverstärker sind für eine bestimmte Mindestverstärkung (meist $V = 1$) frequenzkompensiert; die Verstärkung ist hier aber wesentlich geringer. Außerdem wird dem Eingang eine Kapazität parallelgeschaltet; das Gegenkopplungsnetzwerk besitzt damit einen anderen Phasengang und der Verstärker muss

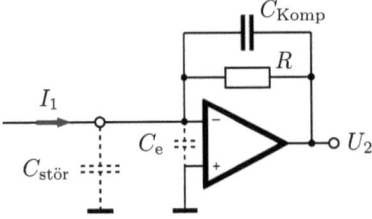

$$C_{\text{Komp}} \approx \frac{0{,}8}{\omega_0 R} \quad \text{mit}$$

$$\omega_0 = \sqrt{\frac{V_0\, \omega_1}{R(C_{\text{Komp}} + C_{\text{stör}})}}$$

V_0: Offene Verstärkung
ω_1: Grenzfrequenz von V_0

Im Übertragungsbereich gilt: $U_2 = -I_1 \cdot R$

Bild 2.12 Stromempfänger mit einem Operationsverstärker

neu frequenzkompensiert werden. Für den Fall einer möglichst hohen 3 dB-Grenzfrequenz wurde die Kompensationskapazität C_{Komp} berechnet (s. Bild 2.12).

Die Stromübertragung verhält sich bei kapazitiver Last – z. B. durch geschirmte Kabel – anders als die Spannungsübertragung. Bei der Spannungsübertragung wird diese Kapazität über den Innenwiderstand umgeladen. Das begrenzt die Grenzfrequenz. Um sie zu erhöhen, kann der Innenwiderstand verringert werden. Dann muss die Quelle aber einen höheren Strom aufbringen können. Bei einer Stromübertragung kann der Strom durch die Lastkapazität verringert werden, indem die Spannung an dieser Kapazität mit dem Empfängereingangswiderstand R_L verkleinert wird. Beispiele für Schaltungen mit Stromübertragung finden sich im Abschn. 8.3.

2.5 Unsymmetrische und symmetrische Übertragung

Bei *unsymmetrischer* Übertragung liegt einer der beiden Leiter auf Masse (Bild 2.13). Masse ist damit Rückleiter für den Signalstrom. Dies führt zu EMV-Problemen, die noch ausführlich diskutiert werden müssen.

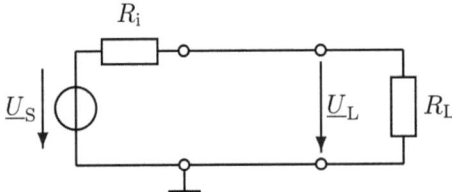

Bild 2.13 Unsymmetrisches System mit Spannungsübertragung

Eine Übertragung ist *symmetrisch*, wenn, wie im Bild 2.14, die Spannungen beider Signalleitungen gegen Masse gleich groß, aber von entgegengesetzter Polarität sind. Die Spannung $\underline{U}_{\text{DM}} = \underline{U}_{\text{L1}} - \underline{U}_{\text{L2}}$[3] zwischen den Signalleitungen wird als *Gegentaktsignal* be-

---

[3] DM: Differential Mode

2.5 Unsymmetrische und symmetrische Übertragung

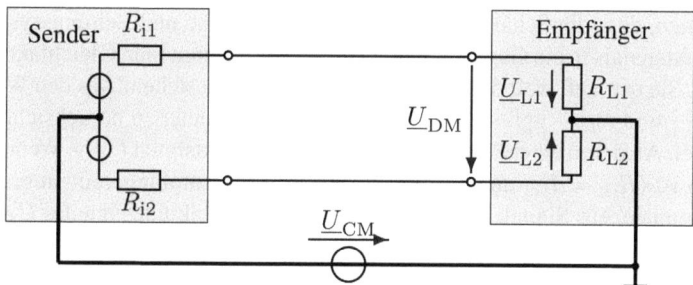

Bild 2.14 Symmetrisches System mit Spannungsübertragung

zeichnet. Die Impedanzen gegen Masse müssen jeweils in der Quelle und der Senke gleich groß sein ($R_{i1} = R_{i2}$, $R_{L1} = R_{L2}$). Der Signalstrom eines Gegentaktsignals ist auf der Masse – wie bei allen symmetrischen Systemen – null.

In einem solchen aus drei Leitern bestehenden System sind auf den Signalleitungen aber auch Signale möglich, die gleich groß sind und deren Polarität ebenfalls gleich ist, man nennt sie *Gleichtaktsignale* ($\underline{U}_\mathrm{CM}$[4]). Häufig sind beide Signalformen gemischt. Aus den Spannungen $\underline{U}_{L1}$ und $\underline{U}_{L2}$ der beiden Signalleitungen gegen das Bezugspotential errechnet man den Anteil vom:

Gegentaktsignal: $\quad \underline{U}_\mathrm{DM} = \underline{U}_{L1} - \underline{U}_{L2} \quad$ und vom $\hspace{3em}$ (2.7)

Gleichtaktsignal: $\quad \underline{U}_\mathrm{CM} = \dfrac{\underline{U}_{L1} + \underline{U}_{L2}}{2} \hspace{3em}$ (2.8)

Im Sonderfall $\underline{U}_{L1} = -\underline{U}_{L2}$ liegt ein reines Gegentaktsignal und im Sonderfall $\underline{U}_{L1} = \underline{U}_{L2}$ ein reines Gleichtaktsignal vor.

Grundsätzlich können sowohl Nutz- als auch Störsignale als Gegentakt- oder Gleichtaktsignale auftreten. Die angestellten Betrachtungen gelten also für beide Signalarten. Die symmetrische Übertragung ermöglicht eine Unterscheidung beider. Treten bei einer Übertragung eines Gegentakt-Nutzsignales Störsignale als Gleichtaktsignale auf und gelingt es, die Störung als Gleichtaktsignal zu erhalten, bleibt das Nutzsignal ungestört. Gelangt ein Teil der Störung in das Nutzsignal, ist er aus ihm nur noch durch Filterung oder Kompensation zu entfernen. Eine Filterung ist aber nur wirksam, sofern Nutz- und Störsignale in unterschiedlichen Frequenzbereichen liegen. Das Bemühen sollte also darin liegen, Störungen gar nicht erst als Gegentaktsignal auftreten zu lassen. Dies ist eine äußerst wichtige Erkenntnis.[5]

---

[4] CM: Common Mode

[5] In der EMV-Technik werden Gleichtaktstörsignale auch als *asymmetrische Störungen*, Gegentaktstörsignale als *symmetrische Störungen* und der (scheinbare) Sonderfall $\underline{U}_{L1} \neq 0$ und $\underline{U}_{L2} = 0$ (oder umgekehrt) als *unsymmetrische Störung* bezeichnet. Die Bezeichnung „unsymmetrische Störung" ist nicht nur überflüssig, sondern aus zwei Gründen äußerst fragwürdig:

1. Die griechische Vorsilbe „ἀ-" bedeutet im Deutschen „un-"; die Begriffe „unsymmetrisch" und „asymmetrisch" bedeuten *sprachlich* genau dasselbe, sollen aber unterschiedliche Fälle bezeichnen.

Das Phänomen, dass die Schaltung aus Signalquelle, -senke und Leitungssystem Anteile des Gleichtaktsignals in ein Gegentaktsignal umwandelt, nennt man Gleichtakt-Gegentakt-Konversion. Sie tritt auf, weil das Netzwerk in Bild 2.14, bestehend aus den Widerständen R_{i1}, R_{i2}, R_{L1} und R_{L2} – ggf. sind auch die Leitungsparameter zu berücksichtigen –, eine Brücke bildet. An deren einer Diagonale liegt das Gleichtaktsignal $\underline{U}_{CM}$. Wenn die Brücke abgeglichen ist ($R_{i1} = R_{i2}$ und $R_{L1} = R_{L2}$), steht am Empfängereingang, der anderen Brückendiagonale, ein Signal, das nur Anteile des Gegentaktnutzsignales $\underline{U}_{DM}$ und keine Anteile des Gleichtaktstörsignales enthält. Ist die Brücke aber nicht genau abgeglichen, enthält das Signal am Empfängereingang auch Anteile des Gleichtaktstörsignales: Die Unsymmetriedämpfung ist nicht mehr unendlich. Die Empfindlichkeit der Brücke und damit ihre Unsymmetriedämpfung ist auch abhängig vom Verhältnis R_i/R_L.

Ist $R_i = R_L$, z. B. bei mit dem Leitungswellenwiderstand an beiden Enden abgeschlossenen Leitungen, so ist die Brückenempfindlichkeit am größten. Haben die Widerstände alle die gleiche Fehlerklasse g_R, erhalten wir aus einer Fehlerrechnung eine Unsymmetriedämpfung:

$$a_{CM/DM} = 20 \cdot \log\left(\frac{U_{CM}}{U_{DM}}\right) = -20 \cdot \log(g_R) \tag{2.9}$$

Beispiel: Bei einer Fehlergrenze der Widerstände von z. B. $g_R = 1\%$ wird das Gleichtaktsignal nur um mindestens 40 dB gedämpft.

Die Verhältnisse sind bei Spannungs- und Stromübertragung wesentlich günstiger: Bei Spannungsübertragung ($R_i/R_L \ll 1$) ist die Unsymmetriedämpfung:

$$a_{CM/DM} = 20 \cdot \log\left(\frac{U_{CM}}{U_{DM}}\right) = 20 \cdot \log\left(\frac{1}{4 \cdot g_R} \cdot \frac{R_L}{R_i}\right) \tag{2.10}$$

und bei Stromübertragung ($R_i/R_L \gg 1$):

$$a_{CM/DM} = 20 \cdot \log\left(\frac{U_{CM}}{U_{DM}}\right) = 20 \cdot \log\left(\frac{1}{4 \cdot g_R} \cdot \frac{R_i}{R_L}\right) \tag{2.11}$$

Beispiel: Schon bei einem Widerstandsverhältnis R_i/R_L bzw. R_L/R_i von nur 1 000 hat man 48 dB mehr Dämpfung als bei abgeglichener Brücke – also insgesamt mindestens 88 dB.

Über den beschriebenen Effekt hinaus wird *innerhalb* des angeschlossenen Empfängers infolge seiner begrenzten *Gleichtaktunterdrückung* ein Teil des Gleichtaktsignales in ein Gegentaktsignal konvertiert.

Symmetrische Übertragung verringert nicht nur die Stör*empfindlichkeit* der Übertragung, sondern auch deren störende Wirkung auf andere Schaltungen durch Reduzierung (Kom-

---

Das Argument, ein Begriff sei allein durch seine Definition eindeutig, kann nicht akzeptiert werden: Eine Fallunterscheidung benötigt auch eine sprachliche Entsprechung.
2. Ein sogen. „unsymmetrisches" Störsignal ist durch seinen Gegentakt- und Gleichtaktanteil bestimmt, und *diese Anteile* werden von den technischen Einrichtungen (von Gleichtaktdrosseln oder differenzbildenden Stufen) unterschieden; ein „unsymmetrisches" Signal wird von ihnen gar nicht als solches erkannt. Es stellt aus EMV-Sicht keinen Sonderfall dar. Der Begriff trägt also nichts zur Erhellung eines Sachverhaltes bei und deshalb eher zum Gegenteil!

2.5 Unsymmetrische und symmetrische Übertragung

pensation) des Stromes auf der Masse. Deshalb sollte z. B. auch das dreiphasige Energieversorgungsnetz möglichst symmetrisch, also mit möglichst gleich auf die drei Phasen verteilter Last betrieben werden (Fallbeispiel s. Abschn. 8.11, S. 218).

Pseudosymmetrische Übertragung Im Bild 2.15 besteht der Sender nicht, wie es für eine symmetrische Übertragung verlangt wurde, aus zwei gleich aufgebauten Treiberstufen mit gleichen Innenimpedanzen gegen Masse, sondern nur aus einer „schwebenden" Stufe ohne Masseverbindung. Die parasitären Kapazitäten C_{i1} und C_{i2} – ggf. auch die gegen das Netz liegenden Kapazitäten bei einer galvanisch getrennten Spannungsversorgung des Senders – sowie die Eingangswiderstände R_{L1} und R_{L2} bilden eine Brücke. Wenn die beiden Kapazitäten gleich sind, ist die Brücke (bei $R_{L1} = R_{L2}$) abgeglichen und die Unsymmetriedämpfung hoch. Ungleichheit führt zu ihrer Abnahme. Für parallel zu den Kapazitäten liegende Widerstände gelten die Überlegungen sinngemäß.

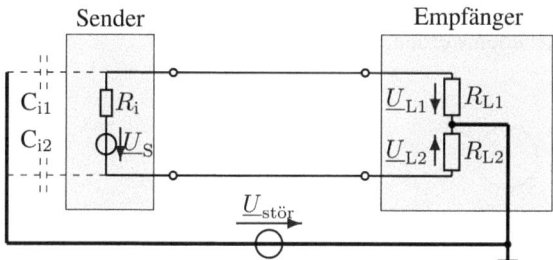

Bild 2.15 Übertragung mit schwebendem Sender

Ein Sonderfall dieser Übertragung wird erzeugt, wenn eine der beiden Klemmen des Senders auf Masse liegt (Bild 2.16). An dieser Klemme liegt, bezogen auf den Massebezugspunkt des Empfängers, die Spannung $\underline{U}_{\text{stör}}$, an der anderen die Spannung $(\underline{U}_S + \underline{U}_{\text{stör}})R_L/(R_i + R_L)$. Mit $R_i \ll R_L$ kann der symmetrische Empfänger die Störspannung durch Differenzbildung herausrechnen und das Nutzsignal richtig bestimmen, obwohl dieses sich auf ein anderes Potential bezieht (s. auch Abschn. 6.3.4, S. 137).

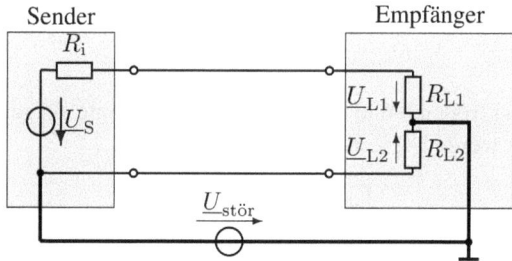

Bild 2.16 Übertragung mit einseitig auf Masse liegendem Sender und differenzbildendem Empfänger

2.6 Teilkapazität und Betriebskapazität

Die Kapazität von Zweielektrodenanordnungen (wie z. B. Plattenkondensatoren) ist bekanntlich unabhängig von der Spannung zwischen den Elektroden; sie ist ausschließlich abhängig von den geometrischen Gegebenheiten und den Eigenschaften des Dielektrikums[6]. Mehrelektrodenanordnungen verhalten sich dagegen anders: Zwar kann zwischen jeweils zwei der Elektroden dieser Anordnung eine Kapazität, die *Teilkapazität*, bestimmt werden, die – genau wie bei einer Zweielektrodenanordnung – nur von den geometrischen Verhältnissen und den dielektrischen Eigenschaften abhängt[7]. Die *wirksame* Kapazität zwischen zwei Elektroden ist jedoch auch von den Potentialverhältnissen abhängig: Diese Kapazität heißt *Betriebskapazität*. Die Ursache für dieses Verhalten der Betriebskapazität liegt in der Voraussetzung von Ladungen auf den Quellen- und Senkenelektroden für elektrische Felder. Die Feldverteilung in einer solchen Anordnung kann durch Potentialänderungen jeder einzelnen Elektrode verändert werden. Die Bedeutung von Teil- und Betriebskapazitäten muss unterschieden werden.

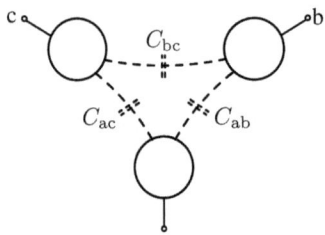

Bild 2.17 Teilkapazitäten einer Dreielektrodenanordnung

Dies sei an dem Beispiel im Bild 2.17 gezeigt. Die gezeichneten Kapazitäten C_{ab}, C_{bc} und C_{ac} zwischen den Elektroden a, b und c seien die von den Ladungen unabhängigen Teilkapazitäten der Anordnung. Ist z. B. die Elektrode c nicht angeschlossen, kann sich also ihre Ladung nicht ändern, so ist die Betriebskapazität zwischen den Elektroden a und b:

$$C_{ab,\mathrm{Betr}} = \frac{C_{ac}C_{bc}}{C_{ac} + C_{bc}} + C_{ab}$$

Sind dagegen die Elektroden b und c verbunden – dies könnte als gemeinsame Masseverbindung interpretiert werden –, so ist die Betriebskapazität:

$$C_{ab,\mathrm{Betr}} = C_{ac} + C_{ab}$$

Diese Eigenschaft von Mehrelektrodenanordnungen macht man sich bei der Schirmung zunutze. Die Wirkung des Schirms liegt allein in der Änderung der Betriebskapazität zwi-

---

[6] Dabei wird vorausgesetzt, dass beide Elektroden gleich große Ladungen unterschiedlichen Vorzeichens besitzen, die Gesamtladung also null ist und die Materialeigenschaften des Dielektrikums unabhängig von der Spannung sind.

[7] Zur Definition von Teil- und Betriebskapazität s. z. B. [3].

2.6 Teilkapazität und Betriebskapazität

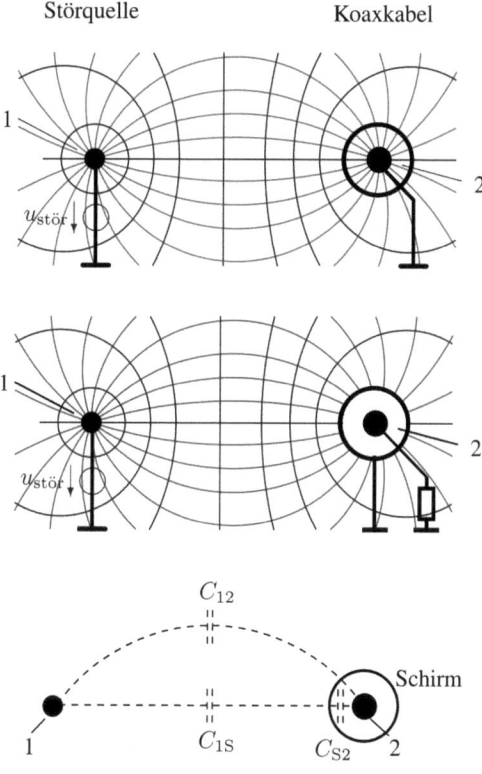

Bild 2.18 Koaxkabel im elektrischen Störfeld, Kabelinnenleiter auf Masse bezogen, Schirm nicht an Masse: Keine Schirmwirkung (Gesamtladung null vorausgesetzt)

Bild 2.19 Schirm an Masse: Elektrostatische Schirmwirkung vorhanden (Gesamtladung null vorausgesetzt)

Bild 2.20 Teilkapazitäten für die Anordnung aus den Bildern 2.18 und 2.19

schen der störenden und der gestörten Elektrode durch Veränderung seiner Ladung und damit der Feldverläufe. Dies sei am Beispiel der Wirkung eines Kabelschirms erläutert. Im Bild 2.18 ist der Innenleiter (2) des geschirmten Kabels die Gegenelektrode für das störende elektrische Feld. Masseelektrode und Masseanschlüsse sollen den Feldverlauf nicht stören. Der Schirm ist nicht angeschlossen, kann seine Ladung also nicht ändern. Er verhält sich im Feld nahezu so, als wäre er nicht vorhanden; seine Leitfähigkeit erzwingt im Feldverlauf nur, dass seine Oberfläche eine Äquipotentialfläche wird. Die Betriebskapazität zwischen Innenleiter (2) und störender Elektrode (1) ändert sich erst dann wesentlich, wenn der Schirm angeschlossen wird und sich seine Ladung so verändern kann, dass diese Ladung Senke der von der Störelektrode ausgehenden Feldlinien (Bild 2.19) wird. Ist der Schirm nicht vollständig geschlossen, verringert sich die Betriebskapazität zwischen Störelektrode und Innenleiter des Kabels zwar durch den Schirm, wird aber nicht null. Das Bild 2.20 zeigt die Teilkapazitäten zwischen den einzelnen Elektroden der Anordnung. Die Teilkapazität C_{12} stellt die Betriebskapazität zwischen dem Innenleiter des Kabels (2) und der störenden Elektrode (1) bei auf Masse liegendem Schirm dar. Die Kapazität des Innenleiters gegen die Umgebung entspricht der *Transferadmittanz* (s. Abschn. 7.7.1) von Kabeln.

Die Schirmwirkung leitfähiger Teile kann in Geräten und auf Leiterplatten zur Stördämpfung durch geschickte geometrische Anordnung – also nur durch konstruktive und layout-

2.7 Selbstinduktivität und Gegeninduktivität

Der im Bild 2.21 in der Spule 1 fließende Strom I_1 erzeuge die Induktion $\vec{B}(I_1)$ und mit ihr in der Fläche A_1 der Spule 1 den Fluss:

$$\Phi_1(I_1) = \int_{A_1} \vec{B}(I_1)\,d\vec{A}_1$$

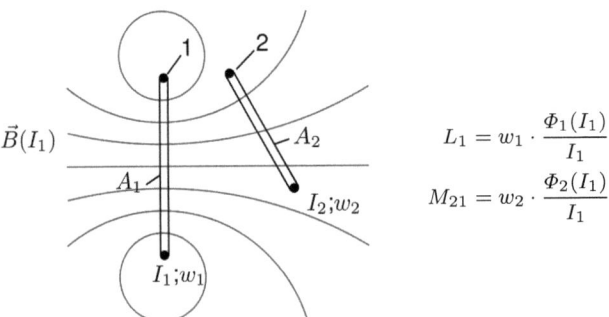

Bild 2.21 Selbst- und Gegeninduktivität von Spulen

Bei w_1 Windungen ergibt dies den Spulenfluss $\Psi_1 = w_1\Phi_1(I_1)$. Die *Induktivität* (Selbstinduktivität) der Spule L_1 ist definiert als das Verhältnis dieses Spulenflusses Ψ_1 zum ihn erzeugenden Strom I_1. Für die Spule 1 erhalten wir dann:

$$L_1 = w_1 \cdot \frac{\Phi_1(I_1)}{I_1} = \frac{w_1}{I_1} \cdot \int_{A_1} \vec{B}(I_1)\,d\vec{A}_1 \qquad (2.12)$$

Als *Gegeninduktivität* der Spule 2 zur Spule 1 wird das Verhältnis des Spulenflusses $\Psi_2 = w_2\Phi_2(I_1)$, erzeugt von $\vec{B}(I_1)$ in der Fläche A_2 der Spule 2, zum ihn erzeugenden Strom I_1 der Spule 1 definiert:

$$M_{21} = \frac{w_2\Phi_2(I_1)}{I_1} = \frac{w_2}{I_1} \cdot \int_{A_2} \vec{B}(I_1)\,d\vec{A}_2 \qquad (2.13)$$

2.7 Selbstinduktivität und Gegeninduktivität

Soll in unserem Beispiel im Bild 2.21 die Kopplung zwischen den Spulen besonders groß oder, wie meist in der EMV-Arbeit angestrebt, besonders klein gemacht werden, so muss man den vom Strom I_1 erzeugten Fluss $\Phi_2(I_1)$, der die Spule 2 durchsetzt, durch eine geschickte Anordnung möglichst groß bzw. klein machen. Sehr anschaulich erreicht man dies im Feldbild (Bild 2.21), wenn die Spule 2 von möglichst vielen bzw. wenigen Feldlinien der Spule 1 durchsetzt wird – eine wegen der Nichtberücksichtigung der Windungszahlen nur qualitativ gültige Aussage. Der Teil des in der Spule 1 erzeugten Feldes, der nicht die Spule 2 durchsetzt, wird *Streufeld* genannt. Die größte Kopplung erhält man, wenn beide Spulen den gleichen Durchmesser und den geringsten möglichen Abstand voneinander haben, z. B. bifilar gewickelt sind und eine geringe Kopplung, wenn der Abstand der Spulen voneinander groß und ihre Spulendurchmesser klein sind. Wird im Bild 2.21 die Spule 2 so gedreht, dass durch ihre Schleifenfläche keine Feldlinien von der Spule 1 mehr hindurchtreten, so wird die Kopplung null.

Induktivität, Induktivitätsbelag und partielle Induktivität Die Induktivität einer kreisrunden Spule ist mit der Windungszahl w, dem Radius r, Drahtdurchmesser d und unter der Voraussetzung $r \gg d$ und mit Vernachlässigung des Feldes im Leiter und damit der inneren Induktivität näherungsweise:

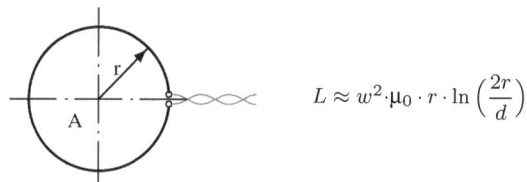

Bild 2.22 Kreisförmige Leiterschleife

Betrachten wir eine solche Spule mit einer einzigen Windung (Bild 2.22). Für ihre Induktivität ist die *gesamte, die Fläche A begrenzende Schleife* maßgebend, wie Gl. 2.12 zeigt. Eine kreisförmige Schleife hat, bezogen auf die Leiterlänge, die größte Fläche und damit die größte Induktivität und stellt daher einen ausgezeichneten Fall dar. Aus Symmetriegründen liegen für jede Stelle dieser Schleife gleiche Verhältnisse vor. Jedes Stück Leiterlänge trägt gleichermaßen zur Induktivität der Schleife bei. Deshalb können wir die Induktivität der Leiterschleife auf die Leiterlänge beziehen. Man nennt dies *Induktivitätsbelag L'* (Induktivität/Länge). Der Induktivitätsbelag ist unter den angenommenen Bedingungen über die Leiterschleife konstant. Ebenso können wir aus L' für einen Teil der Leiterschleife mit der Länge Δl eine Teilinduktivität $L_\mathrm{p} = L' \cdot \Delta l$, auch *partielle Induktivität* genannt, angeben.

Beispiel: Für eine kreisrunde Leiterschleife mit der Drahtlänge von 1 m und einem Drahtdurchmesser $d = 0{,}1$ mm erhält man eine Induktivität von $L = 1{,}6\,\mu\mathrm{H}$ und einen Induktivitätsbelag von $L' = 1{,}6\,\mathrm{nH/mm}$, mit $d = 0{,}3$ mm sind $L = 1{,}4\,\mu\mathrm{H}$ und $L' = 1{,}4\,\mathrm{nH/mm}$.

Ein ebenfalls ausgezeichneter Fall ist eine Leiterschleife, bestehend aus zwei geraden, parallelen Leitern kreisförmigen Querschnitts mit der Länge l, dem Leiterabstand a und dem Drahtdurchmesser d; mit der Vernachlässigung $a \gg d$ wird:

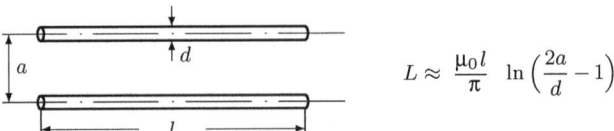

$$L \approx \frac{\mu_0 l}{\pi} \ln\left(\frac{2a}{d} - 1\right)$$

Bild 2.23 Paralleldrahtleitung

Beispiel: Für eine Drahtlänge insgesamt von 1 m und damit einer Leitungslänge von $l = 0{,}5$ m, einem Abstand $a = 20$ mm und $d = 0{,}1$ mm erhält man eine Induktivität der Leiterschleife von $L = 1{,}2\,\mu$H und einen Induktivitätsbelag des Einzeldrahtes in dieser Anordnung von $L' = 1{,}2$ nH/mm, mit $a = 10$ mm werden $L = 1{,}06\,\mu$H und $L' = 1{,}06$ nH/mm.

Für grobe Abschätzungen in der Praxis kann man also mit einem Anhaltswert für den Induktivitätsbelag von Schaltdrähten von etwa 1 nH/mm rechnen.

Der Wert des Induktivitätsbelages eines Leiters ist nicht nur abhängig von der Form der Leiterschleife und – in geringerem Maße – vom Drahtdurchmesser, sondern auch von der Form des *Leitungsquerschnitts*. In [5] sind Näherungsgleichungen für gerade Leiter angegeben – der Rückleiter ist in sehr großer Entfernung angenommen; damit berechnet sich die Abhängigkeit des Induktivitätsbelages L' eines sehr dünnen Leiters mit rechteckigem Querschnitt der Länge l und der Breite b von dem Verhältnis $s = b/l$ über folgende Gleichung (Bild 2.24):

$$\frac{L'}{\text{nH/mm}} \approx 0{,}2 \cdot (\ln(2/s) + 0{,}5 + 0{,}22\,s) \tag{2.14}$$

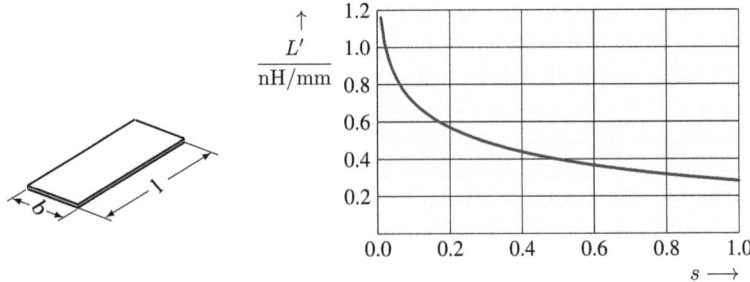

Bild 2.24 Abhängigkeit des Induktivitätsbelages eines beliebig dünnen Leiters vom Verhältnis $s = b/l$

2.7 Selbstinduktivität und Gegeninduktivität

Im Bild 2.24 ist L' über s aufgetragen. Es macht die Verringerung des Induktivitätsbelages eines Leiters mit zunehmender Breite deutlich. Dieser Zusammenhang erklärt die Bedeutung flächiger Leiter für Hochfrequenz. Beispiele für die Anwendung dieser Erkenntnis sind:

- die Verwendung möglichst kurzer, breiter Leiter zur niederimpedanten Verbindung von Gehäuseteilen und
- durchgehende Masse- und Versorgungslagen bei Leiterplatten in Multilayertechnik (s. Abschn. 5.9).

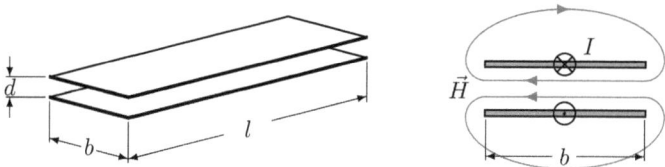

Bild 2.25 Leiterbahnen (Hin- und Rückleiter) auf einer Leiterplatte, *rechts* im Schnitt

Auf Leiterplatten liegen Hin- und Rückleiter meist sehr nahe beieinander, insbesondere auf Multilayern mit sehr geringem Lagenabstand (Bild 2.25). Mit einer Leitungslänge l, Leiterbahnbreite b, einem Lagenabstand d und der Annahme $b \gg d$ ergibt die Berechnung des magnetischen Feldes H einer solchen Anordnung zwischen den Leiterbahnen in Abhängigkeit vom verursachenden Strom I:

$$H \approx \frac{I}{b} \tag{2.15}$$

Über den Fluss Φ errechnet sich die Induktivität L der Leiterschleife:

$$\Phi = \int_A B \, dA = \mu \cdot H \cdot d \cdot l \approx \mu \cdot \frac{I}{b} \cdot d \cdot l$$

$$L = \frac{\Phi}{I} \approx \frac{\mu \cdot d \cdot l}{b} \tag{2.16}$$

Beispiel: Bei einer Leiterschleife auf einem Multilayer (Bild 2.25) mit einem Lagenabstand von 0,1 mm, mit einer Leitungslänge von $l = 0,5$ m (Leiterlänge insgesamt 1 m) und einer Leiterbahnbreite von 1 mm ist der Induktivitätsbelag, bezogen auf die Leiterlänge (nicht Leitungslänge) nur etwa 63 pH/mm, bei einer Leiterbahnbreite von 10 mm sogar nur 6,3 pH/mm.

Eine stromdurchflossene Schleife besteht in der Praxis häufig nicht nur aus einem Stück Draht, sondern enthält mehrere Elemente wie Verbindungsleitungen zwischen Gehäuseteilen, Blechstücke, aber auch Bauelemente, wie z. B. Widerstände, Kondensatoren, Transistoren oder ICs. Es ist einzusehen, dass auch sie als ein Teil der Schleife entsprechend ihrer räumlichen Ausdehnung und Form zur Induktivität der Schleife beitragen. Ihr

Beitrag ist mit der *partiellen Induktivität* beschreibbar. Diese Erkenntnis ist u. a. wichtig für die Bildung von Ersatzschaltbildern von Bauelementen (s. Abschn. 2.8).

Die Begriffe *Induktivitätsbelag* und *partielle Induktivität* sind sehr nützlich. Dennoch ist bei ihrer Benutzung Vorsicht geboten. Wie aus Gl. 2.12 hervorgeht, ist die Induktivität einer Leiterschleife von der Schleifen*fläche* abhängig und damit nicht nur von der Leiterlänge, wie es diese Begriffe suggerieren könnten, sondern auch von der Form der Schleife. Dies zeigen auch die Rechenbeispiele. Induktivitätsbelag und partielle Induktivität von Elementen in einer Leiteranordnung sind also keine konstanten Eigenschaften der Elemente. Ändert sich die Form einer zusammen mit Bauelementen gebildeten Schleife, verändert sich bei gleicher Leiterlänge und Bauelementenabmessung die Induktivität der gesamten Schleife und damit auch die partielle Induktivität des Bauelementes. Dies ist bei Angabe partieller Induktivitäten als parasitäre Elemente bei Ersatzschaltbildern von Bauelementen zu berücksichtigen, auch bei impliziter Angabe in Darstellungen der frequenzabhängigen Impedanz; sie beziehen sich immer auf eine bestimmte Anordnung und sind mit einer Veränderung der Anordnung zu beeinflussen.

2.7.1 Dämpfung magnetischer Felder durch Kurzschlussringe

Eine kurzgeschlossene Leiterschleife (K im Bild 2.26) befinde sich in einem homogenen magnetischen Wechselstörfeld $\vec{B}_{stör}$. Das Feld verursache in diesem Kurzschlussring einen Fluss $\Phi_{K,stör}$. Idealisierend sei zunächst angenommen, dass der Ring den Wirkwiderstand $R_K = 0$ besitzt und damit seine Impedanz nur durch seine Induktivität L_K repräsentiert wird. Dann fließt in dem Kurzschlussring infolge der induzierten Spannung ein Strom $I_K = \Phi_{K,stör}/L_K$. Der Strom erzeugt wiederum einen Fluss Φ_K, der nach der Lenzschen Regel genau entgegengesetzt gleich dem Fluss $\Phi_{K,stör}$ ist, ihn also kompensiert.

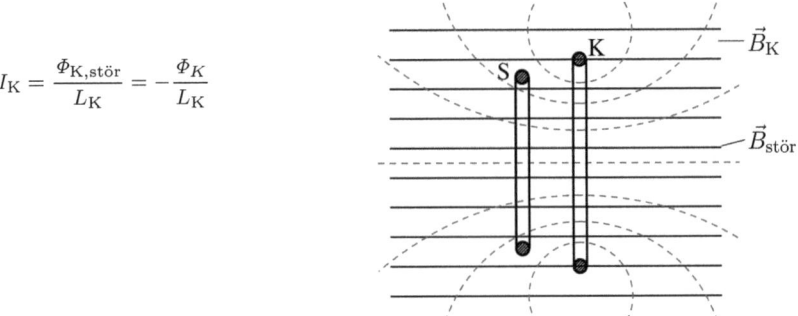

$$I_K = \frac{\Phi_{K,stör}}{L_K} = -\frac{\Phi_K}{L_K}$$

Bild 2.26 Signalschleife (*S*) und Kurzschlussring (*K*) mit einem homogenem Störfeld (*durchgezogen*) und Kompensationsfeld (*gestrichelt*)

2.7 Selbstinduktivität und Gegeninduktivität

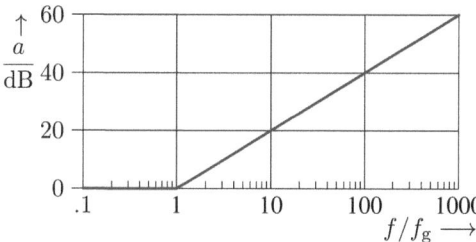

Bild 2.27 Frequenzabhängigkeit der Dämpfung eines Magnetfeldes durch einen Kurzschlussring

Die vollständige Kompensation des Stör*flusses* in der Fläche des Kurzschlussringes bedeutet wegen der Inhomogenität des Kompensationsfeldes nicht auch eine vollständige Kompensation der *Induktion* $\vec{B}_{\text{stör}}$. Die resultierende Induktion innerhalb des Rings wird aber deutlich kleiner, außerhalb kann sie auch größer werden.

Dieser Effekt kann nun genutzt werden, um die induktive Einkopplung von Störungen in Signalkreise zu dämpfen. Fallen – wie im Bild 2.26 – die Ebenen von Signalkreis S und Kompensationsschleife K nicht zusammen, ist der Fluss des Kompensationsfeldes im Signalkreis kleiner als der des Störfeldes und kann ihn nicht vollständig kompensieren. Signal- und Kompensationsschleife sollten in derselben Ebene liegen, die Kompensationsschleife muss die Signalschleife einschließen. So können z. B. mit einem am Leiterplattenrand oder um eine zu schützende Schaltung umlaufenden Kurzschlussring induktive Einkopplungen durch homogene (und schwach inhomogene) Magnetfelder in allen Kreisen einer Leiterplatte gedämpft werden.

Eine Dämpfung *netzfrequenter* Magnetfelder ist jedoch damit kaum zu erreichen. Denn der tatsächlich von null verschiedene Wirkwiderstand des Kurzschlussringes führt zu einer unteren Grenzfrequenz der Kompensationswirkung. Diese kann aus der Zeitkonstanten $\tau = L_K/R_K$ mit $f_g = 1/2\pi\tau$ berechnet werden, worin L_K die Selbstinduktivität des Kurzschlussringes und R_K dessen Wirkwiderstand ist. Ist Φ_{rest} der durch das Vorhandensein von R_K nicht kompensierte Rest des Flusses im Kurzschlussring, so ist mit $\Phi_{\text{rest}} = \Phi_{\text{K,stör}} - \Phi_K$ die Flussdämpfung a:

$$a = 20 \cdot \log\left(\frac{\Phi_{\text{K,stör}}}{\Phi_{\text{rest}}}\right) = 20 \cdot \log\left(|1 + \text{j}\, f/f_g|\right)$$

Bild 2.27 zeigt ihre Abhängigkeit von der Frequenz. Für eine merkliche Dämpfung muss der Ring eine im Verhältnis zur störenden Frequenz niedrige Grenzfrequenz f_g besitzen.

Beispiel: Setzt man für übliche Schaltdrähte eine Grenzfrequenz von ca. 10 kHz an, erreicht man bei einer Frequenz von 100 kHz mit ihnen eine Dämpfung von ca. 20 dB.

Die Grenzfrequenz f_g kann herabgesetzt werden durch:

- Vergrößern der Windungszahl des Kurzschlussring; die Induktivität wächst quadratisch, der Widerstand linear mit der Windungszahl; die Grenzfrequenz nimmt mit der Windungszahl ab.

- einen größeren Leiterquerschnitt oder Bleche – die Stromverdrängung ist zu berücksichtigen.
- Vergrößern der Induktivität der Kurzschlussschleife z. B. durch Ferritringe.

Mit einem Kurzschlussring können auch Magnetfelder gedämpft werden, die von Schaltungsteilen oder Baugruppen ausgehen und deren Umgebung stören könnten. Dies soll nun hergeleitet werden.

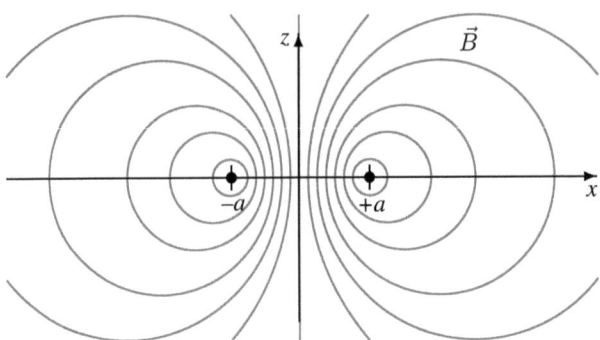

Bild 2.28 Feld einer ebenen stromdurchflossenen Schleife

Im Bild 2.28 ist das Feld einer ebenen stromdurchflossenen Leiterschleife (Drahtdurchmesser $d = 2r$) im Schnitt dargestellt. Der durch sie erzeugte Fluss Φ wird bestimmt durch Integration der Induktion $\vec{B}$ über die Fläche $\vec{A}_i$ (Flächennormalenvektor) in der Schleifenebene innerhalb der Leiterschleife (im Bild 2.28 der Bereich $-a + r < x < +a - r$):

$$\Phi = \int_{A_i} \vec{B} d\vec{A} = \int_{A_i} B dA.$$

Da alle Feldlinien von $\vec{B}$, die die Schleifenebene innerhalb der Schleifenfläche durchstoßen, dies auch außerhalb der Schleife tun, könnte man den Fluss ebenso durch Integration über die Fläche $\vec{A}_a$ außerhalb der Schleife (das ist im Bild 2.28 der Bereich $-\infty < x < -a - r$ sowie $+a + r < x < +\infty$) ermitteln. Beide Ausdrücke sind gleich.

$$\int_{A_a} B dA = \int_{A_i} B dA.$$

Der gleiche Zusammenhang gilt auch für den Kurzschlussring. Legt man um die im Bild 2.28 als störend angenommene Schleife einen Kurzschlussring in dieselbe Ebene, so tragen alle Feldlinien der störenden Schleife, die sich nicht im Inneren des Kurzschlussringes schließen, zu dem vom Kurzschlussring erfassten Fluss bei. Eben diese Feldlinien schließen sich im Außenraum des Kurzschlussrings. Der Kurzschlussring kompensiert den Fluss in seinem Innenraum. Damit wird aber auch der Fluss außerhalb des Ringes null. Dass der Fluss (im Idealfall) null wird, bedeutet wegen des unterschiedlichen Verlaufes der inhomogenen Felder nicht, dass die resultierende Induktion ebenfalls überall null ist. Sie wird aber stark gedämpft.

Mit den hergeleiteten Erkenntnissen können magnetische Felder mit hoher zeitlicher Änderungsgeschwindigkeit und damit die induktive Kopplung von Schaltungsteilen zu anderen Teilen gedämpft werden. Ausgehen können solche Felder von Leiterschleifen, von Transformatoren oder Spulen. Durch geschickte Konstruktion, indem man die Form von Stör- und Kompensationsfeld möglichst ähnlich macht, können elektrische Schirme (z. B. Blechkäfige um Schaltnetzteile) auch magnetisch gut schirmen.

2.8 EMV-Ersatzschaltbilder von Bauelementen

Die Vorgänge in der Natur können wir nur physikalisch bearbeiten, wenn wir sie in die Sprache der Physik übersetzen, d. h. von ihnen ein Modell erstellen, das wir mathematisch beschreiben können. Modelle stellen Vereinfachungen dar. Je einfacher ein Modell ist, desto leichter lässt es sich bearbeiten, desto weiter wird es sich aber von den Realitäten entfernen. Wir müssen bei der Modellierung also einen geeigneten Kompromiss anstreben. Bei der Beurteilung von Ergebnissen sind die Fehler der Modellierung zu hinterfragen.

Vorgänge in der Elektrotechnik und Elektronik pflegen wir durch Ersatzschaltbilder (ESB) zu beschreiben. Wir können heute mit Rechnerunterstützung die Funktion elektronischer Schaltungen über Funktionsersatzschaltbilder recht gut simulieren. Für die Diskussion der EMV-Probleme bedarf die Modellierung der parasitären Effekte besonderer Aufmerksamkeit. Das macht die Ersatzschaltbilder komplizierter[8]. Dagegen ist für das Verständnis der EMV-Zusammenhänge die eigentliche Funktion der Schaltung oder ihrer Bauelemente nahezu unwichtig; man muss ihre EMV-relevante Struktur erkennen. Dies kann Ersatzschaltbilder, die ausschließlich für qualitative EMV-Betrachtungen genutzt werden sollen, ganz wesentlich vereinfachen.

Im Folgenden sollen für die verschiedenen Bauelemente sehr einfache Ersatzschaltbilder diskutiert werden, die sich für die Behandlung ausschließlich der EMV-Fragen eignen. Die Ersatzschaltbilder enthalten konzentrierte Elemente, die aber verteilte Effekte (z. B. Widerstands-, Selbstinduktivitäts-, Gegeninduktivitäts- und Kapazitätsbeläge) repräsentieren. Deshalb ist ihre Aussagekraft für hohe Frequenzen begrenzt. Außerdem können Selbstinduktivitäts-, Gegeninduktivitäts- und Kapazitätsbeläge von den Umgebungsbedingungen abhängen. Ersatzschaltbilder dürfen also nicht unkritisch für detailliertere Aussagen verwendet werden.

---

[8] Ersatzschaltbilder von Bauelementen zur Simulation der Funktion einer Schaltung in LTspice unter Berücksichtigung der parasitären Elemente s. [1]

2.8.1 Das Ersatzschaltbild von Leitungen

Im Verhältnis zur Wellenlänge lange Leitungen werden durch eine Kettenschaltung von Leitungsstücken der infinitesimal kleinen Länge dl beschrieben. Bild 2.29 (links), zeigt das Modell. L' ist der Induktivitätsbelag (s. auch Abschn. 2.7), R' der Widerstandsbelag, G' der Leitwertsbelag und C' der Kapazitätsbelag der Leiter*schleife* (nicht der Einzelleiter). Eine Leitung heißt homogen, wenn sich die Beläge über der Leitungslänge nicht ändern.

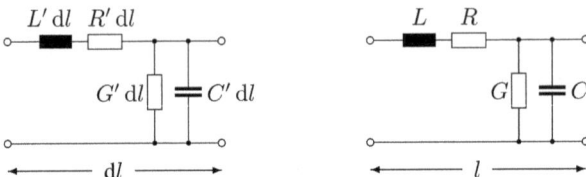

Bild 2.29 Beschreibung eines Leitungselementes dl durch Leitungsbeläge (*links*) sowie einer elektrisch kurzen Leitung der Länge l durch konzentrierte Bauelemente (*rechts*)

Leitungen müssen, damit keine Reflexionen an den Leitungsenden auftreten können, dort jeweils mit einer Impedanz abgeschlossen sein, die gleich der charakteristischen Impedanz $\underline{Z}_\mathrm{W}$ der Leitung, dem sogenannten Leitungswellenwiderstand, ist:

$$\underline{Z}_\mathrm{W} = \sqrt{\frac{R' + j\omega L'}{G' + j\omega C'}} \quad \text{oder für} \quad \omega L' \gg R' \quad \text{und} \quad \omega C' \gg G'$$

$$\underline{Z}_\mathrm{W} = \sqrt{\frac{L'}{C'}} \tag{2.17}$$

Es reicht aber schon ein Abschluss am Leitungsende, damit eine von der Signalquelle ausgehende Welle dort nicht reflektiert wird; stehende Wellen werden so vermieden. Diese Bedingung ermöglicht es, eine elektrisch lange Leitung auch mit einer Stromquelle, also einem hochohmigen Abschluss am Leitungsanfang, zu treiben.

Die Leitungsbeläge R', L', G' und C' sind über die Leitungslänge verteilte Elemente. Für elektrisch (im Verhältnis zur Wellenlänge) kurze Leitungen können als Ersatzschaltbild der ganzen Leitung näherungsweise konzentrierte Bauelemente verwendet werden (Bild 2.29, rechts), die aus den Leitungsbelägen und der Leitungslänge l berechnet werden:

$$L = L' \cdot l, \qquad R = R' \cdot l, \qquad C = C' \cdot l, \qquad G = G' \cdot l$$

Diese konzentrierten Bauelemente beschreiben die Leitung nicht mehr genau, wenn die angegebene Bedingung nicht erfüllt ist.

Bei elektrisch kurzen Leitungen, bei denen die Spannung gegenüber der Umgebung sehr klein ist, wie man es für Masse- und Versorgungsleitungen anstrebt, können die Querbeläge (Kapazitäts- und Leitwertsbelag) vernachlässigt werden. Man erhält ein vereinfachtes, gröberes Leitungsmodell, bestehend aus einer Reihenschaltung eines Widerstandes und einer Induktivität (Bild 2.30). Diese Längsimpedanz von Leitungen wird oberhalb der Grenzfrequenz $f_g = R/(2\pi L)$ durch den induktiven Anteil bestimmt. Bei hohen Frequenzen werden nur die Leitungsinduktivität, bei Gleichstrom und sehr niedrigen Frequenzen nur der Wirkwiderstand berücksichtigt. Dieses vereinfachte Modell wird in den folgenden Betrachtungen für Masse- und Versorgungsleitungen zugrunde gelegt.

Bild 2.30 Vereinfachtes Ersatzschaltbild einer elektrisch kurzen Masse- oder Versorgungsleitung; die Querbeläge sind vernachlässigt

Beispiel: Die Grenzfrequenz eines Kupferdrahtes mit einem Drahtquerschnitt von $A = 1\,\text{mm}^2$ ist mit einem überschlagsmäßig angenommenen Induktivitätsbelag von $L' \approx 1\,\text{nH/mm}$ $f_g = 2,7\,\text{kHz}$. Sie ist umgekehrt proportional dem Drahtquerschnitt und dem Induktivitätsbelag. Leiterbahnen auf Leiterplatten besitzen eine deutlich höhere Grenzfrequenz.

2.8.2 Das Ersatzschaltbild von Widerständen

Das Ersatzschaltbild eines Widerstandes kann als Kombination aus R, L und C angegeben werden (Bild 2.31). Diese drei Bauelemente sind verteilte Elemente, werden aber als konzentriert angenommen, was bei hohen Frequenzen einen Fehler verursacht. Der Widerstand R nimmt bei hohen Frequenzen infolge der Stromverdrängung zu. L repräsentiert die partielle Induktivität (s. Abschn. 2.7) des Bauelementes. Parallel zu der Serienschaltung aus R und L wirkt die Kapazität C der Anschlüsse und der Widerstandsschicht. L und C machen sich bei hohen Frequenzen als Impedanzfehler bemerkbar. Die Induktivität erhöht die Impedanz bei *niedrigen* Widerstandswerten und die Kapazität erniedrigt sie bei *hohen*. Die Frequenzabhängigkeit der Impedanz von Widerständen hängt sehr stark von der Bauform ab. Für Widerstände, die über einen großen Frequenzbereich eine geringe Abweichung vom Widerstandswert besitzen sollen, sollten SMD-Widerstände, bei Widerständen gegen Masse und bei höchsten Anforderungen Koaxial-Bauformen verwendet werden.

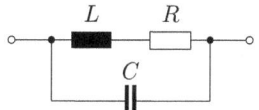

Bild 2.31 Ersatzschaltbild eines Widerstandes

Im Bild 2.32 ist die Frequenzabhängigkeit der Impedanz von SMD-Widerständen der Bauform 0805 mit über Näherungsgleichungen abgeschätzten Werten beispielhaft dargestellt. Der optimale Frequenzgang findet sich bei Widerstandswerten im Bereich von 100–200 Ω. Wenn man möglichst frequenzunabhängige Widerstände benötigt, sollte man SMD-Widerstände aus diesem Wertebereich verwenden; kleinere Widerstandwerte werden durch Parallelschaltung, größere durch Reihenschaltung von Widerständen aus diesem Wertebereich erzeugt.

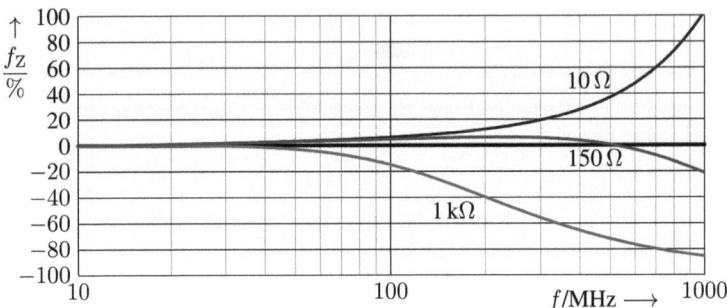

Bild 2.32 Frequenzabhängiger Fehler der Impedanz von SMD-Widerständen (Bauform 0805) mit einem Widerstandswert von 10 Ω, 150 Ω und 1 kΩ, berechnet mit $C = 1$ pF, $L = 2$ nH, Stromverdrängung berücksichtigt

2.8.3 Das Ersatzschaltbild von Kondensatoren

Die „Platten" und die Anschlüsse eines Kondensators haben einen von null verschiedenen Widerstand. Da ein sie durchfließender Strom einen *strom*proportionalen Spannungsabfall erzwingt, wird man diesen Widerstand im Ersatzschaltbild zweckmäßigerweise als einen mit der Kapazität *in Reihe* liegenden Widerstand modellieren. Die wechselnde Polarisierung der Moleküle im Dielektrikum bei Anliegen einer Wechselspannung am Kondensator ruft Verluste hervor, die nicht vom durchfließenden Strom, sondern von der anliegenden *Wechselspannung* abhängen, deshalb werden diese Verluste durch einen *parallel* zur Kapazität geschalteten Widerstand richtig beschrieben. Der durch den Kondensator fließende Strom erzeugt ein magnetisches Feld, das durch eine Serieninduktivität (partielle Induktivität) berücksichtigt werden muss. Wir erhalten das im Bild 2.33 dargestellte Ersatzschaltbild. Dessen Bauelemente sind verteilte Elemente, werden aber als konzentriert angenommen, was bei hohen Frequenzen einen Fehler verursacht.

Kondensatoren werden üblicherweise aber nur durch einen Serienschwingkreis wie im Bild 2.34 beschrieben. Dieses vereinfachte Ersatzschaltbild reicht zur Charakterisierung eines Kondensators meist aus. Seine charakteristischen Größen C, R und L sind frequenzabhängig und werden deshalb für eine charakteristische Frequenz, meist die Resonanzfrequenz, angegeben. R wird als „Ersatzserienwiderstand" (R_{ESR} oder ESR) und L als

2.8 EMV-Ersatzschaltbilder von Bauelementen

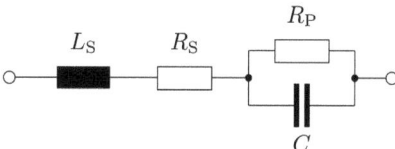

Bild 2.33 Ersatzschaltbild eines Kondensators mit getrennter Berücksichtigung strom- und spannungsabhängiger Verluste

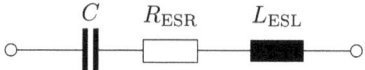

Bild 2.34 Vereinfachtes, übliches Ersatzschaltbild eines Kondensators

„Ersatzserieninduktivität" (L_{ESL} oder ESL) bezeichnet. R_{ESR} enthält in diesem Ersatzschaltbild alle Verluste, auch die dielektrischen.

Die Werte für R_{ESR} und L_{ESL} können aus den Impedanzverläufen der Herstellerangaben entnommen werden. L_{ESL} wird mit der Kapazität aus der Serienresonanzfrequenz f_S (Gl. 2.18) berechnet. Dieser Wert ist nicht nur abhängig von den Abmessungen des Kondensators, sondern auch etwas von der Form und Fläche der Schleife, in der er gemessen wurde; er ist also keine bauteilspezifische Konstante (s. Abschn. 2.7). Der Wert für R_{ESR} ist gleich dem Impedanzwert bei der Resonanzfrequenz f_S oder kann aus dem frequenzabhängigen $\tan \delta$, dem Verhältnis von Ersatzserienwiderstand zu kapazitiver Reaktanz, berechnet werden.

$$L_{ESL} = \frac{1}{(2\,\pi\,f_S)^2\,C} \qquad R_{ESR} = \frac{\tan \delta}{2\,\pi\,f_S\,C} \qquad (2.18)$$

Bild 2.35 zeigt den aus C, R_{ESR} uns L_{ESL} berechneten Impedanzverlauf eines realen Kondensators sowie gestrichelt die Verläufe eines idealen Kondensators C, einer idealen Induktivität L mit dem Wert $L = L_{ESL}$ und eines idealen Widerstandes R mit dem Wert $R = R_{ESR}$. Der Impedanzverlauf zeigt drei charakteristische Bereiche. Man erkennt: Die Impedanz ist abhängig

- unterhalb der Resonanzfrequenz: Praktisch nur von der Kapazität,
- bei Resonanzfrequenz: Vom Ersatzserienwiderstand (R_{ESR}),
- oberhalb der Resonanzfrequenz: Praktisch nur von der Ersatzserieninduktivität (L_{ESL}).

Das heißt: Im Frequenzbereich unterhalb der Resonanzfrequenz strebt die Impedanz gegen den Verlauf der Kapazität des idealen Kondensators, wird also für Betrachtungen ausschließlich in diesem Bereich durch ihn allein bestimmt. Für den Frequenzbereich oberhalb der Resonanzfrequenz aber strebt die Impedanz gegen die einer Induktivität mit dem Wert von L_{ESL}, kann also für Betrachtungen ausschließlich in diesem Bereich durch sie ersetzt werden.

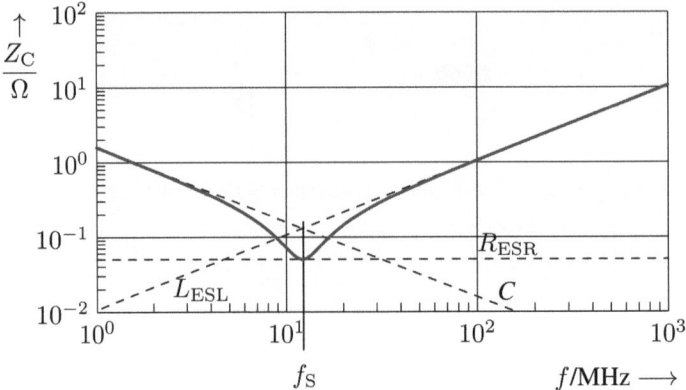

Bild 2.35 Impedanz $Z_C(f)$ eines Kondensators mit $C = 100$ nF (SMD-Bauform)

Diesen Sachverhalt verdeutlichen auch die Bilder 2.36 und 2.37. Im Bild 2.36 sind die errechneten Impedanzen $Z_C(f)$ von drei Kondensatoren unterschiedlicher Kapazität aufgetragen. Die charakteristischen Werte des 100 nF-Kondensators sind Herstellerangaben entnommen. Um die Zusammenhänge deutlicher zu machen, wurden für die anderen Kondensatoren R_{ESR} und L_{ESL} des ersten übernommen und als konstant und frequenzunabhängig angenommen[9]. Bild 2.37 enthält ergänzend die Impedanzverläufe für einen 10 nF-Kondensator mit verschiedenen Eigen- und Anschlussinduktivitäten.

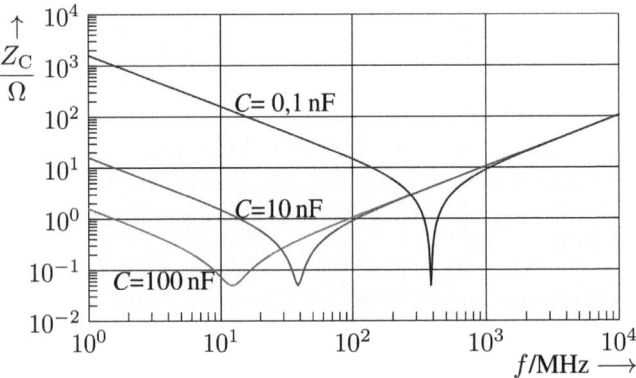

Bild 2.36 Impedanz $Z_C(f)$ von Kondensatoren unterschiedlicher Kapazität, aber mit gleich angenommenem R_{ESR} und L_{ESL}

---

[9] Für die Impedanzverläufe von Kondensatoren einer Typ-Familie gilt dies nicht (sondern $\tan \delta \approx$ konst.), sie sehen deshalb anders aus.

2.8 EMV-Ersatzschaltbilder von Bauelementen

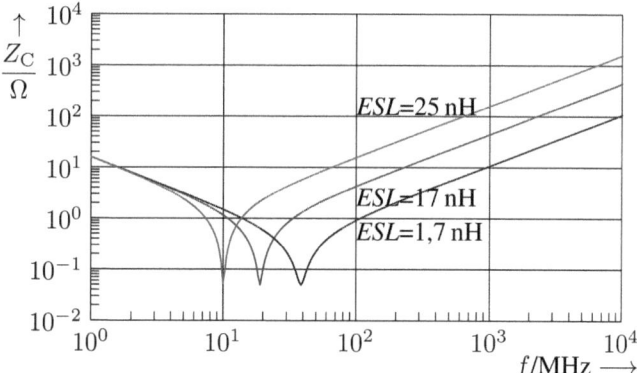

Bild 2.37 Impedanz $Z_C(f)$ von Kondensatoren mit gleicher Kapazität und gleichem R_{ESR}, aber unterschiedlicher Induktivität

Während Kondensatoren zum Zwecke einer hohen Schwingkreisgüte für schmalbandige Filter einen möglichst niedrigen $\tan\delta$ haben müssen, werden für EMV-Zwecke z. B. bei der Abblockung Kondensatoren mit einem hohen $\tan\delta$ benötigt (s. Kap. 5).

2.8.4 Das Ersatzschaltbild von Spulen

Ein anschauliches Ersatzschaltbild einer Spule mit Kern zeigt Bild 2.38 (links). Ähnlich wie bei Kondensatoren besitzt eine Spule vom hindurch fließenden Strom abhängige, als Serienwiderstand zu modellierende Verluste (Kupferverluste der Wicklung) und von der Spulenspannung abhängige, parallel zur Spule anzusetzende Kernverluste. Eine parallel zur Induktivität liegende Kapazität berücksichtigt die Kapazität der Anschlüsse sowie der Windungen und Lagen untereinander. Die Bauelemente im ESB sind wiederum verteilte Elemente, werden aber als konzentriert angenommen, was bei hohen Frequenzen einen Fehler verursacht.

Mit dem vereinfachten ESB im Bild 2.38 (rechts) lassen sich die Eigenschaften des Kerns über die komplexe Permeabilität $\underline{\mu}_r = \mu'_r - j\mu''_r$ beschreiben: Mit L_0, der Induktivität der

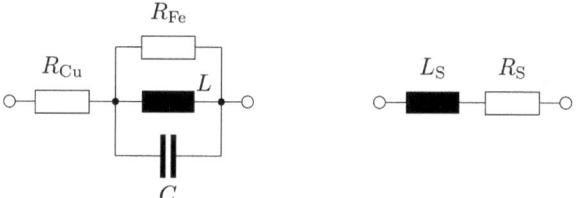

Bild 2.38 ESB einer Spule mit Kern (*links*) und vereinfachtes ESB (*rechts*)

kernlosen Spule, bestimmt μ'_r die Induktivität $L_S = \mu'_r L_0$ und den induktiven Blindwiderstand $X_S = \omega \mu'_r L_0$ und μ''_r die Kernverluste $R_S = \omega \mu''_r L_0$.

Für die Impedanz dieser Serienschaltung kann man schreiben:

$$\underline{Z}_L = j\omega \underline{\mu}_r L_0 = j\omega(\mu'_r - j\mu''_r)L_0 = jX_S + R_S$$
$$= j\omega \mu'_r L_0 + \omega \mu''_r L_0$$

Außerdem gilt: $\quad \tan\delta = \dfrac{R_S}{X_S} = \dfrac{\mu''_r}{\mu'_r}$

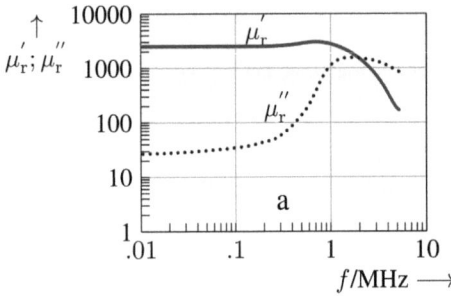
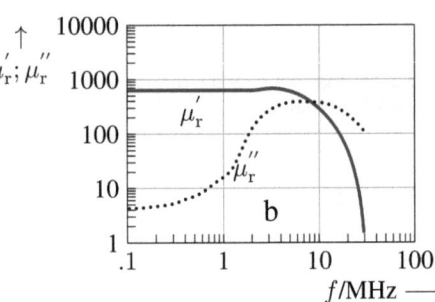
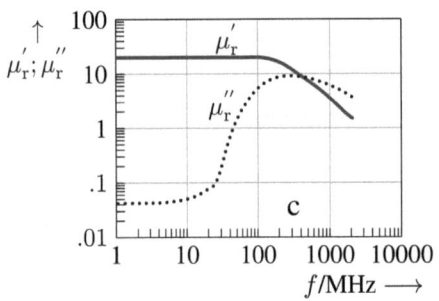

Bild 2.39 Komplexe Permeabilität und Grenzfrequenz von Ferritkernen aus unterschiedlichen Materialien (Fe (a), MnZn (b) und NiZn (c)); *durchgezogen*: Realteil μ'_r und *punktiert*: Imaginärteil μ''_r

Bild 2.39 zeigt typische Verläufe von Real- und Imaginärteil der komplexen Permeabilität von Kernen der zur Verfügung stehenden Materialien (Eisenpulver (Fe), Mangan-Zink (MnZn) und Nickel-Zink (NiZn)). Diejenige Frequenz, bei der μ'_r und μ''_r gleich sind, wird Grenzfrequenz des Kerns genannt. Sie bezeichnet den Bereich abnehmender Induktivität, in dem aber die Verluste sehr hoch sind. Die drei Materialien sind für unterschiedliche Frequenzbereiche geeignet. Das Produkt aus Anfangspermeabilität und Grenzfrequenz liegt nach [6] erfahrungsgemäß in einem relativ engen Bereich; Bild 2.39 bestätigt diesen Zusammenhang. Ein Kern mit höherer Grenzfrequenz wird also einen entsprechend geringeren Wert für die Anfangspermeabilität besitzen.

In der EMV wird nicht nur das induktive Verhalten von Spulen mit Ferritkernen (Induktivitäten oder Transformatoren) genutzt. Mit ihrem Verlustwiderstand können Störenergien auch absorbiert werden. Die Frequenzbereiche für eine optimale Nutzung gehen bei-

2.8 EMV-Ersatzschaltbilder von Bauelementen

spielhaft aus den Bildern 2.40 und 2.41 hervor, in denen die Frequenzabhängigkeit des Blindwiderstandes X_S bzw. des Verlustwiderstandes R_S, jeweils bezogen auf den maximal erreichbaren Wert, für einzelne Kerne aus den drei unterschiedlichen Materialien aufgetragen ist (nach [1][10]).

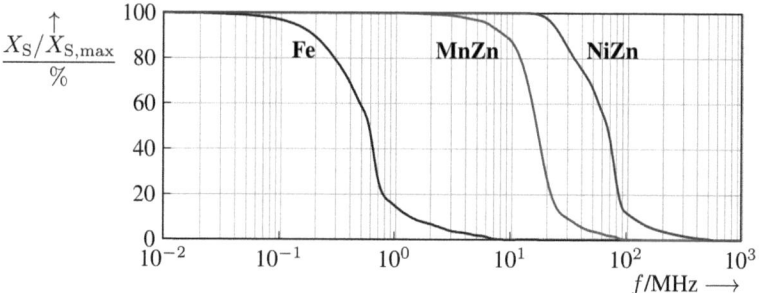

Bild 2.40 Frequenzabhängigkeit des relativen Blindwiderstandes verschiedener Kernmaterialien

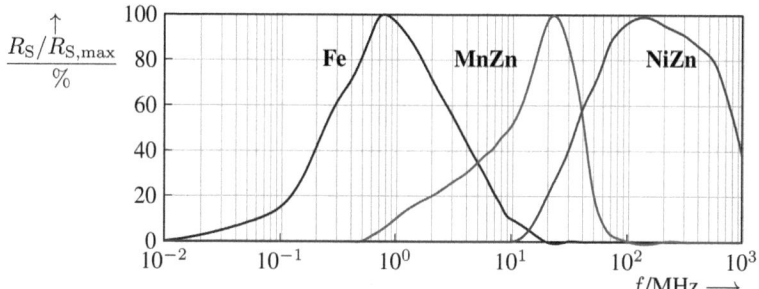

Bild 2.41 Frequenzabhängigkeit des relativen Verlustwiderstandes verschiedener Kernmaterialien

Berücksichtigt man noch die Kapazitäten der Anschlüsse und der Wicklung, die auch von den Materialeigenschaften des Kernmaterials (κ, ε_r) abhängig sind, erhält man das im Bild 2.42 (links) dargestellte Ersatzschaltbild. In [6] ist eine hinreichend gute Übereinstimmung von Rechen- und Messergebnissen für Amplitude und Phase der Impedanz über einen weiten Frequenzbereich nachgewiesen. Bild 2.42 (rechts) zeigt den Frequenzgang einer nach diesem praxisnahen ESB modellierten Spule im Vergleich zu einer idealen mit gleicher Induktivität.

---

[10] Mit freundlicher Genehmigung von Würth Elektronik

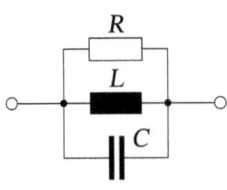 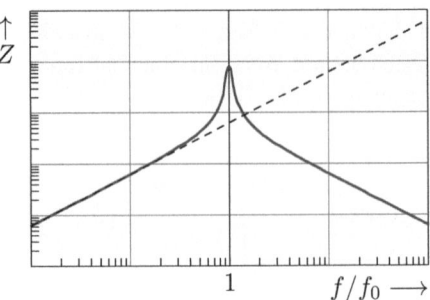

Bild 2.42 Vereinfachtes praxisnahes Ersatzschaltbild einer Spule nach [6] und Frequenzgang im Vergleich mit einer idealen Drossel (*gestrichelt*)

2.8.5 Das Ersatzschaltbild von Transistoren

Für die EMV-Analyse von Transistorschaltungen genügen sehr grobe Ersatzschaltbilder. Sie sollen nicht die Funktion der Schaltung beschreiben, sondern helfen, den geschlossenen Umlauf von Strömen zu finden.

Bild 2.43 zeigt das prinzipielle Ausgangskennlinienfeld eines Transistors. Die hier diskutierten Charakteristika gelten prinzipiell gleichermaßen für Bipolar- und Feldeffekt-Transistoren. Die Kennlinien haben zwei Bereiche: Einen nahezu horizontalen, dem ein sehr hoher dynamischer Widerstand zuzuordnen ist, und einen nahezu vertikalen, der einen niedrigen Widerstand kennzeichnet. Ein Transistor im *nicht übersteuerten* Betrieb wird im Bereich nahezu horizontaler Kennlinienteile betrieben, seine Kollektor-Emitter-Strecke besitzt einen hohen dynamischen Widerstand. Der Transistor kann also als Stromquelle – mit einem näherungsweise als unendlich hoch angenommenen Innenwiderstand[11] – modelliert werden; der von der Basisseite gesteuerte Kollektor*strom* – und nur dieser – wird also in das an den Kollektor angeschlossene Netzwerk eingeprägt. Über diese Kollektor-Emitter-Strecke kann ein Strom aus anderen Quellen (praktisch) nicht fließen.

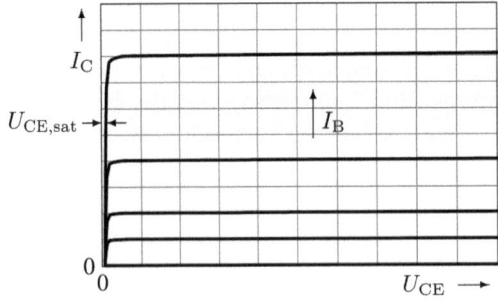

Bild 2.43
Ausgangskennlinienfeld
$I_C = f(U_{CE})$ eines bipolaren Transistors, I_B als Parameter

---

[11] Dieser Widerstand nimmt mit zunehmendem Kollektorstrom ab; dies ist jedoch für eine EMV-Analyse meist uninteressant.

2.8 EMV-Ersatzschaltbilder von Bauelementen

Die Kollektor-Emitter-Strecke eines *durchgeschalteten* Transistors dagegen kann für den Fall, dass nur Wechselstromvorgänge betrachtet werden sollen, sehr vereinfacht als Widerstand mit kleinem Widerstandswert (vertikaler Kennlinienteil) angenommen werden; die Spannung $U_{CE,sat}$ (Sättigungsspannung) wird für EMV-Zwecke meist vernachlässigt.

Im Bild 2.44 sind die Ersatzschaltbilder der Kollektoranschlüsse von Transistoren in Emitterschaltung für die beiden erläuterten Betriebsbereiche gegen die Bezugsklemme (Masse oder eine Versorgungsspannung) angegeben. Sie gelten auch für die Drain-Anschlüsse von Feldeffekttransistoren.

Anders verhalten sich Transistoren in Kollektor- bzw. Drainschaltung (Emitterfolger bzw. Sourcefolger). Der Emitter- bzw. Sourceanschluss kann als Spannungsquelle mit geringem Innenwiderstand modelliert werden.

ESB für nicht übersteuerten Betrieb   ESB für übersteuerten Betrieb

Bild 2.44 Für EMV-Betrachtungen ausreichendes Ersatzschaltbild von bipolaren Transistoren (Feldeffekttransistoren) für den Kollektor-(Drain)-Anschluss gegen Bezugspotential

Um die Ersatzschaltbilder integrierter Schaltkreise in Bezug auf ihre Versorgungs- und Ausgangsklemmen zu bestimmen, braucht man nur deren Endstufen zu betrachten, weil dort die größten Ströme fließen. In der Regel kann der Versorgungsanschluss als Stromquelle modelliert werden (Bild 2.45 links). Der Signalausgang, Spannungsübertragung vorausgesetzt, ist eine Spannungsquelle; setzt man für EMV-Betrachtungen die Signalspannung zu null und vernachlässigt ihren Innenwiderstand, kann sie als Kurzschluss dargestellt werden (Bild 2.45 rechts).

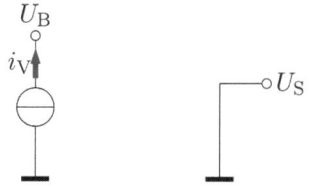

Bild 2.45 Für EMV-Betrachtungen ausreichendes Ersatzschaltbild für Versorgungsanschlüsse (*links*) und Signalausgänge (*rechts*) integrierter Schaltungen

2.8.6 Transformatoren und EMV

Transformatoren bedürfen unter EMV-Aspekten einer besonderen Betrachtungsweise. Zwei Aspekte müssen diskutiert werden:

1. Rush-Effekt:

Schaltet man eine Induktivität oder einen Trafo an eine sinusförmige Wechselspannung im Augenblick des Spannungsnulldurchganges – dem ungünstigsten Schaltaugenblick –, so liegt für diesen Moment folgender Zustand vor:

- Die Momentanwerte der Induktion und des Flusses im Einschaltmoment müssen null sein; denn beide Größen können sich nicht sprunghaft ändern.
- Aber auch die Änderungsgeschwindigkeit des Flusses $d\varphi/dt$ muss null sein: Denn die Verläufe von Induktion und magnetischem Fluss befinden sich nach dem Induktionsgesetz wegen des Spannungsnulldurchgangs gerade in einem Extremum.

Diese Bedingungen können nur gleichzeitig erfüllt sein, wenn der sinusförmige Verlauf der Induktion um den Spitzenwert verschoben ist – je nach Richtung des Nulldurchgangs nach oben oder nach unten.

Nach einer Halbwelle erreichen die Induktion $b(t)$ und der Fluss $\varphi(t)$ den anderen Extremwert, der etwa um den Spitze-Spitze-Wert von null verschieden sein muss. Die Induktion steigt also auf die doppelte Nenn-Induktion. Da Eisen schon bei einfacher Nenn-Induktion nahe an seiner Sättigungsgrenze betrieben wird, gerät es stark in die Sättigung, μ_r und die Induktivität werden sehr gering. Der Einschaltstrom wird praktisch nur noch durch den ohmschen Widerstand der Spule begrenzt. Der maximale Einschaltstrom, der dabei auftreten kann, lässt sich näherungsweise aus dem Quotienten aus dem Spitzenwert der Spannung und dem ohmschen Widerstand der Spule berechnen:

$$I_{\max} = \hat{U}/R$$

Transformatoren mit kleiner Kurzschlussspannung (höherem Wirkungsgrad), wie Ringkerntransformatoren, verhalten sich demnach in diesem Punkt kritischer als solche mit höherer Kurzschlussspannung (niedrigerem Wirkungsgrad).

In der Praxis hängt der Phasenwinkel, bei dem der maximale Einschaltstrom auftritt, noch von der Remanenz im Eisen und damit vom Phasenwinkel beim letzten Ausschalten ab; der Rush-Effekt kann also nicht einfach durch ein erzwungenes Einschalten im Spannungsmaximum verhindert werden.

Die Verschiebung der Induktion klingt in einem Ausgleichsvorgang mit der Zeitkonstanten $\tau = L/R$ ab, die sehr klein ist, solange sich das Eisen in der Sättigung befindet. Der Ausgleichsvorgang ist im Wesentlichen schon nach etwa einer Sinushalbwelle abgeklungen und kann deshalb näherungsweise als Sinushalbwelle mit dem Spitzenwert $I_{\max}$ modelliert werden. Der Effekt erzeugt also keine höherfrequenten Anteile und damit keine hochfrequenten Störungen. $I_{\max}$ kann aber sehr groß werden – z. B. bei einer Netzspannung von 230 V und einem Gleichstromwiderstand der Primärwicklung

2.8 EMV-Ersatzschaltbilder von Bauelementen

von 5 Ω beträgt er 65 A – und kann die Sicherung, die dem Transformator vorgeschaltet ist, auslösen; dies kann z. B. durch einen während des Einschaltvorganges zusätzlich wirksamen Widerstand verhindert werden. Ob der Strom auch durch induktive Kopplung oder Impedanzkopplung Schaltungen im Umfeld stören kann, ist zu prüfen.

2. Gleichtaktverhalten:

Der Transformator wird im normalen Betrieb mit einem Gegentaktsignal beaufschlagt. Die angelegte Spannung wird mit dem Windungszahlverhältnis transformiert, in Geräten in der Regel heruntertransformiert. Dies gilt sowohl für Nutzsignale als auch für Gegentaktstörsignale. Störung treten aber häufig als Gleichtaktsignal auf. Für diesen Fall ist der Transformator bei einer galvanischen Trennung der Wicklungen eigentlich eine Sperre. Aufgrund der unvermeidlichen Kapazität zwischen Primär- und Sekundärwicklung können aber trotzdem Wechselströme fließen – und zwar sowohl netzfrequente als auch höherfrequente – und zu entsprechenden Störungen führen. Gleichtaktstörungen werden nicht mit dem Windungszahlverhältnis heruntergeteilt. Der Transformator kann für derartige Signale als Kapazität zwischen Primär- und Sekundärkreis modelliert werden (s. Bild 2.46), deren Wert mit einem Kapazitätsmessgerät bei niedrigen Frequenzen (z. B. 50 Hz) zwischen den Wicklungen gemessen wird, indem zweckmäßigerweise die Enden jeder Wicklung miteinander verbunden werden. Ein solches einfaches Modell reicht für die meisten Betrachtungen aus. Für genauere Analysen muss das Gleichtaktübertragungsverhalten zwischen den Primär- und Sekundäranschlüssen des Transformators bei betriebsmäßiger Beschaltung mit einem Netzwerkanalysator über der Frequenz bestimmt werden. Der z. B. aus dem Netz durch Gleichtaktstörsignale über die Wicklungskapazität influenzierte Wechselstrom muss sich von der Sekundärseite zur Quelle (Netz) zurück schließen. Sein Weg durch das Gerät ist zu untersuchen. Bei Netzfrequenz kann dieser Strom zwar sehr klein sein, dennoch kann er in empfindlichen Schaltungen (z. B. NF-Verstärkern) durch einen Spannungsabfall auf der Masse eine Brummspannung erzeugen. Bei hohen Frequenzen ist diese Kopplung sehr viel größer, so dass auch sehr unempfindliche Schaltungen, wie z. B. Digitalschaltungen gestört oder zerstört werden können. Auf demselben Wege und über denselben Mechanismus werden auch Störungen aus dem Gerät in das Netz gekoppelt. Wegen der galvanischen Trennung im Netzteil vermutet man diese Kopplung nicht! Hier liegt jedoch der Schlüssel zum Verständnis von Masseschleifen und Störkopplungen vom Netz in ein Gerät und umgekehrt.

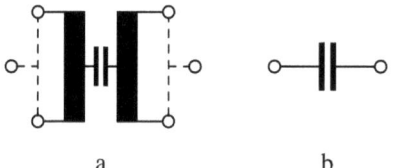

Bild 2.46 Einfaches Modell eines Transformators für Gleichtaktsignale (a) mit der Koppelkapazität zwischen den Wicklungen und den (*gestrichelten*) Anschlüssen zu ihrer Messung sowie (b) als ESB

Enthält der Transformator mehrere Sekundärwicklungen zur galvanischen Trennung verschiedener Netzteile, so sind ebenfalls kapazitive Kopplungen zwischen den Sekundärwicklungen zu berücksichtigen. Für hohe Frequenzen wird die galvanische Trennung also kapazitiv überbrückt.

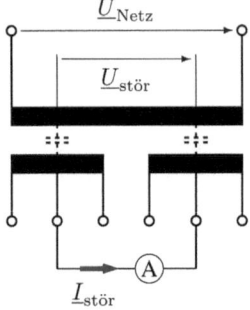

Bild 2.47 Kapazitiv eingekoppelter Massestrom zwischen Netzteilen, die aus den beiden Sekundärwicklungen versorgt werden

Sind die Sekundärwicklungen nebeneinander über unterschiedliche Teile der Primärwicklung gewickelt (Bild 2.47), wie dies z. B. bei Ringkerntransformatoren geschehen kann, so koppelt die Spannung zwischen den Teilen der Primärwicklung kapazitiv in die Schaltung auf der Sekundärseite ein. Werden aus den galvanisch getrennten Sekundärwicklungen Netzteile gespeist, die wiederum masseseitig miteinander verbundene Baugruppen versorgen, so kann über diese Masseverbindung der influenzierte Strom fließen. Wie man daraus resultierende Störungen mit Hilfe der Stromanalyse erkennt und ihnen begegnet, ist in den Kap. 6 und 7 beschrieben.

Literatur

1. Brander, Th., Gerfer, A., Rall, B. Zenkner, H.: Trilogie der induktiven Bauelemente, Würth Elektronik eiSos GmbH & Co. KG (Herausgeber), Swiridoff Verlag, Künzelsau, 4. Auflage
2. Franz, J.: Störungsunterdrückung durch Stromübertragung, Tagungsband „Internationale Fachmesse und Kongress für Elektromagnetische Verträglichkeit" '98, VDE-Verlag, Berlin, Offenbach, 1998
3. Frohne, H.: Einführung in die Elektrotechnik, Teubner Studienskripten, Band 2: Elektrische und magnetische Felder, Verlag Teubner, Stuttgart, 1972
4. Habiger, E.: Elektromagnetische Verträglichkeit, Hüthig Verlag Heidelberg, 1998
5. Meinke, H./Gundlach, F.W.: Taschenbuch der Hochfrequenztechnik. Springer-Verlag, Berlin/Heidelberg/New York, 1968
6. Rall, B.: New Methods in Modeling EMC Ferrites, ITEM Update 1995

Kapitel 3
Kopplungsmechanismen

In einen Signalkreis werden über verschiedene Kopplungsmechanismen Störungen eingekoppelt. Häufig treten die Kopplungsmechanismen kombiniert auf. Sie werden in diesem Kapitel einzeln hergeleitet; dabei werden die jeweils anderen nicht berücksichtigt. Prinzipiell hängt eine in einen Signalkreis eingekoppelte Störung, dargestellt durch ihren an der Last auftretenden Anteil, nicht allein vom Kopplungsmechanismus selbst, sondern auch von Parametern der Störquelle und der Störsenke ab und kann über diese ebenfalls beeinflusst werden. Die hergeleiteten Gleichungen weisen entsprechend drei Terme auf.

3.1 Kapazitive Kopplung

3.1.1 Kapazitive Kopplung in unsymmetrische Signalkreise

Bild 3.1 zeigt einen von der Spannung $u_\text{stör}$ über die parasitäre Koppelkapazität C_K gestörten Signalkreis mit unsymmetrischer Signalübertragung. Die Signalquelle ist nur durch ihren Innenwiderstand R_i dargestellt. Die Beläge der Leitungen aa' und bb' seien

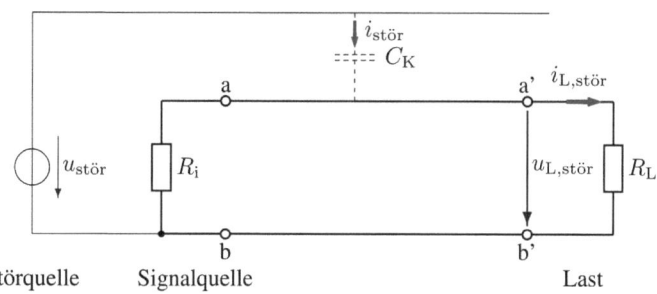

Bild 3.1 Kapazitive Kopplung, Kopplungsmechanismus als Kapazität C_K modelliert

hier vernachlässigt. Unter der für die Erfassung des „Worst Case" günstigen Annahme $u_\text{stör} \gg u_\text{L,stör}$ ist im Zeit- und Frequenzbereich $i_\text{stör}$ bzw. $\underline{I}_\text{stör}$:

$$i_\text{stör} = C_\text{K} \cdot \frac{du_\text{stör}}{dt} \quad \text{bzw.} \quad \underline{I}_\text{stör} = j\omega C_\text{K} \cdot \underline{U}_\text{stör} \quad (3.1)$$

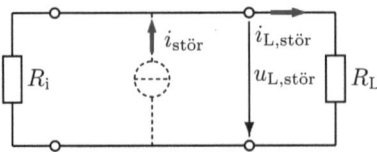

Bild 3.2 Kapazitive Kopplung mit einer Stromquelle modelliert

Mit dem in den Signalkreis influenzierten Strom $i_\text{stör}$ kann man die Störkopplung auch in einem Ersatzschaltbild wie in Bild 3.2 beschreiben. Der influenzierte Strom wird als Stromquelle modelliert, deren Innenwiderstand für die Betrachtung des „Worst Case" vernachlässigt werden kann. Der Störstrom $i_\text{stör}$ fließt in die Parallelschaltung von R_i und R_L. Der Störanteil $u_\text{L,stör}$ bzw. $\underline{U}_\text{L,stör}$ der Spannung an der Last beträgt im Zeit- und Frequenzbereich:

$$u_\text{L,stör} = \frac{R_\text{i} \cdot R_\text{L}}{R_\text{i} + R_\text{L}} \cdot i_\text{stör} \quad \text{bzw.} \quad \underline{U}_\text{L,stör} = \frac{R_\text{i} \cdot R_\text{L}}{R_\text{i} + R_\text{L}} \cdot \underline{I}_\text{stör}$$

oder mit Gl. 3.1:

$$u_\text{L,stör} = C_\text{K} \cdot \frac{du_\text{stör}}{dt} \cdot \frac{R_\text{i} \cdot R_\text{L}}{R_\text{i} + R_\text{L}} \quad \text{bzw.} \quad \underline{U}_\text{L,stör} = j \cdot C_\text{K} \cdot \omega \underline{U}_\text{stör} \cdot \frac{R_\text{i} \cdot R_\text{L}}{R_\text{i} + R_\text{L}} \quad (3.2)$$

und mit der Bedingung *für Spannungsübertragung* ($R_\text{i} \ll R_\text{L}$):

$$u_\text{L,stör} \approx C_\text{K} \cdot \frac{du_\text{stör}}{dt} \cdot R_\text{i} \quad \text{bzw.} \quad \underline{U}_\text{L,stör} \approx j \cdot C_\text{K} \cdot \omega \underline{U}_\text{stör} \cdot R_\text{i} \quad (3.3)$$

Die entsprechenden Ströme erhalten wir durch Division von Gl. 3.2 mit R_L:

$$i_\text{L,stör} = C_\text{K} \cdot \frac{du_\text{stör}}{dt} \cdot \frac{R_\text{i}}{R_\text{i} + R_\text{L}} \quad \text{bzw.} \quad \underline{I}_\text{L,stör} = j \cdot C_\text{K} \cdot \omega \underline{U}_\text{stör} \cdot \frac{R_\text{i}}{R_\text{i} + R_\text{L}} \quad (3.4)$$

und mit der Bedingung *für Stromübertragung* ($R_\text{i} \gg R_\text{L}$):

$$i_\text{L,stör} \approx C_\text{K} \cdot \frac{du_\text{stör}}{dt} \quad \text{bzw.} \quad \underline{I}_\text{L,stör} \approx j \cdot C_\text{K} \cdot \omega \underline{U}_\text{stör} \quad (3.5)$$

Das Störsignal am Eingang der Last erscheint nach den Gln. 3.2 und 3.4 im Zeitbereich differenziert. Die Wirkung der kapazitiven Kopplung nimmt also proportional mit der Frequenz zu.

3.1 Kapazitive Kopplung   45

Die Gln. 3.2 und 3.4 enthalten jeweils 3 Terme: C_K beschreibt den Einfluss der Kopplung, $du_\mathrm{stör}/dt$ bzw. $\omega \underline{U}_\mathrm{stör}$ den der Störquelle und die Widerstandsterme den der Störsenke. Über jeden dieser Terme kann die Störung beeinflusst werden:

1. Verringerung des Einflusses der *Koppelkapazität* C_K

   - durch Verkürzen der Länge der störenden und gestörten Leitungen,
   - durch großen Abstand zwischen den sich störenden Leitungen,
   - indem die störenden und störungsgefährdeten Leitungen nicht parallel geführt werden,
   - durch Schirmung (Verringern der Betriebskapazität, s. Abschn. 2.6); es können sowohl die störende als auch die störungsgefährdete Leitung oder Schaltungsteile geschirmt werden. Bei gedruckten Schaltungen wird die Störung durch eine zwischen die sich störenden Leitungen eingefügte, auf Bezugspotential (Masse) liegende Leitung oder durch eine Massefläche auf der Rückseite (z. B. bei Bussystemen) gedämpft.

2. Verringerung der *Änderungsgeschwindigkeit der Störspannung* durch Verwendung aktiver Bauteile mit möglichst niedriger Grenzfrequenz oder künstliche Verringerung mit Tiefpass-Filtern in der Störquelle.

3. Verringern des *Innenwiderstandes* R_i der Signalquelle bei Spannungsübertragung (mit Stromübertragung wird die Störung maximal).

Zur *Diagnose* auf kapazitive Kopplung nutzt man die gewonnenen Kenntnisse. Ersetzt man die Signalquelle in geeigneter Weise durch einen Kurzschluss ($R_\mathrm{i} = 0$), so muss $u_\mathrm{L,stör}$ verschwinden oder – bei nicht zu vernachlässigender Leitungs-Längs-Impedanz – sich entsprechend verringern. Eine Schirmung hat einen ähnlichen Effekt. Um den Einfluss mehrerer vermuteter Störquellen zu bestimmen, mache man nacheinander die vermuteten Spannungen der Störquellen zu null.

Prinzipiell wirkt die Kopplung in beide Richtungen. Die anfangs gemachte Voraussetzung, dass immer $u_\mathrm{stör} \gg u_\mathrm{L,stör}$ gilt, wird bei sehr geringen Abständen von Störquelle und gestörter Masche, wie z. B. in Kabelbäumen oder benachbarten Leitungen auf Leiterplatten, nicht eingehalten. Zwar gelten noch die hergeleiteten qualitativen Aussagen, für eine quantitative genauere Aussage reicht diese Betrachtung nicht.

3.1.2 Amplitudengang der eingekoppelten Störung

Die kapazitive Last, die im Bild 3.3 mit der Kapazität C_S berücksichtigt ist, kann die Eingangskapazität der Empfängerschaltung sein oder die Kapazität eines geschirmten Kabels zwischen Signalquelle und Signalsenke; wenn die Wellenlänge der betrachteten Wechselspannung gegen die Kabellänge groß ist, kann die Kapazität des Kabels als konzentriertes Bauelement angenommen werden. Die Parallelschaltung der Kapazitäten C_S und

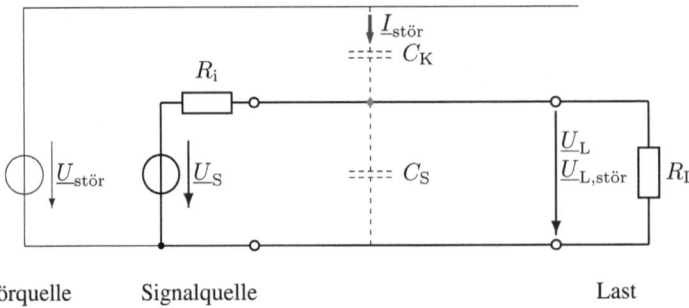

Bild 3.3 Kapazitive Kopplung bei einem Signalkreis mit kapazitiver Last

C_K bildet mit der Parallelschaltung von Innenwiderstand R_i und Lastwiderstand R_L eine Zeitkonstante

$$\tau = (C_S + C_K) \cdot \frac{R_i \cdot R_L}{R_i + R_L}$$

und führt zu einer oberen Grenzfrequenz f_g des Übertragungsbereiches des Nutzsignales (U_L/U_S, s. Bild 3.4 links):

$$f_g = \frac{1}{2\pi \cdot \tau} = \frac{1}{2\pi(C_S + C_K) \frac{R_i \cdot R_L}{R_i + R_L}}$$

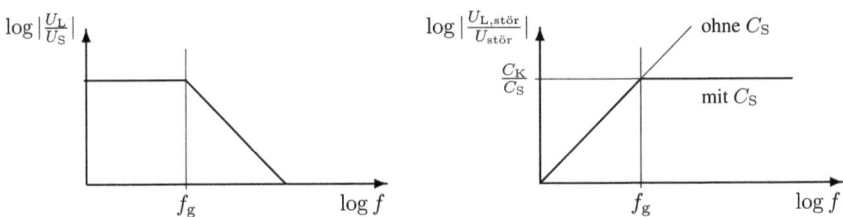

Bild 3.4 Amplitudengang des Signalkreises für das Nutzsignal (*links*) und für die Störung im Signalkreis (*rechts*), beide Achsen logarithmisch geteilt

Die eingekoppelte Störspannung $\underline{U}_{L,stör}$ ist ohne Berücksichtigung von C_S nach den Gln. 3.4 und 3.5 frequenzproportional. Dies ist hier auch der Fall, solange der kapazitive Blindwiderstand von $C_K \| C_S$ groß gegen $\frac{R_i \cdot R_L}{R_i + R_L}$ ist, also unterhalb von f_g. Oberhalb von f_g wird dieser Blindwiderstand jedoch kleiner als die Parallelschaltung der Widerstände. Dann wird die Amplitude der eingekoppelten Störspannung nur noch vom kapazitiven Spannungsteilerverhältnis bestimmt, nicht jedoch von der Frequenz (s. Bild 3.4 rechts). Über das Verhältnis C_K/C_S können also oberhalb des Übertragungsbereiches auftretende Störungen gedämpft werden[1]. Dieses Verhalten kann auch so interpretiert werden: Die Störung hat über alle Frequenzen differenzierendes Verhalten; dieses wird oberhalb der Sig-

---

[1] In ähnlicher Weise wirken Eingangstiefpassfilter

nalgrenzfrequenz durch das integrierende Verhalten des Signalkreises kompensiert. Diese Betrachtungsweise ist sehr sinnvoll, denn der *Störabstand*, berechnet aus dem Quotienten von U_L/U_S und $U_{L,\text{stör}}/U_{\text{stör}}$, verhält sich im gesamten Frequenzbereich mit und ohne Berücksichtigung von C_S frequenzproportional. Die Zusammenhänge gelten gleichermaßen für Spannungs-, Strom- und Leistungsübertragung.

3.1.3 Kapazitive Kopplung in symmetrische Signalkreise

Im Bild 3.5 ist ein Signalkreis dargestellt, bei dem keine der beiden Signalleitungen mit der Masse der Umgebung (M) verbunden wurde; man nennt solche Kreise häufig „erdfrei"[2]. Die parasitären Kapazitäten ($C_1, \ldots, C_4$) bilden eine Brückenschaltung, die abgeglichen ist, wenn gilt:

$$\frac{C_1}{C_2} = \frac{C_3}{C_4}$$

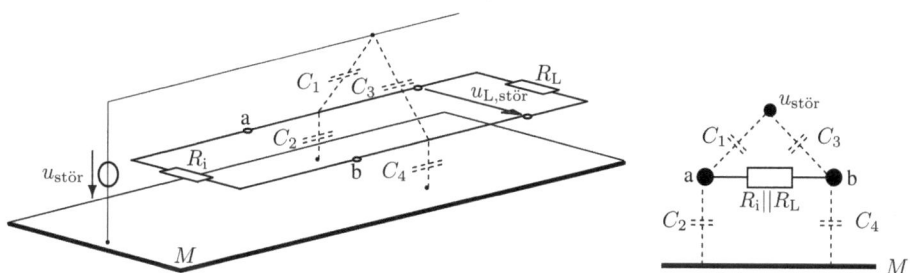

Bild 3.5 „Erdfreier" Signalkreis mit den parasitären Kapazitäten (*links*) und im Schnitt (*rechts*)

Die Brücke ist dann *symmetriert*, der Strom in der Brückendiagonale **ab** ist null. Die Symmetrierung muss sich auf alle Teilbereiche der Signalmasche, auf Signalquelle, Signalsenke und die Leitungen, erstrecken. Für den Bereich der Übertragung erreicht man in der Praxis die Bedingung $C_1 = C_3$ und $C_2 = C_4$ durch Verdrillen beider Signalleitungen. Durch Verlegen der verdrillten Leitung nahe zur Masse wird außerdem $C_1, C_3 \ll C_2, C_4$ und damit Brückenempfindlichkeit und Restfehler beim Brückenabgleich sehr klein. Für Signalquelle und -senke hat der geforderte Abgleich auch schaltungstechnische Konsequenzen: Es reicht nicht, unsymmetrisch aufgebaute Schaltungen nur ohne direkten Bezug zum Massepotential M anzuschließen; denn die Masse einer solchen „hochliegenden" aktiven Schaltung besitzt meist eine sehr viel größere Kapazität gegen die Umgebung als die Signalleitung; die Schaltung sollte symmetrisch aufgebaut werden (S. auch Abschn. 2.5, S. 16).

---

[2] Gemeint ist massefrei. Erdung dient dem Personenschutz, Massung der Schaltungsfunktion

3.2 Induktive Kopplung

3.2.1 Induktive Kopplung in Signalkreise

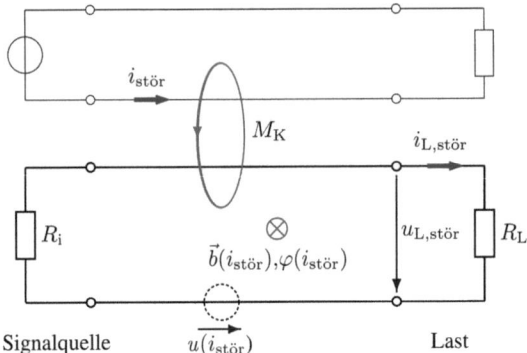

Bild 3.6 Induktive Kopplung in Signalkreise

Der im Bild 3.6 dargestellte unsymmetrische oder symmetrische Signalkreis – die Signalquelle ist nur durch ihren Innenwiderstand dargestellt – ist von einer magnetischen Induktion $\vec{b}(i_\text{stör})$ durchsetzt, hervorgerufen durch den Strom $i_\text{stör}$ der störenden Leiterschleife (oben). Die Änderungsgeschwindigkeit des Flusses $\varphi(i_\text{stör})$ induziert eine Störspannung $u_\text{stör}$ in die Masche. Sie wird, mit der Gegeninduktivität M_K zwischen der störenden und der gestörten Leiterschleife beschrieben, im Zeit- und Frequenzbereich:

$$u_\text{stör} = M_\text{K} \cdot \frac{di_\text{stör}}{dt} \quad \text{bzw.} \quad \underline{U}_\text{stör} = j\omega M_\text{K} \cdot \underline{I}_\text{stör} \tag{3.6}$$

Mit der in den Signalkreis induzierten Spannung $u_\text{stör}$ und unter der Voraussetzung der Rückwirkungsfreiheit kann man die Störkopplung auch in einem Ersatzschaltbild, wie in Bild 3.7, darstellen. Die induzierte Spannung wird als Spannungsquelle modelliert.

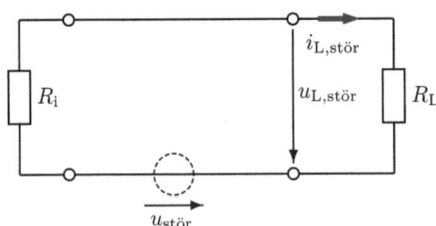

Bild 3.7 Ersatzschaltung für die induktive Kopplung

3.2 Induktive Kopplung

Am Lastwiderstand R_L steht die Spannung:

$$u_{L,\text{stör}} = \frac{R_L}{R_i + R_L} \cdot u_{\text{stör}} \quad \text{bzw.} \quad \underline{U}_{L,\text{stör}} = \frac{R_L}{R_i + R_L} \cdot \underline{U}_{\text{stör}}$$

oder mit Gl. 3.6

$$u_{L,\text{stör}} = M_K \cdot \frac{di_{\text{stör}}}{dt} \cdot \frac{R_L}{R_i + R_L} \quad \text{bzw.} \quad \underline{U}_{L,\text{stör}} = j \cdot M_K \cdot \omega \underline{I}_{\text{stör}} \cdot \frac{R_L}{R_i + R_L} \quad (3.7)$$

und mit der Bedingung für *Spannungsübertragung* ($R_i \ll R_L$):

$$u_{L,\text{stör}} \approx M_K \cdot \frac{di_{\text{stör}}}{dt} \quad \text{bzw.} \quad \underline{U}_{L,\text{stör}} \approx j \cdot M_K \cdot \omega \underline{I}_{\text{stör}} \quad (3.8)$$

Die entsprechenden Ströme erhalten wir durch Division von Gl. 3.7 mit R_L:

$$i_{L,\text{stör}} = M_K \cdot \frac{di_{\text{stör}}}{dt} \cdot \frac{1}{R_i + R_L} \quad \text{bzw.} \quad \underline{I}_{L,\text{stör}} = j \cdot M_K \cdot \omega \underline{I}_{\text{stör}} \cdot \frac{1}{R_i + R_L} . \quad (3.9)$$

und mit der Bedingung für *Stromübertragung* ($R_i \gg R_L$):

$$i_{L,\text{stör}} \approx M_K \cdot \frac{di_{\text{stör}}}{dt} \cdot \frac{1}{R_i} \quad \text{bzw.} \quad \underline{I}_{L,\text{stör}} \approx j \cdot M_K \cdot \omega \underline{I}_{\text{stör}} \cdot \frac{1}{R_i} . \quad (3.10)$$

Die Gln. 3.7 und 3.9 enthalten jeweils 3 Terme. M_K beschreibt den Einfluss der Kopplung, $di_{\text{stör}}/dt$ bzw. $\omega \underline{I}_{\text{stör}}$ den der Störquelle und der Widerstandsterm den der Störsenke. Über jeden dieser Terme kann die Störung beeinflusst werden:

1. Verringerung der *Gegeninduktivität* M_K durch

    - Vergrößern des Abstandes zwischen den sich störenden Maschen,
    - Verkleinern der Schleifenfläche beider Maschen durch räumlich benachbarte Verlegung von Hin- und Rückleiter oder Verkürzung der Leitungen; die räumliche Nähe von Hin- und Rückleiter in der Störquelle führt zu einer Kompensation der Felder beider Leiter und damit zu einer geringeren Induktion im gesamten Raum; an der Störsenke verringert die kleinere Schleifenfläche den die Schleife durchsetzenden Fluss und damit auch die induzierte Spannung,
    - durch eine Orientierung der Schleifen so zueinander, dass jeweils das Feld der einen Schleife die andere Schleife nicht durchsetzt; der Fluss und damit auch die induzierte Spannung werden dann null,
    - Verdrillen der Hin- und Rückleiter einer oder beider Maschen; die Richtung der Induktion ändert dann in der gestörten Schleife über die Länge ständig das Vorzeichen, so dass der resultierende Fluss und damit auch die induzierte Spannung gering sind,
      (Beispiel: Leitungssysteme für die Energieversorgung bestehen häufig aus Kupferschienen; ihre magnetischen Felder sind um ein Vielfaches höher als das verdrillter Kabel.)
    - magnetische Schirmung mit Materialien, die ein hohes μ_r und eine niedrige Koerzitivfeldstärke besitzen (Permalloy, Mu-Metall).

- Bei hinreichend hohen Frequenzen wirkt auch eine elektrostatische Abschirmung als magnetischer Schirm. Die im Schirm erzeugten Wirbelströme kompensieren die Magnetfeldänderung
  (Beispiel: Abschirmbecher für HF-Schwingkreise in Rundfunkgeräten).
  Man kann Maschen auch gezielt durch sogen. Kurzschlussschleifen schützen (s. Abschn. 2.7.1); sie wirken ebenfalls durch eine Kompensation des magnetischen Flusses.

2. Verringern der *Änderungsgeschwindigkeit des Störstromes* durch Verwenden von Bauelementen mit niedrigerer Grenzfrequenz oder mit Hilfe von Tiefpässen,

3. *Stromübertragung*: Im Gegensatz zur kapazitiven Kopplung ist der Widerstandsterm in den Gln. (3.7) sowie (3.9) und (3.10) nicht mit $R_i \to 0$, sondern mit $R_i \to \infty$ zu verringern, also mit Stromübertragung. Dann fällt die induzierte Störspannung praktisch vollständig am Innwiderstand R_i der Signalquelle ab und der Störanteil im Eingangsstrom $i_{L,\text{stör}}$ wird null.

Zur *Diagnose* auf induktive Kopplung nutzt man die gewonnenen Kenntnisse. Mit der Öffnung des Signalkreises an der Signalquelle ahmt man einen sehr hohen Innwiderstand der Signalquelle nach. Nach Gl. (3.10) muss die induktiv eingekoppelte Störung damit verschwinden, eine kapazitiv eingekoppelte wird größer. Wie in Abschn. 3.3 hergeleitet wird, verschwindet mit dieser Maßnahme allerdings auch eine Störung durch Impedanzkopplung. Der angegebene Test ist also nur eindeutig, wenn Impedanzkopplung ausgeschlossen werden kann. Ein weiterer leicht durchzuführender Test besteht in der Kompensation des magnetischen Flusses durch Kurzschlussringe (s. Abschn. 2.7.1) oder Schirmbleche, die zur Unterscheidung gegenüber kapazitiver Kopplung nicht an Masse gelegt werden sollten. Bei mehreren störenden Quellen können die einzelnen Einflüsse erkannt werden, indem man den Störstrom (nicht aber die Störspannung!) in den verschiedenen störenden Maschen nacheinander z. B. durch Abschalten der Lastwiderstände zu null macht.

Die Wirkung der induktiven Kopplung nimmt nach den Gln. 3.7 und 3.9 wie die kapazitive frequenzproportional zu. Das Störsignal am Eingang der Last erscheint im Zeitbereich also differenziert. Die Berücksichtigung einer Kapazität C_S im Signalkreis wie in Bild 3.3 bringt das gleiche Ergebnis wie dort: Signal und Störung werden durch das Tiefpassverhalten des Kreises mit der Zeitkonstanten $\tau = R_i \| R_L \cdot C_S$ und der dazugehörigen Grenzfrequenz $f_g = 1/(2\pi\tau)$ beeinflusst. Dies gilt gleichermaßen für Spannungs-, Strom- und Leistungsübertragung.

Die anfangs gemachte Voraussetzung der Rückwirkungsfreiheit gilt nicht mehr bei fester Kopplung zwischen Störquelle und gestörter Masche wie z. B. in Kabelbäumen oder benachbarten Leiterschleifen und hohem Störstrom $i_{L,\text{stör}}$. Auch hier gelten noch die hergeleiteten qualitativen Aussagen, für eine genauere quantitative Aussage reicht diese Betrachtung nicht.

3.2.2 Induktive Kopplung von Gleichtaktstörungen in symmetrische Signalkreise

Bild 3.8 zeigt einen symmetrischen Signalkreis, bei dem die beiden Signalleitungen verdrillt wurden, um das induzierte Gegentaktsignal verschwindend gering zu halten. In die aus den beiden verdrillten Signalleitungen und der Masse gebildete Schleife wird eine Störspannung induziert, die nun ein Gleichtaktstörsignal ergibt. Dessen Konversion in ein Gegentaktsignals kann durch den Abgleich der Innen- und Lastwiderstände und durch eine hohe Gleichtaktunterdrückung des nachfolgenden Empfängers gering gehalten werden (s. Abschn. 6.3.8). Das Gleichtaktstörsignal selbst wiederum kann verringert werden, wenn die beiden Signalleitungen nahe an der ihnen gemeinsamen Bezugsleitung (Masse) verlegt werden. Denn damit wird die für die Störung maßgebende Schleife klein. Symmetrische Leitungen sollten also immer nahe an leitfähigen, auf Massepotential liegenden Strukturen verlegt werden.

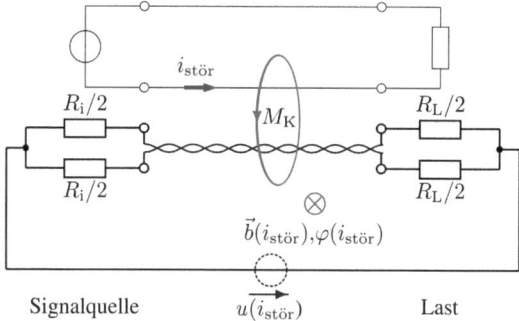

Bild 3.8 Induktive Kopplung einer Gleichtaktstörung in einen symmetrischen Signalkreis

3.3 Impedanzkopplung

Eine Einkopplung von Störsignalen in einen Signalkreis ist auch möglich durch Impedanzen, die sowohl zur störenden als auch zur gestörten Masche gehören und von einem Strom der störenden Masche durchflossen werden (z. B. Impedanzen von Erd-, Masse- und Versorgungsspannungsleitungen, Innenwiderständen gemeinsamer Netzteile, Impedanzen von Abblockkondensatoren).

Die *Impedanzkopplung* wird meist *galvanische Kopplung* genannt. Diese Bezeichnung sollte nicht verwendet werden. Sie ist irreführend; denn, wie noch gezeigt wird, kann dieser Effekt auch trotz galvanischer Trennung auftreten. Da bei eingeprägtem Strom ein in der Regel komplexer Widerstand die Kopplung bewirkt, ist der Begriff *Impedanzkopplung* sinnvoller. Der englische Begriff „*common-impedance coupling*" trifft den Zusammenhang präzise.

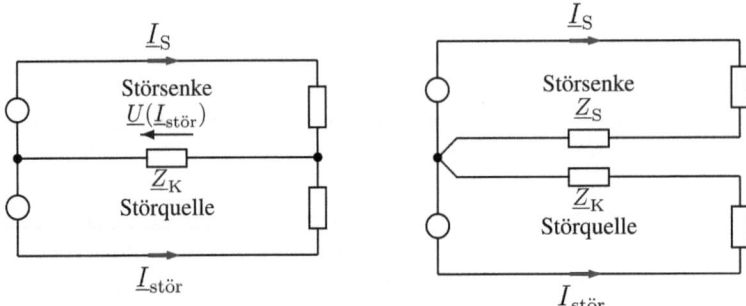

Bild 3.9 Durch Impedanzkopplung hervorgerufene Störung (*links*) und Vermeiden des Effektes durch getrennnte Rückleitungen (*rechts*)

Im Bild 3.9 (links) wird die Einkopplung einer Störspannung aus einer Masche (Störquelle) in eine andere (Störsenke) durch Impedanzkopplung prinzipiell dargestellt. Beide Maschen können auch als Ersatzschaltungen für Schaltungen mit mehreren Maschen und Knoten aufgefasst werden. Die Impedanz $\underline{Z}_\mathrm{K}$ ist eine meist ungewollte parasitäre Impedanz, klein gegen die übrigen Impedanzen der Maschen. Sie stellt die *Koppelimpedanz* zwischen beiden Maschen dar. An ihr verursacht der Strom der als „Störquelle" bezeichneten Masche eine Spannung, die in die „Störsenke" als Quellenspannung eingekoppelt wird. Die Störung kann z. B. durch getrennte Rückleitungen beseitigt werden (Bild 3.9 rechts).

3.3.1 Impedanzkopplung in unsymmetrische Signalkreise

Bild 3.10 (links) zeigt die Impedanzkopplung zwischen zwei Maschen mit unsymmetrischer Signalübertragung durch eine gemeinsame, mit R_K und L_K modellierte Masseleitung (s. Abschn. 2.8.1). In der Praxis äußert sich diese Kopplung in dem Phänomen, dass die Massepotentiale von Signalquelle und -senke infolge der betriebsmäßigen Nutzung der Masse als stromführenden Leiter verschieden sind. Dies ist eins der unangenehmsten Standardprobleme der EMV. Im Ersatzschaltbild im Bild 3.10 (rechts) ist die Störung in der Störsenke durch eine Störspannungsquelle $u_\mathrm{stör}$ zwischen den Massepunkten M_Q und M_L modelliert. Ihre Quellenspannung ist im Zeit- und Frequenzbereich:

$$u_\mathrm{stör} = R_\mathrm{K} \cdot i_\mathrm{stör} + L_\mathrm{K} \cdot \frac{\mathrm{d}i_\mathrm{stör}}{\mathrm{d}t} \quad \text{bzw.} \quad \underline{U}_\mathrm{stör} = (R_\mathrm{K} + \mathrm{j}\omega L_\mathrm{K}) \cdot \underline{I}_\mathrm{stör} \qquad (3.11)$$

3.3 Impedanzkopplung

und ihr Innenwiderstand wird durch die im Verhältnis zu den übrigen Impedanzen beider Maschen (Bild 3.10) niederohmige Impedanz der Masseleitung, im Frequenzbereich mit $R_K + j\omega L_K$ beschrieben, dargestellt.

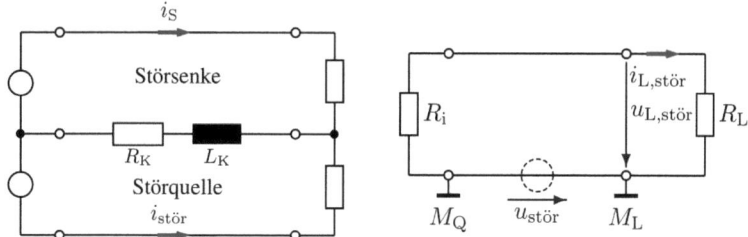

Bild 3.10 Impedanzkopplung an einer gemeinsamen Masseleitung (*links*) und ESB der Anordnung (*rechts*)

Die Störspannung an R_L beträgt im Zeit- und Frequenzbereich:

$$u_{L,\text{stör}} = u_{\text{stör}} \cdot \frac{R_L}{R_i + R_L} \quad \text{bzw.} \quad \underline{U}_{L,\text{stör}} = \underline{U}_{\text{stör}} \cdot \frac{R_L}{R_i + R_L} \quad (3.12)$$

und mit der Bedingung für *Spannungsübertragung* ($R_i \ll R_L$):

$$u_{L,\text{stör}} \approx u_{\text{stör}} \quad \text{bzw.} \quad \underline{U}_{L,\text{stör}} \approx \underline{U}_{\text{stör}} \quad (3.13)$$

Die entsprechenden Ströme erhalten wir durch Division von Gl. 3.12 durch R_L:

$$i_{L,\text{stör}} = u_{\text{stör}} \cdot \frac{1}{R_i + R_L} \quad \text{bzw.} \quad \underline{I}_{L,\text{stör}} = \underline{U}_{\text{stör}} \cdot \frac{1}{R_i + R_L} \quad (3.14)$$

und mit der Bedingung für *Stromübertragung* ($R_i \gg R_L$):

$$i_{L,\text{stör}} \approx u_{\text{stör}} \cdot \frac{1}{R_i} \quad \text{bzw.} \quad \underline{I}_{L,\text{stör}} \approx \underline{U}_{\text{stör}} \cdot \frac{1}{R_i} \quad (3.15)$$

Die Gln. 3.12 und 3.14 unter Berücksichtigung von Gl. 3.11 enthalten jeweils 3 Terme. R_K und L_K beschreiben den Einfluss der Kopplung, $i_{\text{stör}}$ und $\mathrm{d}i_{\text{stör}}/\mathrm{d}t$ bzw. ω und $\underline{I}_{\text{stör}}$ den der Störquelle und der Term mit den Widerständen R_i und R_L den der Störsenke. Über jeden dieser Terme kann die Störung beeinflusst werden:

- Verringerung der *Koppelimpedanz*, auch realisiert durch Verwendung getrennter Leitungen und Verbindung beider Maschen nur in einem Punkt, dem sogen. Sternpunkt (Bild 3.9 rechts; dass sich eine günstige Lage des Sternpunktes oft zwangsläufig ergibt, wird noch gezeigt),
- Verringerung der *Ströme* (auch durch Kompensation mittels symmetrischer Übertragung) und/oder ihrer *Stromanstiegsgeschwindigkeit* (z. B. durch Tiefpässe), die durch

die gemeinsame Impedanz, die Koppelimpedanz, fließen und zur Spannung $u_{\text{stör}}$ führen (Gl. 3.11),
- *Stromübertragung* mit $R_i \to \infty$ (Gl. 3.15).

Zur *Diagnose* auf Impedanzkopplung nutzt man die gewonnenen Kenntnisse. Mit der Öffnung des Signalkreises an der Signalquelle ahmt man einen sehr hohen Innenwiderstand der Signalquelle nach. Nach Gl. (3.15) muss die über Impedanzkopplung eingekoppelte Störung damit verschwinden, eine kapazitiv eingekoppelte wird größer. Wie in Abschn. 3.2 hergeleitet wird, verschwindet mit dieser Maßnahme allerdings auch eine Störung durch induktive Kopplung. Der angegebene Test ist also nur eindeutig, wenn induktive Kopplung ausgeschlossen werden kann.

3.3.2 Impedanzkopplung in symmetrische Signalkreise

Ersetzt man die unsymmetrische Übertragung aus Bild 3.10 durch eine symmetrische, so stellt der durch Impedanzkopplung entstandene Potentialunterschied der Massepunkte von Signalquelle und Signalsenke nur ein Gleichtaktsignal dar. Eine Konversion dieses Gleichtaktsignals in ein Gegentaktsignal kann durch den Abgleich der Innen- und Lastwiderstände und durch eine hohe Gleichtaktunterdrückung des nachfolgenden Empfängers gering gehalten werden (s. Abschn. 2.5). Das Gleichtaktstörsignal selbst wiederum kann verringert werden, wenn entweder der die Impedanzkopplung verursachende Störstrom und/oder die Koppelimpedanz verkleinert werden. Eine symmetrische Übertragung kompensiert den Signalstrom auf der Masse, so dass dieser keine Impedanzkopplung über die Masse in andere Signalkreise erzeugen kann. Eine symmetrische Übertragung verbessert also die Störsituation in beide Richtungen, Ein- und Auskopplung.

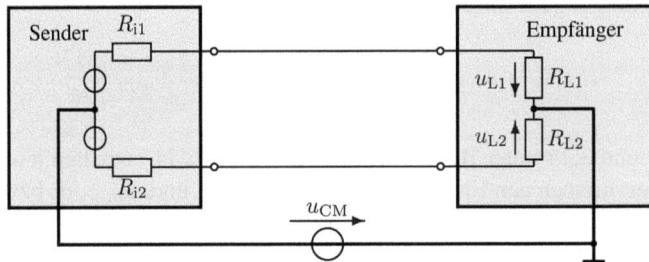

Bild 3.11 Symmetrisches System

3.4 Kopplung durch elektromagnetische Felder

Räumlich ausgedehnte Schaltungen, Leitungen aber auch Schlitze in metallisch leitenden Strukturen (z. B. Gehäusen) wirken wie Antennen und können elektromagnetische Wellen abstrahlen oder empfangen. Auf diese Weise werden Störungen von Leiterplatten oder an sie angeschlossenen Leitungen abgestrahlt und durch Rundfunksender oder andere elektrische Geräte ausgesendete Störungen in elektronische Einrichtungen eingestrahlt. Diese Störungen werden z. T. schon durch die Maßnahmen gegen die anderen hier beschriebenen Kopplungsarten beseitigt; auf diese Strahlungskopplung wird in den folgenden Kapiteln hingewiesen.

3.5 Zusammenfassung

Die Einkopplung von Störungen in einen Signalkreis kann, wie hergeleitet wurde, durch Änderungen an der Störquelle, an der Störsenke und am Kopplungsmechanismus verringert werden. Für den Term, der die Störsenke betrifft, fordern die Gln. (3.2) bis (3.15) entgegengesetzte Maßnahmen: Bei der kapazitiven Kopplung wird ein Stör*strom* (hochohmig) eingeprägt, der durch die Widerstände im Signalkreis kaum in seiner Größe, durch das Verhältnis R_i/R_L aber in seinem Verlauf beeinflusst werden kann. Mit *Spannung*sübertragung und $R_i \to 0$ kann die Störwirkung reduziert werden. Bei der induktiven Kopplung und der Impedanzkopplung wird eine Stör*spannung* (niederohmig) in den Signalkreis eingeprägt. Sie kann mit einer *Strom*übertragung und $R_i \to \infty$ unschädlich gemacht werden. Man kann nun analysieren, welche Kopplung in dem in der Praxis vorliegenden Fall, den man gerade bearbeitet, die größere ist. Es wir manchmal eine eindeutige Antwort geben. Häufig aber hängt die richtige Lösung von Zufälligkeiten der Anwendung ab, die man bei der Entwicklung nicht beeinflussen kann. In diesem Fall kann und muss man, will man *allgemein verträgliche Lösungen* erreichen, von der Existenz aller Störungsursachen ausgehen. Da die kapazitive Kopplung gut durch Schirmung zu beherrschen ist, stellt die Stromübertragung, sofern sie anwendbar ist (s. Abschn. 6.3.9), eine sehr gute, in der Praxis aber erstaunlich wenig genutzte Maßnahme gegen die induktive und die Impedanzkopplung dar; Stromquellen sind unbeliebt und ihre Wirkung ist kaum bekannt. Massepotentialunterschiede können allerdings auch noch durch andere Maßnahmen unschädlich gemacht werden, wie im Kap. 6 diskutiert wird.

Literatur

1. Franz, J.: Störungsunterdrückung durch Stromübertragung, Tagungsband „Internationale Fachmesse und Kongress für Elektromagnetische Verträglichkeit" '98, VDE-Verlag, Berlin, Offenbach, 1998

Kapitel 4
Verfahren

In diesem Kapitel werden Verfahren vorgestellt, die eine systematische Behandlung – Analyse und Beseitigung – von Störungen ermöglichen.

4.1 Die Stromanalyse

Die *Impedanzkopplung* ist wegen der Beteiligung meist sehr vieler Maschen der am schwersten zu durchschauende Kopplungsmechanismus; man denke nur an die Schwierigkeiten bei der Auslegung des Massesystems umfangreicher Schaltungen. Die hier beschriebene *Stromanalyse* [2] stellt ein einfaches und zuverlässiges Verfahren dar, Impedanzkopplung zwischen Maschen *sichtbar* und damit durchschaubar und verstehbar zu machen. Mit ihr kann die Möglichkeit von Kopplungen bereits im Schaltbild erkannt, können Maßnahmen geplant und geplante EMV-Maßnahmen *vor dem Schaltungsaufbau* im Layoutentwurf oder Verdrahtungsplan kontrolliert werden. Die Anwendbarkeit des Verfahrens auch auf Blockschaltbilder macht eine EMV-Planung schon in einem Stadium der Entwicklung möglich, in dem noch gar keine Schaltungs*einzelheiten* vorliegen. Ebenfalls können allgemeine Hinweise z. B. für die optimale Platzierung von Bauelementen oder die Auslegung der Leitungsführung, insbesondere der Gestaltung des Masse- und Versorgungssystems gewonnen werden. Auch die Probleme, die bei der Verbindung einer Baugruppe oder eines Gerätes mit externen Quellen (z. B. Netz) oder einem anderen Gerät auftreten, können mit der Stromanalyse bearbeitet werden.

Die Stromanalyse baut auf der Tatsache auf, dass Ströme immer in einem geschlossenen Umlauf fließen müssen. Ihre Anwendung hat zum Ziel, diejenigen Zweige einer Schaltung, die Impedanzkopplung verursachen, aufzuspüren. Aus der Analyse sind *nur qualitative* Ergebnisse zu erwarten. Die Stromanalyse unterscheidet sich damit sehr von der Netzwerkberechnung, die *quantitative* Ergebnisse liefert, aber weniger für *Optimierungen* geeignet ist. Gerade mit qualitativen Methoden kann ein System effektiv optimiert werden. Die Stromanalyse macht das Koppelverhalten selbst komplexer Schaltungen schon im Stromlaufplan durchschaubar. *Nach* der Festlegung des optimalen Layouts oder der

Verdrahtung könnten die parasitären Impedanzen und die sich daraus ergebenden Störungen abgeschätzt oder mit computergestützten Methoden berechnet werden; meist wird dies dann gar nicht mehr nötig sein.

Der Erfolg einer Stromanalyse hängt von der konsequenten Anwendung der nachfolgend angegebenen Vorgehensweise ab:

1. Die Ströme aller Maschen einer Schaltung werden in ihrem *geschlossenen Umlauf*

    - zur Analyse in das Schaltbild oder Blockschaltbild oder
    - zur Kontrolle in das Layout oder den Verdrahtungsplan

    eingetragen.
2. Die *parasitären Impedanzen von Leitungen* werden für dieses Eintragen der Ströme – und nur dafür – idealisiert mit *null* angenommen.
3. Die Ströme werden für *beide Stromrichtungen* eingetragen. Denn beide Umläufe können unterschiedliche Wege nehmen.
4. Gleich- und Wechselströme oder – allgemein – unterschiedliche Frequenzbereiche werden *getrennt* betrachtet.

Regel: Fließen in einem Leitungselement (Zweig) Ströme aus zwei oder mehreren Maschen, so sind die Maschen über die Impedanz dieses Leitungselementes, die Koppelimpedanz, miteinander verkoppelt.

Wird dieses Verfahren auf die Schaltung zweier Maschen nach Bild 4.1 a angewandt, so wird im Schaltbild der Zweig zwischen den Knoten 1 und 2 (Bild 4.1 b) als verkoppelnder Zweig erkannt, da er von Strömen aus beiden Kreisen durchflossen wird; seine für das Eintragen der Ströme zunächst als null angenommene Impedanz stellt die *Koppelimpedanz* dar.

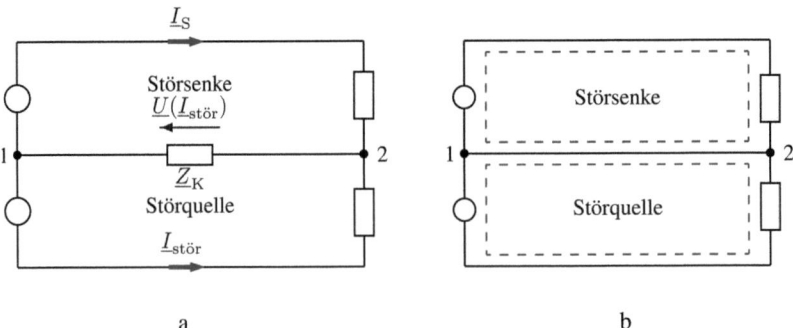

Bild 4.1 Impedanzkopplung zwischen zwei Kreisen (a) und Stromanalyse (b)

Mit etwas Erfahrung in der Anwendung dieser Methode kann unterschieden werden, welche Maschen eines Entwurfs als kritisch einzustufen sind und welche Ströme vernachlässigt werden können. Damit reduziert sich die Anzahl der Maschen, die in das Verfahren einbezogen werden müssen. Der Analyseaufwand wird beschränkt. Die kritischen Bereiche einer Schaltung können in der Regel unabhängig voneinander und nacheinander analysiert werden.

Werden Maschenumläufe nicht oder nicht schließend gezeichnet, können Kopplungen an den nicht erfassten Zweigen nicht erkannt werden.

Sind die Umläufe in verschiedenen Frequenzbereichen unterschiedlich, so ist die Analyse für die Frequenzbereiche getrennt durchzuführen.

Liegen Kondensatoren im verkoppelnden Zweig (Abblock- oder Filterkondensatoren), so werden auch ihre Impedanzen wie parasitäre Leitungsimpedanzen für das Eintragen der Ströme idealisiert mit *null* angenommen. Dass bei der Anwendung der Stromanalyse gerade durch diese Vereinfachung die Kopplungen richtig und vollständig erkannt werden, stellt einen großen Vorteil in der Handhabung des Verfahrens dar.

Die Kollektor-Emitter- oder Drain-Source-Zweige aller im Analogbetrieb nicht übersteuerten Transistoren (auch innerhalb von ICs) werden für das Verfahren als ideale Stromquellen angenommen. Durch sie wird nur der Strom der Quelle selbst gezeichnet, andere Ströme werden mit dieser Idealisierung vernachlässigt. Maschen können prinzipiell sowohl Störquellen als auch Störsenken sein. Ob auch Maschenumläufe über hochohmige Eingänge (von Transistoren aber auch über Differenzeingänge von Differenzverstärkern, Operationsverstärkern oder Komparatoren) als Störquelle wirken können, muss geprüft werden. Es hängt von der Empfindlichkeit der übrigen Schaltung ab.

Selbst in sehr komplexen Schaltungen können nacheinander die verschiedenen Kopplungsmöglichkeiten mit der Stromanalyse untersucht werden.

Die Stromanalyse kann auch auf Blockschaltbilder angewandt werden; es werden nur die Ströme berücksichtigt, die die Blockgrenzen überschreiten[1]. Diese Eigenschaft macht ihre Anwendung in der Planungsphase, in der Schaltungseinzelheiten im Inneren der Blöcke möglicherweise noch nicht bekannt sind, überhaupt erst möglich.

Beispiele für die EMV-Analyse mit Hilfe der Stromanalyse sind im Abschn. 4.3, in den folgenden Kapiteln, aber auch in [1] und [4] zu finden.

4.2 Das Verfahren der Verschiebung der Knotenpunkte

Nachdem mit der Stromanalyse diejenigen Zweige ermittelt wurden, die Impedanzkopplung verursachen, kann die Kopplung reduziert werden: entweder durch Verringerung oder Kompensation (symmetrische Übertragung) des Störstromes oder durch Verringern der Koppelimpedanz. Letzteres wollen wir nun genauer verfolgen. Im Bild 3.9 (s. S. 52) wurde die Verkopplung der Maschen der Schaltung beseitigt, indem beide Kreise nur noch

---
[1] das können Signal-, Versorgungs- und Störströme sein

an einem Punkt, dem *Sternpunkt* verbunden wurden. Eine Analyse dieser Vorgehensweise führt zum

> Verfahren der Verschiebung der Knotenpunkte:
> Beide Knoten, die die Enden des Zweiges mit der gemeinsamen Impedanz, der Koppelimpedanz, darstellen, werden möglichst weit aufeinander zu verschoben.

Dabei gibt es 3 mögliche Ergebnisse (Bild 4.2):

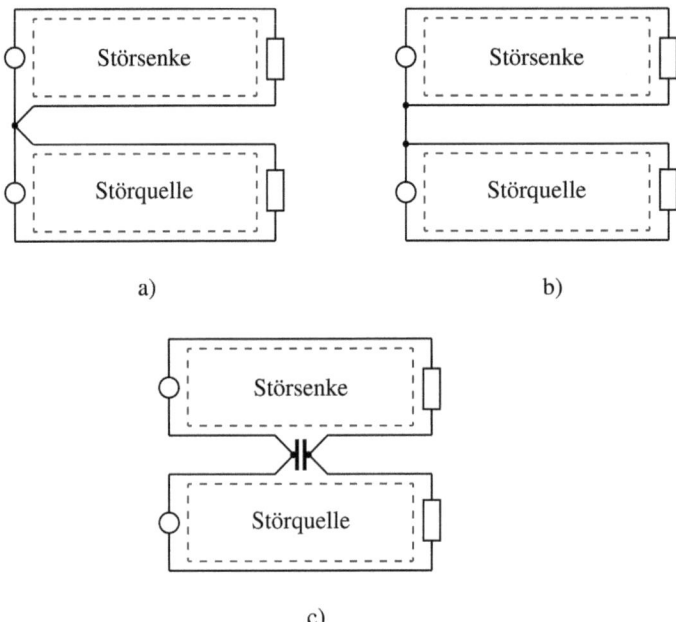

Bild 4.2 Mögliche Ergebnisse bei der Verschiebung der Knotenpunkte

1. Die Knoten fallen in einem Sternpunkt zusammen (Bild 4.2 a).
2. Der eine Knoten wird über den anderen hinaus verschoben derart, dass beide Maschen je einen eigenen Massebezugspunkt oder Untersternpunkt erhalten; beide werden durch eine (kurze) Leitung verbunden (Bild 4.2 b). Nun berühren sich die Maschen nicht einmal mehr in einem gemeinsamen Knoten. Eine solche Leitungsführung ist bei erhöhter Anforderung an die Dämpfung der Impedanzkopplung von Vorteil, denn die räumliche Ausdehnung des gemeinsamen Knotens aus Bild 4.2 a – z. B. eines Pins im Layout – kann bereits eine unzulässig hohe Koppelimpedanz besitzen. Dieser Effekt ist mit der Methode nach Bild 4.2 b beseitigt. Mit ihr können Ströme auch durch eine Hierarchie der Sternpunkte „kanalisiert" werden. Sie fließen nun kontrolliert und damit vorhersehbar (Beispiele dazu s. Abschn. 8.17, S. 227 ff.).

3. Wenn sich Kondensatoren im Koppelzweig befinden wie z. B. bei der Abblockung, können die Knoten nur bis zu deren Anschlüssen verschoben werden; sie können also nicht zusammenfallen (Bild 4.2 c, s. auch Kap. 5).

4.3 Beispiele zur Stromanalyse und Verschiebung der Knotenpunkte

Die Vorgehensweise bei der Stromanalyse soll nun an zwei Beispielen gezeigt werden.

Stromanalyse bei Schaltungen mit Differenzeingängen Bild 4.3 zeigt eine NF-Verstärkerschaltung, als Operationverstärker mit Differenzeingängen und unsymmetrischer Spannungsversorgung dargestellt. Der nichtinvertierende Eingang liege auf halber Betriebsspannung $+U_B/2$ gegen Masse; dann liegen ebenfalls der invertierende Eingang und der Ausgang auf dieser Spannung. Der Ausgangsstrom hat für beide Halbwellen unterschiedliche Wege (Maschen 2 und 3). Als Eingangsspannung erkennen die Differenzeingänge die in Masche 1 aufsummierten Spannungen. Ansteuernde Quelle und Verstärker wurden am Netzteil auf einen zentralen Massepunkt gelegt, um zu einer Sternpunktverdrahtung zu gelangen; es leuchtet ein, dass dies ein probates Mittel gegen Impedanzkopplung ist. Die Stromanalyse zeigt jedoch, dass Anteile der beiden Halbwellen des Ausgangsstromes, bewertet über die Masseimpedanzen, in die Eingangsmasche des Endverstärkers eingekoppelt werden, was zu Nichtlinearitäten oder Schwingneigung führen kann. Die Stromanalyse zeigt die Verkopplung qualitativ. Mit Kenntnis der Ströme und der Masseimpedanzen könnte die Störspannung auch quantitativ berechnet werden.

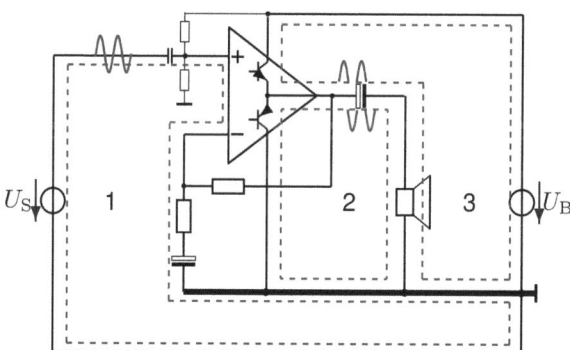

Bild 4.3 Stromanalyse an einer Verstärkerschaltung mit Differenzeingängen

Im Bild 4.4 ist die Störung durch Verschiebung des Massepunktes der Eingangsmasche völlig eliminiert. Die Impedanz des weder vom Eingangs- noch vom Ausgangsstrom durchflossenen Massezweiges hat eine entkoppelnde Wirkung. Dass diese Analyse noch nicht vollständig ist und auf von außen eingekoppelte Ströme erweitert werden muss, wird noch gezeigt (s. Kap. 6 und Abschn. 8.2).

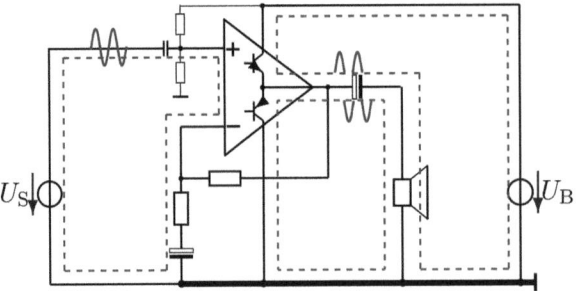

Bild 4.4 Behebung der Störung durch Verschiebung eines Eingangsmasseanschlusses

Anschluss von Netzteilen Die Stromanalyse im Bild 4.5 zeigt Störungen durch eine falsche Leitungsführung bei der Zusammenschaltung zweier Verstärkerstufen mit einem Netzteil auf. Der Spannungsabfall auf der Leitung zwischen den Massepunkten M_1 und M_2 durch den pulsierenden Ladestrom des Gleichrichters wird in die Masche zwischen den beiden Operationsverstärkern eingekoppelt. Die Störung ist beseitigt, wenn beide Operationsverstärker sich auf das gleiche Massepotential beziehen, z. B. M_1 oder M_2. Solche Störungen sind in der Praxis sehr wahrscheinlich, da im Schaltbild die Netzteile aus Gründen der Übersicht üblicherweise nicht zusammen mit den versorgten Baugruppen gezeichnet werden und schon allein deshalb der EMV-Zusammenhang bei der Layoutentwicklung nicht mehr erkannt werden kann.

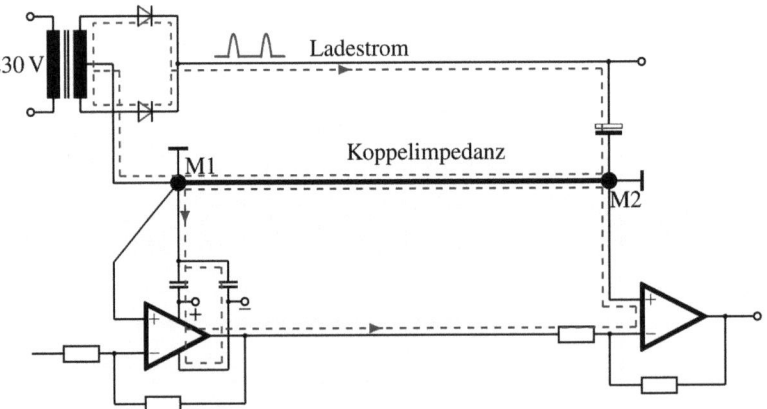

Bild 4.5 Störungen durch den Ladestrom in einem Netzteil

4.4 Die Stromumschaltanalyse

Werden Ströme umgeschaltet, so dass sie unmittelbar nach dem Schalten die gleiche Größe, aber einen anderen Umlauf haben als vorher (z. B. bei leistungselektronischen Schaltungen wie Schaltnetzteilen, Umrichtern oder Wechselrichtern), können die dabei auftretenden hohen Flankensteilheiten von Spannung und Strom durch Impedanzkopplung aber auch durch kapazitive und induktive Kopplung in anderen Maschen Störungen erzeugen. Für die EMV-Analyse dieses Effektes müssen zunächst die *Zweige mit Strömen hoher Flankensteilheit* herausgefunden werden, sie bilden immer einen geschlossenen Umlauf; in allen Zweigen dieser „kritischen Masche" – und nur in dieser – sind also die Flankensteilheiten durch das Schalten des Stromes sehr hoch.

Am Beispiel eines Schaltnetzteiles, hier eines Aufwärtswandlers (Bild 4.6), soll nun diese Analyse erläutert werden. Sowohl der von der Spannungsversorgung in das Schaltnetzteil hineinfließende Strom i_L als auch der Ausgangsstrom i_a enthalten keine durch das Schalten entstandenen steilen Flanken. Ein Strom mit solchen Flanken kann nur in der Masche, bestehend aus dem Schalter, der Diode und dem Kondensator vorkommen und kann sich auch nur in ihr schließen.

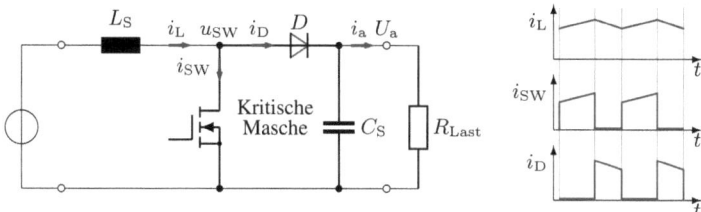

Bild 4.6 Aufwärtswandler und Stromverläufe (prinzipiell)

Mit der „*Stromumschaltanalyse*" nach Holst [3] lässt sich die kritische Masche in sehr einfacher Weise auch formal ermitteln: In das Schaltbild (Bild 4.7) oder das Layout wird der Strom in einem geschlossenen Umlauf *vor* dem Schalten des Schaltelementes (Umlauf 1) *und danach* (Umlauf 2) eingezeichnet.

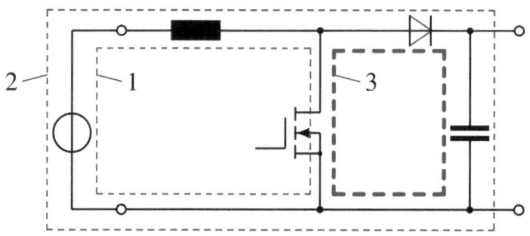

Bild 4.7 Stromumschaltanalyse, kritische Masche: Umlauf 3 [3]

> Regel: Der geschlossene Umlauf über diejenigen Zweige, die nur bei einem der beiden ersten Umläufe durchlaufen waren, stellt die kritische Masche dar (Umlauf 3).

Mit der Stromumschaltanalyse können die stark störenden kritischen Maschen in den verschiedensten Schaltungen – insbesondere Schaltungen der Leistungselektronik, aber auch Analogschaltungen – leicht formal gefunden und der Störungsmechanismus sichtbar gemacht werden. Beispiele dazu und, wie die kritische Masche optimal aufgebaut werden kann, um Störungen zu vermeiden, finden sich in den Abschn. 5.7.3, S. 88 und 8.17, S. 227 ff.

Literatur

1. Brokaw, P.: An I.C. Amplifier Users' Guide To Decoupling, And Making Things Go Right For A Change. Applikation Note Analog Devices
2. Franz, J./ John, W.: Eine Methode zur Erkennung der Störbeeinflussung durch Widerstandskopplung. etz, Band 110, Heft 16, 1989
3. Holst, D.: Stromanalyse, Verfahren zur Reduzierung aufbaubedingter Kopplungen, Tagungsband „Rechnergestützter Entwurf von modernen Bauelementeträgern (CAD/CAE)", Juni 1992, Ingenieurtechnischer Verband KDT e.V., Gesellschaft für Elektrotechnik
4. Sax, H.: Hi-Fi im Fernsehgerät; 1. Teil Funkschau Heft 24; 2. Teil Funkschau Heft 25–26, Franzis-Verlag, München, 1981

Kapitel 5
Abblockung elektronischer Schaltungen

Über die Versorgungs- und Masseanschlüsse von Baugruppen oder einzelnen Stufen fließen nicht nur die Versorgungsgleichströme, sondern auch Signalströme oder Anteile davon sowie Ströme, die von den speziellen Betriebsbedingungen der Schaltung abhängen. Die Leitungsimpedanzen des Masse- und Versorgungssystems und die komplexen Innenwiderstände der Netzteile verursachen Impedanzkopplungen der versorgten Stufen der Schaltung untereinander. Hochfrequente Signale auf den Versorgungsleitungen haben eine Störstrahlung zur Folge. Abblockkondensatoren sollen beides verhindern. Entscheidend wird die Abblockqualität neben den parasitären Eigenschaften der Abblockkondensatoren durch die Anschlusstechnik und den Aufbau des Masse- und Versorgungssystems beeinflusst. In diesem Kapitel wird beschrieben, wie der Wirkungsmechanismus betrachtet werden kann und was bei der Abblockung berücksichtigt werden muss [3]. Besondere Möglichkeiten ergeben sich auf Leiterplatten in Multilayertechnik mit durchgehenden Versorgungs- und Masselagen, die selbst einen wesentlichen Teil der Abblockung übernehmen können. Die Zusammenhänge werden im Frequenzbereich betrachtet. Vernachlässigungen sind zunächst sinnvoll, um qualitative Zusammenhänge überhaupt erkennen zukönnen. Für quantitative genauere Untersuchungen sind sie zu präzisieren.

5.1 Das Wechselstrom-Ersatzschaltbild für die Abblockung

Elektronische Schaltungen werden von Netzteilen mit Gleichspannung versorgt. Die Netzteile sind also die Quellen und die versorgten Schaltungen die Senken. Dies gilt jedoch nur für den *Gleichanteil* des Laststromes. Der Laststrom einer Gleichspannungsquelle kann zwar einen Wechselanteil enthalten, die Quelle kann ihn aber nicht selbst erzeugen. Als Quellen für die Wechselstromvorgänge auf den Versorgungsleitungen können nur die aktiven Bauteile in Betracht kommen; diese Funktion können sie natürlich nur in Verbindung mit der Gleichspannung des Netzteiles ausüben. Die Innenwiderstände dieser Quellen können in Bezug auf die Versorgungsanschlüsse als groß gegen den des Masse- und Versorgungssystems angenommen werden. Deshalb wird ein aktives Bauteil zweckmäßigerweise als Stromquelle mit einem für unsere Betrachtungen vernachlässigbar großen Innenwiderstand modelliert, d. h. er kann im Ersatzschaltbild weggelassen werden. Bild 5.1 zeigt das Ersatzschaltbild mit einem als rechteckförmig angenommenen Spannungs- und Stromverlauf. Das Netzteil, hier mit einem reellen Innenwiderstand R_i, prägt seine Gleichspannung in die aktive Last ein. Der rechteckförmige Laststrom $i(t)$ kann in einen Gleichanteil, den Mittelwert $\bar{i}$, den das Netzteil liefert, und einen reinen Wechselanteil, den die aktive Last in das Versorgungssystem einprägt, zerlegt werden. Eine Berechnung der Wechselleistung zeigt dies auch formal[1]. Die Wechselleistung wird also in der Stromquelle erzeugt und in der dargestellten Schaltung am Innenwiderstand R_i oder anderen nicht gezeichneten versorgten Schaltungen verbraucht. Diese Erkenntnis ist für eine Modellierung der Abblockung sehr wichtig.

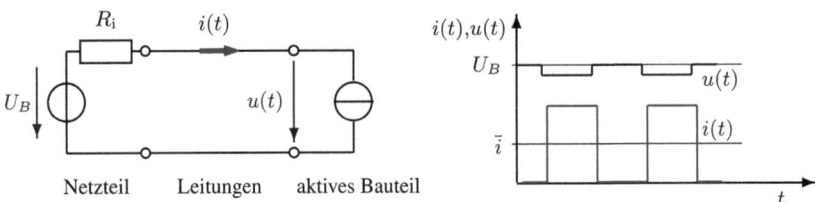

Bild 5.1 Ersatzschaltbild für die Versorgung aktiver Lasten (*links*) und ein möglicher Spannungs- und Stromverlauf (*rechts*)

Da für die Diskussion der Abblockung nur die Wechselvorgänge interessieren, setzen wir im Ersatzschaltbild für die Abblockung die Gleichspannung des Netzteiles zu null. Das Netzteil wird nur mit seiner normalerweise komplexen, frequenzabhängigen Innenimpedanz berücksichtigt. Diese wird mit den Impedanzen der Masse- und Versorgungsleitungen zur Innenimpedanz $\underline{Z}_V$ des gesamten Masse- und Versorgungssystems zusammengefasst. Damit erhält man für die Abblockung das einfache Ersatzschaltbild im Bild 5.2. Darin ist $\underline{Z}_V$ diejenige Impedanz, die das noch nicht abgeblockte aktive Bauteil von seinen Anschlußklemmen aus „sieht".

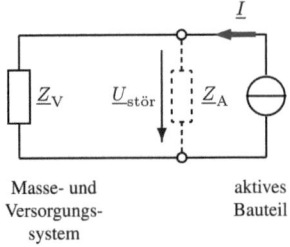

Bild 5.2 Ersatzschaltbild für die Abblockung (*gestrichelt*: Abblockbypass $\underline{Z}_A$)

---

[1] Im Bild 5.1 wurde für das als Stromquelle modellierte versorgte aktive Bauteil ein Verbraucherzählpfeilsystem angegeben. Während die Gleichstromleistung in dieser Stromquelle positiv ist, wie man aus dem Spannungs- und Stromverlauf entnehmen kann, und damit in ihr verbraucht wird, hat die reine Wechselleistung ein negatives Vorzeichen, wird also in der Last erzeugt.

5.1 Das Wechselstrom-Ersatzschaltbild für die Abblockung

Senken für den vom aktiven Bauelement erzeugten Strom $\underline{I}$ sind das Masse- und Versorgungssystem mit dem Netzteil sowie alle anderen versorgten Stufen (im Bild nicht dargestellt). Der Strom $\underline{I}$ schließt sich i. Allg. über eine räumlich ausgedehnte Schleife. Durch deren induktiven Anteil steigt die Impedanz $\underline{Z}_V$ bei hohen Frequenzen frequenzproportional an. An $\underline{Z}_V$ entsteht die Spannung $\underline{U}_{stör}$. Werden noch andere Stufen der Schaltung von den Klemmen dieses Bauteils versorgt, gelangt $\underline{U}_{stör}$ an die Versorgungsklemmen dieser Stufen und kann in sie eingekoppelt werden.

Schaltet man der Innenimpedanz $\underline{Z}_V$ am aktiven Bauteil eine wesentlich niedrigere Impedanz $\underline{Z}_A$ (gestrichelt im Bild 5.2) parallel, so wird der Wechselstrom des aktiven Bauteils durch diesen Nebenschluss oder Bypass und nicht mehr über die weite Schleife durch $\underline{Z}_V$ fließen. Die störende Spannung $\underline{U}_{stör}$ wird stark reduziert. Das Bauteil ist dann „abgeblockt". Die Parallelschaltung von $\underline{Z}_V$ und $\underline{Z}_A$ im Bild 5.2, näherungsweise durch $\underline{Z}_A$ bestimmt, ist diejenige Impedanz, die das *abgeblockte* aktive Bauteil von seinen Anschlussklemmen aus „sieht"; wir nennen sie „Abblockimpedanz", den Zweig mit dem Bypasselement „Abblockzweig" und den geschlossenen Umlauf des vom aktiven Bauteil erzeugten Stromes über den Abblockzweig „Abblockkreis" oder „Abblockmasche".

> Angestrebtes Ziel der Abblockung ist eine kleine Wechselspannung an den Klemmen der abgeblockten Schaltung und die Wechselstromfreiheit der Verbindung zum Versorgungssystem insbesondere für hohe Frequenzen.

Eine niedrige Abblockimpedanz kann nicht nur durch einen Kondensator, sondern prinzipiell auch durch einen Wirkwiderstand oder eine Induktivität erreicht werden. Aber nur der Kondensator ist für Gleichstrom undurchlässig. Allein diese Bedingung ist für die Abblockung entscheidend und deshalb verwendet man als Abblock*element* einen Kondensator. Widerstand und Induktivität übernehmen allerdings, betrachtet man nur bestimmte Frequenzbereiche, durchaus allein die Wirkung der Abblockung.

Die mit dem Ersatzschaltbild im Bild 5.2 entwickelte Vorstellung von der Abblockung ist für die hohen Frequenzen noch unzureichend; in diesem Frequenzbereich müssen wir die parasitären Effekte im Abblockkondensator und die der Leitungen berücksichtigen. Im Abschn. 2.8.1 wurde für eine Leitung bei hohen Frequenzen eine Induktivität und im Abschn. 2.8.3 als Hochfrequenzersatzschaltbild für einen Kondensator ein Serienkreis, bestehend aus der Kapazität C, dem Ersatzserienwiderstand R_{ESR} und der Ersatzserieninduktivität L_{ESL}, angegeben.

Der Impedanzverlauf von Abblockkondensatoren zeigt drei charakteristische Bereiche (s. Abschn. 2.8.3, Bild 2.35, S. 34): Die Impedanz ist abhängig

- unterhalb der Resonanzfrequenz: praktisch nur von der Kapazität,
- bei Resonanzfrequenz: vom Ersatzserienwiderstand (R_{ESR}),
- oberhalb der Resonanz: praktisch nur von der Ersatzserieninduktivität (L_{ESL}).

Das heißt: Im Frequenzbereich unterhalb der Resonanzfrequenz strebt der Impedanzverlauf gegen den eines idealen Kondensators, kann also für Betrachtungen ausschließlich in diesem Bereich durch einen idealen Kondensator ersetzt werden. Bei der Resonanzfrequenz bestimmt allein R_{ESR} die Abblockimpedanz. Für den Frequenzbereich oberhalb der Resonanzfrequenz aber strebt die Impedanz gegen die einer Induktivität mit dem Wert von L_{ESL}, kann also für Betrachtungen ausschließlich in diesem Bereich durch eine Induktivität[2] ersetzt werden. In diesem Frequenzbereich stellt der Abblockzweig praktisch nur eine Induktivität dar, bestehend aus der Induktivität des Abblockkondensators und der seiner Anschlussleitungsstücke. Das aktive Bauteil wird also in diesem wichtigsten Frequenzbereich mit einer *Induktivität* abgeblockt. Diese Erkenntnis ist zunächst äußerst befremdend, jedoch für das Verständnis der Abblockung sehr wichtig, da die Abblockwirkung des Kondensators in *diesem* Frequenzbereich ja üblicherweise genutzt wird.

Bild 5.3 zeigt das Ersatzschaltbild für die Abblockung weit oberhalb der Serienresonanz des Abblockkondensators. Die Stromverzweigung an den Knoten wird durch das Verhältnis der beiden Induktivitäten – des Masse-/Versorgungssystems und des Abblockzweiges – bestimmt, welches in dem betrachteten hohen Frequenzbereich (etwa) konstant ist, solange die Leitungen als elektrisch kurz angenommen werden können. Die Abblockwirkung wird hier ausschließlich durch die *Induktivität* des Abblockzweiges bestimmt, nicht durch seine Kapazität.

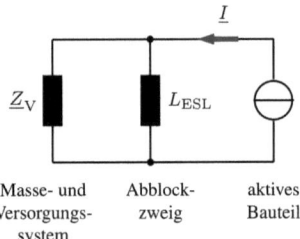

Masse- und Versorgungssystem   Abblockzweig   aktives Bauteil

Bild 5.3 Ersatzschaltbild für die Abblockung bei Frequenzen oberhalb der Kondensatorserienresonanz

Der Mechanismus, mit dem Wechselspannungen auf dem Versorgungssystem in die Signalpfade analoger Schaltungen eingekoppelt werden, wird im Bild 5.4 am Beispiel einer Emitterschaltung prinzipiell deutlich. Der Transistor stellt eine von der Basis-Emitter-Spannung u_{BE} gesteuerte Stromquelle dar. Sie treibt den Kollektorstrom i_{C} durch den Kollektorwiderstand R_{C}. Die am Kollektor gegen Masse anliegende Spannung u_{CM} ist dann

$$u_{\text{CM}} = U_{\text{B}} - i_{\text{C}} \cdot R_{\text{C}}.$$

Ist der Versorgungsspannung U_{B} eine aus anderen Quellen stammende Wechselspannung $u_{\text{stör}}$ überlagert, so wird diese praktisch ungedämpft an den Kollektor weitergegeben:

$$u_{\text{CM}} = U_{\text{B}} + u_{\text{stör}} - i_{\text{C}} \cdot R_{\text{C}}.$$

Wenn in dem Beispiel die negative Versorgungsspannung gestört ist, beeinflusst ihre Störung den Emitterstrom und, da Emitter- und Kollektorstrom (etwa) gleich sind, ebenfalls

---

[2] Wie im Abschn. 2.7 hergeleitet wurde, ist die Höhe einer solchen *partiellen Induktivität* aber nicht nur abhängig von der Form des Bauteils, sondern auch von Form und Fläche der Leiterschleife, deren Teil es ist; sie ist durch deren Gestaltung beeinflussbar.

5.1 Das Wechselstrom-Ersatzschaltbild für die Abblockung   69

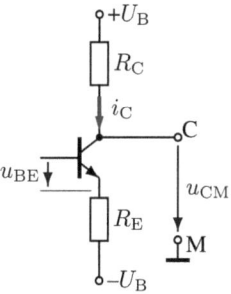

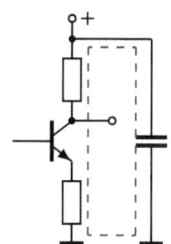

Bild 5.4 Spannungen an einer Transistorstufe

Bild 5.5 Abblockung einer Transistorstufe

die Spannung am Kollektor. Solche Schaltungen sind also empfindlich gegen Störungen auf den Versorgungsleitungen.

Bild 5.5 macht noch einmal deutlich, wie die dargestellte Stufe selbst wiederum Störungsursache sein kann. Ist der Abblockkondensator nicht vorhanden, wird der Kollektorstrom in das Versorgungssystem eingespeist und muss sich dort über das Netzteil und andere von ihm versorgte Schaltungen schließen.

Die Innenimpedanzen des aktiven Bauteils und des Masse-/Versorgungssystems sowie die Impedanz Z_A des Abblockzweiges bilden ein Filter. Wird eine höhere Dämpfung benötigt, als sie mit diesem Filter zu erreichen ist, so kann das Filter durch eine Längsimpedanz (Z_E im Bild 5.6) ergänzt werden; dies ist häufig bei Analogschaltungen mit hohem geforderten Störabstand oder bei hoher Verstärkung der Stufen zur Vermeidung von Fehlern durch Einkopplung von Störungen (s. Bild 5.4) über die Versorgung nötig. Z_E wird bei genügender Spannungsreserve ein Widerstand, sonst eine verlustbehaftete Spule, z. B. ein sogen. EMV-Ferrit, sein. Diese Maßnahme erhöht aber auch die Impedanz der *Signalmasse*, das ist die Parallelschaltung der Längsimpedanzen von Versorgungs- und Massesystem (s. dazu Abschn. 5.2, S. 70). Deshalb ist der Einsatz gut zu überlegen und zunächst erst einmal der Abblockzweig möglichst niederimpedant aufzubauen (s. Abschn. 5.6, S. 81).

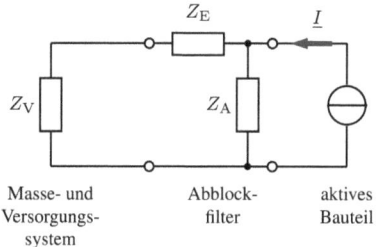

Masse- und Versorgungssystem   Abblockfilter   aktives Bauteil

Bild 5.6 Abblockfilter mit zusätzlicher Längsimpedanz Z_E

Bild 5.7 zeigt eine abzublockende aktive Stufe mit ihrer Abblockmasche, eingebunden in die gesamte Schaltung für höhere Frequenzen. Die Qualität der Abblockung kann mit einer Verringerung der Anschlusslängen des Abblockkondensators sowie der Fläche der

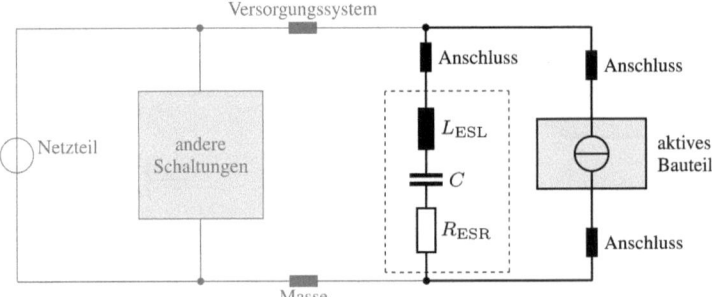

Bild 5.7 Hochfrequenzersatzschaltbild der Abblockung eines einzelnen aktiven Bauelementes

Abblockmasche, mit der man die partiellen Induktivitäten des Abblockkondensators und der Anschlüsse günstig beeinflusst, verbessert werden.

Die Abblockung, also der Nebenschluss an den Klemmen des abgeblockten aktiven Bauteils durch den Abblockkondensator, soll die Störspannung an diesen Klemmen reduzieren und damit eine Einkopplung *leitungsgebundener* Störungen in andere Stufen verhindern. Die Fläche, die der im Versorgungssystem fließende Störstrom einschließt, wird durch die Abblockung ebenfalls reduziert und damit die *induktive* Kopplung zu anderen Kreisen. Eine Störspannung auf den Masse- und Versorgungsleitungen ist aber auch Ursache für eine mögliche *Abstrahlung*; denn diese Leitungen wirken als Antennen. Alle diese Effekte erfordern *eine möglichst geringe Impedanz des Abblockzweiges und eine möglichst geringe Schleifenfläche der Abblockmasche*.

5.2 Ströme auf dem Masse- und Versorgungssystem

Aufgabe der Abblockung ist es, den hochfrequenten Anteilen der Versorgungsströme der einzelnen Stufen einen Pfad zur Verfügung zu stellen, über den sie sich auf kürzestem Wege schließen können. Zwei verschiedene Ströme liefern solche hochfrequenten Anteile am Versorgungsstrom: Ruhe- oder Querströme, die im Schaltungsinneren direkt vom Versorgungs- zum Masse- oder zweiten Versorgungsanschluss fließen, und die Signalströme. Beide stellen unterschiedliche Anforderungen an die Abblockung und müssen unterschieden werden. Dies soll nun am Beispiel von analogen und digitalen ICs betrachtet werden.

5.2.1 Abblockung von Operationsverstärkern

Operationverstärker stellen relativ komplexe Analogschaltungen dar, sie enthalten mehrere Verstärkerstufen, die ihre Versorgungsströme aus der positiven und negativen Ver-

5.2 Ströme auf dem Masse- und Versorgungssystem

sorgungsspannung beziehen[3]. In der Regel werden sie mit einer äußeren Gegenkopplung versehen. Deren Dimensionierung bestimmt, ob die Schaltung stabil arbeitet. Aber auch schaltungsintern findet eine Impedanzkopplung der Stufen untereinander über den Innenwiderstand der Versorgung statt, die zur Mitkopplung und damit Schwingneigung führen kann. Der Ruhestrom (im Wesentlichen) der Endstufe enthält neben dem Gleichanteil auch hochfrequente Anteile z. B. durch Rauschen, die ein Schwingen anregen können. Damit dies nicht geschieht, muss die Innenimpedanz des Versorgungssystems, dargestellt durch die Impedanz der Abblockmasche, hinreichend niedrig sein; bei hohen Frequenzen muss die Induktivität der Abblockmasche (s. Bilder 5.8 und auch 5.7) klein sein und zwar desto kleiner je höher die Transitfrequenz[4] des Operationsverstärkers ist. Deshalb wird, wie schon oben prinzipiell beschrieben, jeder Versorgungsspannungsanschluss mit einem Kondensator induktivitätsarm nach Masse abgeblockt. Bei Operationsverstärkern mit einer Transitfrequenz bis höchstens 50 MHz können dies bedrahtete Kondensatoren sein. Bei höheren Transitfrequenzen muss die Induktivität der Abblockmasche weiter verringert werden: Durch Verwendung von Kondensatoren in SMD-Bauform und durch einen direkt zwischen die Versorgungsanschlüsse geschalteten Kondensator (Bild 5.8) *zusätzlich* zu den beiden Abblockkondensatoren nach Masse.

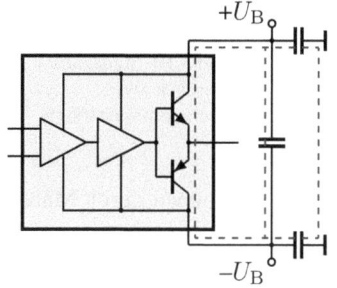 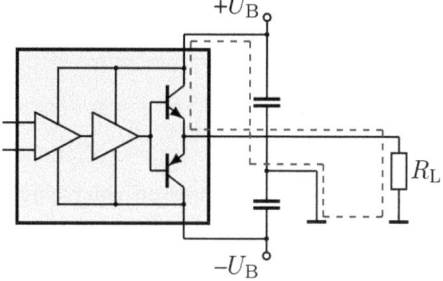

Bild 5.8 Abblockung der internen Ströme des Operationsverstärkers

Bild 5.9 Pfad für den Signalstrom zwischen Operationsverstärker und unsymmetrischer Last

Die *andere* Aufgabe der Abblockung ist die Bereitstellung von Pfaden für die Signalwechselströme. Ist an eine Operationsverstärkerschaltung mit symmetrischer Spannungsversorgung eine unsymmetrische Last angeschlossen (Bild 5.9), so schließt sich die eine Halbwelle des *Signalwechselstromes* über die Masse, einen Abblockkondensator und eine der Versorgungsleitungen; die andere Halbwelle schließt sich entsprechend über die andere Versorgungsspannung. Damit sich der Signalstrom in dieser Weise schließen kann, sind also zwei Kondensatoren nötig, für jede Stromrichtung einer. Diese Kondensatoren *können* dieselben sein, mit denen die oben beschriebene Dämpfung der Schwingneigung

---

[3] Hier wird beispielhaft der Fall der symmetrischen Spannungsversorgung diskutiert. Der Fall, dass einer der beiden Versorgungsanschlüsse auf Masse liegt, kann in ähnlicher Weise analysiert werden.

[4] Die Transitfrequenz ist die Frequenz, bei der die Verstärkung des offenen Verstärkers 1 wird (Verstärkung-Bandbreite-Produkt).

betrieben wurde; es kann hierfür aber auch ein eigener Pfad mit weiteren Kondensatoren festgelegt werden.

Dient als Last eines Operationsverstärkers die Schaltung eines invertierenden Verstärkers, die ebenfalls eine symmetrische Spannungsversorgung besitzt (Bild 5.10), so zeigt das Einzeichnen der geschlossenen Umläufe des Signalwechselstromes, dass er in den Ausgang des zweiten Operationsverstärkers fließt und sich von dort über die beiden Versorgungsspannungsleitungen und *einen Abblockkondensator zwischen ihnen* schließen kann; das Einzeichnen der negativen Halbwelle ergibt den analogen Sachverhalt. Wird nun *ein* Kondensator zwischen die Versorgungsleitungen geschaltet, dienen allein die Versorgungsleitungen dem Signalstrom als Rückleiter für beide Stromrichtungen. Die Masse wird erst durch die im Bild nicht dargestellten, *aber notwendigen* Abblockkondensatoren gegen Masse in die Funktion als Signalrückleiter eingebunden.

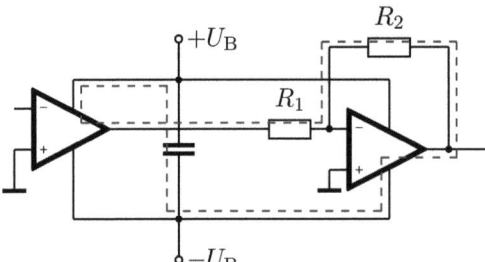

Bild 5.10 Signalstrom zwischen zwei Operationsverstärkern

Diese beiden Funktionen müssen unterschieden werden; sie können durch Maßnahmen einzeln beeinflusst werden. Die Kondensatoren zur Abblockung der Querströme *müssen* in unmittelbare Nähe des Operationsverstärkers platziert werden. Sofern die Kondensatoren den Pfad für den Signalstrom bilden sollen, könnten sie sich an beliebiger Stelle zwischen dem Operationsverstärker und der Last befinden.

Die dargestellten Zusammenhänge kann man gezielt nutzen: Soll verhindert werden, dass der Signalstrom über die Masse zurückfließt und auf ihr einen Spannungsabfall erzeugt, müssen ihm Pfade über die Versorgungsspannungsleitungen durch entsprechende Kondensatoren zur Verfügung gestellt werden. Dass er diese Wege auch findet und nicht doch den Weg über die Masse nimmt, können wir erzwingen, indem beide Versorgungsspannungsleitungen *und* die Signalleitung *nicht* aber die Masseleitung durch eine Gleichtaktdrossel (s. Abschn. 6.3.5) geführt werden. Die Masse kann dann die Funktion des Potentialbezugs (s. Kap. 6) besser erfüllen.

Werden – zusätzlich zu den Abblockkondensatoren – Widerstände, Dämpfungsdrosseln oder Filter zur besseren Filterung in die Versorgungsleitungen geschaltet, können die Versorgungsleitungen die Masse als Signalrückleiter nur entlasten, wenn den Strömen nach der Filterung über Kondensatoren Pfade bereit gestellt werden.

Eine günstige Abblockung von Operationsverstärkerschaltungen kann also sehr unterschiedlich aussehen, abhängig davon, welche Randbedingungen vorliegen. Diese müssen zunächst geklärt sein. Dann zeigt die Analyse der Stromumläufe, wie die verschiedenen möglichen Maßnahmen wirken. Mit ähnlichen Überlegungen, die die „Sauberkeit" der Masse einschließen, können ggf. auch andere komplexe Analogschaltungen günstiger abgeblockt werden. Eine durchdachte Abblockung wird ihren Zweck gut und kostengünstig erfüllen und kann dabei noch die Wirkung des Massesystems günstig beeinflussen.

5.2.2 Abblockung digitaler ICs

Ähnliche Überlegungen gelten auch für die Abblockung digitaler Schaltungen. Auch hier existieren zwei unterschiedliche Effekte, die störende Stromspitzen verursachen und unterschieden werden müssen:

1. Beim Durchschalten einer Gegentaktstufe digitaler ICs leiten wegen der Sperrverzögerungszeit des leitenden Transistors beide Transistoren für einen kurzen Augenblick gleichzeitig. Der Kurzschlussstrom steigt mit $di/dt = U_B/L_{AM}$ an (darin sind U_B die Versorgungsspannung und L_{AM} die Induktivität der Abblock*masche*), bis der abgeschaltete Transistor zu sperren beginnt. Dabei entsteht ein hoher Stromimpuls (Current Spike). Bild 5.11 zeigt die Wege dieser Stromimpulse beider ICs. Je kleiner die Impedanz des Abblock*zweiges* gegen den Innenwiderstand des Versorgungssystems ist, desto besser wird der Strom durch den Abblockzweig geführt.
2. Wie Bild 5.12 (Ausgang der Quelle auf „H") zeigt, fließt der Signalstrom über *beide* Abblockkondensatoren und die Masse- und Versorgungsleitungen zurück. Infolge der

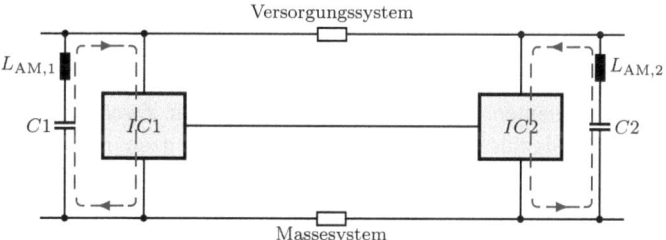

Bild 5.11 Abblockung der Ströme infolge des zeitweiligen Kurzschlusses in Gegentaktstufen

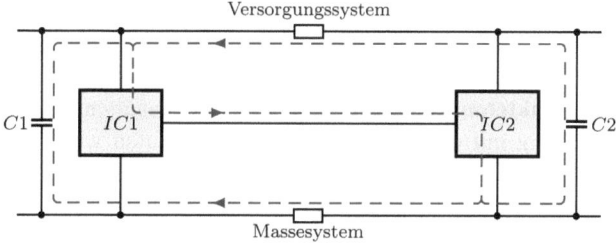

Bild 5.12 Abblockung der Signalströme, Ausgang von IC 1 (Quelle) auf „H"

rechteckförmigen Signalspannung müssen die parasitären Kapazitäten, wie die Eingangskapazität der angesteuerten ICs, schnell umgeladen werden. Der Signalstrom besitzt deshalb ebenfalls an den Flanken Spitzen. Für die Spannungsabfälle auf der Masse infolge der Signalströme wird die Parallelschaltung der Längsimpedanzen von Masse- und Versorgungssystem wirksam; diese Parallelschaltung wird deshalb auch *Signalmasse* genannt. Man kann die Spannungsabfälle auf der Signalmasse nicht nur durch eine niedrigere Masseimpedanz verkleinern, sondern auch durch eine niedrigere Impedanz des Versorgungssystems. Dass bei Digitalschaltungen in die Versorgungsleitung Dämpfungsdrosseln geschaltet werden, sollte bei einer gut dimensionierten Abblockung nicht nötig sein und deshalb vermieden werden, um den Störabstand nicht durch die Vergrößerung der Impedanz der Signalmasse und damit der Massepotentialunterschiede zu verschlechtern.

Beide Effekte unterscheiden sich in ihrer EMV-relevanten Wirkung – so im abgestrahlten Störspektrum (s. u.) – und in den zu treffenden Maßnahmen grundlegend voneinander.

Die Stromspitzen nach Pkt 1. sollten eine Schleife mit möglichst kleiner Schleifenfläche durchfließen, damit induktive Kopplung und Impedanzkopplung mit anderen Kreisen oder im IC selbst (s. dazu Abschn. 7.3.2) sowie Abstrahlung gering gehalten werden. Die Abblockkondensatoren müssen demnach in unmittelbare Nähe der ICs platziert werden[5]. Die Anschlüsse der Kondensatoren *und* der ICs an eine niederohmige Signalmasse müssen so induktivitätsarm (kurz und breit) wie möglich ausgeführt werden. Die getroffenen Maßnahmen sollten durch die Stromanalyse im Layout überprüft werden. Bei komplexen ICs, bei denen viele Stufen gleichzeitig schalten und dadurch einen hohen Impuls mit hoher Flankensteilheit (di/dt) verursachen, reicht dies häufig nicht aus (s. dazu Abschn. 7.3.2).

Damit die *Signalströme* keine Störungen verursachen, müssen die Längsimpedanzen von Masse- und Versorgungsleitungen, aber auch die Impedanzen der Abblockzweige zwischen Masse- und Versorgungsleitungen im interessierenden Frequenzbereich gering sein. Die Abblockkondensatoren geben – ähnlich wie bei Analogschaltungen – den Pfad für die hochfrequenten Signalströme vor. Für diesen Zweck ist ihre Lage nicht von Bedeutung. Die Signalströme enthalten ebenfalls Spitzen infolge der Umladung der parasitären Kapazitäten. Höhe und Anstiegszeit dieser Stromspitzen und damit die Höhe der Spannungsabfälle an der Induktivität der Anschlüsse der ICs (z. B. der Bonddrähte) und der Signalmasse hängen von der Grenzfrequenz (oder dem – manchmal umschaltbaren – du/dt) der ICs, aber auch von der Gesamtimpedanz der Signalkreise ab. Längswiderstände in Signalleitungen nahe am Treiber besitzen daher u. a. eine erhebliche dämpfende Wirkung auf diese Art der Stromspitzen, beeinflussen allerdings auch die Umladegeschwindigkeit an der Last und damit die Schaltgeschwindigkeit.

Störspektren bei getakteten Schaltungen Bei taktgesteuerten Schaltungen schalten viele Stufen gleichzeitig mit dem Takt. In jeder dieser Stufen wird bei jeder positiven und negativen Takt*flanke* durch den zeitweisen Kurzschluss ein Impuls *gleicher* Polarität erzeugt – zwei Impulse pro Taktperiode: Das Störspektrum besitzt dann geradzahlige

---

[5] Für die Abblockung auf Multilayern mit durchgehenden Masse- und Versorgungslagen gilt *diese* Bedingung nicht (s. dazu Abschn. 5.9.5).

Harmonische der Taktfrequenz[6]. Die Impulse im Signalstrom besitzen *unterschiedliche* Polarität; sie erzeugen im Störspektrum nur *ungeradzahlige* Harmonische (s. auch Abschn. 7.3.2, S. 166). Beide Arten von Stromimpulsen sind also an ihren Störstrahlungsspektren zu unterscheiden.

5.3 Gruppenabblockung und Einzelabblockung

Der Innenwiderstand des Netzteiles und die Gleichstromleitungswiderstände bestimmen bei tiefen Frequenzen den Innenwiderstand des Versorgungssystems. Sind die Abblockkondensatoren mehrerer aktiver Bauteile wie bei Digitalschaltungen nur über kurze Leitungen miteinander verbunden, so können bei niedrigen Frequenzen diese Kondensatoren in ihrer Wirkung als parallel geschaltet betrachtet werden. Es liegt eine *Gruppenabblockung* vor: Mehrere ICs werden durch einen oder mehrere Kondensatoren gemeinsam abgeblockt. Für aktive Bauelemente mit niedriger Stromanstiegsgeschwindigkeit reicht eine Gruppenabblockung i. Allg. aus.

Werden die Leitungsimpedanzen mit steigender Frequenz zu groß, muss der Abblockkondensator in unmittelbare Nähe des aktiven Bauteils platziert werden; es liegt eine *Einzelabblockung* vor.

> Nachdrücklich sei vermerkt, dass es hier nicht auf die Betriebsfrequenz der Schaltung ankommt, sondern auf das von dem betrachteten Bauteil tatsächlich gelieferte Spektrum, dessen obere Grenze mit seiner Stromanstiegsgeschwindigkeit zusammenhängt[7].

Wenn also ein Bauteil eine Grenzfrequenz von 100 MHz besitzt, muss man es für 100 MHz abblocken, auch wenn es nur mit 50 Hz betrieben wird!

Häufig wird man für die hohen Frequenzen eine Einzelabblockung vorsehen und für die tiefen Frequenzen eine Gruppenabblockung: Jede aktive Schaltung erhält einen zugeordneten Abblockkondensator (z. B. 100 nF) für die hohen Frequenzen; bei den tiefen Frequenzen wird die gesamte Schaltung mit einem Elko und bei noch tieferen mit dem Spannungsregler abgeblockt.

Bei einer Betrachtung der Abblockung z. B. digitaler Schaltungen im Zeitbereich gilt: Die Kapazität muss mindestens so groß sein, dass bei einem entnommenen Stromimpuls

---

[6] Bei Unterschieden in der Höhe der Impulse werden zusätzlich ungeradzahlige Harmonische erzeugt.

[7] Die Betriebsfrequenz der Schaltung spielt für die EMV durchaus eine Rolle: Bei Digitalschaltungen z. B. wird von Daten- aber auch Versorgungsleitungen bei jeder Schaltflanke eine *Energiemenge* abgestrahlt. In einem System finden auf Taktleitungen diese Wechsel in jeder Taktperiode zweimal statt, auf Datenleitungen im Mittel wesentlich weniger. Deshalb ist die von Taktleitungen abgestrahlte *Leistung* wesentlich höher als die von Datenleitungen deshalb benötigen Taktleitungen eine größere Beachtung.

die maximal zu erwartende Ladungsänderung ΔQ_max, näherungsweise abzuschätzen aus dem Produkt aus Höhe und Dauer des Stromimpulses ($I \cdot \Delta t$), nur zu einer maximal zulässigen Spannungsänderung $\Delta U_\mathrm{max,zul}$ an dieser Kapazität führt:

$$C_\mathrm{min} \geq \frac{\Delta Q_\mathrm{max}}{\Delta U_\mathrm{max,zul}} \qquad (5.1)$$

Für die hohen Frequenzen lässt sich die maximal zulässige Induktivität des Abblockzweiges aus der maximal zulässigen Störspannung $U_\mathrm{max,zul}$ und der Flankensteilheit $\mathrm{d}i/\mathrm{d}t$ des Stromes (Slew-Rate, Rise-Time oder Fall-Time) des abzublockenden Bauteils berechnen:

$$L_\mathrm{max} \leq \frac{U_\mathrm{max,zul}}{\mathrm{d}i/\mathrm{d}t} \qquad (5.2)$$

Bei einer *Breitband*abblockung, die z. B. für Digitalschaltungen verwendet werden muss, benötigt man sowohl bei tiefen als auch bei hohen Frequenzen eine hinreichend niedrige Impedanz; d. h. die Kapazität muss hinreichend groß und die parasitäre Induktivität der Abblockmasche und des Abblockzweiges hinreichend klein sein. Diese Forderung entspricht den Gln. 5.1 und 5.2.

Mit einer zur Verbesserung der Entkopplung in die Versorgungsleitung eingefügten Induktivität bildet ein Abblockkondensator einen Schwingkreis, der zu Schwingungen angeregt werden kann. Er muss durch Verluste z. B. durch einen zur Spule parallelgeschalteten Verlustwiderstand gedämpft werden. Bei EMV-Ferriten werden die Kernverluste gezielt für diesen Zweck benutzt (s. Abschn. 2.8.4, S. 35).

5.4 Auswahl geeigneter Abblockkondensatoren

Die Auswahl eines geeigneten Abblockkondensators hängt vom Spektrum des vom aktiven Bauteil in das Versorgungssystem eingespeisten Stromes, von der Lage und Breite des Frequenzbereiches sowie der Amplitude der einzelnen Spektrallinien ab. Entscheidende Größe ist die Grenzfrequenz (Transitfrequenz) oder die Flankensteilheit der verwendeten aktiven Bauteile. Ziel der Abblockung ist eine, in Bezug auf die Amplituden der spektralen Bereiche der eingespeisten Ströme, hinreichend niedrige Impedanz im gesamten abzublockenden Frequenzbereich.

Bei einer Breitbandabblockung benötigt man für die Abblockung, wie wir gesehen haben, sowohl eine hinreichend große Kapazität als auch eine hinreichend niedrige parasitäre Induktivität. Die erste Überlegung sollte der Auswahl eines geeigneten Kondensator*typs* gelten. Allgemein gilt: Da die Ersatzserieninduktivität eine Folge der Bauform und damit für eine Kondensatorfamilie über einen weiten Kapazitätsbereich konstant ist, wähle man zuerst eine entsprechende Kondensatorbauform. SMD-Kondensatoren besitzen eine sehr viel niedrigere Ersatzserieninduktivität als bedrahtete Kondensatoren. Nach Gl. 2.14 (s. Abschn. 2.7, S. 23) haben Bauformen mit geringerer Länge und dabei größerem Verhältnis Breite/Länge ein kleineres *ESL*. Mit ihnen kann der Abblockzweig kurz *und* die Fläche der Abblockmasche klein gehalten werden und mit *beiden* Bedingungen die Induktivität des Abblockzweiges und der Abblockmasche minimiert werden. Ist die Bedingung einer hinreichend kleinen Induktivität nicht zu erfüllen, muss man mehrere (gleiche!) Kondensatoren parallel schalten. Mit der Anzahl parallel geschalteter Kondensatoren erniedrigt sich die Induktivität und erhöht sich die Kapazität. Erst dann wähle man die notwendige Kapazität. Die Serienresonanz ergibt sich damit automatisch; sie ist also kein Auswahlkriterium.

5.5 Parallelschaltung von Abblockkondensatoren

Bei der Parallelschaltung von Kondensatoren ist der Effekt der Parallelresonanzen zu beachten. Sie treten auf, wenn Kondensatoren unterschiedlicher Serienresonanzfrequenz parallel geschaltet werden. Dies soll nun hergeleitet werden.

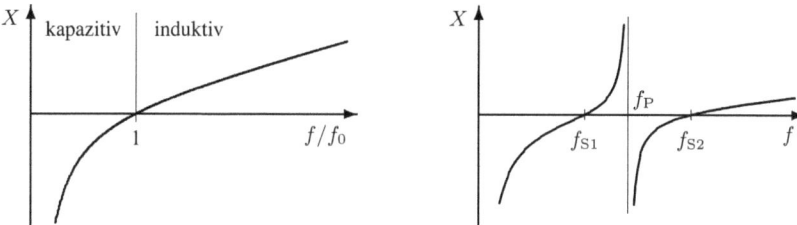

Bild 5.13 Frequenzabhängiger Blindwiderstand eines Serienkreises (*links*) und der Parallelschaltung zweier Serienkreise unterschiedlicher Resonanzfrequenz (*rechts*)

Der Blindwiderstand X eines Serienkreises ist unterhalb der Resonanzfrequenz kapazitiv, oberhalb induktiv (Bild 5.13 links). Schaltet man zwei Serienschwingkreise unterschiedlicher Resonanzfrequenz parallel, so zeigt der Blindwiderstandsverlauf diese beiden Serienresonanzen (f_{S1} und f_{S2} im Bild 5.13 rechts). Zwischen ihnen gibt es aber eine Frequenz f_P, bei der die Ersatz*induktivität* des Kreises mit der niedrigeren Resonanzfrequenz und die Ersatz*kapazität* des anderen Kreises betragsmäßig gleiche aber im Vorzeichen unterschiedliche Blindwiderstände haben; dort entsteht eine Parallelresonanz. Unterhalb der niedrigeren der beiden Serienresonanzfrequenzen bestimmt die Parallelschaltung der Kapazitäten beider Kreise den Impedanzverlauf, oberhalb der höheren die Parallelschaltung der Induktivitäten – ein für die Abblockung sehr wichtiger Zusammenhang!

Das gleiche Verhalten tritt bei der Parallelschaltung von Kondensatoren auf. Bild 5.14 zeigt als Beispiel den berechneten Impedanzverlauf zweier parallel geschalteter Kondensatoren von 100 nF und 100 pF (a) im Vergleich mit einem einzelnen 100 nF-Kondensator (b) und zwei parallel geschalteten 100 nF-Kondensatoren (c). Die Werte für ESL und $\tan\delta$ wurden Herstellerangaben[8] entnommen und sind für diese Kondensatoren als gleich ange-

---

[8] Alle Kondensatoren sind SMD-Bauelemente vom Typ X7R

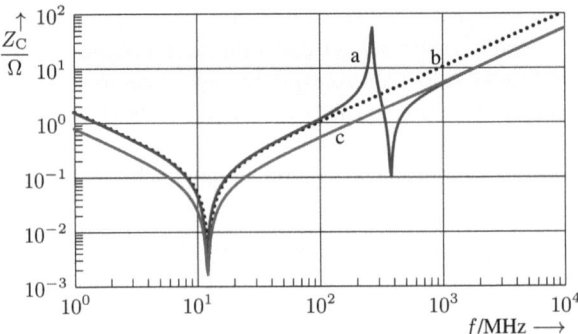

Bild 5.14 Vergleich der berechneten Impedanzen von Kondensatoren desselben Typs (tan δ und L_{ESL} nach Firmenangaben bei allen gleich), a: Impedanz der Parallelschaltung von 100 nF und 100 pF, b: Impedanz eines einzelnen Kondensators von 100 nF, c: Impedanz zweier parallelgeschalteter 100 nF-Kondensatoren

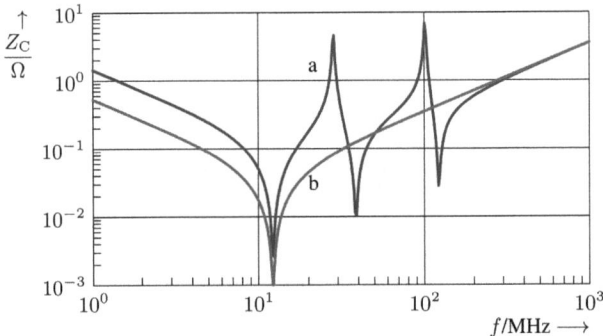

Bild 5.15 Vergleich der berechneten Impedanzen von Kondensatoren, a: Impedanz der Parallelschaltung von 100 nF, 10 nF und 1 nF, b: Impedanz dreier parallelgeschalteter 100 nF-Kondensatoren

nommen. Die Parallelschaltung von 100 nF und 100 pF hat bei beiden Serienresonanzen zwar eine niedrige Impedanz. Dieser Vorteil ist erkauft mit der höheren Impedanz bei der Parallelresonanz (im Beispiel: 60 Ω bei 300 MHz), durch die Teile des abzublockenden Störspektrums stark herausgehoben werden können. Bei hohen Frequenzen bestimmt die Parallelschaltung der Induktivitäten beider Kondensatoren den Impedanzverlauf. Schaltet man dagegen zwei gleiche Kondensatoren parallel (Verlauf c), so sind alle drei Resonanzfrequenzen gleich, was sich wie eine einzige Serienresonanz auswirkt; hierbei liegt die Impedanz *bei allen Frequenzen* um den Faktor 2 niedriger und nicht erst oberhalb der höheren Resonanzfrequenz – für eine Breitbandabblockung die bessere Lösung!

Auch die häufig in der Praxis zu findende Kondensator-Kombination – 100 nF, 10 nF und 1 nF in Parallelschaltung – bietet kaum ein besseres Bild (Bild 5.15). Dieser Vergleich wurde mit Kondensatoren desselben Typs wie in Bild 5.14 berechnet. Der Impedanzverlauf der Parallelschaltung dreier *gleicher* Kondensatoren (100 nF) ist bei hohen Frequenzen gleich, hat aber im übrigen Verlauf klare Vorteile mit Ausnahme der beiden oberen Serienreso-

5.5 Parallelschaltung von Abblockkondensatoren

nanzen, die für die Abblockung aber kaum ins Gewicht fallen: Die Impedanz beim Verlauf b ist schon niedrig genug.

Das Beispiel im Bild 5.16 erhärtet die Problematik: Die Kurve a zeigt die berechnete Impedanz der Parallelschaltung von 13 Kondensatoren mit unterschiedlichen Kapazitäten, im Bereich von 1 nF–100 nF nach der E6-Reihe gestaffelt; für diese Darstellung ist $\tan\delta$ und L_{ESL} für alle gleich angenommen. Bei derart nah beieinander liegenden Serienresonanzfrequenzen prägen sich die Serien- und Parallelresonanzen nicht voll aus; man erhält einen Bereich geringer und relativ gleichmäßiger Impedanz. Schaltet man 13 gleiche Kondensatoren (22 nF) mit der gleichen resultierenden Kapazität und Induktivität parallel (Kurve b), so verhalten sich beide Schaltungen abseits der Resonanzen gleich, im Bereich der Resonanzen sind aber keine wesentlichen Vorteile der Version a zu erkennen. Beide Verläufe besitzen Bereiche mit etwas niedrigerer Impedanz als der jeweils andere. Der hohe Aufwand in der Lagerhaltung und Bestückung einer solchen Abblockung lohnt sich nicht.

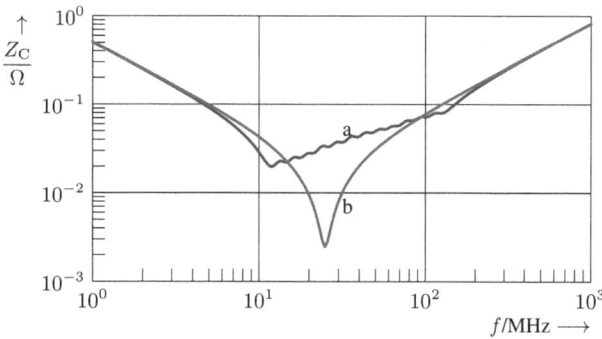

Bild 5.16 Impedanz von 13 parallel geschalteten SMD-Kondensatoren, a: mit unterschiedlichen Kapazitätswerten nach der E6-Reihe, b: mit gleichen Kapazitätswerten

Das letzte Beispiel entkräftet Befürchtungen, auch bei der Parallelschaltung mehrerer Kondensatoren mit *gleichem* Kapazitätsnennwert könnten ja solche Parallelresonanzen auftreten infolge von Kapazitätstoleranzen und ggf. Auswirkungen unterschiedlicher Temperatur über den Temperaturkoeffizienten. Sie bewirken nur eine etwas höhere Bandbreite und höhere Impedanz bei Serienresonanz – eine eher willkommene Wirkung!

Das entscheidende Problem bei der Parallelschaltung von Kondensatoren *unterschiedlicher* Kapazität und Resonanzfrequenz ist, die Güte der Parallelresonanz gering genug zu halten. Dafür gibt es mehrere Möglichkeiten, die auch die Güte der Serienresonanz verringern:

1. Auswahl von Kondensatoren mit *höheren* Verlusten (R_{ESR} oder $\tan\delta$).
2. Auswahl von Kondensatoren mit genügend nah beieinander liegenden Serienresonanzen (vgl. dazu Bild 5.14 bis 5.16).
3. Reihenschaltung von Widerständen mit den Kondensatoren; die Widerstände verschlechtern mit ihrer partiellen Induktivität die resultierende Induktivität der Abblockung. Der Kondensator mit der geringsten Induktivität sollte keinen Serienwiderstand

erhalten. Eine solche Abblockung ist wegen der zusätzlichen Induktivität der Widerstände bei hohen Frequenzen immer schlechter als die Parallelschaltung gleicher Kondensatoren.
4. Staffelung der Anzahl von Kondensatoren: Bei der tiefsten Serienresonanz 1 Kondensator, bei der nächst höheren z. B. 2 usw.

Dabei sollte aber nicht das eigentliche Ziel vergessen werden:

> Für eine Breitbandabblockung werden eine hinreichend niedrige resultierende Induktivität und eine hinreichend hohe Kapazität benötigt; die Serienresonanz ist dafür überhaupt kein Auswahlkriterium! Die Parallelschaltung von Kondensatoren mit unterschiedlicher Serienresonanz erfüllt dieses Ziel sehr schlecht und ist dabei noch sehr unökonomisch. Es gibt also kein vernünftiges Argument für die Parallelschaltung von Kondensatoren mit ungleichen Serienresonanzen! Der Ansatz ist einfach falsch!

Die Parallelschaltung eines Keramik- oder Folienkondensators mit einem Elko ist dagegen meist unkritisch und sinnvoll: Elkos besitzen i. Allg. einen höheren $\tan \delta$; das Problem einer hohen Impedanz bei Parallelresonanz tritt dann nicht auf. Sie bieten eine hohe Kapazität bei niedrigem Bauvolumen und Keramik- oder Folienkondensatoren aufgrund ihrer *wesentlich* kleineren Bauform niedrigere Induktivitäten bei hohen Frequenzen. Die grundverschiedenen Eigenschaften dieser beiden Kondensatortypen ergänzen sich optimal.

Ungewollt tritt der Effekt der Parallelschaltung von Kondensatoren mit unterschiedlicher Resonanzfrequenz bei der Abblockung auf Multilayern mit durchgehenden Lagen für Masse und Versorgung (s. Abschn. 5.9) auf, da die resultierende Induktivität der Abblockkondensatoren und die Kapazität der Leiterplatte eine Parallelresonanz hoher Güte bilden. Auch hier müssten die Kondensatoren einen *hohen* $\tan \delta$ oder R_{ESR} und nicht – wie in der Literatur immer wieder zu lesen – einen *niedrigen* besitzen[9]. *Dass dadurch die Impedanzen bei den Serienresonanzen größer werden, ist bedeutungslos; denn nicht sie sind kritisch, sondern die hohen Impedanzen bei den Parallelresonanzen.*

Die Wirkung komplexerer Abblockmaßnahmen sollte zur Kontrolle aus den charakteristischen Ersatzgrößen der ausgewählten Abblockkondensatoren und ggf. der anderen Bauelementen berechnet oder simuliert werden. Die Ergebnisse sollten *in beiden Achsen logarithmisch* – und nicht linear – skaliert werden, damit sie besser den Störstrahlungsmessergebnissen zugeordnet werden können. Sie müssen sich auch über den *gesamten, für den EMV-Nachweis geforderten Frequenzbereich* der Störstrahlungsmessung und nicht nur bis zur höchsten Serienresonanzfrequenz erstrecken; denn der Bereich oberhalb dieser Resonanzfrequenz ist für die Abblockqualität der entscheidende. Dort wird die Impedanz praktisch nur von der resultierenden Induktivität bestimmt.

---

[9] Kondensatoren mit niedrigem $\tan \delta$ oder ESR gelten allgemein als höherwertig. Eine solche Beurteilung hängt aber entscheidend vom Anwendungsfall ab, für Filter hoher Güte ist sie richtig, für die Abblockung falsch!

5.6 Anschluss von Kondensatoren

Mit den Methoden der Stromanalyse und der Verschiebung der Knotenpunkte soll nun verdeutlicht werden, wie Abblockkondensatoren optimal angeschlossen werden müssen. Die Erkenntnisse können gleichermaßen auf den Anschluss von Kondensatoren in Filterschaltungen, von Filterbaugruppen und von Bauelementen zur Spannungsbegrenzung angewandt werden.

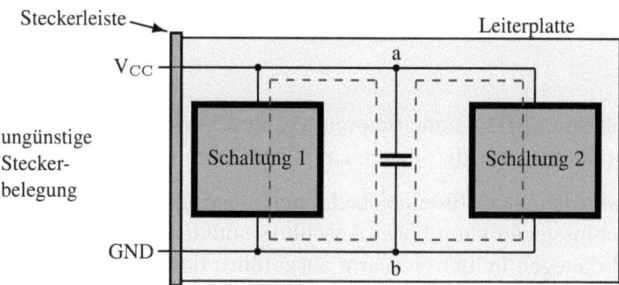

Bild 5.17 Hohe Serienimpedanz im Abblockzweig durch ungünstigen Anschluss des Abblockkondensators, ausgelöst durch eine ungünstige Steckerbelegung

Es sei angenommen, dass im Layout einer elektronischen Baugruppe die beiden Leitungen eines Versorgungsspannungssystems weit auseinander liegen (Bild 5.17). Dies verstößt zwar gegen die allgemeingültige Regel, dass in jeder Masche Hin- und Rückleiter nah beieinander liegen sollten, entspricht aber häufig den praktischen Gepflogenheiten, beispielsweise infolge einer ungünstigen Steckerbelegung (GND und V_{CC} an entgegengesetzten Enden des Steckers). *Dieser Fall tritt gewöhnlich auch auf, wenn die grafische Struktur des Schaltbildes für das Layoutdesign übernommen wird.* Der Abblockkondensator ist dann über lange Zuleitungen an die Versorgung (Knoten a und b) angeschlossen. Für die Stromanalyse werden zunächst die Leitungen und Abblockkondensatoren idealisiert als impedanzlos angenommen. Der Abblockzweig zwischen den Knoten a und b wird als verkoppelnder Zweig erkannt. Durch seine reale Impedanz sind beide Baugruppen miteinander verkoppelt. Das Einzeichnen eines Umlaufs über die nach außen zu anderen Baugruppen führenden Leitungen würde die Verkopplung auch mit diesen verdeutlichen.

Die Koppelimpedanz kann durch breitere Leitungen im Abblockzweig zwar etwas verringert werden. Vollständig aber wird der Einfluss der Anschlussleitungen im Abblockzweig ausgeschaltet, wenn deren Länge mit der Methode der Verschiebung der Knotenpunkte zu null gemacht wird; die Anschlussklemmen des Kondensators werden dann wie im Bild 5.18 Sternpunkte der zu der Störquelle und den Störsenken führenden Leitungen. Die Induktivitäten der Anschlussleitungen, vorher mit *ver*koppelnder Wirkung, bekommen nun eine *ent*koppelnde Eigenschaft und bilden mit dem Kondensator einen Tiefpass. Diese Anschlusstechnik wird auch sehr anschaulich „Nadelöhr"-Anschlusstechnik [6] genannt. Die Stromanalyse zeigt, dass beide Schaltungen jetzt nur noch über die Impedanz des Abblockkondensators selbst miteinander verkoppelt sind. Die sehr viel niedrigere Ersatz-

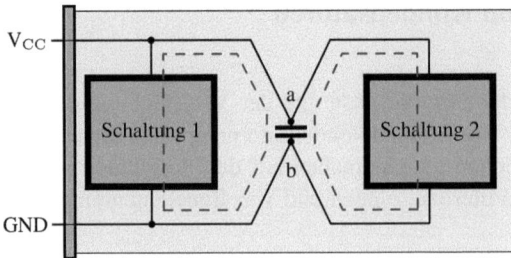

Bild 5.18 Eliminieren des störenden Einflusses der Anschlussleitungen durch Verschieben der Anschlusssternpunkte

serieninduktivität von SMD-Kondensatoren legt ihre Verwendung zur Abblockung auch in Schaltungsaufbauten nahe, die sonst nicht in SMD-Technik aufgebaut sind.

Im Bild 5.19 a ist beispielhaft für einen bedrahteten und für einen SMD-Kondensator eine ungünstige Anschlusstechnik mit hoher Anschlussinduktivität gezeigt. Die Anschlüsse im Bild 5.19 b sind dagegen induktivitätsarm ausgeführt; der Anschluss des SMD-Kondensators an die großflächige Masse wurde mit einer sogenannten Wärmefalle versehen: vier

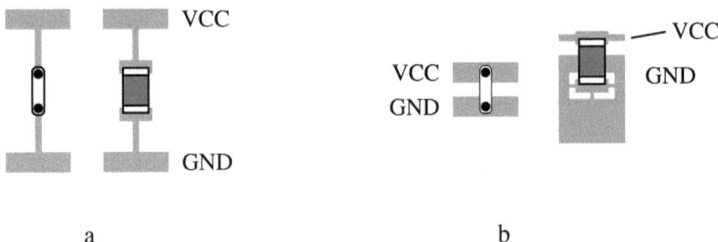

Bild 5.19 Einlagiger Anschluss eines bedrahteten und eines SMD-Kondensators: ungünstige Technik mit hoher Anschlussinduktivität (a) und Beipiel für optimalen Anschluss (b)

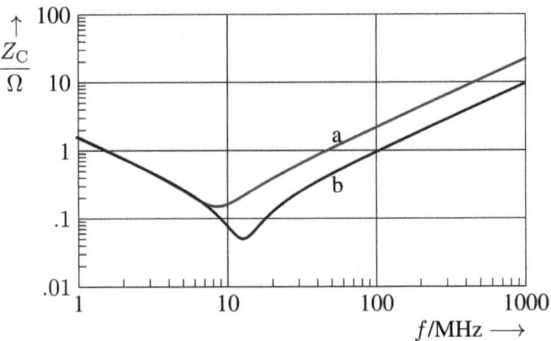

Bild 5.20 Impedanzverläufe der Abblockzweige für die ungünstige (a) und die günstige (b) Anschlusstechnik eines SMD-Kondensators

5.6 Anschluss von Kondensatoren

kurze schmale Leitungen, eine davon unsichtbar unter dem Kondensator, bilden einen hohen Wärmewiderstand zur besseren Lötbarkeit, ihre Parallelschaltung hält die Induktivität niedrig. Die V_{CC}-Anschlüsse gehen vom Kondensatoranschluss seitwärts über getrennte Leitungen zur Störquelle und dem geschützten Teil und bieten so die beste Entkopplung. Bild 5.20 zeigt die Impedanzverläufe beider Techniken im Vergleich, es wurden ein L_{ESL} von 1,7 nH und eine Anschlussinduktivität von nur 2 nH angenommen. Die Wirksamkeit der Abblockung wurde mit der ungünstigen Anschlusstechnik um das Verhältnis der Induktivitäten, also um mehr als den Faktor 2, schlechter.

> **Regel:** Verbindungsleitungen im Abblockzweig müssen so kurz wie fertigungstechnisch möglich ausgeführt werden.

Diese Regel kann leichter eingehalten werden, wenn Hin- und Rückleitungen des Masse- und Versorgungssystems nah beieinander verlegt werden. Im Bild 5.21 ist ein solches System prinzipiell dargestellt.

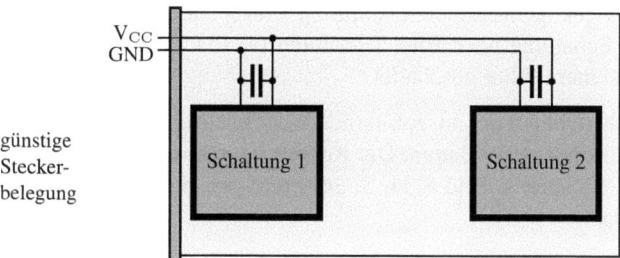

Bild 5.21 Optimale Anordnung der Versorgungsleitungen und damit optimaler Anschluss der Kondensatoren

Man kann die Verschiebung der Knotenpunkte noch weiter führen: Versieht man beide „Kondensatorplatten" mit Anschlüssen an ihren gegenüberliegenden Enden, so hat der Kondensator 4 Anschlüsse. Man nennt ihn deshalb auch „Vierpolkondensator" und schließt ihn wie im Bild 5.22 an. Eine Variante, bei der eine der beiden Elektroden großflächig auf Masse gelegt ist, wird „Dreipolkondensator" genannt. Zu dieser Gattung gehört auch der in ein Masseblech einlötbare oder einschraubbare „Durchführungskondensator" oder das „Durchführungsfilter". Bild 5.23 zeigt links das Vierpol-ESB eines normalen Kondensators oberhalb seiner Serienresonanz und im Vergleich rechts das eines Dreipolkondensators und macht nicht nur ihr unterschiedliches Filterverhalten deutlich, sondern auch die Notwendigkeit ihres unterschiedlichen konstruktiven Aufbaus: Während der normale Kondensator wegen der *ver*koppelnden Wirkung des ESL bei hohen Frequenzen ein vergleichsweise ungünstiges Filterverhalten aufweist und deshalb das ESL möglichst klein gehalten werden muss, sollte beim Vierpolkondensator das ESL wegen seiner *ent*koppelnden Wirkung gerade möglichst groß sein. Vierpol- und Dreipolkondensatoren sind wegen ihres Tiefpassverhaltens auch bei kleiner Kapazität sehr wirkungsvoll.

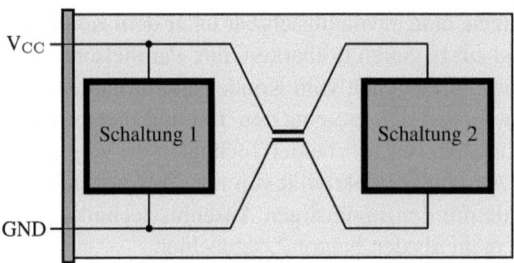

Bild 5.22 Abblockung mit einem Vierpolkondensator

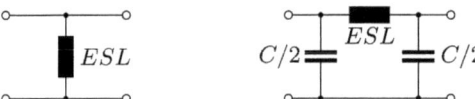

Bild 5.23 ESB für hohe Frequenzen: eines Abblockkondensators (*links*) und eines Dreipolkondensators als Filter (*rechts*)

Bild 5.25 zeigt die gemessenen Dämpfung eines Durchführungskondensators ($C = 630\,\text{pF}$) in der Schaltung nach Bild 5.24 allein (a) sowie mit einer (b) und zwei Induktivitäten (c), zu einem Filter geschaltet.

Allerdings fließt nicht nur der auszufilternde Wechselstrom, sondern der gesamte Betriebsstrom über die Kondensatorplatten. Die Kondensatoren müssen für diesen Betriebsstrom ausgelegt sein (Beispiel s. Bild 8.54, S. 243) und ggf. durch eine Überstrombegrenzung geschützt werden.

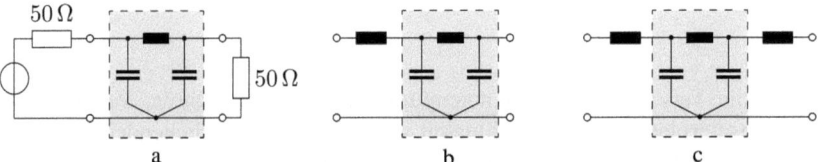

Bild 5.24 Messung der Dämpfung eines Durchführungskondensators (ESB *grau hinterlegt*), a: allein, b: Filter mit einer Drossel, c: Filter mit zwei Drosseln

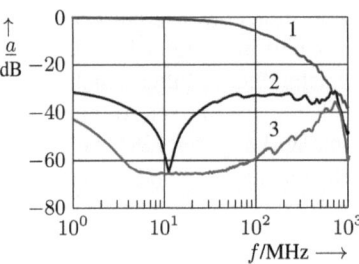

Bild 5.25 Dämpfung des Durchführungskondensators allein (1), mit einer Drossel als Filter (2), mit zwei Drosseln als Filter (3); die Parallelresonanz wird durch eine parasitäre Parallelkapazität verursacht

Neben der Verwendung käuflicher Bauformen kann man Vierpol- oder Dreipolkondensatoren auch durch ein geschicktes Layout selbst erzeugen: Freie Flächen und Leiterbahnen kann man zu Kondensatoren „entarten" lassen; schon relativ kleine Kapazitäten reichen für Filterung der hohen Frequenzen aus, wenn diese „Kondensatoren" nur in Vierpol- oder Dreipoltechnik angeschlossen werden (s. Abschn. 5.7).

> Die hergeleitete Anschlusstechnik ist ebenso auf Filterkondensatoren, Filterbaugruppen und Bauelemente zur Spannungsbegrenzung z. B. bei elektrostatischen Entladungen (ESD) anzuwenden.

5.7 Beispiele für das Layout des Versorgungsspannungssystems

5.7.1 Layout von Digitalschaltungen auf zweilagigen Leiterplatten

Das Bild 5.26 zeigt eine ungünstige und Bild 5.27 eine günstige Layoutrealisierung für das Masse- und Versorgungssystem auf Zweilagen-Leiterplatten mit digitalen ICs.

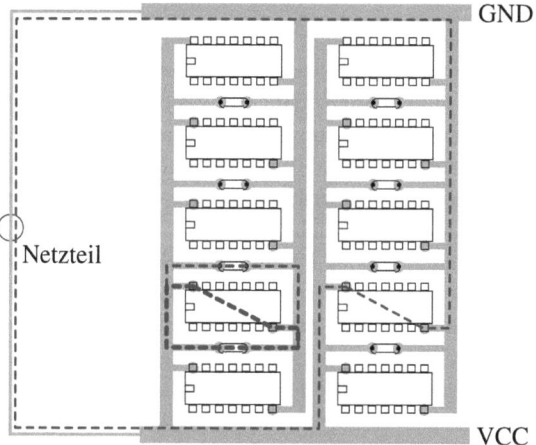

Bild 5.26 Ungünstige Anordnung der Versorgungsleitungen und Abblockkondensatoren bei Zweilagen-Leiterplatten mit digitalen ICs

Bei der im Bild 5.26 dargestellten Version sind Versorgungs- und Masseleitungen relativ weit voneinander entfernt: Die Abblockkondensatoren besitzen dadurch lange Anschlussleitungen; die Abblockmasche bildet eine relativ große Schleife – eine Schleife wurde beispielhaft eingezeichnet, eine zweite, dünner gezeichnete verläuft parallel über den Abblockkondensator auf der anderen Seite des ICs. Die großen Schleifen führen zu hohen

Gegeninduktivitäten zu anderen Maschen, zu einer hohen Induktivität der Abblockmasche und des Abblockzweiges und damit zu einer hohen Störspannung im Versorgungssystem. Die Folge ist nicht nur eine hohe Störspannung an den Versorgungsanschlüssen der anderen ICs, sondern auch erhöhte Abstrahlung; denn die Versorgungs- und Masse-Leitungen wirken als Antennen, die von der Störspannung angeregt werden. Besonders deutlich wird dies an der sehr großen, gestrichelt gezeichneten Masche zum Netzteil. Je weiter die Leitungen auseinander liegen, desto besser strahlt die Antenne ab und kann auch besser Störungen empfangen.

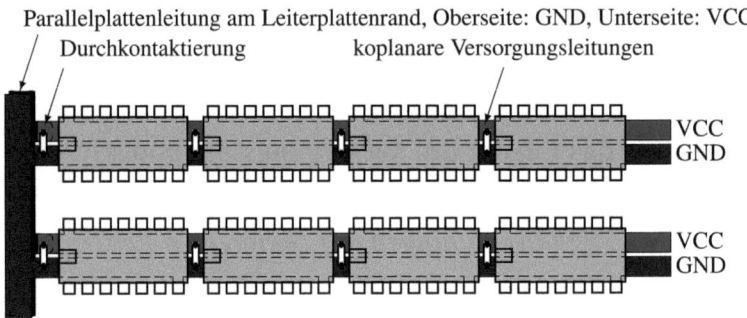

Bild 5.27 Günstige Anordnung der Versorgungsleitungen und Abblockkondensatoren bei Zweilagen-Leiterplatten mit digitalen ICs und Abblockkondensatoren zwischen den ICs

Die Version im Bild 5.27 dagegen hat nah beieinander liegende Leitungen, so dass die Abblockkondensatoren automatisch kurze Anschlüsse bekommen und sich die Strahlungskopplung der Antenne zur Umgebung verringert, was die EMV-Situation verbessert. Man beachte auch, dass die Versorgungsleitungen einen Vierpolkondensator bilden und damit selbst, obwohl ihre Kapazität relativ klein ist, schon die Abblockung bei den hohen Frequenzen unterstützen. Dieser Effekt wird gut genutzt, wenn die Leitungen unterhalb der ICs als koplanare Leitungspaare möglichst breit und mit geringem Abstand zueinander verlaufen und am Leiterplattenrand als Parallelplattenleitung. Dazu muss *eine* der beiden Leitungen die Lage wechseln. Das kann nur die V_{CC}-Leitung sein; denn die Impedanz der GND-Leitung muss wegen der Potentialbezugsfunktion der Masse so klein wie möglich gehalten werden. Die Durchkontaktierung für den Lagenübergang ist ein optimaler Platz für einen Abblockkondensator. Nach Verlegung aller Leitungen sollte der noch freie Platz zur Vermaschung des Masse- und Versorgungssystems genutzt werden. Zusätzlich kann eine Parallelplattenleitung wie am linken Leiterplattenrand im Bild 5.27 auch am rechten verlegt werden. Die dadurch entstehenden Masseschleifen sind bei Digitalschaltungen wegen des Störabstandes digitaler ICs nicht schädlich. Im Gegenteil: Die Längsimpedanz und damit auch die Potentialdifferenzen durch Signalströme und externe Ströme auf der Signalmasse werden durch möglichst viele parallel geschaltete Pfade stark verringert; der Störabstand kann insgesamt deutlich verbessert werden. Durch die Vermaschung werden auch die Flächen der Signalmaschen – im Mittel – kleiner.

5.7.2 Layout von Schaltungen mit diskreten Transistoren

An dem folgenden Beispiel einer Analogschaltung unter Verwendung diskreter Transistoren (Bild 5.28, oben) kann besonders gut die ungünstige Wirkung der Vorgehensweise, die graphische Struktur des Stromlaufplanes für das Layout zu übernehmen, demonstriert werden. Das Layout weist dann einen großen Abstand zwischen Versorgungs- und Masseleitungen (Bild 5.28, Mitte) auf. Bild 5.28 (unten) dagegen zeigt eine günstige, ebenfalls einlagige Layoutrealisierung mit geringem Abstand zwischen diesen Leitungen. Die Widerstände sind am oberen Ende entweder mit Masse oder mit $+U_B$ verbunden. Dieses System lässt sich auch bei zwei Versorgungsspannungen für einlagige Leiterplatten anwenden, indem die Leitung für die andere Versorgungsspannung zwischen die schon bestehende und Masse gelegt wird.

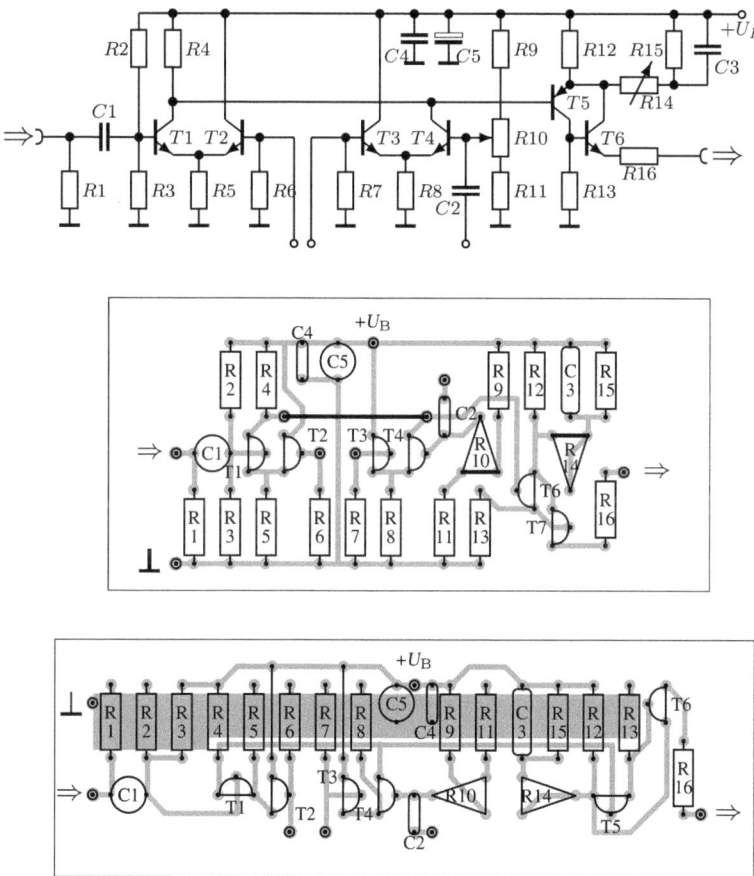

Bild 5.28 Analogschaltung (*oben*) und einlagige ungünstige (*Mitte*) und günstige Layoutrealisierung (*unten*)

Mit den in den Bildern 5.27 und 5.28 (unten) dargestellten Anordnungen des Versorgungssystems ergeben sich mehrere Vorteile:

- Durch die nah beieinander liegenden Versorgungs- und Masseleitungen ist sichergestellt, dass die Abblockkondensatoren automatisch nach den in Abschn. 5.6 hergeleiteten Erkenntnissen richtig angeschlossen werden. Dies kann auch nachträglich (z. B. bei einem Prototypen) geschehen, denn die Leitungen liegen räumlich günstig zu den Anschlusspunkten der Kondensatoren.
- Die von Hin- und Rückleiter gebildete Schleife weist eine kleine Fläche auf; dies kann durch Einzeichnen der Ströme in das Layout überprüft werden. Mit geringerer Schleifenfläche werden die Induktivität dieser Schleife und die Gegeninduktivität zu anderen Leitungen geringer. Damit ergibt sich eine verringerte induktive Kopplung.
- Mit geringerer Spannung zwischen den Versorgungs- und Masseleitungen und dem geringeren Abstand dieser Leitungen reduziert sich die abgestrahlte Leistung.
- Durch den niedrigeren Induktivitäts- und den höheren Kapazitätsbelag (Leitungsmodell *mit* Querkomponenten) wird der Wellenwiderstand und damit die Abblockimpedanz verringert.

5.7.3 Verbindung analoger und digitaler Baugruppen

Bild 5.29 zeigt eine Kombination digitaler und analoger Baugruppen – hier eine Phasenmesseinrichtung. Der Strom der Präzisionsstromquelle fließt in Abhängigkeit von der Ausgangsspannung des Flip-Flops über den Diodenschalter (Prinzipschaltbild) entweder aus dem Flip-Flop (i') oder aus dem Mittelwertbildner (i''). Im Umschaltaugenblick entsteht durch den Stromsprung an den Leitungsinduktivitäten der +5 V- und ±15 V-Leitungen ein Spannungsimpuls. Die Stromanalyse zeigt, dass der Stromkreis für i'' durch die üblichen Abblockkondensatoren C_2 und C_3, der für i' aber nur durch den Abblockkondensator C_4 zwischen +5 V und −15 V geschlossen wird. Würde man die Analogmasse über eine sehr kurze Leitung mit der Digitalmasse verbinden, könnten auch C_5 und C_2 die Funktion von C_4 übernehmen. Das engt aber die Möglichkeiten der Masseverbindung ein, wenn z. B. auch noch an anderen Stellen einer Schaltung Masseverbindungen gefordert werden. Man verfolge die geschlossenen Umläufe von i' und i'' im Layout (Bild 5.29 unten) und beachte die kurze Leitungslänge zwischen +5 V und −15 V sowie zwischen den −15 V-Anschlüssen von Stromquelle und Operationsverstärker.

Da hier ein Strom in seinem Verlauf *umgeschaltet* wird, sollte auch die Masche mit den steilflankigen Strömen, die kritische Masche, mit der in Abschn. 4.4 beschriebenen Stromumschaltanalyse ermittelt werden: Sie besteht aus denjenigen Zweigen, an die bei der Stromanalyse nur jeweils *ein* Strom eingezeichnet ist. Sie umfasst die Kondensatoren $C_1, \ldots, C_4$, die Dioden D_1 und D_2 sowie die beiden ICs. Trotz der niedrigen Ströme sollte wegen der steilen Flanken in dieser Masche die Kopplung dieser Masche zur Umgebung gering gehalten werden. Die Maschenfläche sollte klein sein, insbesondere sollte ihr Strom nicht über die Masse oder das Versorgungssystem geführt werden, weil dadurch

5.8 Abblockung auf Zweilagenleiterplatten – Zusammenfassung

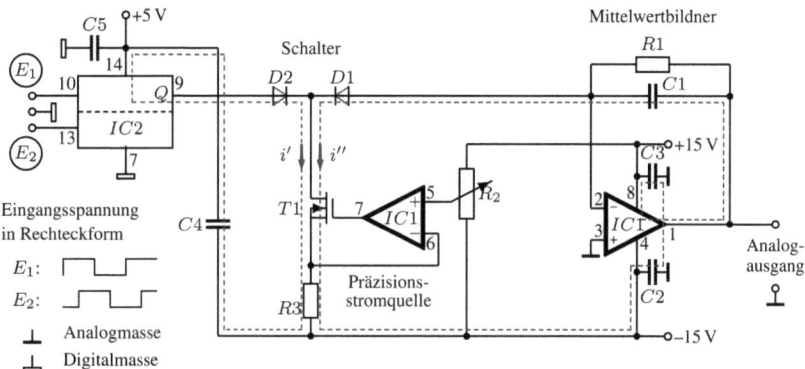

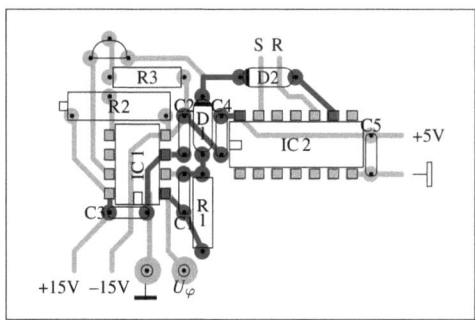

Bild 5.29 Schaltung einer Phasenmesseinrichtung (oben), Layout (*links*, die Leitungen der kritischen Masche sind herausgehoben)

Störungen exportiert werden können. Erst die Stromumschaltanalyse deckt diesen Störungszusammenhang auf und führt zu einem anderen Layout als üblich.

5.8 Abblockung auf Zweilagenleiterplatten – Zusammenfassung

Der Abblockzweig bildet einen Bypass für den von der abzublockenden aktiven Schaltung erzeugten und über ihre Versorgungsklemmen fließenden Wechselstrom. Der muss sich nun nicht mehr über das Versorgungssystem schließen und stört damit die aus derselben Spannungsversorgung versorgten Schaltungen nicht mehr. Seine Impedanz ist die Koppelimpedanz zum Versorgungssystem; sie muss im gesamten Spektralbereich dieses Stromes hinreichend klein sein. Oberhalb der Serienresonanz des Abblockkondensators bildet die parasitäre Induktivität des Abblockzweiges diese Koppelimpedanz. Die Impedanz der Abblockmasche, bei hohen Frequenzen ihr induktiver Anteil, dagegen bildet (näherungsweise) die Innenimpedanz des Versorgungssystems für die abgeblockte aktive

Schaltung. Sie bestimmt die Verkopplung der Stufen innerhalb eines ICs untereinander über die Spannungsversorgung und muss insbesondere bei analogen Schaltungen mit hoher Verstärkung hinreichend klein sein.

Eine niedrige Impedanz des Abblockzweiges wird erreicht durch:
- Kondensatoren mit möglichst niedriger *Ersatzserieninduktivität* (partieller Induktivität); entscheidende Merkmale dafür sind die *Bauform* – nicht etwa die Kapazität oder die Serienresonanzfrequenz – *und* eine möglichst kleine Schleifen*fläche* der Abblockmasche. Die erforderliche Kapazität für die Abblockung der tiefen Frequenzen ist zu berücksichtigen. Für eine Breitbandabblockung sind also bei gleicher Bauform Kondensatoren mit hoher Kapazität günstiger.
- die Anschlusstechnik: Bei möglichst kleiner Schleifenfläche der Abblockmasche müssen die Anschlüsse der Abblockkondensatoren selbst die Knotenpunkte für die zur Störquelle (d. i. die abzublockende Schaltung) und zu den Störsenken (d. i. die übrige Schaltung) führenden Leitungen sein. Leitungsstücke zum Anschluss der Kondensatoren müssen in den Bereich außerhalb des Abblockzweiges verlegt werden. Sie bekommen dann eine entkoppelnde Wirkung anstatt einer verkoppelnden.
- Eine Parallelschaltung von Kondensatoren mit *gleicher* Kapazität bei gleicher Bauform verringert die Induktivität *und* vergrößert die Kapazität, verbessert also die Impedanz bei *allen* Frequenzen. Da man bei einer Breitbandabblockung sowohl eine resultierende niedrige Induktivität als auch eine hohe Kapazität der Abblockung benötigt, gibt es keinen vernünftigen Grund, Kondensatoren unterschiedlicher Kapazität parallelzuschalten; es ist uneffektiv. Eine unkritische Ausnahme stellen Elektrolytkondensatoren mit ihrem hohen $\tan \delta$ für die Abblockung bei niedrigen Frequenzen dar.

5.9 Abblockung auf Multilayern

Leiterplatten in Multilayertechnik werden vor allem für komplexe Digitalschaltungen verwendet, da die Vielzahl von Verbindungen mit einer Zweilagentechnik nicht mehr zu verdrahten ist. Die hohe Signalanstiegsgeschwindigkeit der Schaltkreise erfordert außerdem eine niederimpedante Signalmasse, damit die durch Ströme an den Masseimpedanzen erzeugten Spannungsabfälle nicht die Signalintegrität stören. Eine durchgehende Massalage besitzt einen äußerst geringen Induktivitätsbelag. Wie wir im Abschn. 5.2 (S. 70) gesehen haben, dient als Signalmasse für Signalströme nicht nur das Massesystem, sondern auch das Versorgungssystem. Die Impedanz der Signalmasse wird noch einmal verringert, wenn auch das Versorgungssystem als durchgehende Lage ausgeführt wird.

Multilayer mit durchgehenden Masse- und Versorgungslagen bieten für die Abblockung andere Randbedingungen, die beachtet werden müssen aber auch genutzt werden können. Es erhebt sich die Frage, in welchem Maße der aus den beiden Lagen gebildete Kondensator Anteil an der Abblockung übernimmt und welchen Einfluss dabei die *Lagenanordnung* und der *Abstand* der Versorgungs- und Massalagen voneinander haben. Seine Kapazität bildet mit der resultierenden Induktivität der parallelgeschalteten Abblockkondensatoren eine Parallelresonanz hoher Güte. Beide Lagen stellen eine am Leiterplattenumfang leerlaufende zweidimensionale Leitung dar, deren Resonanzeffekte (Moden) durch die aktiven Bauteile angeregt werden. Wie sind beide Effekte zu beherrschen? Wir müssen die Abblockung auch im Zusammenhang mit einer Reihe von Problemen sehen, die zunächst nichts mit ihr zu tun zu haben scheinen, Entwickler und Layouter aber zu Kompromissen mit möglicherweise ungünstigen Folgen für die Abblockfunktion zwingen:

- Masse- und Versorgungslagen können der Abschirmung zwischen ihnen liegender Signallagen dienen.
- Beide Lagen werden genutzt, um Signalleitungen einen definierten Leitungswellenwiderstand zu geben, wenn diese reflexionsfrei abgeschlossen werden müssen.
- Wie wir bei Ein- und Zweilagen-Leiterplatten gesehen hatten, erfordert eine für hohe Frequenzen vorgesehene Einzelabblockung eine Platzierung der Abblockkondensatoren in unmittelbare Nähe der abzublockenden ICs. Bei komplexen ICs wird der Platz dort für Signalleitungen benötigt. Abblockkondensatoren sind häufig nicht mehr platzierbar. Was führt hier zu einer Lösung?

Das Verhalten von Leiterplatten in Multilayertechnik mit durchgehenden Masse- und Versorgungslagen stellt sich dem Anwender als sehr komplex dar. Eine genaue rechnerische Untersuchung der Impedanz des Masse-/Versorgungssystems für den Bereich hoher Frequenzen ist für wissenschaftliche Untersuchungen u. a. in [1], [5] und [8] zu finden. Für den praktischen Prozess der Leiterplattenentwicklung liefern vereinfachte Berechnungen und Simulationen bei der Optimierung der Impedanz des Masse-/Versorgungssystems wirkungsvolle Unterstützung: Im Frequenzbereich unterhalb des Modenbereiches lässt sich mit einem einfachen Modell des Masse-/Versorgungssystems als idealer Kondensator der Einfluss von Abblockmaßnahmen auf den Impedanzverlauf leicht berechnen oder simulieren (s. Abschn. 5.9.2). Es wird aber auch gezeigt, wie das Verhalten der Leiterplatte einschließlich der Wirkung von Abblockmaßnahmen bis in den Modenbereich hinein durch Simulation ermittelt werden kann. Die Leiterplatte mit durchgehenden Masse- und Versorgungslagen wird dafür als zweidimensionale Leitung modelliert; so werden auch die Reflexionsvorgänge richtig wiedergegeben. Für diese Untersuchungen wurde der Simulator LTspice der Fa. Linear Technology verwendet. Die Aufstellung des Modells und die Anweisungen für den Simulator, mit denen auch die Frequenzabhängigkeit der Verluste berücksichtigt werden kann, werden ausführlich im Abschn. 5.10 (S. 120 ff.) behandelt. Auf diesen Abschnitt wird im Folgenden zurückgegriffen.

Die verschiedenen bei der Abblockung wirksamen Effekte werden in diesem Abschnitt allgemein einzeln herausgearbeitet und soweit diskutiert, wie sie im praktischen Prozess der Schaltungsentwicklung zur Beherrschung der EMV wichtig sind. Damit kann überlegt werden, wie die Zusammenhänge für eine Schaltung genutzt werden können. Der Wunsch nach einer einzigen Standardlösung für die Abblockung ist verständlich, behindert aber das Finden optimaler Lösungen. Denn die Abblockbedingungen können sich sehr unterscheiden. Nach ihnen richtet sich die Wahl der Abblockmaßnahmen. Ein Lösungsvorschlag ist immer im Zusammenhang mit den Randbedingungen zu sehen. Je nach den vorliegenden Verhältnissen – nicht zuletzt auch der Machbarkeit und den Kosten – wird es unterschiedliche Optima geben.

5.9.1 Die Impedanz des Abblocksystems

Die *Abblockimpedanz*, die entscheidende Größe für die Wirksamkeit der Abblockung, ist die Impedanz des Versorgungssystems einschließlich aller Abblockmaßnahmen. An sie wird ein abzublockendes IC mit möglichst kurzen Anschlussleitungen angeschlossen und an ihr verursacht der Versorgungsstrom dieses ICs eine Spannung, die sich über das Versorgungssystem störend verbreiten kann. Sie muss im gesamten betroffenen Frequenzbereich hinreichend klein sein. Der Untersuchung dieser Abblockimpedanz dienen Berechnungen (s. Abschn. 5.9.2), Messungen und Simulationen an Testleiterplatten unter verschiedenen Randbedingungen. Die Testleiterplatten, alle mit den Abmessungen 223 mm × 160 mm, wurden in 10-Lagen-Multilayertechnik mit verschiedenen Lagenanordnungen (Versionen A, B und C im Bild 5.30, Leiterplattenstärke: 1,5 mm) oder in Zweilagentechnik mit einer Leiterplattenstärke von 0,5 mm aufgebaut.

Die Kapazität der unbestückten Leiterplatte ist umgekehrt proportional dem Lagenabstand. Deshalb muss bei den Test-Leiterplatten in Multilayertechnik die Impedanz bei der Version

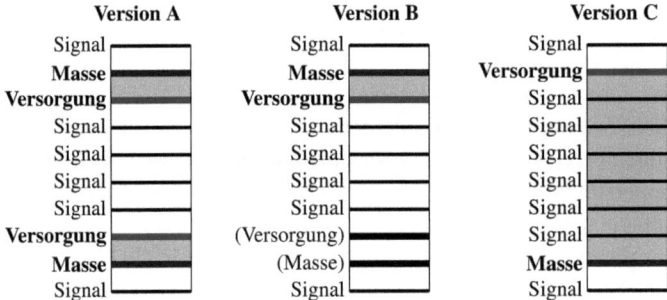

Bild 5.30 Lagenaufbau der Multilayer-Testleiterplatten; das für die Abblockung wirksame Dielektrikum ist grau dargestellt. Bei der Version B sind die unteren, in Klammern gesetzten Versorgungs- und Masselagen nicht angeschlossen

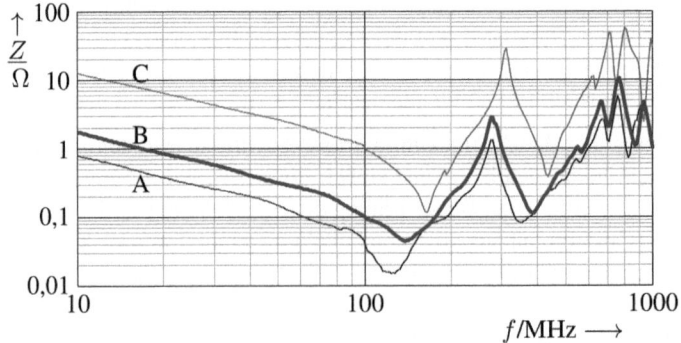

Bild 5.31 Gemessene Impedanzen der Multilayer-Testleiterplatten, Versionen A, B und C, ohne Bestückung

5.9 Abblockung auf Multilayern

C am größten sein. Das geht auch aus Bild 5.31 hervor, das die Abhängigkeit der gemessenen Impedanz der unbestückten Testleiterplatten vom Lagenaufbau zeigt. Bei der Version B sind beide Lagen benachbart, die Impedanz reduziert sich im *gesamten* Frequenzbereich entsprechend (hier etwa um den Faktor 7). Version A hat zwei derartige parallelgeschaltete Lagenpaare, so dass sich die Impedanz gegenüber der Version B halbiert.

> Fazit: Die Impedanz des aus den durchgehenden Masse- und Versorgungslagen gebildeten Kondensators kann durch den Lagenaufbau im gesamten Frequenzbereich erheblich beeinflusst werden.

Die Leiterplatten verhalten sich bis zu einer Frequenz von mehr als 100 MHz – dieser Wert ist, wie noch gezeigt wird, umgekehrt proportional zur größten Seitenlänge der Leiterplatte – wie ein idealer Kondensator. Diese Tatsache kann für eine sehr einfache Modellierung der Leiterplatte als idealer Kondensator verwendet werden (s. Abschn. 5.9.2). Sie ist zwar nur bis zu der von den Leiterplattenabmessungen abhängigen angegebenen Frequenzgrenze brauchbar. Aber bis zu dieser Grenze können die Impedanzverläufe in einfacher Weise mit der Kapazität der Lagen der Leiterplatten berechnet oder simuliert werden. Die Kapazitäten betragen für die verschiedenen Versionen $C_A = 22$ nF, $C_B = 11$ nF und $C_C = 1,6$ nF. Der Frequenzbereich oberhalb dieser Frequenzgrenze ist durch Ausbildung stehender Wellen (Moden) bestimmt und wird im Abschn. 5.9.3 diskutiert.

Die Abhängigkeit der Impedanz des Abblocksystems von der Bestückung soll nun beispielhaft an einer Leiterplatte der Version B gezeigt werden. Im Bild 5.32 sind die gemessenen Impedanzen einer unbestückten Leiterplatte (a) sowie einer mit einem 1 Ω-SMD-Widerstand (b), einem 100 nF-SMD-Kondensator (c) und mit einem Draht als Kurzschluss (d) bestückten Leiterplatte dargestellt; die Bauelemente wurden jeweils an *dieselbe* Stelle auf die für einen Abblockkondensator vorgesehenen Pads gelötet. Die Messergebnisse zeigen einige bemerkenswerte Zusammenhänge:

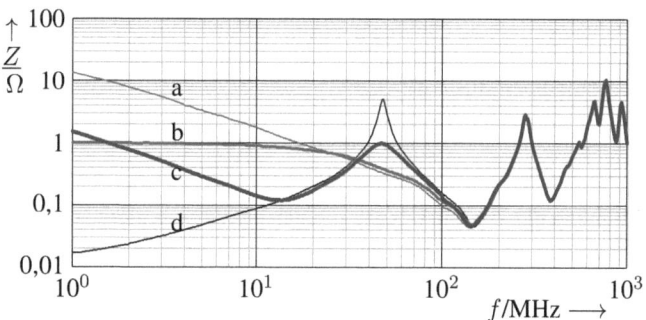

Bild 5.32 Impedanzen der Leiterplatte (Version B) ohne Bestückung (a) und bestückt mit einem 1 Ω-Widerstand (b), einem 100 nF-Kondensator (c) und einem Kurzschluss (d)

- Die Serienresonanz im Verlauf **c** bei etwa 10 MHz stammt von der Serienresonanz des Abblockkondensators. Unterhalb dieser Frequenz ist die Impedanz des Systems kapazitiv (fallender Verlauf), darüber zunächst induktiv (ansteigender Verlauf).
- Die Induktivität des Kondensators (ESL) – bei mehreren parallelgeschalteten Kondensatoren die resultierende Induktivität der Parallelschaltung – bildet mit der Kapazität der Leiterplatte eine Parallelresonanz (hier bei etwa 50 MHz; Verlauf **c**).
- Der an Stelle des Kondensators eingelötete Draht (Kurzschluss, Verlauf **d**) besitzt aufgrund der gleichen Ausdehnung und der gleichen Lage die gleiche partielle Induktivität wie der Kondensator, zu erkennnen an der gleichen Resonanzfrequenz. Die Güte ist höher.
- Der 1 Ω-Widerstand (Verlauf **b**), der aufgrund seiner Abmessungen und der gleichen Lage ebenfalls die gleiche partielle Induktivität besitzen muss, dämpft die Parallelresonanz so stark, dass sie überhaupt nicht ausgeprägt erscheint.
- Oberhalb der ersten Serienresonanz der unbestückten Leiterplatte (bei den Abmessungen der verwendeten Leiterplatten um etwa 150 MHz) fallen alle Impedanzverläufe, unabhängig von der Bestückung, zusammen. Sie sind deckungsgleich. Die Bestückung ist in diesem Frequenzbereich offensichtlich unwirksam. Der Impedanzverlauf wird ausschließlich durch die Leiterplatte selbst bestimmt.

Wie die Untersuchungen zeigen, gibt es drei Frequenzbereiche, in denen die Impedanz von unterschiedlichen Effekten abhängt.

1. Im untersten Frequenzbereich, unterhalb und oberhalb der Serienresonanz der Kondensatoren etwa bis zur Parallelresonanz, ist die Impedanz des Abblocksystems im Wesentlichen durch die Impedanz der parallelgeschalteten Abblockkondensatoren bestimmt. Mit Kenntnis der Kenngrößen (C, ESR, ESL und der Leiterplattenkapazität) kann die Impedanz in diesem Frequenzbereich berechnet werden (s. dazu Abschn. 5.9.2).
2. Der zweite Bereich ist gekennzeichnet durch die Parallelresonanz der resultierenden Induktivität der parallelgeschalteten Abblockkondensatoren mit der Kapazität des aus den Versorgungs- und Masselagen der Leiterplatte gebildeten Kondensators. Die Parallelresonanz markiert die Frequenz, oberhalb der der Einfluss der Kondensatoren verschwindet. Die *Frequenz* der Parallelresonanz kann über die resultierende Induktivität der Kondensatoren beeinflusst werden:

   - durch Auswahl von Abblockkondensatoren mit niedrigem ESL,
   - durch eine niedrige Anschlussinduktivität für die Kondensatoren,
   - durch Erhöhung der Anzahl der parallelgeschalteten Kondensatoren.

   Durch einen geringeren Lagenabstand und damit eine höhere Kapazität der Leiterplatte wird die Frequenz der Parallelresonanz erniedrigt.

   Die *Impedanz* bei der Parallelresonanz hängt von der Güte und damit von den Verlusten (ESR der Kondensatoren und $\tan \delta$ des Leiterplattenmaterials) ab. Sie wird erniedrigt durch eine niedrige Güte oder *hohe* Verluste (ESR oder $\tan \delta$ z. B. mit „ESR-Controlled Capacitors"). Kondensatoren mit einem *niedrigen ESR* sind für *diesen*

5.9 Abblockung auf Multilayern

Zweck sehr ungünstig. Die Güte kann durch mit den Kondensatoren in Reihe geschaltete Widerstände künstlich erniedrigt werden.

3. Im Bereich oberhalb dieser Parallelresonanz wird die Impedanz ausschließlich durch das Verhalten der Leiterplatte bestimmt; der Einfluss der Abblockkondensatoren verliert sich völlig[10]. Eine für die Abblockung nutzbare ortsunabhängige, breitbandige Impedanzerniedrigung durch Kondensatoren ist in *diesem* Frequenzbereich nicht möglich[11]. Beginnend mit einer „Serienresonanz" (im Bild 5.32 bei etwas mehr als 100 MHz) bestimmen Resonanzeffekte (Moden) das Verhalten der Leiterplatte (s. Abschn. 5.9.3). Deren Frequenzen sind abhängig von den Abmessungen der durchgehenden Lagen.

5.9.2 Ein einfaches Modell des Leiterplattenkondensators

Für eine Berechnung oder Simulation in den beiden unteren Frequenzbereichen kann die Leiterplatte als idealer Kondensator modelliert werden. Dessen Kapazität C_{LP} wird entweder gemessen oder aus den Leiterplattendaten berechnet. Bild 5.33 zeigt die verwendeten Modelle und Bild 5.34 die zugehörigen berechneten Impedanzverläufe sowie zum Vergleich noch einmal die Messergebnisse (s. auch Bild 5.32). Die Ergebnisse können sehr einfach mit Hilfe eines Mathematik-Programms oder mit einem Simulator ermittelt werden.

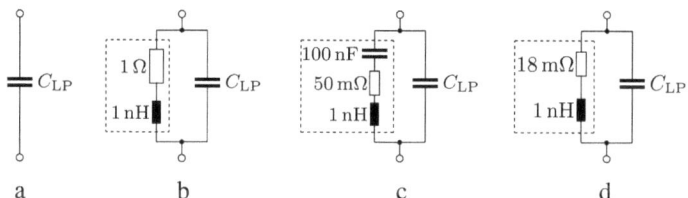

Bild 5.33 Modelle der Leiterplatte (Version B) ohne Bestückung (a), mit einem 1 Ω-Widerstand (b), einem 100 nF-Kondensator (c) und einem Kurzschluss (d) bestückt

5.9.3 Stehende Wellen auf dem Masse-/Versorgungssystem

Der Effekt der stehenden Wellen auf durchgehenden Masse- und Versorgungslagen von Leiterplatten bestimmt die Abblockung im höchsten Frequenzbereich und kann dort zu Störungen führen. Dieses Masse-/Versorgungssystem ist als zweidimensionale, am Rand

---
[10] Eine gewisse Einschränkung dieser Behauptung wird im Abschn. 5.9.3 aufgezeigt
[11] s. aber *Modendämpfung mit Kondensatoren* nach [7], s. auch S. 115

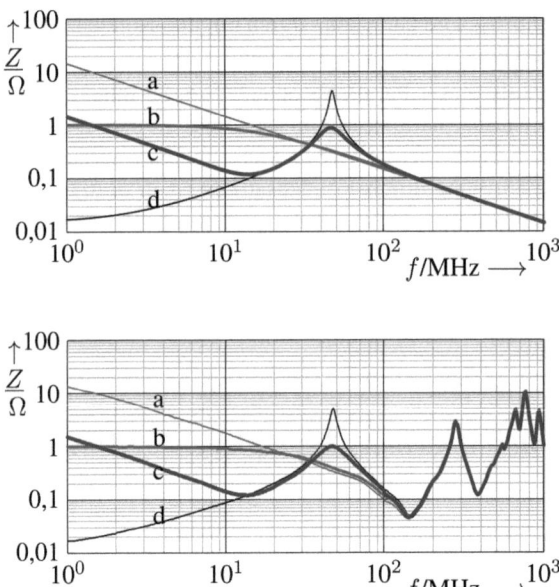

Bild 5.34 Impedanz der Leiterplatte (Version B) ohne Bestückung (a), bestückt mit einem 1 Ω-Widerstand (b), einem 100 nF-Kondensator (c) und einem Kurzschluss (d). Oben: Berechnung nach dem einfachen Modell. Unten: Messergebnisse zum Vergleich

nicht abgeschlossene Leitung zu verstehen. Durch die aktiven Bauelemente werden in ihr elektromagnetische Wellen angeregt, die sich zwischen den beiden Lagen ausbreiten. Zur Vereinfachung wird angenommen, dass die Einspeisepunkte eines ICs in die Versorgungs- und die Masselage (Anordnung s. Bild 5.35) die gleichen x- und y-Koordinaten besitzen, also an derselben Stelle liegen. Eine Welle breitet sich auf der Leiterplatte aus, bis sie auf den hochohmigen Abschluss am Leiterplattenrand trifft. Entsprechend dem Wellenwiderstandssprung wird nur ein sehr kleiner Teil der Welle dort abgestrahlt, der größte Teil reflektiert. Bei hinreichend hohen Frequenzen bilden sich durch diese Reflexionen Resonanzen, sogenannte Moden, in Längsrichtung (x-Richtung, s. Bild 5.35) und in Querrichtung (y-Richtung) aus. Auch gemischte Moden sind möglich. In z-Richtung können wegen des geringen Lagenabstandes bei den hier zu betrachtenden Frequenzen keine Resonanzen entstehen. Die tiefste mögliche Resonanzfrequenz f_r wird angeregt, wenn die größte Seitenlänge der Leiterplatte gleich der halben Wellenlänge λ_r der auf der Leiterplatte entstehenden Schwingung ist. λ_r berechnet sich aus der Ausbreitungsgeschwindigkeit $c = 1/\sqrt{\mu\varepsilon} = c_0/\sqrt{\varepsilon_r}$ (mit der Ausbreitungsgeschwindigkeit c_0 im leeren Raum und der relativen Permittivität ε_r):

$$\lambda_r = \frac{c}{f_r} = \frac{c_0}{f_r} \cdot \frac{1}{\sqrt{\varepsilon_r}}$$

Bild 5.35 zeigt eine Leiterplatte mit der Einspeisung eines Signals sowie den Verlauf des magnetischen Feldes $H_y(x)$, der dem Stromverlauf $I(x)$ auf den Lagen entspricht, und

5.9 Abblockung auf Multilayern

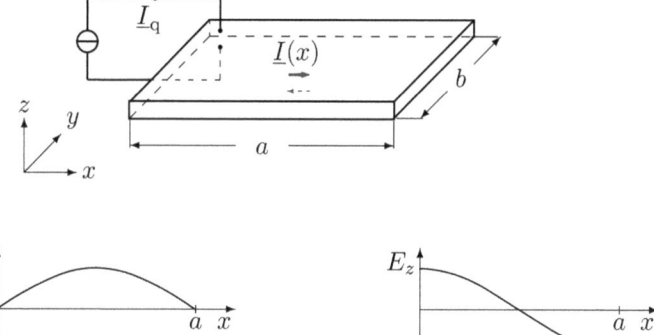

Bild 5.35 Rechteckige Leiterplatte (*oben*) mit Anregung des 10-Modes und den Feldverläufen in x-Richtung (*unten*)

den Verlauf des elektrischen Feldes $E_z(x)$, der dem Spannungsverlauf $U(x)$ zwischen den Lagen entspricht, für die tiefste in x-Richtung entstehende Resonanz. Die Verläufe sind leicht einzusehen, denn der Rand stellt einen Leerlauf dar. Dort muss der Strom null, die Spannung aber kann maximal sein. Es bilden sich gegeneinander phasenverschobene Spannungs- und Stromwellen und die entsprechenden Verläufe der dazu gehörenden elektrischen bzw. magnetischen Felder aus. Auch das Verhältnis $\underline{U}(x)/\underline{I}(x) = \underline{Z}$ ist bei dieser Frequenz eine Funktion von x und bei Vernachlässigung der Verluste eine kapazitive oder induktive Reaktanz. Unter den im Bild getroffenen Voraussetzungen ist bei diesem Mode das elektrische Feld in x- und y-Richtung null, ebenso das magnetische Feld in x- und z-Richtung.

Modenfrequenzen In x-Richtung entstehen immer dann Moden, wenn die Leiterplattenlänge a ein ganzzahliges Vielfaches von $\lambda/2$ ist, oder, anders ausgedrückt, wenn $m \cdot \lambda/2 = a$ und m ganzzahlig und von null verschieden ($m = 1, 2, 3, \ldots$) ist, und entsprechend in y-Richtung, wenn $n \cdot \lambda/2 = b$ mit $n = 1, 2, 3, \ldots$ ist. m und n sind die Ordnungszahlen der Moden. Sind m oder n null, stellt dies jeweils den Gleichstromfall dar, d. h. die Amplituden von Strom und Spannung ändern sich in x- bzw. y-Richtung nicht. Bei gleichzeitig in beiden Richtungen entstehenden Wellen sind $m, n \neq 0$. Die Frequenzen f_{mn}, bei denen Resonanzen auftreten, lassen sich mit der Vorgabe von m und n aus Gl. 5.3 näherungsweise[12] berechnen:

$$f_{mn} \approx \frac{c_0}{2\sqrt{\varepsilon_r}} \cdot \sqrt{\left(\frac{m}{a}\right)^2 + \left(\frac{n}{b}\right)^2} \quad (5.3)$$

Die Tab. 5.1 enthält als Beispiel die berechneten Frequenzen der Moden für eine Leiterplatte (223 mm × 160 mm) mit ε_r= 4,5 bis zu einer Frequenz von 1 GHz.

---

[12] Geringfügig geht auch der Abstand der Lagen in die Modenfrequenz ein, wie auch Bild 5.31 zeigt.

Mode (mn)	f/MHz
10	317
01	442
11	544
20	634
21	773
02	884
12	939
30	940

Tabelle 5.1 Frequenzen der möglichen Moden bis 1 GHz für eine Leiterplatte (mit $a = 223$ mm, $b = 160$ mm, $\varepsilon_\mathrm{r} = 4{,}5$), nach Frequenzen geordnet

Lage der Modenextrema Bild 5.36 zeigt die Verläufe des E-Feldes und damit der Spannung einiger Moden. Die Knotenlinien (Nullstellen) aller Moden verlaufen – im zunächst betrachteten Idealfall – parallel zu den Seiten der Leiterplatte. Aus Bild 5.37 geht die Lage der Knotenlinien der Spannung des 32-Modes und die Spannungsverläufe an den Rändern hervor. Entlang eines Randes kann keine Knotenlinie der Spannung verlaufen. Die Maxima des Betrages der Spannung und ebenso der Impedanz liegen zwischen den Knotenlinien und in den Ecken. In den Ecken hat *jeder* angeregte Mode einen Extremwert. Deshalb kann dort jeder Mode angeregt werden.

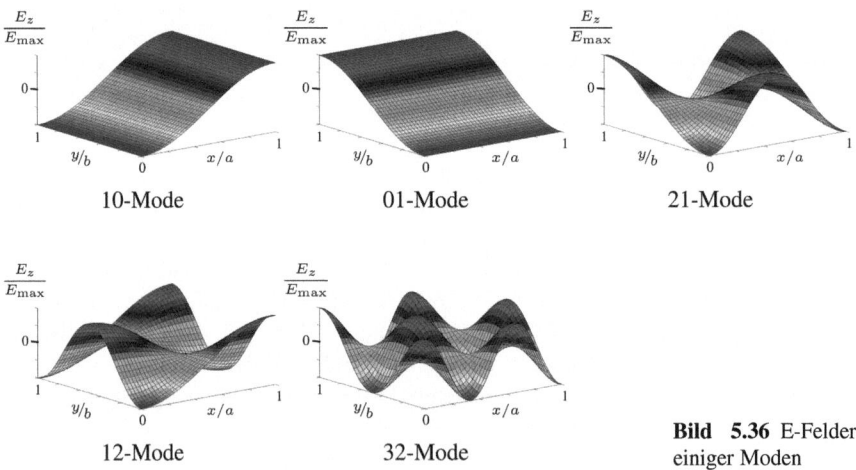

Bild 5.36 E-Felder einiger Moden

Wie aus den Bildern 5.36 und 5.37 hervorgeht, erzeugen die Moden nicht auf der gesamten Leiterplatte, sondern nur an diskreten Stellen hohe Störamplituden. Die Kenntnis der auf der gesamten Leiterplatte maximal möglichen Abblockimpedanz ist ein wichtiger Wert für die Auslegung des Abblocksystems; es ist der Worst Case. Dieser kann nur an den Stellen der Modenextrema auftreten. Deren Kenntnis ist deshalb bei der Ermittlung der Abblockimpedanz durch Messung oder Simulation wichtig. Die Extrema des E-Feldes und damit der Spannung und der Impedanz des Versorgungssystems für die Moden mit

5.9 Abblockung auf Multilayern

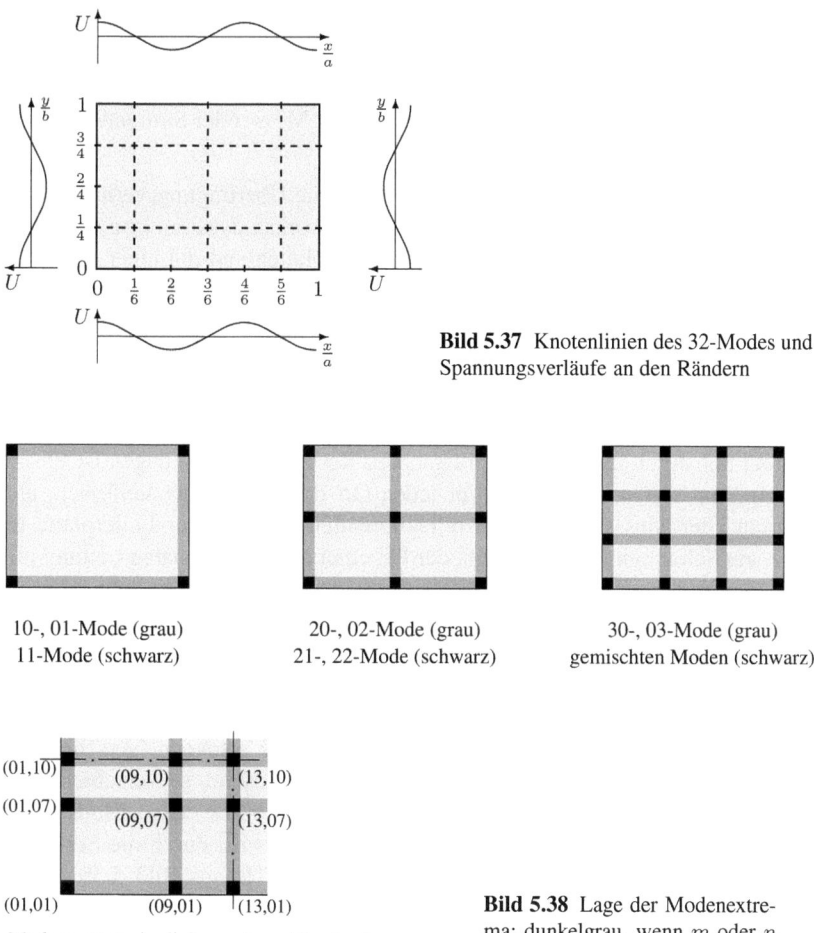

Bild 5.37 Knotenlinien des 32-Modes und Spannungsverläufe an den Rändern

10-, 01-Mode (grau)
11-Mode (schwarz)

20-, 02-Mode (grau)
21-, 22-Mode (schwarz)

30-, 03-Mode (grau)
gemischten Moden (schwarz)

Modenextrema im linken unteren Quadranten
für alle Moden mit $m,n = 0...3$

Bild 5.38 Lage der Modenextrema: dunkelgrau, wenn m oder n null sind, schwarz für alle $m, n = 0, \ldots, 3$

$m, n = 0, \ldots, 3$ zeigt Bild 5.38, oben. So kann z.B. der 10-Mode überall an den Querseiten nachgewiesen werden, also auch an den Ecken; dort erfasst man aber ebenfalls den 11- und den 01-Mode. Erregt man für Untersuchungen die Leiterplatte wie im Bild 5.38, unten, in der linken unteren Ecke und berücksichtigt eine gewisse geringe, aber vorhandene Dämpfung mit wachsendem Abstand von der Einspeisung, so reicht eine Bestimmung der Amplituden für die Moden (hier mit $m, n = 0, \ldots, 3$) an den schwarz markierten Stellen im linken unteren Quadranten der Leiterplatte. Dies reduziert einerseits den Untersuchungsaufwand, andererseits erhält man daraus eine wichtige Bedingung für den Aufbau eines Untersuchungsmodells für Messungen und Simulationen. Für die Simulation wird das Masse-/Versorgungssystem als zweidimensionale Leitung aufgefasst und, analog zu einer eindimensionalen Leitung, in Segmente in x- und y-Richtung unterteilt (zum Aufbau des Modells s. Abschn. 5.10, S. 120). Um die Modenmaxima bei der Messung oder

Simulation hinreichend genau zu treffen, sollte die Unterteilung fein genug sein. Für alle in diesem Kapitel vorgestellten Simulationen wurde die Leiterplatte in Längsrichtung in 25 und in Querrichtung in 19 Segmente geteilt. Im Bild 5.38, unten, sind für diese Unterteilung der Leiterplatte die Positions-Koordinaten der Mess- oder Simulationspunkte, von der linken unteren Ecke abgezählt, angegeben.

Modenkompensation Bild 5.39 zeigt das gemessene Übertragungsverhalten einer Leiterplatte. Dafür wurde das Sendersignal eines Netzwerkanalysators in eine Ecke eingespeist und das Signal für den Empfänger am Leiterplattenrand mit einer verschiebbaren Zange abgenommen. Die durch die ersten drei Moden verursachten Resonanzüberhöhungen sind im Bild wiederzufinden. Ihre Frequenzen sind aus Gründen, die noch erläutert werden, gegenüber den in Tab. 5.1 angegebenen etwas verschoben:

$$f_{10} = 303\,\text{MHz},\ f_{01} = 444\,\text{MHz und}\ f_{11} = 543\,\text{MHz}.$$

Dem Effekt der durch die Moden verursachten Resonanzüberhöhungen ist ein zweiter, unabhängig vom ersten, überlagert. Für jeden Ort der Leiterplatte stellt sich, abhängig vom Abstand der Messstelle zu den reflektierenden Rändern der Leiterplatte und der Frequenz, ein Schwingungszustand ein, der bei einer eindimensionalen Leitung mit einer Leitungslänge von ungeradzahligen Vielfachen von $\lambda/4$ auftritt: die hohe Abschlussimpedanz am Leitungsende wird zum Leitungsanfang hin, der Stelle der Beobachtung, als niedrige Impedanz transformiert, erscheint dort also wie eine „Serienresonanz" im Impedanzverlauf. Im Bild 5.39 ist eine solche Serienresonanz bei ca. 220 MHz zu sehen. Die Abnahmestelle wurde an der Leiterplattenlängsseite für das Bild so gewählt, dass die Serienresonanz deutlich sichtbar vor dem ersten Mode erscheint. Verschiebt man die Abnahmestelle in Richtung der Mitte dieser Leiterplattenseite, so verschiebt sich auch die Serienresonanz in Richtung der Resonanzüberhöhung des ersten Modes, bis beide in der Mitte zusammenfallen: Die Resonanzüberhöhung wird durch die Serienresonanz kompensiert. Ebenso fällt die Serienresonanz bei 470 MHz aus Bild 5.39 mit der Resonanzüberhöhung des 11-Modes bei 543 MHz zusammen. Bei einer Abnahme in der Mitte der *Längs*seite verschwinden der 10- *und* der 11-Mode (Bild 5.40) sowie auch ihre ungeradzahligen Vielfachen. Sie besitzen alle in Leiterplattenmitte einen Nulldurchgang der Spannungsverteilung. Bei Abnahme in der Mitte der *Schmal*seite verschwinden aus demselben Grund der 01- *und* der 11-Mode (Bild 5.41) sowie ihre ungeradzahligen Vielfachen. Bei Abnahme in der Leiterplattenmitte verschwinden alle drei dargestellten Moden (Bild 5.42) und die ihrer ungeradzahligen Vielfachen. Diese Ergebnisse zeigen auch, dass es für allgemeine Untersuchungen der Abblockung ungünstig ist, an einer der Mittellinien der Leiterplatte oder gar in Leiterplattenmitte einzuspeisen oder abzunehmen, da dort die wichtigen ersten Moden und ihre ungeradzahligen Vielfachen Nullstellen besitzen und deshalb nicht erkannt werden können; optimal ist dafür eine Ecke. Die Einspeisestelle kann als Position eines störenden ICs interpretiert werden, die Abnahmestelle als Position eines gestörten ICs.

Modenverstimmung Aus der Leitungstheorie ist bekannt, dass eine Leitung bei Abschluss mit einer Kapazität elektrisch verlängert und bei Abschluss mit einer Induktivität verkürzt wird. So ist zu vermuten, dass auch die Längenabmessungen einer Leiterplatte durch Blindwiderstände elektrisch verändert werden und zwar durch Platzierung am

5.9 Abblockung auf Multilayern

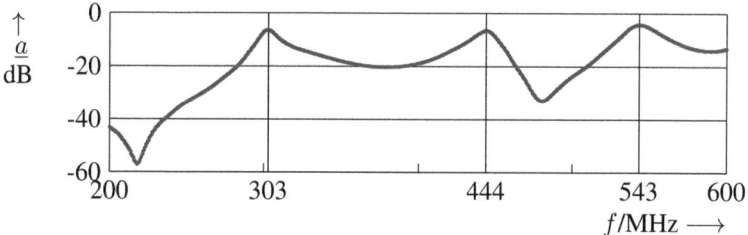

Bild 5.39 Gemessene Resonanzüberhöhungen für den 10-, 01- und 11-Mode

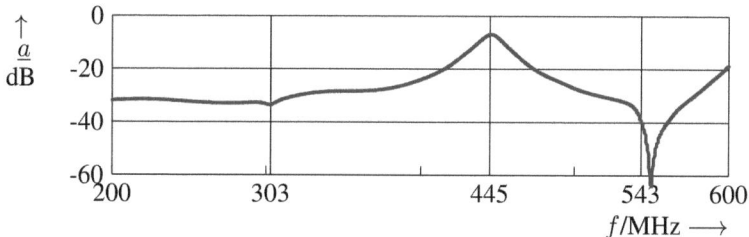

Bild 5.40 In der Mitte der *Längs*seite gemessener Spannungsverlauf, 10- und 11-Mode sind kompensiert, nicht jedoch der 01-Mode

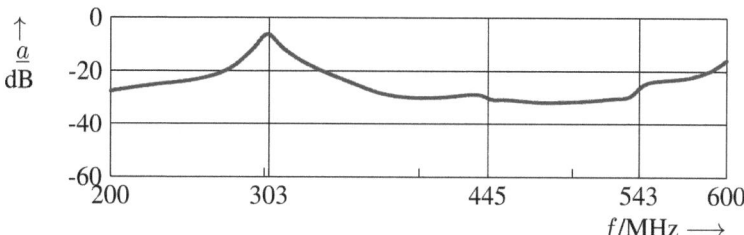

Bild 5.41 In der Mitte der *Schmal*seite gemessener Spannungsverlauf, 01- und 11-Mode sind kompensiert, nicht jedoch der 10-Mode

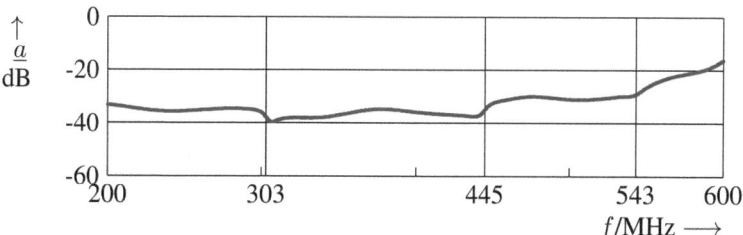

Bild 5.42 In der Leiterplattenmitte gemessener Spannungsverlauf, 10-, 01- und 11-Mode sind kompensiert

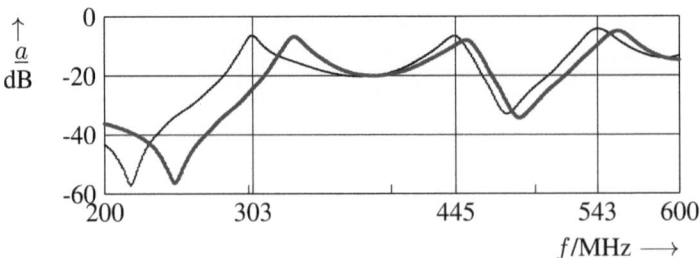

Bild 5.43 Verschiebung der Frequenzen der Moden durch Abschluss der Leiterplatte mit je 5 Kondensatoren an jeder Schmalseite (*dick*; ohne Kondensatoren: *dünn*)

Leiterplattenrand oder auch an jeder beliebigen Stelle der Leiterplatte. Abblockkondensatoren werden im Frequenzbereich des Entstehens solcher Moden i. Allg. oberhalb ihrer Serienresonanz betrieben, stellen also eine *induktive* Reaktanz dar. Die Leiterplattenabmessungen erscheinen durch sie elektrisch verkürzt; die Frequenz der Moden wird erhöht. Bild 5.43 bestätigt diesen Effekt messtechnisch. Für die Messung der dick ausgezogenen Kurve wurde jede Schmalseite mit je 5 bedrahteten Kondensatoren abgeschlossen, die, da sie oberhalb der Serienresonanz betrieben wurden, induktive Reaktanzen darstellten.

Die Verluste der Kondensatoren und der Leiterplatte sind normalerweise relativ gering; die je nach Frequenzbereich kapazitiven oder induktiven Reaktanzen der Leiterplatte und der Kondensatoren beeinflussen sich gegenseitig im gesamten Frequenzbereich, unterhalb und oberhalb ihrer Parallelresonanz. Die dadurch bedingte *Verschiebung* der Moden ist der *einzige* Effekt, den Abblockkondensatoren im Modenbereich besitzen. Aber nicht nur Abblockkondensatoren verschieben die Moden; auch Blindwiderstände der Bauteile auf der Leiterplatte, angeschlossene Leitungen und benachbarte Gehäuseteile „verstimmen" die Leiterplatte: Induktivitäten zu höheren Frequenzen, Kapazitäten zu niedrigeren. Dies erklärt auch die oben erwähnte, gegenüber den rechnerischen Werten aufgetretene Frequenzverschiebung in den Bildern 5.39 bis 5.42. In eine Leiterplatte eingefügte Blindwiderstände führen aber nicht nur zu einer Verschiebung der Moden im *Frequenz*bereich, sondern auch im *Orts*bereich; d. h. die Orte der Modenextrema erfahren auf der Leiterplatte eine Positionsverschiebung. Dies führt auch dazu, dass die Knotenlinien der Moden nicht, wie oben für ideale Voraussetzungen behauptet wurde, unbedingt parallel zu den Seiten verlaufen.

5.9.4 Berechnung des Abschlusswiderstandes einer rechteckigen Leiterplatte

Moden entstehen durch Reflexionen am Leiterplattenrand. Auf Leitungen verhindert man Reflexionen durch Abschluss mit dem Leitungswellenwiderstand. Das müsste auch bei zweidimensionalen Leitungen möglich sein; dazu müsste er bekannt sein.

5.9 Abblockung auf Multilayern

Der Wellenwiderstand wird bei einer eindimensionalen verlustlosen Leitung berechnet nach Gl. 2.17 (S. 30):

$$Z_W = \sqrt{L'/C'}$$

Darin sind L' der Induktivitätsbelag und C' der Kapazitätsbelag. Diese Begriffe sind wie der des „Leitungswellenwiderstandes" auf eine zweidimensionale Leitung nicht ohne weiteres anzuwenden, denn sie sind an eine Ausbreitungsrichtung geknüpft. Um sich dem Problem zu nähern, nehmen wir an, die Leiterplatte sei im 10-Mode angeregt. Dann fließt ein Strom nur in x-Richtung. Die Leiterplatte ist Hin- und Rückleiter einer Leiterschleife in x-Richtung und damit auf eine eindimensionale Leitung mit von null verschiedener Breite zurückgeführt. Für *diese* Leitung mit der Länge l, der Breite b und der Leiterplattendicke d ermitteln wir nun den Leitungswellenwiderstand. Statt der Beläge L' und C' eines Leitungselementes dl können wir auch L und C der gesamten Leitung ermitteln.

Die Kapazität des aus den durchgehenden Lagen gebildeten Plattenkondensators ist:

$$C = \frac{\varepsilon \cdot b \cdot l}{d} \tag{5.4}$$

Zur Berechnung der Induktivität der Leiterschleife verwenden wir die in Abschn. 2.7, S. 23, hergeleitete Gleichung 2.16.

$$L = \frac{\mu \cdot d \cdot l}{b} \tag{5.5}$$

Der Leitungswellenwiderstand wird damit:

$$Z_W = \sqrt{\frac{L}{C}} = \sqrt{\frac{\mu \cdot d^2}{\varepsilon \cdot b^2}}$$

$$\underline{\underline{Z_W = \frac{d}{b} \cdot \sqrt{\frac{\mu}{\varepsilon}}}} \tag{5.6}$$

Wird eine Leiterplatte mit diesem Leitungswellenwiderstand Z_W an beiden Querseiten abgeschlossen, werden alle sich in x-Richtung ausbreitenden Wellen am Leiterplattenrand nicht reflektiert. Analog kann man den Leitungswellenwiderstand für die y-Richtung angeben.

Der Abschlusswiderstand (Gl. 5.6) hängt von der Leiterbreite b ab. Für die Dimensionierung in der Praxis ist das folgendermaßen zu berücksichtigen:

1. Soll die Leiterplatte am Rand mit diskreten Widerständen abgeschlossen werden, so stellt man sich die Leiterplatte in Längsrichtung in Streifen der Breite b unterteilt, vor. Wählt man b im Hinblick auf die Wellenlänge der höchsten zu berücksichtigenden Frequenz und setzt diesen Wert in Gl. 5.6 ein, erhält man einen Widerstand Z_W, mit dem jeder Streifen an seinen beiden Enden abgeschlossen wird. In Querrichtung geht man genau so vor.
   Beispiel: Für eine Leiterplatte mit den Abmessungen 223 mm × 160 mm mit der relativen Permittivität $\varepsilon_r = 4{,}5$, einem Lagenabstand von 0,5 mm und 10 diskreten, gleichmäßig am Umfang verteilten

Widerständen – jeweils 3 an den Längs- und 2 an den Querseiten – ergibt sich ein mittlerer Abstand der Widerstände von etwa $b_m = 77\,\text{mm}$. Der Widerstandswert des einzelnen Widerstandes beträgt dann $1{,}2\,\Omega$.

2. Bei Aufbringen eines kontinuierlichen Widerstands*belages* am Leiterplattenrand wird der Widerstand je mm Umfangslänge entsprechend berechnet.

Diesem Widerstandsabschluss muss jedoch eine hinreichend große Kapazität vorgeschaltet werden, die das Fließen eines hohen Gleichstromes über den Abschlusswiderstand verhindert. Der Wert dieser Kapazität wird aus der unteren Grenzfrequenz, von der an der Abschluss wirken soll, und dem Widerstandswert berechnet. Ein solcher Abschluss reduziert auch noch einmal die geringe aber vorhandene Abstrahlung der am Leiterplattenrand nicht reflektierten Energie der Wellen.

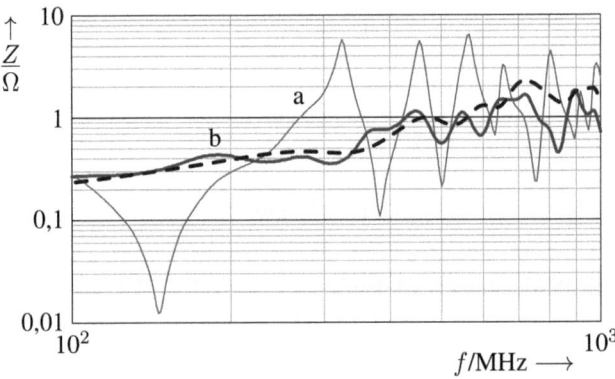

Bild 5.44 Dämpfung der Moden durch diskrete Widerstände am Leiterplattenrand, *durchgezogen*: (a) unbestückte Leiterplatte, (b) Dämpfung durch zehn $1{,}2\,\Omega$-Widerstände, *gestrichelt*: Simulation von (b)

Für das unter Pkt. 1 angegebene Beispiel der Testleiterplatte zeigt Bild 5.44 den Impedanzverlauf. Die durchgezogenen Kurven stellen die gemessenen Impedanzen der unabgeschlossenen, unbestückten Leiterplatte (a) und der mit 10 Widerständen abgeschlossenen (b) dar, die gestrichelte den über Simulation ermittelten Impedanzverlauf für die abgeschlossene Leiterplatte.

5.9.5 Abblockmaßnahmen

Ziel einer Abblockung ist eine hinreichend niedrige Abblockimpedanz im gesamten interessierenden Frequenzbereich an jedem Ort der Leiterplatte. Bei Versorgung der Bauteile über Leitungen muss man vorgehen wie auf Ein- oder Zweilagenleiterplatten: Jedes IC wird einzeln abgeblockt. Wird auch das Versorgungssystem mit einer durchgehenden Lage ausgeführt, sind, wie wir gesehen haben, zwei Effekte besonders zu berücksichtigen:

5.9 Abblockung auf Multilayern

1. Die Parallelresonanz zwischen der resultierenden Induktivität der Abblockkondensatoren und der Kapazität des aus Versorgungs- und Masselagen gebildeten Kondensators der Leiterplatte und
2. die Resonanzüberhöhungen durch die Moden in diesem Gebilde.

Die „klassische" Einzelabblockung Üblicherweise geht man auch bei der Abblockung digitaler Schaltungen auf Multilayern mit durchgehenden Masse- und Versorgungslagen vor wie auf Ein- oder Zweilagenleiterplatten: Jedes IC wird einzeln abgeblockt, meist mit 100 nF. Die resultierende Induktivität aller Kondensatoren bildet mit der Kapazität der Masse-/Versorgungslagen eine Parallelresonanz. Häufig wird die Parallelschaltung von 100 nF, 10 nF und 1 nF verwendet; dies führt zu weiteren Parallelresonanzen, wie im Abschn. 5.5, S. 77 ff., erläutert wurde. Werden diese Bereiche hoher Abblockimpedanz sowie der Modenbereich mit Teilen des breitbandigen Störspektrums digitaler ICs angeregt, treten entsprechende Störungen auf. Zur Abhilfe wird häufig die durchgehende Versorgungslage unterteilt und der Modenbereich durch die verringerten Längenabmessungen der Teilflächen zu hohen Frequenzen verschoben, derart dass die Moden nicht mehr wesentlich angeregt werden. Mit der Unterteilung wird wegen der kleineren Kapazität der Teilflächen auch die Parallelresonanz mit der Leiterplatte entsprechend zu höheren Frequenzen verschoben. Die Teilflächen werden durch Dämpfungselemente (EMV-Ferrite oder gedruckte Widerstände) miteinander verbunden. Durch die Unterteilung der Versorgungslage geht allerdings über die Trennstellen hinweg der nützliche und wichtige Vorteil der niedrigeren Impedanz der Signalmasse als der Parallelschaltung von Masse- und Versorgungssystem verloren, was dort zu einer deutlich geringeren Reserve im Störabstand führt.

Leiterplattenbezogene Abblockung Durchgehende Lagen haben eine wesentlich geringere Längsimpedanz (Induktivität) als die schmalen Leitungen des Versorgungs- und Massesystems von Ein- oder Zweilagenleiterplatten. Es ist zu vermuten, dass die Abstände der Kondensatoren zu den ICs deshalb wesentlich größer sein können, als man es von der Versorgung über Leitungen gewohnt ist. Die Abblockung bekommt dann den Charakter einer Gruppenabblockung, sofern nicht Längsimpedanzen (z. B. Ferrite) in das Versorgungssystem geschaltet werden. Ein IC wird also nicht nur durch den zugeordneten Kondensator abgeblockt, sondern auch durch alle benachbarten. Es erhebt sich die Frage, welchen Einfluss die Platzierung der Abblockkondensatoren gegenüber dem abzublockenden IC auf die Abblockimpedanz hat.

Einigen Aufschluss geben Ergebnisse, die mit der im Bild 5.45 dargestellten Testleiterplatte gemessen wurden. Mit ihr können acht Kondensatoren entweder auf die Pos. 1, Pos. 2 oder Pos. 3, markiert durch die gestrichelten Rechtecke, in unterschiedlichen Abständen zum Rand platziert werden. Getrennte Steckverbinder für Sender und Empfänger des Analyzers ermöglichen die Impedanzmessung in der Ecke (MP1), in Leiterplattenmitte (MP3) und an einer Stelle dazwischen (MP2). Bild 5.46 zeigt die Impedanz für die Platzierungen der 8 Kondensatoren in den Pos. 1, 2 und 3, jeweils gemessen an den Messpunkten MP1 (oben), MP2 (Mitte) und MP3 (unten). Die Impedanzverläufe zeigen keine wesentlichen Unterschiede, die darauf schließen lassen könnten, dass der Abstand der Kondensatoren

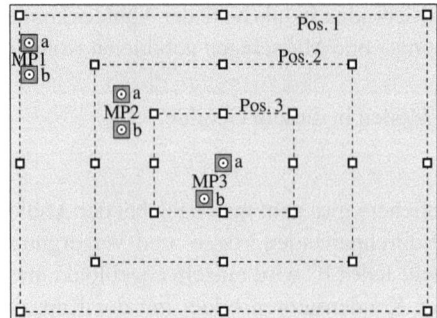

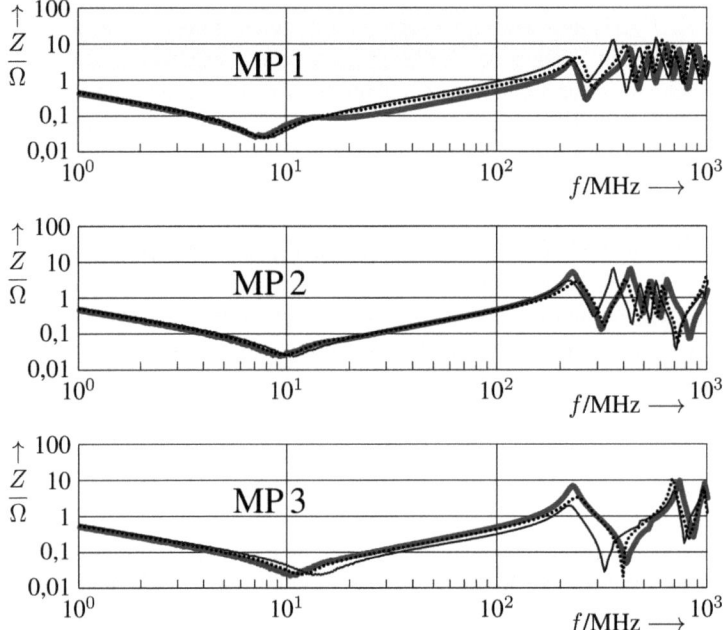

Bild 5.45 Anordnung der Kondensatoren und Messpunkte auf der Testleiterplatte

Bild 5.46 Impedanz der Testleiterplatte, bestückt mit jeweils 8 Kondensatoren in den Pos. 1 (*dünn*), Pos. 2 (*gepunktet*) und Pos. 3 (*dick*), gemessen am MP1 (*oben*), MP2 (*Mitte*) und MP3 (*unten*)

vom Messort einen wesentlichen Einfluss auf die Abblockimpedanz hätte. Die sichtbaren Unterschiede haben andere Ursachen:

1. Der Messort liegt an der Stelle eines Nulldurchganges der elektrischen Feldstärke: In Leiterplattenmitte am MP3 werden der 10-, 01- und 11-Mode und ihre ungeradzahligen Vielfachen ausgelöscht, am MP 2 der 20-Mode. An diesen Orten fallen die durch die Reflexionen ausgelösten „Parallelresonanzen" und „Serienresonanzen" zusammen.

2. Die Modenfrequenzen hängen von den Abmessungen der Leiterplatte ab. Die Leiterplatte kann aber durch Reaktanzen verstimmt werden, im Frequenzbereich durch kapazitive zu niedrigen und durch induktive (ESL der Kondensatoren) zu höheren

Frequenzen; die Modenextrema werden auch im Ortsbereich verschoben, d. h. die an einem Stecker gemessene Spannung wird einen Wert annehmen, den man vorher ein Stück daneben gemessen hätte. Diese Wirkung der *Phasenverschiebung* im Ortsbereich könnte leicht als Impedanzerniedrigung oder -erhöhung, die die ganze Leiterplatte betrifft, fehlinterpretiert werden. Steckerposition und Feldverteilung werden aber nur gegeneinander verschoben. Dies hat auch noch eine Frequenzverschiebung der „Serienresonanzen" im Modenbereich zur Folge. Eine damit zusammenhängende *Annäherung* von Serienresonanzen an Parallelresonanzen bewirkt eine geringere Güte und damit höhere Dämpfung *beider* Resonanzen – sehr gut zu beobachten an MP3 zwischen der Parallelresonanz bei ca. 220 MHz und der folgenden „Serienresonanz". Dieser Effekt ist abhängig vom Beobachtungsort. Eine überall wirksame Dämpfung des Modes findet nicht statt. Die Verstimmung ist abhängig von den Zufälligkeiten des Aufbaus und kann deshalb kaum systematisch genutzt werden.

Eine Forderung, die Abblockkondensatoren möglichst nah an die Versorgungsanschlüsse der ICs zu platzieren, kann aus diesen Messergebnissen kaum hergeleitet werden. Am MP2 scheint es so zu sein, an den übrigen Messpunkten scheint das Gegenteil zu stimmen. Vor allem die Lage des Messpunktes relativ zur Feldverteilung und nicht die Lage der Kondensatoren bewirkt die leichten Unterschiede.

Der folgende, über Simulation durchgeführte Versuch führt zu etwas detaillierteren Ergebnissen (Bild 5.47): Die Impedanz einer Testleiterplatte, unterteilt in 25 Längs- und 19 Quersegmente (s. Abschn. 5.10, 120), wurde in einer Ecke (Koordinate (01,01)) bestimmt; dabei wurde ein Abblockkondensator nacheinander an folgende Positionen platziert:

1. direkt an den Messort, Koordinate (01,01), graue Kurve,
2. an Koordinate (02,02) (Abstand zum Messort 12 mm), gestrichelte Kurve,
3. an Koordinate (07,07) (Abstand zum Messort 74 mm), durchgezogene Kurve,
4. an Koordinate (25,19) (also in die gegenüberliegenden Ecke, Abstand zum Messort 262 mm), gepunktete Kurve.

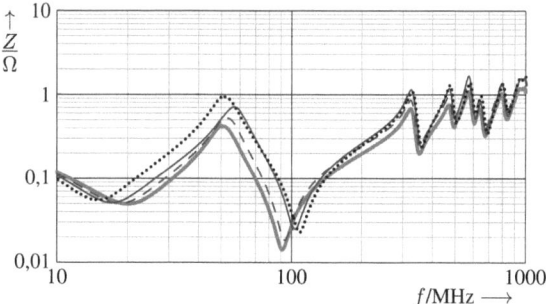

Bild 5.47 Simulierte Impedanz der Testleiterplatte in einer Ecke, bestückt mit 1 Kondensator an den Koordinaten (01,01) (*grau*), (02,02) (*gestrichelt*), (07,07) (*durchgezogen*) und (25,19) (*gepunktet*)

Die Verschiebung der Serienresonanz des Kondensators entsteht durch Reihenschaltung der wirksamen Leiterplattenlängsimpedanz mit dem Kondensator und die der Serienresonanz der Leiterplatte durch die Verstimmung der Leiterplatte. Darüber hinaus sind im Bereich um die Serienresonanz des Kondensators nur geringe Unterschiede im Impedanzverlauf zu erkennen. Im Bereich um die Parallelresonanz – im Grenzbereich der Kondensatorwirkung – dagegen tritt eine gewisse Erhöhung der Impedanz auf. Bemerkenswert bleibt die hohe Wirkung des Kondensators noch in der gegenüberliegenden Ecke der Leiterplatte!

Anders als bei Leiterplatten in Ein- oder Zweilagentechnik hat bei Multilayern mit durchgehenden Versorgungslagen die Position der Kondensatoren nur einen geringen Einfluss auf die Abblockimpedanz. Die entstandene Gruppenabblockung macht die übliche Zuordnung der Kondensatoren zu den ICs überflüssig. Die Kondensatoren werden, verteilt über die Leiterplatte, dort platziert, wo Platz ist.

> Man kommt von einer IC-bezogenen Abblockung zu einer leiterplattenbezogenen.

Die Anzahl der benötigten Abblockkondensatoren hängt nun nicht mehr von der Anzahl der ICs ab, sondern ist *ein* Parameter bei der Auslegung des Versorgungssystems (s. u.). Die Ergebnisse erklären auch die im praktischen Entwurfsprozess mit Digitalschaltungen bei der IC-bezogenen Abblockung gemachte Erfahrung, dass keine Veränderungen im Verhalten der Leiterplatte auftreten, wenn einzelne, nicht platzierbare Abblockkondensatoren einfach weggelassen werden.

Nichtanregung von Moden durch Wahl des Einspeiseortes: Der Effekt, dass die 10-, 01- und 11-Moden und ihre ungeradzahligen Oberwellen in der Leiterplattenmitte stark gedämpft sind, kann genutzt werden, um die Störwirkung eines ICs zu reduzieren, indem man es in die *elektrische* Leiterplattenmitte platziert. Dort kann es die genannten Moden nicht anregen. Bild 5.48 zeigt das Simulationsergebnis für die Abblockimpedanz einer unbestückten Testleiterplatte in Leiterplattenmitte (grau) sowie 18 mm in Längs- und 17 mm in Querrichtung verschoben (punktiert). Die Unterschiede sind sehr gering. Eine Verstimmung der Leiterplatte durch Blindelemente und damit eine leichte Verschiebung der elektrischen Mitte gegen die mechanische ist also unerheblich. Der Vorteil gegenüber einer Platzierung in der Ecke (dünne Kurve) ist deutlich (beim 10-Mode 17 dB!).

Anzahl der Abblockkondensatoren Im Bild 5.49 ist der Einfluss der Anzahl der Abblockkondensatoren zu sehen, oben gemessen und unten mit dem einfachen Leiterplattenmodell berechnet. Alle Kondensatoren besitzen die gleiche Kapazität und Bauart und sind über die Leiterplatte verteilt. Folgende Effekte sind zu beobachten:

1. Im Frequenzbereich unterhalb der Parallelresonanz erniedrigt sich die Abblockimpedanz mit der Anzahl der Kondensatoren. Die leichte Verschiebung der *Serienresonanz* in den Messwerten mit zunehmender Anzahl der Kondensatoren zu tiefen Frequenzen tritt durch die Reihenschaltung der Kondensatoren mit der Masselängsimpedanz

5.9 Abblockung auf Multilayern 109

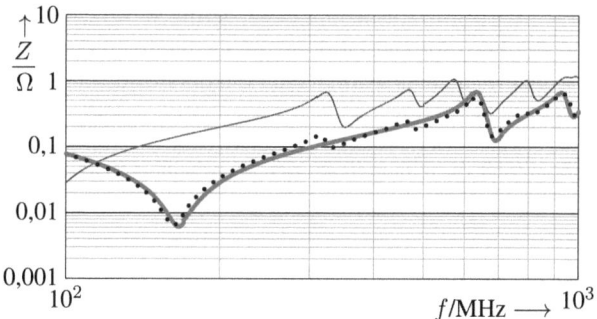

Bild 5.48 Simulierte Impedanz in Leiterplattenmitte (*dick*) und etwas in Längs- und Querrichtung verschoben (*punktiert*); zum Vergleich: Impedanz in der Ecke (*dünn*)

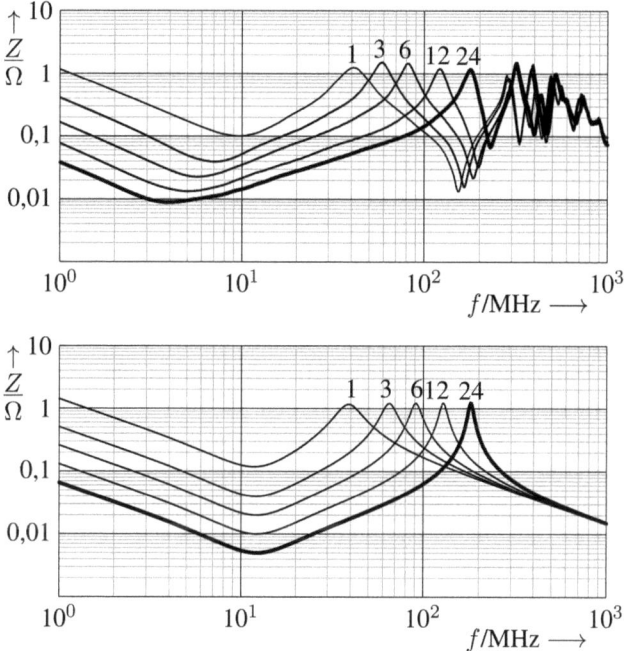

Bild 5.49 Impedanz des Abblocksystems: gemessen (*oben*) und mit dem vereinfachten Modell berechnet (*unten*), Bestückung: 1, 3, 6, 12 und 24 SMD-Kondensatoren (100 nF)

und durch Impedanzkopplung an dieser Längsimpedanz und in einem Bereich sehr niedriger Impedanz auf. Dies kann unbeachtet bleiben, da daraus keine Störeffekte entstehen.
2. Die Parallelresonanz wird mit wachsender Zahl der Kondensatoren infolge der Abnahme der resultierenden Induktivität der Kondensatoren zu hohen Frequenzen verschoben.

3. Im Modenbereich wird mit Ausnahme einer geringen Verschiebung der Modenfrequenzen infolge der Verstimmung der Leiterplatte durch die sich ändernde Induktivität der Kondensatoren die Impedanz durch die Leiterplatte bestimmt.

> Die Parallelresonanz ist die Übergabefrequenz zwischen Kondensator- und Leiterplattenabblockung und damit die entscheidende Größe der Abblockung.

Oberhalb dieser Frequenz verliert sich der Einfluss der Kondensatoren. In den Frequenzbereichen oberhalb und unterhalb der Parallelresonanz wird die Abblockimpedanz durch unterschiedliche Parameter bestimmt, beide Bereiche können also unabhängig voneinander gestaltet werden.

Die Verschiebung der Moden im Frequenzbereich hat auch eine Verstimmung der Ortsfrequenz und der Phasenlage im Ortsbereich auf der Leiterplatte zur Folge, d. h. an einem Messpunkt auf der Leiterplatte wird nach einer Veränderung der Kondensatoranzahl oder Kondensatorposition eine Spannung zu messen sein, die vorher an einer etwas anderen Position hätte gemessen werden können. Eine herausragende Spektrallinie *oberhalb der Parallelresonanz* könnte damit je nach vorliegenden Bedingungen also durchaus gedämpft – oder verstärkt – werden. Die Vermutung aber, die Abblockqualität in diesem Frequenzbereich könne mit Kondensatoren mehr als nur über solche Zufallseffekte beeinflusst werden, kann aus diesem Phänomen nicht hergeleitet werden.

Anschluss der Abblockkondensatoren: Mit *Lage und Anzahl der Durchkontaktierungen* kann die Abblockqualität beeinflusst werden. Im Bild 5.50 ist die Abhängigkeit der gemessenen Frequenz der Parallelresonanz von der Anzahl der Durchkontaktierungen, mit denen jedes der beiden Pads eines Kondensators mit der Versorgungs- bzw. der Masselage verbunden ist, sowie die zugehörige Lage der Durchkontaktierungen der Pads zu sehen. Aus dieser Frequenz kann mit Kenntnis der Leiterplattenkapazität die Induktivität der gebildeten Masche berechnet werden.

Anzahl	Induktivität/nH	$\Delta L/\%$
1	1,538	
2	1,240	−19,4
3	1,176	−23,5
5	1,171	−23,9

Tabelle 5.2 Induktivität der Masche in Abhängigkeit von der Anzahl der Durchkontaktierungen und Veränderung (in %) gegenüber einer einzigen Durchkontaktierung

Die Tab. 5.2 enthält einen Vergleich der berechneten Induktivitäten dieser Masche mit dem Wert einer einzigen Durchkontaktierung. Schon durch Verdoppelung der Anzahl der Durchkontaktierungen können ca. 20 % der Kondensatoren bei gleicher Resonanzfrequenz und damit gleicher Abblockqualität gespart werden. Dabei ist noch zu berücksichtigen, dass schon das erste Durchkontaktierungspaar eine sehr günstige Platzierung gegenüber

5.9 Abblockung auf Multilayern   111

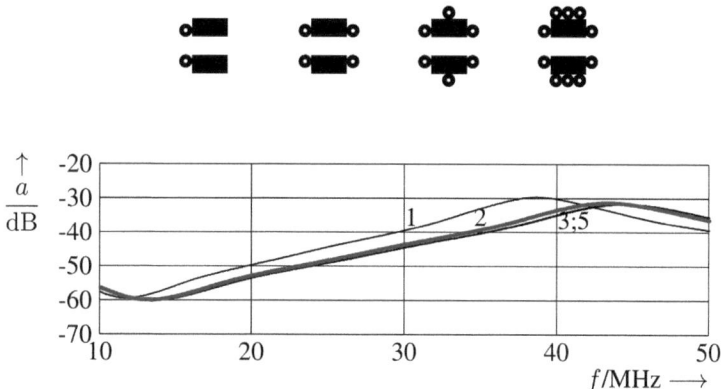

Bild 5.50 Die Frequenz der Parallelresonanz zeigt die Abhängigkeit der Induktivität der Masche von der Anzahl der Durchkontaktierungen (1, 2, 3 und 5; die Kurven für 3 und 5 Durchkontaktierungen fallen praktisch zusammen); oben: zugehöriges Layout

einer normalen (Bild 5.51 links) besitzt, weil der Abstand der Durchkontaktierungen zueinander klein ist; ein Vergleich mit der üblichen Platzierung würde einen noch einmal deutlich günstigeren Wert ergeben. Die 3. Durchkontaktierung, die die übliche Lage an der Stirnseite besitzt, hat schon aufgrund dieser Lage nur noch einen geringen Einfluss auf eine weitere Verringerung der Induktivität.

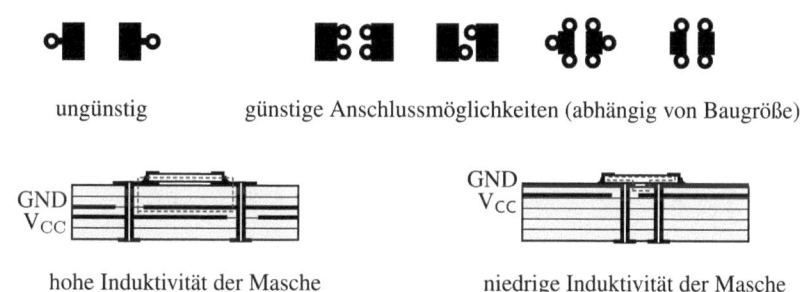

Bild 5.51 Einfluss der Lage der Durchkontaktierungen (nicht maßstäblich) und des Lagenaufbaus auf die Induktivität der Masche

Der Einfluss des Abstandes der Durchkontaktierungen zueinander und des Lagenaufbaus wird aus Bild 5.51 (unten) deutlich: Die gestrichelt umrandete Fläche und damit die Induktivität der parallel geschalteten Abblockzweige wird durch nah beieinander liegende Durchkontaktierungen *und* einen geringen Abstand der Kondensatoren zu den Masse- und Versorgungslagen verringert. Im oberen Bildteil sind prinzipiell ungünstige (links) und günstige Platzierungen (rechts) der Durchkontaktierungen dargestellt.

Messung der Induktivität des Abblockzweiges Wird eine solche Messung der Parallelresonanz in einem Vorversuch auf einer Leiterplatte *mit dem gleichen Leiterplattenaufbau und der gleichen Anschlusstechnik der Kondensatoren* wie für einen geplanten Aufbau vorgenommen, so kann aus der Resonanzfrequenz mit der Kenntnis der Kapazität der durchgehenden Lagen der Leiterplatte die tatsächlich für diesen Aufbau wirksame Induktivität des Abblockzweiges – das ESL der verwendeten Abblockkondensatoren *einschließlich* ihrer Anschlussinduktivität – bestimmt werden. Mit diesem Wert können auch weitere Simulationen realistische Ergebnisse bringen. Die beschriebene Messmethode ist sehr anwendungsnah.

Abblockung mit RC-Gliedern Die Parallelresonanz zwischen der resultierenden Induktivität der Kondensatoren und der Leiterplattenkapazität besitzt eine zu hohe Güte, da die für die Abblockung hoher Frequenzen geeigneten und üblicherweise verwendeten Kondensatoren nur sehr geringe Werte für ESR oder $\tan\delta$ besitzen. Die Impedanz bei der Resonanzfrequenz ist also hoch und kann deshalb zu Störungen führen. Die Güte kann verringert werden durch

- Verwendung sogen. ESR-Controlled Capacitors; sie besitzen durch eine andere interne Anschlusstechnik einen höheren Serienwiderstand.
- Reihenschaltung mit Widerständen.

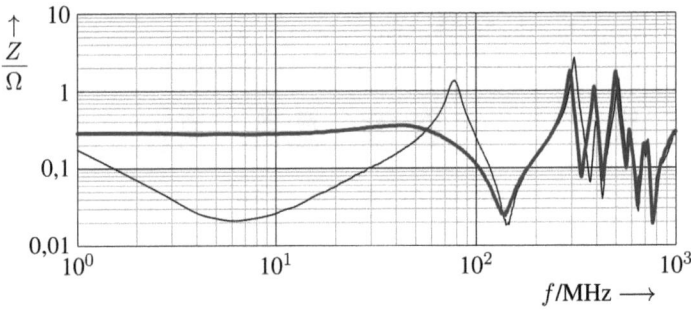

Bild 5.52 Impedanz des Abblocksystems bei einer Abblockung mit vier RC-Gliedern (100 nF mit 1,2 Ω in Reihe, *dick*) im Vergleich mit 6 Kondensatoren (100 nF, *dünn*)

Bild 5.52 zeigt die gemessene Impedanz der Leiterplatte, beschaltet mit vier über die Leiterplatte verteilten RC-Kombinationen (100 nF in Reihe mit 1,2 Ω, beide in SMD-Ausführung) im Vergleich mit 6 Kondensatoren. Die Impedanz kann durch mehr RC-Glieder beliebig weiter verringert werden.

Der Impedanzverlauf mit den RC-Kombinationen zeigt eine so stark gedämpfte Parallelresonanz, dass sie nicht mehr ausgeprägt ist. Der Abblockfrequenzbereich wurde dadurch etwa verdreifacht! Unterhalb der Resonanz ist der Impedanzverlauf infolge des Widerstandseinflusses konstant, bis bei Frequenzen unterhalb der Grenzfrequenz der RC-Glieder (hier unter 1 MHz) der Einfluss der Kapazität den Verlauf bestimmt. Diese

5.9 Abblockung auf Multilayern

Abblockung ist eigentlich als eine Abblockung mit Widerständen zu bezeichnen, bei der die Kondensatoren nur noch die Sperre für den Gleichstrom bilden.

Buried Capacitor: Wenn Platz vorhanden ist, kann man auch in begrenzten Teilen der Leiterplatte einen Mehrlagen-Kondensator („Buried Capacitor") aufbauen und mit ihm ICs abblocken. So können bei einem IC mit am Umfang verteilten Anschlüssen (z. B. einem PLCC- oder QFP-Gehäuse) im Inneren der Anschlussreihen mehrere Lagen von Signalleitungen frei gehalten und zu einem „Buried Capacitor" ausgebildet werden. Dieser wird in Dreipoltechnik angeschlossen, d. h. jeder V_{CC}-Pin des ICs wird am Rand an den Kondensator (Durchkontaktierung C) und dieser dann in der Mitte an die V_{CC}-Lage angeschlossen (s. Bild 5.53). Die Impedanzen der Durchkontaktierungen haben so *ent*koppelnde Wirkung. Diesem Kondensator können auf der Bestückungsseite Kondensatoren parallel geschaltet werden, die ohne Durchkontaktierungen an die Masse angeschlossen werden können, wenn diese sich, wie im Bild 5.53, in der obersten Lage befindet.

Partielle Massefläche Soll die oberste Lage keine durchgehende Masselage sein, kann man dort eine Teilmasse um das IC legen. Diese kann impedanzarm über viele Durchkontaktierungen mit der Masselage verbunden werden (Bild 5.54). Der Vorteil

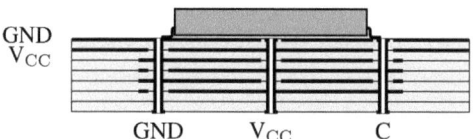

Bild 5.53 „Buried Capacitor" unter einem PLCC-Gehäuse; die Bestückungslage ist die Masselage, die zweite die Versorgungslage. Darunter bilden 4 Lagen den Kondensator. Anschlüsse des Kondensators *links*: an einen Massepin und die Masselage, *rechts*: an einen V_{CC}-Pin (C) und in der Mitte: an die V_{CC}-Lage

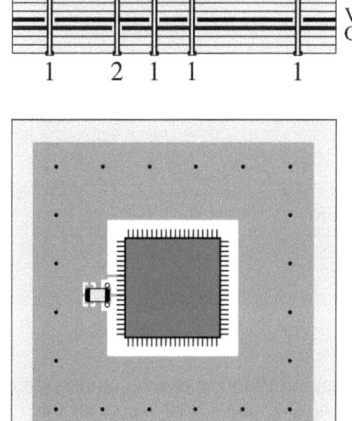

Bild 5.54 IC mit Teilmasse; 1: Durchkontaktierungen der Masse, 2: von V_{CC}

einer Teilmasse liegt in den niederimpedanten Anschlussmöglichkeiten für das IC und die Kondensatoren ohne Durchkontaktierungen. Die Induktivität der Durchkontaktierung vom Abblockkondensator an die Versorgungslage stellt eine Filterinduktivität dar, also eine *ent*koppelnde Impedanz.

Die Bedeutung des Lagenaufbaus für den Modenbereich Mit einem geringeren Abstand der durchgehenden Lagen und damit einem höheren Kapazitätsbelag und niedrigeren Induktivitätsbelag wird der Wellenwiderstand der zweidimensionalen Leitung geringer und damit auch die Impedanz am Ort eines abzublockenden ICs, die als Eingangsimpedanz einer leerlaufenden zweidimensionalen Leitung interpretiert werden kann. Der Wellenwiderstand ist nach Gl. 5.6 auch von der Breite der jeweiligen Leitung abhängig und wird deshalb mit größeren Leiterplattenabmessungen geringer; eine Unterteilung der Versorgungslage erweist sich unter *diesem* Gesichtspunkt als ungünstig. Diese Zusammenhänge sind auch aus den im Bild 5.55 dargestellten Simulationsergebnissen zu erkennen (s. dazu auch Bild 5.31, S. 92). Für beide Simulationen wurde ein Abstand von $d = 100$, 50 und 25 µm gewählt; die Wirkung eines kleineren Abstandes kann auch durch Parallelschaltung von Systemen erreicht werden z. B. wie bei der Version A der Multilayer-Testleiterplatten oder durch eine Lagenanordnung GND/VCC/GND. Im Bild 5.55 oben sind die Simulationsergebnisse für eine Leiterplatte mit den Abmessungen der Testleiterplatten (223 mm × 160 mm) und unten mit jeweils halben Abmessungen (111,5 mm × 80 mm) dargestellt. Sie bestätigen die Abhängigkeit auch von der Leiterplattengröße. Beim geringsten

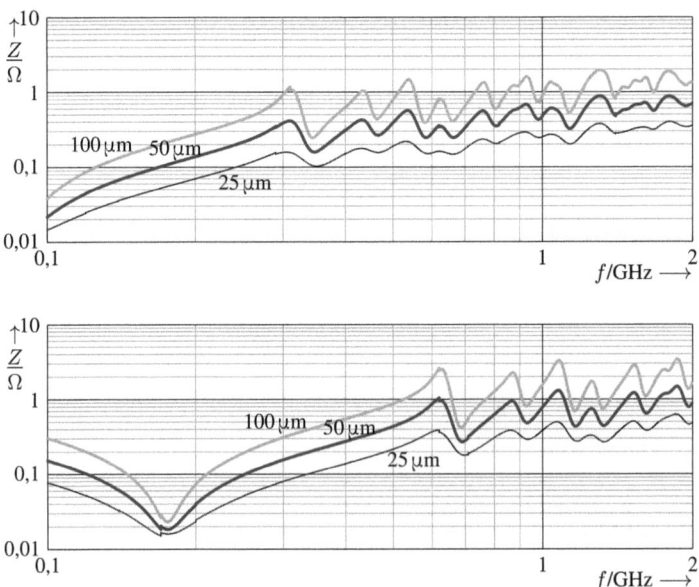

Bild 5.55 Simulierte Impedanz des Masse-/Versorgungssystems im Modenbereich mit unterschiedlichen Lagenabständen und Längenabmessungen (*oben*: 223 mm × 160 mm, *unten*: 111,5 mm × 80 mm)

gewählten Abstand werden Impedanzwerte von unter 0,4 Ω bzw. 0,6 Ω im Frequenzbereich bis 2 GHz erreicht.

Die niedrige Impedanz der Leiterplatte entsteht durch *verteilte* Kapazitäten und Induktivitäten. Solch niedrige Impedanzen sind mit der üblichen reinen Kondensatorabblockung schwer zu erreichen wegen geringen Ausdehnung der Kondensatoren und ihrer Anschlüsse; dies zeigt schon Bild 5.32. Deshalb bietet sich eine Abblockung mit der Leiterplatte selbst, insbesondere bei sehr hohen Frequenzen, die im Modenbereich liegen, an; dabei spielt der Lagenaufbau eine entscheidende Rolle. Die Bereiche tieferer Frequenzen werden mit Kondensatoren mit hohem $\tan \delta$ (z. B. ESR-controlled Capacitors) oder RC-Gliedern, wie oben beschrieben, abgeblockt, um die Parallelresonanz zu dämpfen, die noch tieferen Frequenzen mit Elkos.

Dämpfung des Moden-Einflusses Die folgenden Maßnahmen dienen der Dämpfung des Modeneinflusses auf die Abblockung:

1. Ein Leiterplattenaufbau mit einem geringeren Lagenabstand verringert die Impedanz der zweidimensionalen Leitung und verbessert damit ihre Abblockwirkung (s. o. und Bild 5.55).
2. Unterteilung der Versorgungslage: Durch geringere Längenabmessungen wird der Modenfrequenzbereich zu höheren Frequenzen verschoben (Bild 5.55). Die Dämpfung der Moden wird dadurch zwar geringfügig schlechter, ihre Anregung durch die ICs aber geringer, wenn der Modenbereich oberhalb der Grenzfrequenz der ICs beginnt. Die Teile der Versorgungslage werden durch verlustbehaftete Induktivitäten oder – z. B. gedruckte – Widerstände miteinander verbunden. Durch kleinere Abmessungen dieser Teile wird auch die Parallelresonanz mit der resultierenden Induktivität der Kondensatoren zu höheren Frequenzen verschoben.
3. Erhöhung der Verluste des Leiterplattenkondensators. In [1] wird dies durch Verwendung eines dielektrischen Materials mit sehr hohem $\tan \delta$ durch Beimischen von Carbonyleisenpulver in das Basismaterial (nur) zwischen den Versorgungs- und Masselagen erreicht. In [8] werden Verluste durch Verwendung von dünnen Schichten mit hohem Widerstand auf den Versorgungs- und Masselagen auf der Seite zum Dielektrikum hin erzeugt.
4. Verwendung je eines Kondensators für jeden Mode, der mit seiner *Serienresonanzfrequenz* auf die Modenfrequenz abgestimmt ist und mit seinem ESR den Mode dämpft, platziert an den Ort eines zugehörigen Modenextremums [7]. Der Kondensator ist natürlicherweise eine Sperre für Gleichstrom.
5. Verwendung eines Widerstandsabschlusses (mit in Reihe geschalteter Kapazität als Gleichstromsperre) am Leiterplattenrand zur Unterdrückung der Reflexionen.

Bei allen Maßnahmen mit durchgehender Versorgungslage dienen *beide* Lagen als Signalmasse; ihre Impedanz ist dann entsprechend niedriger als die einer einzelnen Lage. Die Störenergie der Moden wird entweder kontinuierlich (Pkt. 1 und 3), an diskreten Stellen (Pkt. 4) oder am Leiterplattenrand (Pkt. 5) gedämpft. Wird die Versorgungslage unterteilt (Pkt. 2), steht dem Vorteil der Verschiebung der Parallelresonanz und des Modenbereiches der Nachteil entgegen, dass die Versorgungslage über die Unterbrechungen hinweg nicht als Signalmasse dient. Dies erhöht ihre Impedanz und damit die Spannungsabfälle daran; die Reserve im Störabstand wird geringer. Auch die Abstrahlung über die an die Leiterplatte angeschlossenen Leitungen (Antennenwirkung) steigt.

Abblockung durch Abschluss am Leiterplattenrand Die günstige Wirkung der Abblockung mit Widerständen auf die Parallelresonanz und die geschilderte Wirkung eines wellenwiderstandsrichtigen Abschlusses am Leiterplattenrand lässt die Idee aufkommen, die gesamte Abblockung *und* die Dämpfung der Moden durch den wellenwiderstandsrichtigen Abschluss am Leiterplattenrand vorzunehmen. Dies kann durch entsprechend dimensionierte, am Leiterplattenrand verteilte RC-Glieder geschehen.

Der Erfolg eines solchen Abschlusses am Leiterplattenrand hängt von einem möglichst induktivitätsarmen Aufbau ab. Die partielle Induktivität der Widerstände und Kondensatoren kann durch folgende Maßnahmen reduziert werden:

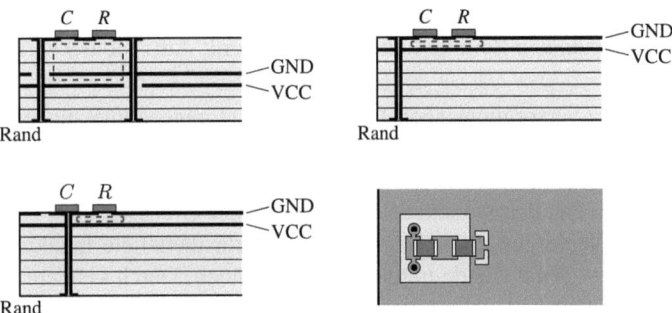

Bild 5.56 Abhängigkeit der parasitären Induktivität des Abschlusses von der Anordnung der Lagen und Durchkontaktierungen

1. Auswahl von Bauelementen mit möglichst geringer Länge und großer Breite und damit niedrigem ESL (s. Gl. 2.14, S. 24).
2. Im Bild 5.56 oben ist durch Verlagerung der beiden durchgehenden Lagen nahe an die Bauteile (rechts) die umschlossene Fläche der sich bildenden Masche (gestrichelt) und damit ihre Induktivität gegenüber der linken Darstellung deutlich reduziert.
3. Durch einen geringen Abstand der Versorgungs- und Masselagen voneinander oder Einbettung der Versorgungslage zwischen zwei benachbarte Masselagen.
4. Beim Anschluss der Bauelemente an die durchgehenden Lagen über Durchkontaktierungen sind anstatt einer Durchkontaktierung an der Stirnseite der Pads (Bild 5.56, oben) zwei Durchkontaktierungen *neben* den Pads zu verwenden (Schnitt und Draufsicht s. Bild 5.56, unten; s. dazu auch Abschn. 5.9.5). Damit wird nicht nur die Induktivität der Durchkontaktierung halbiert, sondern auch die Fläche der für die Induktivität maßgebenden Masche (gestrichelt) verringert.
5. Mit wachsender Anzahl parallelgeschalteter RC-Glieder reduziert sich auch deren resultierende parasitäre Induktivität.

6. Durch verteilte Bauelemente: Im Bild 5.57 wurde der Kondensator im Layout verwirklicht (C). Der Rand der obersten Lage (links) wurde abgetrennt. Er bildet mit der 2. Lage den Kondensator; für die tieferen Frequenzen kann er durch diskrete parallel geschaltete Kondensatoren unterstützt werden. Der umlaufende Rand wurde mit dem Rest der obersten Lage durch diskrete Widerstände (R) verbunden; noch besser wirkt ein gedruckter Widerstand. R und C bilden den am Leiterplatterand umlaufenden Abschluss. Verteilte Elemente sind induktivitätsarm und benötigten darüber hinaus keine Durchkontaktierungen. Die für die Induktivität wirksame Fläche (gestrichelt) ist noch einmal gegenüber Bild 5.56 reduziert.

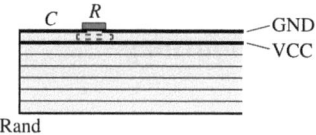

Bild 5.57 Induktivitätsarmer Abschluss durch einen verteilten Kondensator (C) und diskrete Widerstände oder einen verteilten gedruckten Widerstand

Bei den Testleiterplatten wurde der wellenwiderstandsrichtige Abschluss wie im Bild 5.57 realisiert. Wie aus Bild 5.58 hervorgeht, ist die Breite des Randes und damit seine Kapazität etwas zu klein gewählt, um den 1. Mode genügend zu kompensieren. Für die Abblockung der tieferen Frequenzen wurden die oben dargestellten vier RC-Kombinationen zusätzlich verwendet. Der Impedanzverlauf im Bild 5.58 ist gegenüber Bild 5.52 im Bereich der Moden deutlich verbessert.

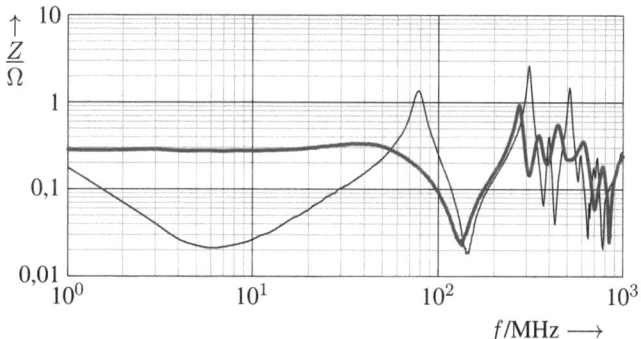

Bild 5.58 Gemessene Impedanz des Abblocksystems bei einer Abblockung mit dem Abschluss durch 20 Widerstände (2,4 Ω) am Leiterplattenrand und zusätzlich vier RC-Glieder (100 nF mit 1,2 Ω in Reihe, *dick*) im Vergleich mit 6 Kondensatoren (100 nF, *dünn*)

Ein Leiterplattenaufbau als Kompromiss Der folgende Lagenaufbau – einer von mehreren möglichen Kompromissen – kombiniert mehrere Vorteile:

Signal/**GND**/Signal/**V**$_{CC}$/Signal/Signal/**GND**/Signal/**V**$_{CC}$/Signal

1. Die Anordnung der V_{CC}- und GND-Lagen bildet drei Kondensatoren; die Abblockimpedanz ist durch die dazwischen liegenden Signallagen zwar nicht optimal (wie die Version A), verhält sich aber insgesamt wie die Version B.
2. Die Signallagen im Inneren der Leiterplatten sind geschirmt. Sie sollten die kritischen Signalleitungen (z. B. Taktleitungen) aufnehmen.
3. Der Wellenwiderstand der Signalleitungen kann so eingestellt werden, dass er auf allen Lagen gleiche Werte (ca. 51 Ω) annimmt [4].
4. Die Signalmasse weist durch 4 parallel geschaltete durchgehende Lagen eine verringerte Längsimpedanz auf.

5.9.6 Abblockung auf Multilayern – Zusammenfassung

Verwendet man für das Versorgungssystem Leiterbahnen, ist eine Einzelabblockung wie bei Ein- und Zweilagenleiterplatten notwendig.

Bei durchgehenden Versorgungslagen hat man die Wahl einer reinen Kondensator- oder einer Kondensator/Leiterplattenabblockung.

Bei einer *Kondensatorabblockung* wird die Abblockung (überwiegend) den Kondensatoren zugewiesen. Diese brauchen aber nicht mehr den ICs zugeordnet zu werden (IC-bezogene Abblockung), sondern können dorthin platziert werden, wo leichter Platz zu schaffen ist (leiterplattenbezogene Abblockung). Die resultierende Induktivität der Kondensatoren und die Leiterplattenkapazität bestimmen die Frequenz der Parallelresonanz. Sie stellt die Frequenzgrenze dieser Abblockung dar. Mit der *Anzahl* der Kondensatoren erniedrigt man die Abblockimpedanz unterhalb der Parallelresonanz und erhöht die Resonanzfrequenz.

Der Abblockfrequenzbereich kann bis zum Modenbereich und damit deutlich erweitert werden, wenn die Parallelresonanz durch Verwendung von Kondensatoren mit hohem $\tan \delta$ (z. B. sogen. *ESR*-Controlled Capacitors) oder durch Reihenschaltung der Kondensatoren mit je einem Widerstand gedämpft wird.

Das *Anregen von Moden* kann auch durch Filterung konventionell abgeblockter schneller ICs zum Versorgungssystem verhindert werden (Bauteilekosten!).

Eine weitere Erhöhung des Abblockfrequenzbereiches erreicht man durch Unterteilen der Versorgungslage; sie erhöht sowohl die Frequenz der Parallelresonanz als auch den Modenfrequenzbereich. Der Preis dafür ist eine Erhöhung der Impedanz der Signalmasse, der Spannungsabfälle an ihr und damit eine deutlich verringerte Reserve des Störabstandes für Signalleitungen, die die Unterteilungen überschreiten, sowie eine erhöhte Abstrahlung durch diesen Effekt.

Abblockkondensatoren *unterschiedlicher* Kapazität führen immer zu weiteren Parallelresonanzen, die ggf. gedämpft werden müssen. Der Aufwand an Kondensatoren für eine Breitbandabblockung wird größer.

5.9 Abblockung auf Multilayern

Will man die Eigenschaften der Leiterplatte – mit ihren verteilten Elementen – für die Abblockung im Modenbereich nutzen, muss man zunächst die Parallelresonanz zwischen der resultierenden Induktivität der Abblockkondensatoren und der Kapazität der Leiterplatte hinreichend dämpfen (s. o.). Die Impedanz im Modenbereich kann durch folgende Maßnahmen reduziert werden:

- Durch Wahl des geringsten fertigungstechnisch möglichen Abstandes der durchgehenden Lagen.
- Ggf. durch Parallelschalten mehrerer solcher Kondensatoren aus durchgehenden Lagen (Version A oder Abwandlungen davon: GND/V_{CC}/.../GND/V_{CC} oder GND/V_{CC}/GND/.../V_{CC}/GND/V_{CC}) – dies unterstützt auch eine Schirmung der Signallagen.
- Abschluss der Leiterplatte am Leiterplattenrand mit einem *Abschlusswiderstand*, realisiert durch diskrete Widerstände in Reihe mit Kondensatoren zur Sperrung eines Gleichstromes, oder verteilte Kapazitäten und gedruckte Widerstände.
- Erhöhung der Verluste ($\tan \delta$) des Dielektrikums zwischen den Masse- und Versorgungslagen [1] oder durch Aufbringen von dünnen Schichten geringerer Leitfähigkeit auf die Masse- und Versorgungslagen zum Dielektrikum hin [8].
- Je einen Kondensator als frequenzselektives Dämpfungsglied für jeden Mode [7].

Folgende allgemeine Maßnahmen sind zu empfehlen:

- Auswahl von Kondensatoren mit möglichst niedriger Ersatzserieninduktivität (möglichst kurze Bauform mit hohem Verhältnis von Breite zu Länge), die Kapazität spielt eine Rolle für die Impedanz bei tiefen Frequenzen.
- Anschluss der Kondensatorpads mit *zwei nah beieinander* liegenden Durchkontaktierungspaaren an die Masse- und Versorgungslagen. Die von Kondensatoren und ihren Verbindungen zu den Masse- und Versorgungslagen eingeschlossene Schleifenfläche – und damit ihre Induktivität – sollte minimal sein.
- Anschluss der ICs ebenfalls über je *zwei* möglichst nah an den Pads liegende Durchkontaktierungen an die Masse- und Versorgungslagen.
- Anschluss hochintegrierter, taktgesteuerter ICs direkt an eine Masse oder Teilmasse in der Bestückungslage zur Reduzierung von Ground Bounce.

Bei allen Abblockmaßnahmen insbesondere für *schnelle* digitale ICs spielt die parasitäre Induktivität des Abblockzweiges eine entscheidende Rolle. Bei durchgehenden Masse- und Versorgungslagen ist deren Impedanz und damit der Lagenaufbau ein wichtiger Punkt. Nachlässigkeiten bei der Gestaltung von Details erhöhen die Störspannung an der Längsimpedanz des Masse-/Versorgungssystems, so dass die an die Leiterplatte angeschlossenen, als Anntennenstrukturen wirkenden Leitungen stärker angeregt werden und abstrahlen (s. Abschn. 7.4, S. 173). Es lohnt sich also, diese komplexe Problematik genau zu durchdenken und die Wirksamkeit geplanter oder getroffener Maßnahmen zu überprüfen.

5.10 Simulation des Versorgungssystems mit SPICE

Eindimensionale Leitungen werden über ihre Leitungsbeläge modelliert (s. dazu Abschn. 2.8.1, S. 30). Das Masse-/Versorgungssystem aus durchgehenden Lagen stellt eine zweidimensionale Leitung dar; sie kann entsprechend modelliert werden. Für die SPICE-Simulation wird die *Versorgungs*lage in Längs- und Querrichtung in hinreichend kleine Segmente der Länge s_x und Breite s_y unterteilt (Bild 5.59). Die Mittelpunkte dieser Segmente werden mit Masse über die Querelemente (Kapazität und Leitwert des Segmentes) und untereinander in beiden Richtungen über die Längselemente (Widerstand und Induktivität) verbunden. Bei einer genaueren Modellierung kann noch eine Kapazität zwischen den Segmenten, parallel geschaltet zu den Längselementen, berücksichtigt werden. Ein solches Modell kann in SPICE simuliert werden. Hier wurde LTspice der Fa. Linear Technology verwendet. In den Simulator können die Werte der Induktivitäten und Kapazitäten bereits zusammen mit denen ihrer parasitären Längs- und Parallelelemente eingegeben werden. Die partiellen Längsinduktivitäten und Längswiderstände sowie die Querkapazität und der Querleitwert können so zu je einem Bauelement zusammengefasst werden. Dies vereinfacht die Handhabung des Modells und erhöht die Übersicht erheblich. Bild 5.59 zeigt dieses vereinfachte Leitungsmodell für einen Leiterplattenausschnitt.

Um an einem beliebigen Segment der Leiterplatte die Impedanz des Masse-/Versorgungssystems, die die Abblockimpedanz für ein an dieser Stelle sich befindendes IC darstellen könnte, zu bestimmen, wird dort mit einer Stromquelle ein Strom eingespeist und die Spannung gemessen. Bei einer gewählten Stromstärke von $I = 1\,\text{A}$ entspricht der Zahlenwert der Spannung in Volt dem Zahlenwert der Impedanz in Ω. Dies vereinfacht die Auswertung. Mit der Einspeisung an einem Punkt und der Abnahme an anderen Punkten wird das Übertragungsverhalten zwischen den Punkten bestimmt; dies sagt etwas aus über die Dämpfung von einem störenden IC zu einem als Störsenke betrachteten.

Da nur in einer Ecke prinzipiell alle Moden angeregt werden können, ist die Ecke ein wichtiger Einspeisepunkt für allgemeine Untersuchungen zur maximalen Abblockimpedanz, dem Worst Case. Andere dafür wichtige Messpunkte sind die im Abschn. 5.9.3 (s. S. 95) hergeleiteten Punkte der Spannungsextrema der Moden (s. auch Bild 5.61).

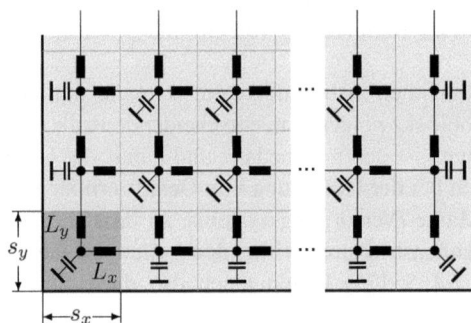

Bild 5.59 Zweidimensionales Leitungsmodell des Masse-/Versorgungssystems einer Leiterplatte (Ausschnitt). Verbindung der Segmentmittelpunkte durch verlustbehaftete Kapazitäten nach Masse und untereinander durch verlustbehaftete Induktivitäten.

5.10.1 Dimensionierung der Elemente des Simulationsmodells

Die Leiterplatte mit der Länge a und der Breite b wird in beiden Richtungen in hinreichend viele Segmente n_x und n_y unterteilt. Die Genauigkeit der Simulation hängt davon ab, wie genau die Platzierung der Bauelemente einer realen Leiterplatte mit der Auflösung des Simulationsmodells erfasst wurde. Mit einer ungeradzahligen Unterteilung trifft man auch genau die Leiterplattenmitte, bei der alle ungeradzahligen Moden verschwinden und die deshalb ein ausgezeichneter Punkt ist. Bei den hier vorgestellten Simulationen der Testleiterplatten wurden 25 Segmente in Längsrichtung und 19 Segmente in Querrichtung gewählt. Der Fehler bei der Impedanzbestimmung durch die Segmentierung ist dabei hinreichend niedrig. Bild 5.60 zeigt, dass schon bei einer Unterteilung in 13×7 Segmente die wegen der dort vorhandenen hohen Impedanz wichtigen Modenfrequenzen richtig wiedergegeben werden. Bei den Frequenzen der Serienresonanzen im Modenbereich, die stark vom Ort der Analyse abhängen, spielt die Unterteilung eine größere Rolle.

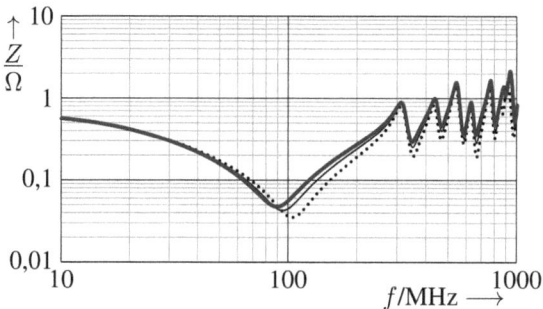

Bild 5.60 Simulation einer unbestückten Testleiterplatte mit unterschiedlich feiner Unterteilung; *gepunktet*: 13×7, *dünn*: 19×13, *dick*: 25×19

Zur Berechnung der Elemente des Simulationsmodelles werden weiter benötigt: Dicke d, Dielektrizitätskonstante ε_r und $\tan\delta$ des Dielektrikums sowie die Leitfähigkeit κ der Kupferschicht. Der Gleichstromwiderstand der Kupferschicht bestimmt die Verluste bis ca. 1 MHz. Der interessante Frequenzbereich beginnt aber – wohl ausschließlich – deutlich oberhalb dieser Frequenz. Dort ist die wirksame Kupferdicke gleich der frequenzabhängigen äquivalenten Leitschichtdicke δ. Auf die Berücksichtigung der Dicke der Kupferlage kann dann verzichtet werden. Für die Bestimmung der Längswiderstände müssen die Widerstände beider Lagen zusammengefasst werden (Faktor 2), da die Masselage im Simulator impedanzlos ist. Die Induktivitäten werden mit Gl. 5.6 (s. S. 103) berechnet.

Abmessungen der Segmente: $s_x = a/n_x$ und $s_y = b/n_y$.

Äquivalente Leitschichtdicke: $\delta = \sqrt{\dfrac{1}{\pi f \mu \kappa}}$

Längselemente:

$$L_x = \mu_0 \frac{d \cdot s_x}{s_y}, \qquad L_y = \mu_0 \frac{d \cdot s_y}{s_x},$$

$$R_x = \frac{2 \cdot s_x}{\delta \cdot s_y \cdot \kappa}, \qquad R_y = \frac{2 \cdot s_y}{\delta \cdot s_x \cdot \kappa}, \qquad \text{(Hin- und Rückleiter!)}$$

Querelemente:

$$C = \varepsilon_r \varepsilon_0 \frac{s_x \cdot s_y}{d} \quad \text{und} \quad \frac{1}{G} = R_C = \frac{1}{2\pi f C \tan \delta}$$

Wie die Berechnung der Werte vom Simulator selbst vorgenommen werden kann und diese somit während der Untersuchung mit dem aufwändigen Modell leicht verändert werden können, wird unten gezeigt.

5.10.2 Erstellen des Simulationsmodells der Testleiterplatte

Für die hier vorgenommenen Simulationen wurden die Maße der im Abschn. 5.9.1, S. 92, beschriebenen beiden Testleiterplatten verwendet mit den Abmessungen $a = 223$ mm, $b = 160$ mm und $d = 0,1$ mm bzw. 0,5 mm; sie wurden in 25×19 Segmente unterteilt (Bild 5.61). An die Mittelpunkte der Segmente sind Bauteile anschließbar. Das Bild zeigt den Anschluss der Stromquelle zur Anregung der Moden und die Segmente der Modenextrema (dunkelgrau) bis $m, n = 3$ mit ihren Koordinaten.

Ein Segment der als zweidimensionale Leitung modellierten Leiterplatte ist im Bild 5.62 dargestellt; die Längswiderstände und der Kehrwert des Leitwertes werden als Verlustwiderstände der Induktivitäten und der Kapazität berücksichtigt. Die Wertzuweisung der Elemente dieses Segmentes für den Simulator erfolgt symbolisch (s. Bild 5.62, rechts).

Dieses Modell besitzt eine unsymmetrische Struktur. Eine einfachere Handhabung bietet eine symmetrische Modellierung des Segmentes wie im Bild 5.63, links. Daraus wird ein Simulator-Bauelement erstellt. Die Anschlüsse dieses Elementes werden über Menüpunkt „Edit/Label Net" mit Netz-Namen versehen (hier N, W, S, E und C) und das Element in einer Datei (z. B. PCB-Cell.asc) gespeichert. Nun wird über den Menüpunkt „File/New Symbol" von dem Bauelement ein Schaltungs-Symbol (z. B. PCB-Cell.asy) erstellt (Bild 5.63, rechts), in dem die Anschlüsse mit denselben Namen versehen werden müssen; sie werden zweckmäßigerweise unsichtbar gemacht. Indem beim Aufbau des Leiterplattenmodells die Segmente sich bei der Vervielfältigung mit ihren Seiten berühren, sind sie bereits kontaktiert; eine weitere Verdrahtung ist nicht erforderlich. Dies vereinfacht den Aufbau eines Leiterplattenmodells erheblich. Bauelemente, mit denen die Leiterplatte bestückt wird, werden an die Segmentmittelpunkte (C) angeschlossen; Anschlussleitungen dürfen allerdings die Mitten der Segmentseitenlinien wegen des dann zu erwartenden Kurzschlusses mit den übrigen Segmentanschlüssen nicht berühren.

5.10 Simulation des Versorgungssystems mit SPICE

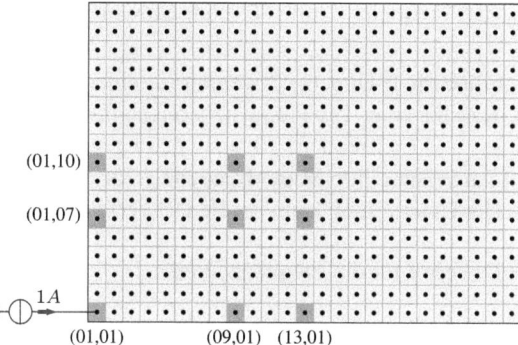

Bild 5.61 Testleiterplatte mit der Einspeisung und den markierten Punkten der Spannungsextrema der Moden $m = 1, \ldots, 3$ im linken unteren Quadranten

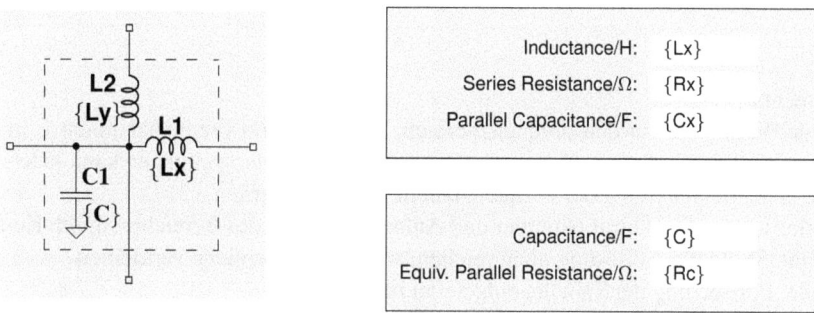

Bild 5.62 Prinzipielles Leitungsmodell eines Segmentes der Leiterplatte und symbolische Werteingabe für die Elemente

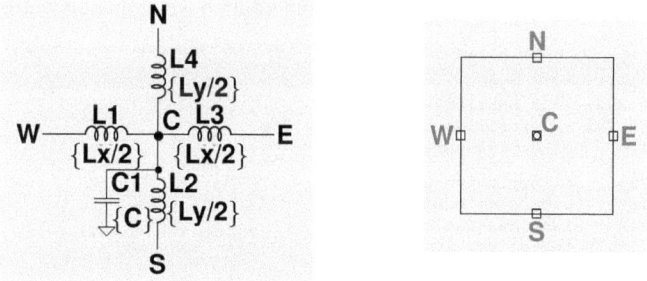

Bild 5.63 Symmetrisches Modell des Segmentes (*links*) und Schaltungssymbol (*rechts*)

Die Skineindringtiefe δ ist frequenzabhängig. Um dies bei der Simulation berücksichtigen zu können, werden Frequenzabschnitte definiert; innerhalb dieser Abschnitte wird $\delta(f)$ konstant gehalten, während es von Abschnitt zu Abschnitt variiert. Dies geschieht mit folgenden Anweisungen:

- Im Menüpunkt „Simulate/Edit Simulation Cmd/AC Analysis" wird neben „Type of Sweep" (z. B, Octave) und „Number of Points per Octave" (z. B. 100) für einen sol-

chen Abschnitt „Start Frequency" mit {f1} und „Stop Frequency" mit {f2} symbolisch eingegeben.
- Im Menüpunkt „Edit/SPICE Directive" werden für einen Durchlauf (hier als Beispiel von 10 MHz–2 GHZ) die (hier 14) Frequenzbereiche mit ihrer Ordnungsnummer und durch ihre Anfangs- und Endfrequenz $f1$ bzw. $f2$ in getrennten Tabellen definiert und in einer weiteren Anweisung ihre Mittenfrequenz f für die Berechnung des zugehörigen δ berechnet. Die Unterteilung kann bei Bedarf verfeinert werden.

Eingabe der SPICE Directive für die Frequenzbereiche:

```
.step param x 1 14 1
.param f1=table(x,1,1e7,2,1.4e7,3,2e7,4,3.2e7,5,5e7,6,7.1e7,7,1e8,
+ 8,1.4e8,9,2e8,10,3.2e8,11,5e8,12,7.1e8,13,1e9,14,1.4e9)
.param f2=table(x,1,1.4e7,2,2e7,3,3.2e7,4,5e7,5,7.1e7,6,1e8,
+ 7,1.4e8,8,2e8,9,3.2e8,10,5e8,11,7.1e8,12,1e9,13,1.4e9,14,2e9)
.param f=(f1+f2)/2
```

Kommentar:
1. Zeile: Variable x für den Frequenzbereich, beginnend mit Frequenzbereich 1, in (hier) 14 Bereichen, in Stufen von 1 fortschreitend. Für Detailuntersuchungen kann jeder dieser Werte unter Beibehaltung der Frequenztabelle geändert werden.
2. Zeile: Tabelle für $f1$ mit Nummer und Anfangsfrequenz des Bereiches, durch Kommata getrennt. Sollte die Auflösung nicht reichen, werden die Bereiche verkleinert.
3. Zeile: Fortsetzung der Tabelle, eingeleitet mit „+"
4. und 5. Zeile: Tabelle für die Bereichsendfrequenzen
6. Zeile: Berechnung der Bereichsmittenfrequenz.

Eingabe der SPICE Directive für die Berechnung der Werte der Simulations-Elemente (Beispiel); die Kommentare hinter den Semikola können weggelassen werden:

```
.param u0=4*pi*1e-7 ; my0
.param e0=8.852e-12 ; epsilon0
.param ka=56.2e6 ; Leitfähigkeit von Cu in S/m
.param er=4.5 ; Leiterplattenmaterial
*
.param a=.223 ; Leiterplattenlänge/m
.param b=.160 ; Leiterplattenbreite/m
.param d=1e-4 ; Dicke des Dielektrikums/m
.param nx=25 ; Unterteilung in x-Richtung
.param ny=19 ; Unterteilung in y-Richtung
.param sx=a/nx ; Länge eines Segmentes
.param sy=b/ny ; Breite eines Segmentes
.param da=sqrt(1/(pi*f*u0*ka)) ; Skineindringtiefe
.param td=.035 ; tan delta Leiterplattenmaterial
*
.param C=er*e0*sx*sy/d ; Kapazität des Segmentes
.param Lx=u0*d*sx/sy ; Längsinduktivität
.param Ly=u0*d*sy/sx ; Querinduktivität
*
.param Rx=2*sx/(da*sy*ka) ; Widerstand in Längsrichtung
.param Ry=2*sy/(da*sx*ka) ; Widerstand in Querrichtung
.param Rc=1/(2*pi*f*C*td) ; Kehrwert des Leitwertes des Segmentes
*
.param Cx=.5e-12 Cy=.5e-12 ; Parallelkapazitäten der Längselemente
```

5.10 Simulation des Versorgungssystems mit SPICE   125

Diese Eingaben werden als Legende im Schaltbild neben die Schaltung positioniert. Der Vorteil dieser Vorgehensweise ist die hohe Flexibilität: Will man Leiterplatten mit anderen Abmessungen oder andere Randbedingungen aber mit derselben Struktur (z. B. Unterteilung) simulieren, sind nur wenige Werte in der Legende zu ändern.

5.10.3 Vergleich von Simulations- und Messwerten

Wie gut das Simulationsmodell die realen Verhältnisse wiedergibt, mögen einige Beispiele des Vergleichs von Simulation und Messung an der Zweilagen-Testleiterplatte (Bild 5.64 mit einem Lagenabstand $d = 0{,}5$ mm) zeigen. Abweichungen sind durch Positionsfehler der Anschlüsse und Bauteile und Fehler in der Abschätzung der parasitären Elemente zu erklären. Bild 5.65 stellt den Vergleich von Simulation und Messung an der unbestückten Testleiterplatte, angeregt jeweils an MP1a, abgenommen an MP1b...MP3b dar und Bild 5.66 den Vergleich der Impedanz an den Messpunkten MP1...MP3 für die mit 8 Kondensatoren (100nF) in der Pos. 1 (Bild 5.64) bestückte Leiterplatte.

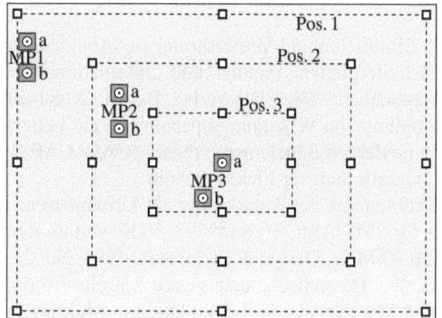

Bild 5.64 Zweilagen-Testleiterplatte

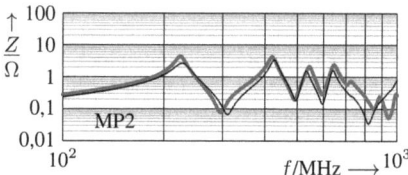

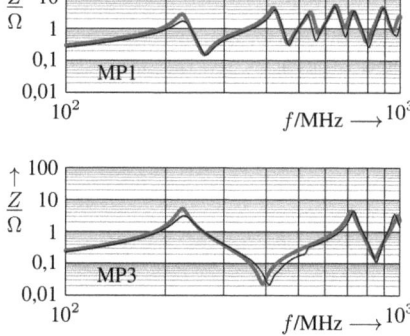

Bild 5.65 Unbestückte Testleiterplatte ($d = 0{,}5$ mm), Übertragungsmaß an MP1b...3b, dick: Simulation, dünn: Messung

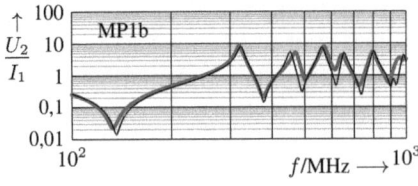
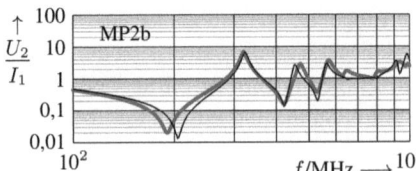
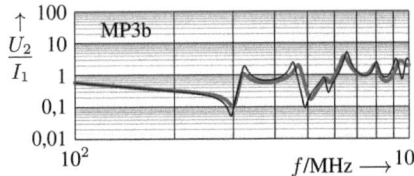

Bild 5.66 Impedanz der Leiterplatte mit 8 Kondensatoren in Pos. 1 an den Messpunkten MP1...3, dick: Simulationsergebniss, dünn: Messwerte

Literatur

1. Dickmann, S./ Neibig, U: Simulation und Verbesserung der Abblockeigenschaften des Versorgungssystems von mehrlagigen Leiterplatten, Tagungsband „Internationale Fachmesse und Kongress für Elektromagnetische Verträglichkeit" '98, VDE-Verlag, Berlin, Offenbach, 1998
2. Dirks, C.: Breitbandentkopplung von Versorgungsspannungen auf Leiterplatten, Tagungsband „Rechnergestützter Entwurf von modernen Bauelementeträgern (CAD/ CAE)", Juni 1992, Ingenieurtechnischer Verband KDT e.V., Gesellschaft für Elektrotechnik
3. Franz, J./ John, W.: Zur Problematik der Abblockung auf Leiterplatten, Tagungsband „Internationale Fachmesse und Kongress für SMT/ASIC/Hybrid" '93, VDE-Verlag, Berlin, Offenbach, 1993
4. John, H.J.: PCB-Desing ab 30 MHz, Design & Elektronik, 1993, No. 23
5. Koch, M./ Franz, J./ John, W.: Theoretische und messtechnische Bestimmung des Einflusses durchgehender Versorgungs- und Masselagen von Leiterplatten in Multilayertechnik auf die Abblockung, Tagungsband „Internationale Fachmesse und Kongress für Elektromagnetische Verträglichkeit" '94, VDE-Verlag, Berlin, Offenbach, 1994
6. Leitl, F.: Computer Simulation Applied to PC-Board Design; Workshop on EMC-Modelling; 8th International Zurich Symposium on Electromagnetic Compatibility, March 1989
7. Neibig, U.: Neuartiges Verfahren zur Dämpfung von Hohlraumresonanzen in mehrlagigen Leiterplatten, Tagungsband „Internationale Fachmesse und Kongress für Elektromagnetische Verträglichkeit" 2004, VDE-Verlag, Berlin, Offenbach, 2004
8. Wang, Z. L./ Wada, O./ Toyota, Y./ Koga, R.: Reduction of Q-factor of resonance in power/ground planes of multilayer PCBs by using resistive metal films, T.IEE Japan, Vol. 121-A, No. 10, 2001

Kapitel 6
Masse- und Signalstrukturen

Die *Masse* in elektronischen Schaltungen ist ein Leiter oder Leitersystem mit zwei einander sich widersprechenden Aufgaben:

1. *Potentialbezugsfunktion:* Die Masse soll ein einheitliches Bezugspotential für alle Teile der Schaltung bereitstellen, damit jeweils eine Signalsenke das gleiche Signal empfängt, das die zugehörige Signalquelle auch ausgesandt hat.
2. *Potentialausgleichsfunktion:* Die Masse wird als Leiter für Ströme genutzt, als Rückleiter für Signalströme und zur Ableitung systemfremder Ströme z. B. bei Netzfiltern und bei der Schirmung. In dieser Funktion soll sie eigentlich das Entstehen unterschiedlicher Massepotentiale verhindern.

Das Massesystem ist über die Abblockung eng mit dem Versorgungssystem verkoppelt. Als *Signalmasse* – für Signal- *und* Störströme – wirkt deshalb prinzipiell, wie wir im vorhergehenden Kapitel gesehen haben, die Parallelschaltung des Masse- und Versorgungssystems. Diese Eigenschaft des Versorgungssystems kann durch eingefügte Längsimpedanzen verloren gehen.

Meistens werden die Funktionen „Potentialbezug" und „Potentialausgleich" vermischt. Ja, die Masse verkommt häufig zum „Mülleimer" für irgendwelche abzuleitende Ströme. Dies schafft grundsätzlich die Gefahr von Störungen. Denn die Masse besitzt durch ihre räumliche Ausdehnung eine oft nicht vernachlässigbare Impedanz. Sie weist deshalb an verschiedenen Stellen unterschiedliche Potentiale auf, in der Höhe abhängig von der Höhe der Masseimpedanzen und der durch sie fließenden Ströme, und kann ihre Aufgabe, Bezugspotential bereit zu stellen, nur eingeschränkt wahrnehmen.

Eine entscheidende Rolle bei der Störkopplung zwischen Schaltungen und ihrer Umgebung spielen Masseschleifen. Sie werden häufig aber gar nicht erkannt. Im Folgenden wird deshalb untersucht, wie Masseschleifen entstehen, wie man sie bei der EMV-Planung berücksichtigen kann und wie ihre Wirkung mit „Entkopplungsmethoden" gedämpft werden kann. Die mit der Auswahl einer Schaltungs-, Signal- und Massestruktur verbundenen Zusammenhänge werden vorgestellt und diskutiert. Alle Ströme – auch Störströme – müssen in einem geschlossenen Umlauf fließen. Als Werkzeuge bieten sich deshalb die im Kap. 4

dargestellten Verfahren an. Mit ihnen sollten grundsätzlich alle Maßnahmen auf ihre Wirksamkeit hin kontrolliert werden.

6.1 Reihenmassestruktur

Damit die Störungsmechanismen komplexer Schaltungsstrukturen erkennbar und verstehbar werden, soll zunächst am Beispiel einer typischen Massestruktur von Analogschaltungen analysiert werden, wie sich Stufen untereinander stören können. Einzelne Stufen mit unsymmetrischer Signalstruktur mögen derart hintereinander geschaltet sein, dass sie jeweils nur von ihrer Vorstufe angesteuert werden und auch nur ihre Folgestufe ansteuern (Bild 6.1). Wir wollen sie *Reihenmassestruktur* nennen. Die Anschlussleitung jeder Stufe an das Massesystem möge die Impedanz $\underline{Z}_{Gi}$ (Impedanz der i-ten Stufe) besitzen. Die Masseanschlusspunkte liegen der Reihe nach an unterschiedlichen Stellen der impedanzbehafteten Masse. Die Impedanzen der Masse *zwischen* den Stufen i und $i+1$ sind im Bild 6.1 mit $\underline{Z}_{Ki,(i+1)}$ berücksichtigt.

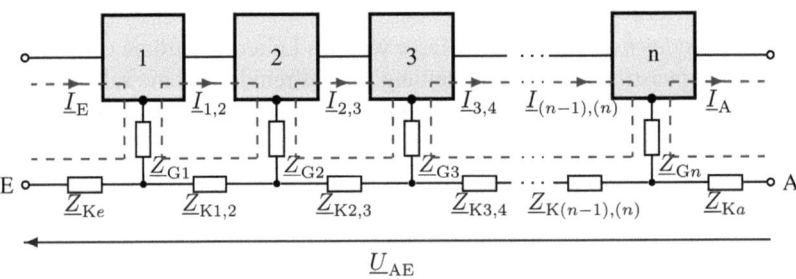

Bild 6.1 Schaltung mehrerer Stufen in einer Reihenmassestruktur

Die Wirkungen der Leitungsimpedanzen $\underline{Z}_{Gi}$ und $\underline{Z}_{Ki,i+1}$ sind sehr unterschiedlich. Die Impedanz $\underline{Z}_{Gi}$ verkoppelt nur Eingangs- und Ausgangsmasche der i-ten Stufe. Ob sich eine solche Verkopplung störend auswirkt, kann ohne Berücksichtigung der übrigen Schaltung ermittelt werden; die Störung betrifft allein diese Stufe[1].

Auf der Masse zwischen den Stufen i und $i+1$ mit der Impedanz $\underline{Z}_{Ki,(i+1)}$ fließt aufgrund der im Bild 6.1 speziell gewählten Stuktur nur der Signalstrom zwischen diesen beiden Stufen. Ebenso durchfließt die Eingangs- und Ausgangsmasseklemmen der Schaltung nur der zugehörige Eingangs- bzw. Ausgangsstrom.

An den Impedanzen $\underline{Z}_{Ki,(i+1)}$ der Teilmassen zwischen den Stufen entstehen durch die einzelnen Signalströme Spannungsabfälle. Sie verändern die Bezugspotentiale auf der

---

[1] Schneidet man die Stufe aus der Schaltung heraus, kann man sie z.B. mit einem Simulationsprogramm untersuchen, ohne Werte der übrigen Schaltung zu kennen. Es wird vorausgesetzt, dass die Impedanzen $\underline{Z}_{Gi}$ die durch sie fließenden Signalströme praktisch nicht beeinflussen, da die übrigen Impedanzen in den zugehörigen Signalschleifen sehr viel größer sind.

6.1 Reihenmassestruktur

Masse und summieren sich zu der Spannung $\underline{U}_{AE}$ zwischen den Eingangs- und Ausgangsmasseklemmen auf. Diese Spannung ist als Gleichtaktstörspannung am Schaltungseingang zu messen, wenn der Ausgangsmassepunkt der Bezugspunkt der Messung ist, und am Ausgang, wenn der Eingangsmassepunkt als Bezugspunkt gewählt wird. Das Vorhandensein dieser Spannung bleibt ohne störende Folgen, solange die Eingangs- und Ausgangsmasseklemmen nicht noch über einen anderen Pfad in Verbindung stehen. Andernfalls fließen die Signalströme nicht nur über die zugehörige Impedanz $\underline{Z}_{Ki,(i+1)}$ zu ihrer Quelle zurück, sondern auch über den anderen Pfad. Wie die Stromanalyse im Bild 6.2 zeigt, sind dann prinzipiell alle von der Masseschleife berührten Maschen über entsprechende Koppelimpedanzen und die Masseschleife untereinander verkoppelt.

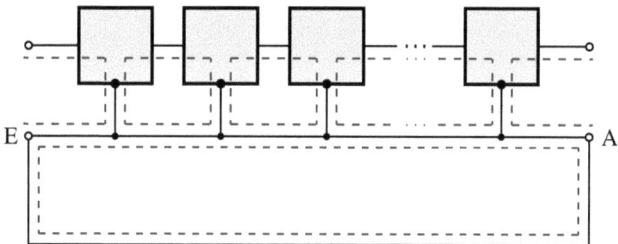

Bild 6.2 Schaltung mit einer Reihenmassestruktur und einer zweiten Masseverbindung

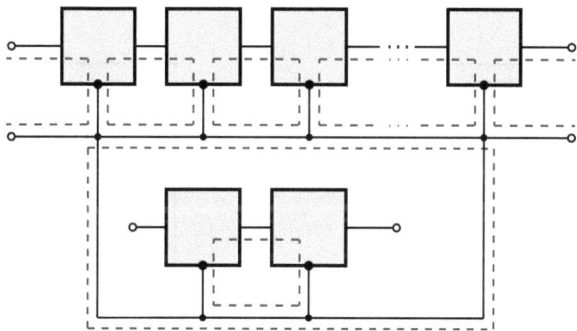

Bild 6.3 Masseschleife aus zwei Schaltungen mit Reihenmassestruktur

Die zweite Masseverbindung kommt häufig durch den Anschluss einer zweiten Schaltung mit einer Reihenmassestruktur zustande (Bild 6.3); dann sind prinzipiell *alle* Maschen *beider* Schaltungen miteinander verkoppelt. In der Praxis kann man diesen Effekt beobachten, wenn beim Zusammenschalten zweier Baugruppen oder Geräte, die beide allein einwandfrei funktionieren, Störungen auftreten. Diese Verkopplung über Masseschleifen ist ein Standardproblem in der EMV. Wie die Stromanalyse in den Bildern 6.2 und 6.3 zeigt, können störende Spannungen aus Signalmaschen über ihre Masseimpedanzen aus- oder in sie eingekoppelt werden. Die Reihenmassestruktur besitzt prinzipiell die Möglichkeit einer Verkopplung mit der Umgebung. In einem weiteren Schritt können wir die einzelnen Stufen durch Baugruppen oder sogar Geräte ersetzen.

Wir können die erhaltenen Erkenntnisse verallgemeinern:

> Jede Schaltungseinheit mit räumlich verteilten Masseanschlüssen, zwischen denen sich eine nicht zu vernachlässigende Impedanz der Signalmasse befindet, definieren wir als Reihenmassestruktur.

6.2 Masseschleifen

Masseschleifen entstehen zwangsläufig dann, wenn zwei räumlich auseinanderliegende Punkte der Masse einer Schaltung mehr als eine Verbindung miteinander haben. Masseschleifen können sich auch über Kapazitäten schließen – über reale oder parasitäre z. B. Kapazitäten von Schaltungen gegenüber der Umgebung oder zwischen den Wicklungen von Transformatoren. Störquellen in einer solchen Schleife führen in ihr zu einem störenden Stromfluss. Masseschleifen können also allgemein als Masche mit einer Störquelle und einer Störsenke betrachtet werden.

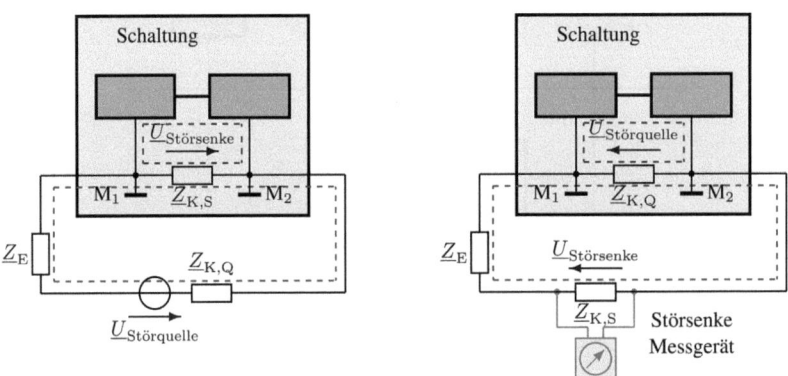

Bild 6.4 Störeinkopplung (*links*) und Störauskopplung (*rechts*) bei einer Schaltung mit Reihenmassestruktur

Liegt, wie im Bild 6.4 (links) angenommen, die Störquelle außerhalb der betrachteten Schaltung, so wird ein Teil ihrer Spannung in die Schaltung eingekoppelt. Bei der EMV-Planung sind für *qualitative* Überlegungen, die wir auch im Folgenden ausschließlich anstellen werden, Spannungs- oder Stromhöhe einer solchen Störung und sogar ihre Ursache

6.3 Entkopplungsmethoden

ohne Belang. *Allein mit der Annahme* einer Masseschleife mit einer solchen Störquelle ist die Verkopplung einer Schaltung mit der Umgebung bei der Untersuchung berücksichtigt. Im Bild 6.4 (rechts) wird die Potentialdifferenz $U_{\text{Störquelle}}$ infolge des Signalstromes zwischen den Massepunkten $M1$ und $M2$ der betrachteten Schaltung als Störung emittiert. Wir können an der Störsenke, hier als Messgerät gezeichnet, die Störspannung $U_{\text{Störsenke}}$ messen. In der Praxis der EMV-Messungen stellt der verwendete Störgenerator die externe Quelle und der Messempfänger die externe Störsenke dar.

Ob eine externe Störquelle derselben Baugruppe angehört, zu der auch die betrachtete Störsenke gehört (sogen. „innere EMV"), oder ob sie außerhalb dieser Baugruppe liegt (sogen. „äußere EMV"), ist für den Mechanismus der Störeinkopplung gleichgültig; *der Koppelmechanismus ist für beide derselbe.* Deshalb ist die gern angestellte Unterscheidung in innere und äußere EMV wenig hilfreich, sie lenkt eher von den eigentlichen Zusammenhängen ab.

Die in den Masseschleifen des Bildes 6.4 mit dem Index K bezeichneten Impedanzen besitzen *ver*koppelnde Wirkung, über sie werden Störungen aus einer Signalmasche ausgekoppelt oder in sie eingekoppelt; sie sollten möglichst klein gehalten werden. Die Impedanzen $\underline{Z}_E$ besitzen *ent*koppelnde Wirkung und können, um die Stördämpfung zu verbessern, erhöht werden. Die unterschiedliche Qualität von *ver*koppelnden und *ent*koppelnden Impedanzen kann beim Aufbau geeigneter Massestrukturen genutzt werden.

In welcher Richtung eine Störung auftreten wird, hängt von der Störfähigkeit oder Störempfindlichkeit der betroffenen Schaltungen ab. Um den Mechanismus zu erkennen, reicht es deshalb in der Regel, *einen* der beiden Fälle zu analysieren; wir sollten uns aber immer des zweiten Falles bewusst sein.

Masseschleifen in Analogschaltungen sollten insbesondere bei hohem geforderten Störabstand sorgfältig analysiert werden. Bei Digitalschaltungen liegen die Verhältnisse etwas anders (Abschn. 7.4). Der *Mechanismus* der Verkopplung mit der Umgebung aber ist bei analogen und digitalen Baugruppen – trotz unterschiedlicher Auswirkung – völlig gleich und wird in gleicher Weise mit einer Modellierung nach Bild 6.4 analysiert und behandelt.

6.3 Entkopplungsmethoden

Die Störddämpfung in Masseschleifen wird durch Anwenden der im Folgenden beschriebenen „Entkopplungsmethoden" erhöht. Entkopplungsmethoden basieren auf der Anwendung einer geeigneten Masse- oder Signalstruktur:

1. Eine Verbesserung der *Masse*struktur wird erreicht durch:

   - Verringerung der *ver*koppelnden Impedanzen $\underline{Z}_K$,
   - Erhöhung der *ent*koppelnden Impedanz $\underline{Z}_E$ der Masseschleife oder
   - einen geeigneten Massebezug.

2. Geeignete *Signal*strukturen findet man durch Anwendung des folgenden allgemeinen Prinzips:

> Für das Nutzsignal sollte eine andere Signalgröße gewählt werden als die, in der die Störung vorliegt, derart dass die Schaltung beide Signale unterscheiden und den Störabstand verbessern kann.

Tabelle 6.1 Zusammenstellung der Entkopplungsmethoden

Entkopplung durch eine geeignete Massestruktur	Entkopplung durch eine geeignete Signalstruktur
Vermaschung	Symmetrische Struktur
Sternstruktur (Sternbaum, Bypass)	Spannungs- oder Stromübertragung
Galvanische Trennung	Filter
Differenzbildung	Modulation
Stromkompensierte Drossel	Korrelation
Schutzleiterdrossel	Digitalisierung
Getrenntes Potentialbezugssystem	Kodierung
	Übertragungsprotokoll

Die Entkopplungsmethoden sind in der Tab. 6.1 aufgelistet und im Folgenden genauer beschrieben. Infolge der begrenzten Wirkung der einzelnen Entkopplungsmethoden kann es nötig sein, mehrere dieser Methoden in geeigneter Weise zu kombinieren.

6.3.1 Vermaschung

Die Verkopplung kann durch Verringerung der verkoppelnden Impedanzen (Bild 6.4) reduziert werden. Eine Querschnittsvergrößerung verkleinert den Widerstandsbelag, eine Verbreiterung eines Leiters verringert dessen Induktivitätsbelag (s. Abschn. 2.8.1 und Bild 2.24, S. 24). Die Wirkung einer Leiterverbreiterung kann auch durch mehrere nebeneinander liegende, parallel geschaltete Leiter – und damit ihrer Widerstände und Induktivitäten – erreicht werden.

Für die hochfrequenten Anteile von Signalströmen muss der Rückweg auf der Masse *nahe beim Hinleiter* sein, um die Induktivität der Signalmasche klein zu halten sowie induktive Kopplung oder Strahlungskopplung mit der Umgebung zu vermeiden (s. auch Abschn. 7.3.3, S. 170). Immer wenn man Strömen von verteilten Quellen einen Pfad zu je einer oder mehreren Senken auf der Masse ermöglichen muss, wie bei Leiterplatten mit digitalen Schaltungen, bietet sich deshalb eine Vermaschung an z. B. mit Einzelleitern (s. Beispiel Abschn. 5.7, S. 85) oder durch Verwendung einer durchgehenden Massefläche (s. Abschn. 5.9, S. 90). Mit dieser Maßnahme werden die *ver*koppelnden Masseimpedanzen reduziert. Signal- und Störströme verursachen niedrigere Spannungsabfälle. Die Koppelimpedanzen werden nicht null; eine mögliche Impedanzkopplung ist nicht beseitigt aber verringert.

Ähnlich geht man bei der Vermischung von Netzen (z. B. des Energieversorgungs- und Telekommunikationsnetzes oder eines Rechnerdatennetzes) vor. In Bürotrakten sind viele Rechner über das Energieversorgungsnetz und ein Datennetz miteinander verbunden. An den Anschlussstellen der einzelnen Rechner besitzen beide Netze im Allg. unterschiedliche Massepotentiale, deren Differenz als Störung in die Rechner eingekoppelt würde (s. Abschn. 7.5). Durch Auflegen des Schirms des Datenkabels auf den Schutzleiter an jeder Abnahmestelle erzwingt man diese Potentialdifferenz dort zu null. Es muss allerdings sichergestellt sein, dass die dadurch über die Schirme der Datenleitungen fließenden Ausgleichströme klein genug sind.

Vermaschte Flächenleiter können für Gebäude durch die Stahlarmierung bei Stahlbeton erreicht werden, sofern die einzelnen Baustahlmatten hinreichend oft, elektrisch und mechanisch sicher und dauerhaft verbunden sind.

6.3.2 Sternstruktur

Wird die Schaltung mit der Reihenmassestruktur aus Bild 6.1 so optimiert, dass die Masseverbindungen aller Stufen sternförmig zu einem gemeinsamen Verbindungspunkt, dem Sternpunkt, zusammenlaufen (Bild 6.5), entsteht eine Sternstruktur. Die Masseverbindungen werden dadurch i. Allg. länger und ihre Impedanzen $\underline{Z}_{Gi}$ entsprechend größer als bei der ursprünglichen Struktur. Ob die sich daraus ergebende höhere Verkopplung der Eingangs- und Ausgangsmaschen der einzelnen Stufen zu Störungen (z. B. Schwingneigung) führt, kann im Einzelfall untersucht werden; es sind jeweils nur zwei Maschen verkoppelt, die Verhältnisse bleiben also übersichtlich. Da alle $\underline{Z}_{K i,(i+1)}$ *zwischen* den Stufen $1,\ldots,n$ null sind, können über sie keine Störungen von einer äußeren Masseschleife (im Bild grau) in die zugehörigen Signalmaschen eingekoppelt werden. Allerdings sind die Eingangs- und Ausgangsmaschen noch mit der Umgebung und damit miteinander verkoppelt. Die davon ausgehende Wirkung muss getrennt untersucht und behandelt werden. Dass die verkoppelnde Masseimpedanz *zwischen* den Stufen einer Sternstruktur null ist, ist ein entscheidender Vorteil dieser Struktur.

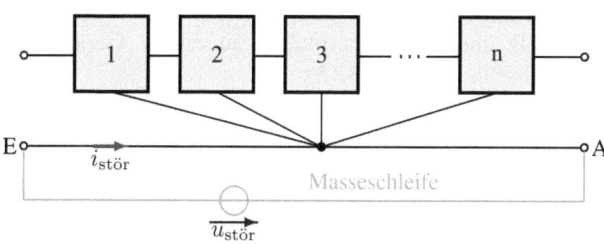

Bild 6.5 Schaltung mehrerer Stufen in Sternstruktur

Sternbaumstruktur Eine Sternstruktur kann sich wegen der Impedanzen $\underline{Z}_{Gi}$ nicht unbegrenzt ausdehnen. Häufig werden deshalb als Ausweg Bäume von Sternstrukturen gebildet. Bild 6.6 zeigt eine Schaltung mit einer solchen Struktur, in die beispielhaft zwei weitere unterschiedliche Verbindungen (Signal- oder Versorgungsverbindungen) eingezeichnet wurden. Die Masse stellt den Rückleiter dar. Die Massen der Stufen 1,...,9 sind hier willkürlich in drei Gruppen zu je drei Stufen mit einem Sternpunkt (2. Sternpunktebene) zusammengefasst und diese wieder zu einem weiteren Sternpunkt (3. Sternpunktebene).

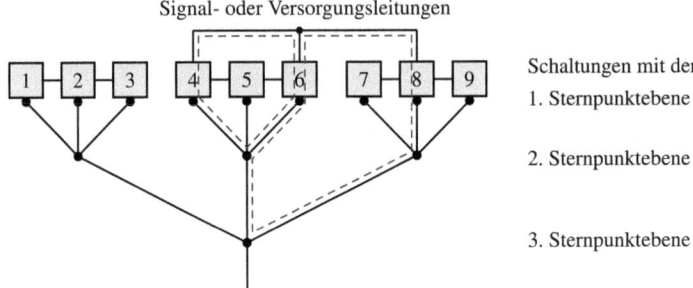

Bild 6.6 Die häufig angewandte Sternbaumstruktur löst das entscheidende Problem der Massepotentialunterschiede nur begrenzt

Die Stufen bilden nur dann eine Sternpunktstruktur wie im Bild 6.5, wenn durch die Impedanzen $\underline{Z}_{Gi}$ keine anderen Ströme als Ein- und Ausgangsstrom der i-ten Stufe fließen (wie hier bei den Stufen 1,...,3). Bei den anderen dargestellten Fällen (Stufen 4,...,9) fließen dort auch Ströme der weiteren eingezeichneten Maschen und können, wenn sie entsprechende Anteile enthalten, Störungen einbringen; die Stromanalyse macht die Möglichkeit sichtbar. Bei Verbindungen zwischen den Gruppen (rechte Verbindung) bilden sogar die Impedanzen der Masse zwischen den Sternpunktebenen 2 und 3 eine weitere Koppelimpedanz. Dies wird sofort deutlich, wenn man auch eine Verbindung (z. B. zwischen den Stufen 3 und 4) annähme. Damit solche Verkopplungen in ihren Auswirkungen unbedeutend bleiben, müssen entweder die durch sie eingebrachten Spannungsabfälle hinreichend klein sein oder durch symmetrische oder pseudosymmetrische Verbindungen oder durch Stromübertragung unwirksam gemacht werden. Dies ist beim Aufbau einer solchen Struktur zu bedenken. Wenn Leitungsimpedanzen zwischen den Sternpunktebenen als entkoppelnde und nicht als verkoppelnde Impedanzen wirken (Beispiel s. Bild 8.38, S. 230), sind sie von Vorteil. Eine Sternbaumstruktur entsteht automatisch, wenn z. B. mehrere Leiterplatten zu einem Gerät zusammengeschaltet werden (Beispiele s. Abschn. 8.14 und 8.15).

Bypass Ebenso eine Sonderform der Sternstruktur ist der „Bypass". Reihenmassestrukturen sind allgemein empfindlich gegenüber von außen eingeprägten Störströmen, die durch die Schaltungsmasse *hindurchfließen*, wie die Stromanalyse im Bild 6.7 (oben) zeigt. Umgekehrt exportiert diese Struktur den Spannungsabfall auf der Masse als Störung in die Umgebung.

6.3 Entkopplungsmethoden

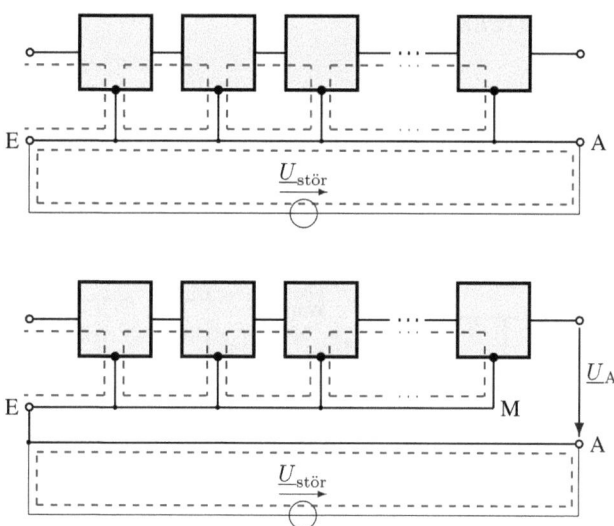

Bild 6.7 Verkopplung einer Schaltung mit Reihenmassestruktur mit der Umgebung (*oben*) und Behebung der Kopplung durch einen „Bypass" (*unten*)

Dies kann man umgehen, indem man den Ausgangsmasseanschluss A über eine eigene Leitung mit dem Eingangsmassepunkt E verbindet (Bild 6.7, unten). Eingangs-, Ausgangs- und Schaltungsmasse sind nun an diesem Sternpunkt verbunden. Ein von außen eingeprägter Störstrom infolge $U_{stör}$ fließt an der Masse der Schaltung vorbei. Die Stromanalyse zeigt, dass die Schaltung nicht mehr vom Spannungsabfall auf der Masse zwischen den Punkten E und A gestört wird und auch selbst keine Störungen mehr exportiert. Dieser Vorteil wird erkauft mit einem Fehler der Ausgangsspannung U_A: sie wäre, bezogen auf den Punkt M, richtig, bezogen auf den Punkt A, ist sie um die Spannungsabfälle auf beiden Massen falsch: einem systemeigenen Anteil und einem Anteil von $U_{stör}$. Ähnlich würde es sich verhalten, wenn statt des Eingangsmassepunktes als Sternpunkt der Ausgangsmassepunkt gewählt würde; dann wäre die Eingangsspannung verfälscht, was bei Analogschaltungen mit einer Signalverstärkung zu einem schlechteren Störabstand als im ersten Fall führt. Die dargestellten Fehler (hier der Ausgangsspannung) erfordern, die Impedanz beider Massen – der Bypassmasse zwischen den Punkten E und A und die der Baugruppenmasse – möglichst klein zu gestalten. Bei Digitalschaltungen kann die Lage der Masseverbindung zum Sternpunkt beliebig sein, geht man von einem gleichen Störabstand aller Stufen aus – auch der externen, von dieser Baugruppe angesteuerten. Der unbestreitbare Vorteil dieser Massestruktur gegenüber einer Reihenmassestruktur ist, dass etwa bei einer zeitweise auftretenden hohen Störung $U_{stör}$ zwar die Ein- und Ausgangssignale, nicht aber die Schaltung selbst (z. B. eine Mikroprozessorsteuerung in ihrem zeitlichen Prozessablauf) gestört wird.

6.3.3 Galvanische Trennung

Eine galvanische Trennung kann durch eine Kopplung der Stufen über Kondensatoren in der Masse- und Signalleitung, Relais, eine Funkübertragung oder Transformatoren, DC-DC-Wandler, Optokoppler (Bild 6.8) und Lichtwellenleiter vorgenommen werden.

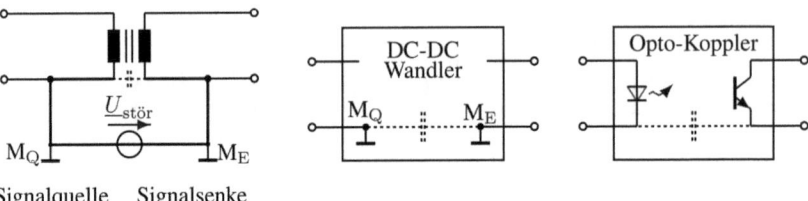

Bild 6.8 Galvanische Trennung mit Transformator (in einer Masseschleife), DC-DC-Wandler und Optokoppler und Koppelkapazität zwischen den getrennten Massen

Bei allen diesen Maßnahmen wird zwischen die getrennten Massen der Schaltungsteile ein sehr hoher Isolationswiderstand mit *entkoppelnder* Wirkung eingefügt. Die Massepotentiale können, abhängig von der Isolationsspannung, in sehr weiten Bereichen unterschiedlich sein. Die erreichbare Gleichtaktunterdrückung dieser Trennung ist bei tiefen Frequenzen sehr hoch. Die entkoppelnde Impedanz nimmt bei einigen Maßnahmen allerdings infolge der Koppelkapazität (s. Bild 6.8) mit wachsender Frequenz ab, so dass die galvanische Trennung dann Hochpasscharakter aufweist. Dieser Effekt wird häufig unterschätzt! Hochfrequente Anteile netzgeführter Störungen können z. B. durch Netztransformatoren kaum gedämpft werden; bei Kleintransformatoren liegen die Grenzfrequenzen für Gleichtaktsignale im Bereich von ca. 500 kHz bis 3 MHz, abhängig vom Aufbau. Mit einer Schirmwicklung[2] kann die Koppelkapazität verringert werden[3], die Schirmwicklung selbst und ihr Masseanschluss sind impedanzarm auszuführen. Die Wirkung ist mit der Stromanalyse zu kontrollieren.

Über galvanisch getrennte Netzteile – auch über DC-DC-Wandler – können sich immer noch Masseschleifen hochfrequent schließen. Vermeintlich entkoppelte von ihnen versorgte Schaltungen sind damit immer noch verkoppelt. Die Koppelkapazitäten dieser Netzteile sollten bestimmt werden. Auch bei Optokopplern ist die Wirkung der Koppelkapazität zu überprüfen. Häufig wird der durch die galvanische Trennung erreichte Vorteil durch ein ungünstiges Layout mit einer hohen Kapazität zwischen den getrennten Massen wieder zunichte gemacht. Der Hochpasscharakter kann z. B. mit Gleichtaktdrosseln (s. Ab-

---

[2] Dies ist eine einseitig mit Masse verbundene Wicklung aus einer Lage gewickelten Drahtes oder Folie als Schirm zwischen den zu entkoppelnden Wicklungen, z. B. zwischen Primär- und Sekundärwicklung. Bei Schaltnetzteilen mit hoher Schaltfrequenz und einer Wicklung von wenigen Windungen kann man durch Verwendung eines geschirmten Kabels für diese Wicklung eine sehr effektive Schirmung erreichen. Die Wicklung darf nicht kurzgeschlossen sein!

[3] Meist ist die mit einer Schirmwicklung erreichbare Verbesserung der EMV durch andere Maßnahmen billiger und häufig besser zu verwirklichen. Es sollte also hinterfragt werden, ob der vergleichsweise sehr hohe Kostenaufwand für eine Schirmwicklung gerechtfertigt ist.

6.3 Entkopplungsmethoden

schn. 6.3.5) kompensiert werden. Nur mit optischer Signalübertragung über längere Lichtwellenleiter oder eine Funkübertragung kann diese kapazitive Kopplung vollständig aufgehoben werden.

6.3.4 Differenzbildung

Ein definiertes Bezugspotential kann, streng genommen, nur für einen einzigen Punkt der Masse definiert werden, wenn Ströme auf der Masse nicht vollständig ausgeschlossen werden können. Man kann jeder Stufe einer Schaltung, jeder Baugruppe, jedem Gerät oder jeder Anlage einen solchen Bezugspotentialpunkt zuweisen. Bei Signalverbindungen zwischen zwei Schaltungen mit solchen Potentialbezugspunkten sollte *immer* mit einer störenden Potentialdifferenz zwischen diesen beiden Punkten gerechnet werden.

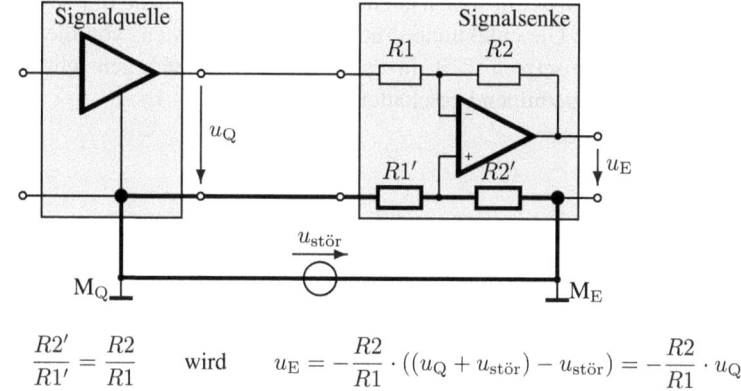

Mit $\quad \dfrac{R2'}{R1'} = \dfrac{R2}{R1} \quad$ wird $\quad u_\mathrm{E} = -\dfrac{R2}{R1} \cdot ((u_\mathrm{Q} + u_\mathrm{stör}) - u_\mathrm{stör}) = -\dfrac{R2}{R1} \cdot u_\mathrm{Q}$

Bild 6.9 Kompensation der Fehlerspannung durch Differenzbildung mit Hilfe einer Operationsverstärkerschaltung

Dieser Fehler wird mit der Schaltung im Bild 6.9 herausgerechnet. Zwischen den Massebezugspunkten von Signalquelle und Signalsenke M_Q bzw. M_E wird die Fehlerspannung $u_\mathrm{stör}$ angenommen. Die Ausgangsspannung der Signalquelle u_Q bezieht sich auf das Massepotential von M_Q. Die Signalsenke sieht sie aber gegen das Potential von M_E, also um die Störspannung falsch. Verwendet man als Empfänger eine differenzbildende Schaltung – wie im Bild 6.9 einen differenzbildenden Verstärker –, die vom verfälschten Nutzsignal die Fehlerspannung wieder abzieht, also nur die Potentialdifferenz zwischen den beiden Eingangsklemmen verstärkt, so ist das Ausgangssignal u_E des Empfängers fehlerfrei – bezogen auf M_E! Mit Einfügen der gegenüber der Masseimpedanz sehr hohen Widerstände R_1' und R_2' in die dick gezeichnete Masseschleife wird außerdem der Störstrom in der Masseschleife praktisch zu null gemacht. Fehler der vier Widerstände bewirken allerdings eine Gleichtakt-Gegentakt-Konversion der pseudosymmetrischen Übertragung (s. auch Abschn. 2.5).

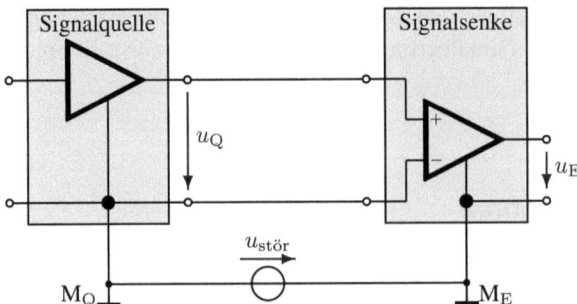

Bild 6.10 Pseudosymmetrische, fehlerarme Übertragung mit einem differenzbildenden Empfänger (z. B. Instrumentation-Amplifier)

Anstelle des beschalteten Operationsverstärkers kann auch ein fertig beschalteter Differenzverstärker (Instrumentation-Amplifier) verwendet werden (Bild 6.10). Er bildet ebenso die Differenz und bricht mit seinen hochohmigen Eingängen die Masseschleife auf; seine ebenfalls begrenzte Gleichtaktunterdrückung ist zu beachten. Von dieser Möglichkeit kann auch bei AD-Umsetzern (z. B. in Prozessoren) Gebrauch gemacht werden, indem deren Eingänge differenzbildend geschaltet werden.

6.3.5 Stromkompensierte Drossel (Gleichtaktdrossel)

Werden Hin- und Rückleiter einer Leiterschleife bifilar auf einen Kern zu einer Spule aufgewickelt, so kann ein Gegentaktsignal, für das die Stromsumme beider Leiter entsprechend Bild 6.11 null ergibt, diesen Kern nicht magnetisieren. Für ein Gleichtaktsignal jedoch ist die Stromsumme nicht null; hierfür stellt dieses Bauelement eine Induktivität dar.

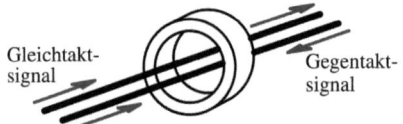

Bild 6.11 Stromkompensierte Drossel oder Gleichtaktdrossel

Tritt der Signalstrom als Gegentaktsignal und der Störstrom in einer Masseschleife als Gleichtaktsignal auf (Bild 6.12), so ist die Gleichtaktdrossel für das Nutzsignal nicht wirksam. Der unerwünschte Massestrom ($\underline{I}_{CM}$) kann mit ihr entsprechend der Erhöhung der Impedanz der Masseschleife gedämpft werden. Die Impedanz von Masseschleifen ist häufig sehr klein; dann kann schon mit relativ kleinen zusätzlichen Impedanzen ein guter Effekt erreicht werden. Bei sehr vielen Windungen kann es durch die Wicklungskapazität zur Beeinflussung des Gegentaktsignales kommen.

6.3 Entkopplungsmethoden

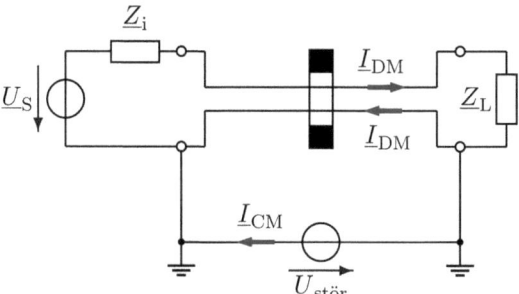

Bild 6.12 Wirkung einer Gleichtaktdrossel

Dass die Gegentaktströme sich kompensieren – daher der Name „stromkompensierte Drossel" –, den Kern also nicht magnetisieren können, ist besonders bei hohen Gegentakt-Betriebsströmen und niedrigeren Gleichtaktstörströmen z. B. in der Leistungselektronik von großer Bedeutung: Zwar muss der Drahtquerschnitt für den hohen Betriebstrom dimensioniert werden, nicht aber der Kern. Da der Kern nur durch das kleinere Gleichtaktsignal magnetisiert wird, sind mit einer Gleichtaktdrossel gegenüber einer einfachen Drossel, deren Kern vom Betriebsstrom magnetisiert wird, bei gleicher Kerngröße sehr viel höhere Induktivitäten zu erreichen.

Bild 6.13 Stark vereinfachtes Ersatzschaltbild der Gleichtaktdrossel für Gleichtaktsignale unterhalb (*links*) und oberhalb (*rechts*) der Grenzfrequenz des Kerns

Durch die transformatorische Wirkung der Drossel wird – im Gegensatz zu einer einfachen in die Masse geschalteten Drossel – der Einfluss der Spannung zwischen den Massepunkten M_1 und M_2 im Bild 6.13 (links) auf den Signalkreis durch Differenzbildung unterdrückt. Voraussetzung für diese Wirkung ist, dass der Frequenzbereich der zu unterdrückenden Störsignale unterhalb der Grenzfrequenz des Kerns der Drossel (s. Abschn. 2.8.4) liegt. Das Ersatzschaltbild (Bild 6.13, links) macht deutlich, dass für diesen Fall die Eingangssignalspannung, idealisierte Verhältnisse[4] angenommen, gleich der Ausgangsspannung ist, obwohl beide Massepunkte unterschiedliche Potentiale besitzen. Das heißt: das Nutzsignal erscheint vor und hinter der Drossel, auf das jeweils *dort* herrschende Massepotential bezogen, richtig. Die nicht idealen Verhälnisse machen die Gleichtaktunterdrückung endlich. Im Bereich der Grenzfrequenz des Kerns nehmen Selbst- und Gegeninduktivität – und damit die transformatorische Wirkung des Kerns – ab und die Verluste

---
[4] $\mu_r' \to \infty$, $\mu_r'' = 0$ und beliebig gute Kopplung der Spulen.

zunächst zu (s. Bild 2.39, S. 36). Der Gleichtaktstrom in einer Masseschleife wird auch durch diese Verlustwiderstände (Bild 6.13 rechts) gedämpft. Die Spannungsabfälle an beiden Widerständen kompensieren sich nur dann vollständig, wenn der Störstrom ein reiner Gleichtaktstrom ist, sich also zu gleichen Teilen auf beide Leiter aufteilt.

Werden beide Wicklungen weit getrennt auf den gemeinsamen Kern gewickelt, ist die Streuinduktivität höher; entsprechend besitzen dann neben dem Verhalten als Gleichtaktdrossel beide Wicklungen auch das Verhalten von Einzeldrosseln; man kann dann mit demselben Bauelement sowohl einen Gleichtaktanteil dämpfen als auch einen hochfrequenten Gegentaktanteil herausfiltern. Soll dieser Effekt vermieden werden, sind beide Wicklungen bifilar, also mit dem geringst möglichen Abstand zueinander, zu wickeln (s. [1]).

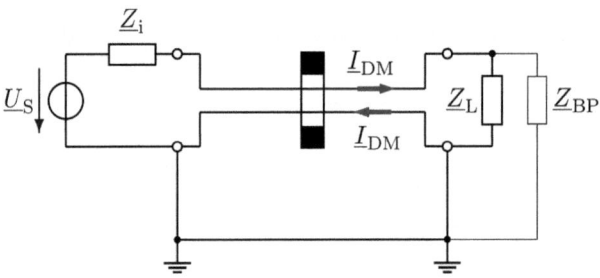

Bild 6.14 Symmetrierende Wirkung einer Gleichtaktdrossel

Bild 6.14 zeigt eine weitere Wirkung der Gleichtaktdrossel: Sie symmetriert Ströme. Ohne sie würde sich der Signalstrom auf beide Massepfade aufteilen. Die Gleichtaktdrossel fördert über ihre transformatorische Wirkung, dass der Signalstrom als Gegentaktsignal, also auch zurück durch die Drossel, fließen muss (eine Anwendung dazu s. auch Abschn. 8.17.2).

Die Gleichtaktdrossel kann auch für Mehrleitersysteme verwendet werden, wenn alle Leiter des Systems in der oben beschriebenen Weise auf denselben Kern gewickelt werden. Eine solche Drossel mit einer einzigen Windung erreicht man z. B., indem man um ein Mehrleiterkabel einen Ferritkern (z. B. einen Klappkern) legt.

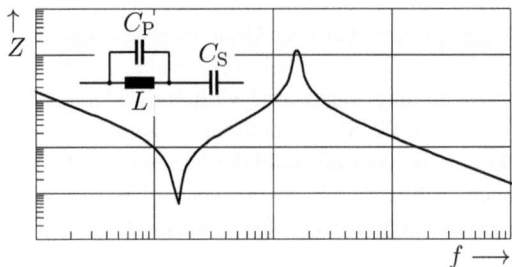

Bild 6.15 Begrenzung der Wirkung einer Gleichtaktdrossel durch parasitäre Kapazitäten

Ist die Induktivität der Gleichtaktdrossel mit einer – häufig nicht erkannten – Kapazität (C_S, s. Bild 6.15) in Reihe geschaltet, bildet sie mit dieser einen Serienschwingkreis. Bei der Resonanzfrequenz hat sie dann keine oder eine gegenteilige Wirkung. Ein typischer Fall dafür sind Gleichtaktdrosseln in Netzfiltern; der Netztrafo stellt für das Gleichtaktsignal eine solche Kapazität dar (s. Abschn. 2.8.6).

Parallel zur Induktivität liegende Anschluss- und Wicklungskapazitäten (C_P, s. Bild 6.15) begrenzen die Wirksamkeit bei hohen Frequenzen. Durch geschickte Dimensionierung (L) und geschickten Aufbau (C_P) kann man mit der Gleichtaktdrossel die Störwirkung in einem erheblichen Frequenzbereich unterdrücken.

Die Wirkung einer Gleichtaktdrossel ist sehr komplex. Deshalb führt ein „Herumprobieren" kaum zum gewünschten Ergebnis. Die beschriebenen Wirkungen sollten sehr genau bedacht werden, damit sich der angestrebte Erfolg einstellt. Wesentliche Größen sind die Grenzfrequenz des Kerns und die äußere Impedanz $\underline{Z}_E$ der Masseschleife (Bild 6.4).

Gleichtaktdrosseln sind häufig das letzte Mittel, um Schaltungen mit einer schlechten Massestruktur zu retten. Bei der Beurteilung unbekannter Schaltungen *kann* ihre häufige Verwendung ein Hinweis auf eine schlechte Massestruktur sein.

6.3.6 Schutzleiterdrossel

Aus Gründen des Personenschutzes müssen die Massen von Schaltungsteilen oder Geräten häufig geerdet werden. Dies führt beim Zusammenschalten mehrerer solcher Schaltungsteile zu Masseschleifen. Man kann durch Einfügen einer sogen. Schutzleiterdrossel in die Erdungsleitung (Schutzleiter) die Wirkung der Masseschleife für hohe Frequenzen dämpfen. Die Drossel muss die Bedingungen für den Personenschutz einhalten, also im Bereich der Netzfrequenz hinreichend niederohmig sein und im Fehlerfall das Abschalten der Sicherung gewährleisten (Leiterquerschnitt). Ähnlich wie die Gleichtaktdrossel kann sie mit einer – vielleicht nicht erkannten – in Reihe liegenden Kapazität eine Serienresonanz bilden, bei der sie nicht mehr wirksam ist. Eine parasitäre Parallelkapazität zur Drossel führt zu einer Parallelresonanz, so dass sich prinzipiell ein Frequenzgang der Impedanz wie im Bild 6.15 ergibt.

Die Anwendung einer Schutzleiterdrossel zeigt Bild 6.16. Am Gehäuse der Leistungs-Endtransistoren eines Verstärkers kann das Ausgangssignal liegen, da meist eine Elektrode, z. B. Kollektor oder Source, mit dem Transistorgehäuse verbunden ist. Die parasitäre Kapazität des Transistorgehäuses zum geerdeten Kühlkörper schafft hochfrequenten Signalströmen einen Pfad, der sich über die Masse schließen und je nach Lage der Erdanschlüsse von Vorverstärker und Kühlkörper zu Störungen führen kann. Wie die Stromanalyse zeigt, wird der Spannungsabfall über der Masseimpedanz Z_K in den Signalkreis eingekoppelt, was bei entsprechender Phasenlage über die Verstärkung zum Schwingen führt. Die Schutzleiterdrossel hat die Aufgabe, die Impedanz der Masseschleife im kritischen Frequenzbereich zu erhöhen[5]. Dabei ist die Serienresonanz zu beachten.

---

[5] Bild 8.7, S. 203 zeigt für das beschriebene Problem eine andere, billigere Lösung.

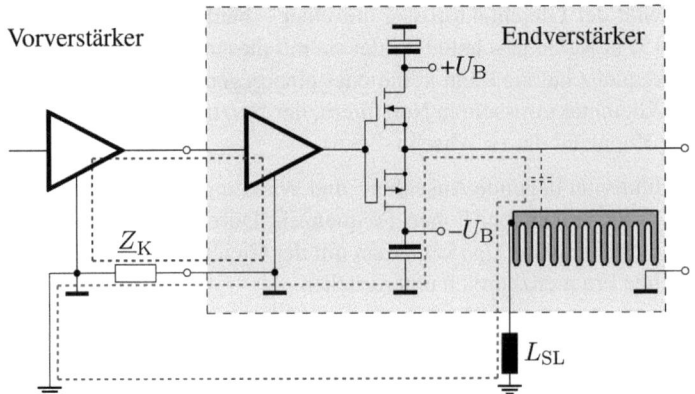

Bild 6.16 Schutzleiterdrossel L_{SL} zur Unterdrückung der Schwingneigung bei einem Verstärker (vom eingezeichneten störenden Strom wurde aus Gründen der Übersicht nur der Umlauf der negativen Halbwelle eingezeichnet.)

Im Abschn. 8.17.2 ist in den Bildern 8.51 bis 8.54 eine weitere typische Anwendung dargestellt.

6.3.7 Getrenntes Potentialbezugssystem

Die widersprüchlichen Aufgaben der Masse, als Potentialausgleichssystem Leiter für Ströme zu sein und Bezugspotential bereitzustellen, werden – häufig aus Unachtsamkeit – vermischt. Die daraus entstehenden Probleme lassen sich auch lösen, wenn man diese beiden Aufgaben sorgsam trennt: Man muss versuchen, den höheren Strömen eigene Leitungen oder ein eigenes Leitungssystem zur Verfügung zu stellen, auf denen die Spannungabfälle durch sie keine schädlichen Wirkungen entfalten. Damit reduziert man die Spannungsabfälle auf der übrigen Masse und bewahrt deren Potentialbezugsfunktion. Die Grenzen dieser Methode liegen in der Erfüllung der Bedingung der Stromlosigkeit der als Potentialbezugssystem genutzten Masse. Dabei müssen auch z. B. kapazitive und induktive Einkopplungen in dieses System berücksichtigt werden. Beide Systeme werden an einem auch in diesem Aspekt günstig zu wählenden Punkt der Schaltung miteinander verbunden.

Ein Beispiel zeigt Bild 6.17. Beide Operationsverstärker beziehen ihre Ein- und Ausgangsspannungen auf das Potential eines Leiters (dick gezeichnet), dessen Ströme im Vergleich z. B. zu den Lastströmen als vernachlässigbar klein angenommen werden und der hier willkürlich mit der Masse M_1 verbunden ist. M_1 stellt den zentralen Massepunkt (ZMP) der Schaltung dar. Die Spannung an R_{L1} ist fehlerfrei, die an R_{L2} ist um die mögliche Spannung zwischen M_1 und M_2 fehlerhaft.

Analogschaltungen können meist einlagig verdrahtet werden. Die Verwendung einer Masselage (Ground-Plane) kann bei empfindlichen Schaltungen als Potentialbezugssystem

6.3 Entkopplungsmethoden 143

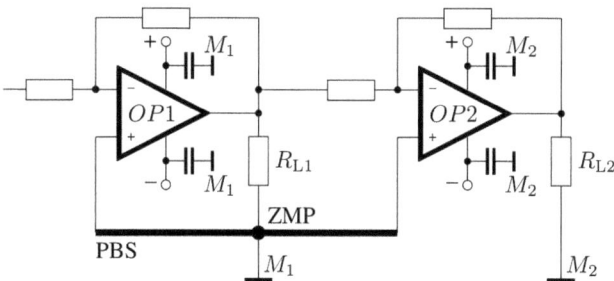

Bild 6.17 Der (weitgehend) stromlose Leiter (PBS) stellt den Potentialbezug für beide Operationsverstärker her

verwendet werden, indem größere Ströme auf eigenen Leitungen geführt werden. Die Masselage hat eine sehr geringe Längsimpedanz, so dass die Potentialunterschiede auch noch bei den zwangsläufig auftretenden restlichen Strömen hinreichend klein gehalten werden können. Sie dämpft zugleich auch kapazitive und hochfrequente induktive Kopplung der Stufen untereinander und zu anderen Baugruppen; dies bleibt ohne negative Folgen, soweit die influenzierten und induzierten Ströme ebenfalls hinreichend klein sind. Die Ground-Plane muss, wenn sie die Funktion eines Potential*bezugs*systems erfüllen soll, sorgfältig von größeren Strömen frei gehalten werden.

Meist wird die Ground-Plane gerade wegen ihrer niedrigen Längsimpedanz aber als Potential*ausgleichs*system genutzt. Man speist also häufig ganz bewusst die hohen Ströme in dieses System ein und und hofft, durch die niedrige Impedanz z. B. einer Vermaschung die Spannungsabfälle in erträglichen Grenzen zu halten. Effektiver ist es aber, die Funktionen zu trennen und die niedrige Impedanz der Ground-Plane für ein wirkungsvolles Potentialbezugssystem zu verwenden.

6.3.8 Symmetrische Struktur

Die symmetrische Schaltungs- und Signalstruktur wurde im Abschn. 2.5 prinzipiell erläutert. Liegt bei symmetrischen Systemen das Nutzsignal als reines Gegentaktsignal vor, die eingekoppelte Störspannung aber als Gleichtaktsignal, so wird das Gleichtaktsignal durch Differenzbildung unterdrückt.

Bild 6.18 zeigt einen Sender und einen Empfänger mit symmetrischer Übertragung. Die Impedanzen $\underline{Z}_{KS}$ und $\underline{Z}_{KE}$ stellen Masseimpedanzen zwischen Massebezugspunkten verschiedener Schaltungsteile im Sender bzw. Empfänger dar. Ist die Impedanz $\underline{Z}_E$ niedrig, z. B. die einer Masseleitung, so ist die dick gezeichnete Masseschleife geschlossen. Der durch $\underline{U}_{stör}$ in ihr fließende Strom erzeugt an den Koppelimpedanzen $\underline{Z}_{KS}$ und $\underline{Z}_{KE}$ Spannungen, die in die Schaltung der beiden Baugruppen eingekoppelt werden können.

Dass sich symmetrische Systeme gegenüber Störungen wesentlich vorteilhafter verhalten als unsymmetrische, liegt an folgendem Zusammenhang:

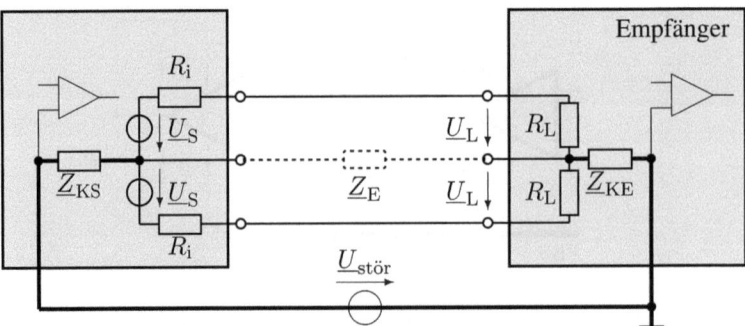

Bild 6.18 Symmetrisches System

- Der Signalstrom auf der Masse ist null. Daher ist die Masse durch den Signalstrom in ihrer Potentialbezugsfunktion selbst bei relativ großer Masseimpedanz $\underline{Z}_E$ nicht beeinträchtigt.
- In eine Masseschleife kann also an einer Stelle mit symmetrischer Signalstruktur eine große Masseimpedanz $\underline{Z}_E$ eingefügt werden (s. Bild 6.18); dadurch wird der in der Masseschleife fließende Störstrom und damit auch die Störspannungsabfälle auf den Massen von Sender und Empfänger reduziert, deren Koppelimpedanzen durch $\underline{Z}_{KS}$ und $\underline{Z}_{KE}$ repräsentiert werden.
- Ein Teil der am Empfängereingang auftretenden Gleichtaktstörspannung wird im Empfänger infolge mangelhafter *Gleichtaktunterdrückung* des Empfängers in ein Gegentaktsignal konvertiert. Die Gleichtaktunterdrückung muss also hinreichend hoch sein.

Im Prinzip kann die Impedanz $\underline{Z}_E$ der Masseleitung im Bild 6.18 beliebig hochohmig werden, also auch unendlich; d. h. wenn eine Potentialausgleichsverbindung zwischen beiden Schaltungen garantiert ist, kann die Masseleitung zwischen Sender und Empfänger entfallen. Damit entfällt auch die schädliche Wirkung der Koppelimpedanzen $\underline{Z}_{KS}$ und $\underline{Z}_{KE}$. Die Bezugspotentiale von Sender und Empfänger dürfen allerdings nicht so verschieden sein, dass die maximal zulässige Gleichtaktspannung überschritten wird.

Die Innenwiderstände R_i des Senders, die Eingangswiderstände R_L des Empfängers sowie die hier nicht gezeichneten Leitungsbeläge bilden eine Brückenschaltung, bei der das Gleichtaktstörsignal an der einen Brückendiagonale und der Empfängereingang an der anderen liegen. Ist die Brücke nicht vollständig abgeglichen (symmetriert), wird ein Teil des Gleichtaktsignales in ein Gegentaktsignal umgewandelt und kann dann durch die Gleichtaktunterdrückung der Empfängerschaltung nicht mehr entfernt werden.

Mit dem Leitungswellenwiderstand abgeschlossene symmetrische Schaltungen müssen sorgfältig symmetriert werden, wie im Abschn. 2.5 hergeleitet wurde. Stellt man für die Innen- und Lastwiderstände z. B. eine Fehlergrenze von 1 % sicher, so ist die Gleichtaktunterdrückung nur >40 dB. Bei Spannungs- und Stromübertragung ist die Empfindlichkeit der Brücke sehr klein, so dass dieser Effekt vernachlässigt werden kann.

Symmetrische Leitungssysteme mit der sehr hohen möglichen Gleichtaktunterdrückung bieten sich immer an, wenn Signalquelle und -senke sich – im Rahmen der zulässigen

Gleichtaktspannung – auf verschiedene Bezugspotentiale stützen, seien sie nun durch Fremdeinflüsse oder eigene Signalströme entstanden. Beispiele sind Messsysteme mit geerdeten Messaufnehmern und relativ niedrigen Signalpegeln oder mit großen Übertragungsdistanzen. In der Messtechnik werden symmetrische Systeme angewandt, um als Gleichtaktsignale auftretende Fehler wie Temperaturdrift, Offset und Störspannungen gerade auch bei der Verarbeitung sehr kleiner Messsignale durch Differenzbildung zu eliminieren. Der Nachteil des höheren Schaltungsaufwandes wird durch die Vorteile mehr als kompensiert.

Eine Störung durch Impedanzkopplung entsteht durch den über Masse fließenden Strom der *störenden* Masche. Ist das störende System symmetrisch aufgebaut (z. B. Energieversorgungsnetz), ist – im Idealfall – der Strom auf der Masse null, unabhängig von der Phasenzahl. Mit einer Symmetrierung eines störenden Systems kann man also *eine* Ursache der Impedanzkopplung, den störenden Strom, unwirksam machen. Das ist auch ein Grund, weshalb das Energieversorgungsnetz *auch aus EMV-Sicht* möglichst nah an den Verbraucher *symmetrisch* herangeführt werden muss (s. Beispiel im Abschn. 8.11).

6.3.9 Stromübertragung

Es wurde gezeigt, dass die Information eines Signales in den Strom gelegt werden sollte, wenn die Störung als eingeprägte Spannung vorliegt, und umgekehrt (Kap. 3, s. auch [2]). Das Nutzsignal muss eine andere Signalgröße erhalten als die der Störung. Bei induktiver Kopplung oder bei Impedanzkopplung, bei der sich die Störung als eingeprägter Potentialunterschied zwischen den Massepunkten von Signalsender und -empfänger äußert, erweist sich deshalb die Stromübertragung als sehr viel fehlertoleranter als die Spannungsübertragung[6], ist dabei schaltungstechnisch nicht oder kaum aufwändiger. Im Bild 6.19 ist diese Potentialdifferenz als Spannungsquelle modelliert. Deren Innenwiderstand kann in der Regel gegenüber den Impedanzen des Signalkreises vernachlässigt werden („Worst Case").

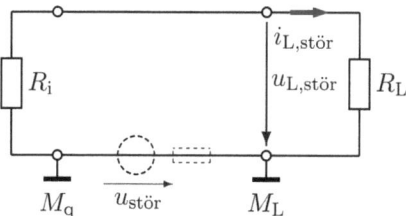

Bild 6.19 Signalkreis mit als Spannungsquelle modellierter Störung

---

[6] Dieser Fall liegt sehr häufig vor. Überraschenderweise findet man die Stromübertragung nur höchst selten und dann ausschließlich als genormte Schnittstelle. Diese gilt als sehr störungssicher, der Grund ist aber kaum bekannt. Den meisten Entwicklern ist die Stromquelle im Gegensatz zur Spannungsquelle wenig vertraut und deshalb sind ihre Vorteile nicht bekannt oder können nicht erklärt werden.

Die Dämpfung der Störung hängt nach Gl. 2.2 (S. 10) von der äquivalenten Signalspannung $U_{S,ä}$ der Stromquelle, bei festgelegtem Strom von ihrem Innenwiderstand R_i ab. Diese müssen also möglichst groß gemacht werden. Im Abschn. 2.3 wurden Schaltungstechnik und Berechnungsgrundlagen für Stromquellen und -senken erläutert, die äquivalente Signalspannung und der Innenwiderstand sowie ihre Frequenzabhängigkeit wurden angegeben. Der Einsatzbereich der Stromübertragung ist durch die Abnahme von $U_{S,ä}$ und R_i zu hohen Frequenzen begrenzt. Ein weiterer Nachteil ist die erforderliche Reihenschaltung bei mehreren Lasten. Diese ist bei elektronischen Schaltungen meist nicht möglich. Die Stromübertragung ist also nur bei einer einzigen anzusteuernden Last sinnvoll.

Schaltungen mit Stromübertragung sind allerdings viel empfindlicher gegenüber kapazitiver Kopplung, als man dies gewohnt ist. Sie müssen deshalb sorgfältig geschirmt werden.

Beispiele für Schaltungen mit Stromübertragung finden sich im Abschn. 8.3, S. 203.

6.3.10 Filter

Eine weitere Eigenschaft, in der sich Stör- und Nutzsignal unterscheiden können, ist die *Frequenz*. Wenn Stör- und Nutzsignal sich *nicht* überschneidende Frequenzspektren besitzen, können sie durch Filterung getrennt werden. Liegen sie beide in demselben Frequenzbereich, sind sie nicht zu trennen, es sei denn, sie unterscheiden sich noch in einem anderen Charakteristikum. Treten Störungen als Gleichtaktsignal auf und ist das Nutzsignal – bei symmetrischer oder pseudosymmetrischer Übertragung (s. Abschn. 2.5) – als Gegentaktsignal zu interpretieren, kann man mit einem Filter dieses Gleichtaktstörsignal dämpfen, selbst wenn es in einem Frequenzbereich liegt, der vom Nutzsignal belegt ist. Filter besitzen deshalb häufig Teile zur Dämpfung von Gegentakt- *und* Gleichtaktstörsignalen.

Beispielsweise sollen *Tiefpassfilter* an allen Ein- und Ausgängen (einschließlich Netzeingang) von elektronischen Analogschaltungen verhindern, dass ein in die angeschlossenen Leitungen eingekoppeltes HF-Störsignal in die Schaltung gelangt, an den gekrümmten Kennlinien der Halbleiter demoduliert wird und so das niederfrequente Nutzsignal stört. Auch ein *un*moduliertes HF-Signal kann die Schaltung in ihrer Funktion durch Verschieben des Arbeitspunktes beeinträchtigen.

Es kann sinnvoll sein, das Nutzsignal in einen anderen, ungestörten Frequenzbereich zu legen, um es durch Filterung vom Störsignal trennen zu können: Bei *Trägerfrequenzmessbrücken* wird das mit einer Messbrücke gemessene Signal auf eine Trägerfrequenz aufmoduliert, um es vor einer Störung durch die Netzfrequenz und ihre Oberschwingungen zu schützen. Die Dämpfung der Störung erfolgt durch Verlagerung des Nutzfrequenzbandes in einen weniger belasteten Frequenzbereich und Bandbegrenzung im Trägerfrequenzverstärker. Die *Übertragung über Optokoppler und Glasfaserkabel* stellt ebenfalls eine solche Verlagerung des Übertragungsfrequenzbereiches dar.

Nutz- und Störsignal können sich auch in der *Spannungshöhe* unterscheiden. Damit Störungen mit zu hoher Amplitude, erzeugt z. B. durch Blitzeinwirkung, Abschalten von Induktivitäten oder elektrostatischen Entladungen (ESD[7]), elektronische Schaltungen nicht zerstören, werden sie mit Überspannungsschutzschaltungen – Schaltungen mit Funkenstrecken, Varistoren und/oder Suppressordioden – herausgefiltert.

Damit Filtermaßnahmen ihre Wirkung erzielen, müssen die herausgefilterten Ströme in geeigneter Weise zur Quelle ihres Enstehens zurückgeführt werden (Beispiel s. Abschn. 8.4, S. 206).

6.3.11 Weitere Entkopplungsmethoden durch Änderung der Signalgröße

- *Frequenzmodulation:* Bei amplitudenmodulierten Rundfunkwellen verändern Störsignale die Trägeramplitude und befinden sich somit nach der Demodulation im Nutzsignal. Durch die Einführung der Frequenzmodulation (UKW) wurde die Störanfälligkeit des Rundfunkempfanges wesentlich verbessert; die durch Störungen verursachte Amplitudenmodulation wird im Empfänger mittels Amplitudenbegrenzung herausgeschnitten. Diese Maßnahme beeinflusst nicht das Nutzsignal.
- *Korrelation:* Eine der häufigsten Anwendungen der Korrelation dient der Unterdrückung von *stochastischen* Signalen, die einem *periodischen* Nutzsignal überlagert sind (Verbesserung des Signal/Rauschabstandes bei Empfängereingangsrauschen). Beispiele: Bei der Funkübertragung von Daten über extreme Entfernungen oder in messtechnischen Schaltungen (z. B. zur Rauschunterdrückung mit der „Averaging"-Funktion bei Network- und Spektrumanalyzern).
- *Digitalisierung:* Digitale Schaltungen besitzen einen hohen Störabstand und sind deshalb für kleine Störspannungen völlig unempfindlich.
- *Kodierung:* Ist zu erwarten, dass Störungen den Störabstand überschreiten können, kann durch fehlererkennende oder -korrigierende Kodes ein Übertragungsfehler erkannt und ausgeschaltet werden.
- *Übertragungsprotokoll:* Das Protokoll von Übertragungseinrichtungen kann vorsehen, fehlerhaft übertragene Datenblöcke noch einmal zu übertragen, solange bis sie fehlerfrei empfangen wurden. Die Datenübertragung wird auf Kosten der Übertragungszeit sicher.

Gerade das Beispiel der Frequenzmodulation zeigt, dass Entkopplungsmethoden häufig, nur mit einer singulären Anwendung verknüpft, bekannt sind. Erst wenn man erkennt, dass es sich bei ihnen um allgemeine Prinzipien handelt, wird man andere Möglichkeiten

---

[7] ESD: electrostatic discharge

der Anwendung dieser Prinzipien finden können. So könnte z. B. die Störsicherheit der im Abschn. 6.3.10 genannten *Trägerfrequenzmessbrücken* durch eine Frequenzmodulation anstelle einer Amplitudenmodulation noch einmal deutlich gesteigert werden.

Literatur

1. Brander, Th., Gerfer, A., Rall, B. Zenkner, H.: Trilogie der induktiven Bauelemente, Würth Elektronik eiSos GmbH & Co. KG (Herausgeber), Swiridoff Verlag, Künzelsau, 4. Auflage
2. Franz, J.: Störungsunterdrückung durch Stromübertragung, Tagungsband „Internationale Fachmesse und Kongress für Elektromagnetische Verträglichkeit" '98, VDE-Verlag, Berlin, Offenbach, 1998

Kapitel 7
Planung der EMV von Baugruppen, Geräten und Anlagen

Nun sollen die in den vorherigen Kapiteln erarbeiteten Grundlagen auf die praktischen Probleme bei der Massesystemplanung von Baugruppen, Geräten und Anlagen angewandt werden [1]. Dazu werden die leitungsgebunden und strahlungsgebundenen Wechselwirkungen einer betrachteten Schaltungen mit der Umgebung analysiert, die in hohem Maße von der Struktur des Massesystems abhängen. Häufig treten diese Wechselwirkungen erst auf, wenn die betrachtete Schaltung mit anderen Schaltungen verbunden wird und dadurch eine Masseschleife entsteht. Diese wird häufig nicht erkannt, weil bei der üblichen Schaltungsplanung die Umgebung der zu entwickelnden Schaltung nicht in die Analyse einbezogen wird. Es soll aufgezeigt werden, wie dies geschehen kann und *warum* und *unter welchen Bedingungen* bestimmte Massestrukturen günstig oder ungünstig sind, und nicht nur, *dass* sie es sind. Denn, ob eine Struktur günstig oder ungünstig ist, kann von einer Reihe von Randbedingungen abhängen. Weil diese Überlegungen zur EMV Auswirkungen auf Konstruktion, Schaltungsauslegung und Layoutgestaltung haben, ist eine gründliche EMV-Planung *vor* der detaillierten Auslegung der Schaltung und ihrem Aufbau unerlässlich.

Anzustreben sind immer zunächst optimale Strukturen, die, wie wir sehen werden, mit geringstem technischen Aufwand, also kostengünstig, die beste EMV besitzen. Häufig werden sich solche Strukturen aber nicht realisieren lassen, weil bestimmte Randbedingungen dies nicht zulassen. Welche Möglichkeiten stehen einem dann zur Verfügung?

Eine wichtige Aufgabe ist die Planung von Potentialausgleich und Potentialbezug. Eine häufig zu findende Regel lautet: „Alle parasitären Ströme sind nach Masse abzuleiten". Unter dem Aspekt der *Sicherheitstechnik* ist diese Regel richtig, aus Sicht der *EMV* verhängnisvoll! Denn welche störenden Wirkungen diese Ströme auf dieser Masse auf ihrem weiteren Weg zurück zu ihrer Quelle verursachen, wird gemäß dieser Regel nicht weiter verfolgt: Die Folgen bleiben unerkannt, die Störungen unerklärlich. Werden dagegen die Wirkungen der Störströme mit den Analyseverfahren auf ihrem *vollständigen, geschlossenen Umlauf* untersucht, so werden die Kopplungen sichtbar und auch verstehbar. Das wird auf die Fragen führen: Wie können sich störende Ströme, deren Quellen *außerhalb* der zu entwickelnden Schaltung liegen, zu ihrer Quelle schließen, ohne durch diese Schaltung zu fließen? Und: Wie können sich Ströme, deren Quellen *innerhalb* der zu entwickelnden Schaltung liegen, schließen ohne den Weg über die Außenwelt? Die Ströme würden eigentlich gern den kürzesten Weg nehmen. Unser Fehler ist es, ihnen den zu versperren, und eine unserer wichtigsten Aufgaben in der EMV-Planung, einen geeigneten Pfad für sie zu finden. Dazu müssen wir die Zusammenhänge, aber auch unsere Freiheiten erst einmal erkennen!

Die Planung des *Potentialbezugs* führt zu Massestrukturen, die auf der Sternstruktur aufbauen. Der Sternpunkt dient als Massebezugspunkt. Umfangreichere Schaltungen kann man aber nicht mit einem einzigen Sternpunkt verwirklichen. Dieses Dilemma gilt es zu lösen!

7.1 EMV-Zonen

Ein EMV-Zonenkonzept wurde in den 1970er Jahren von C. E. Baum, F. M. Tesche und E. F. Vance [6] entwickelt, um elektronische Einrichtungen vor elektromagnetischen Einwirkungen durch atmosphärische Entladungen, Nuklearexplosionen und energietechnische Schaltvorgänge zu schützen. Dieses Konzept wurde von P. Haase und J. Wiesinger zur Entwicklung eines Blitzschutzzonenkonzeptes [2] übernommen. Derselbe Strukturierungsansatz kann auch zur EMV-Planung von Baugruppen, Geräten, Anlagen verwendet werden; dies soll in diesem Kapitel erläutert werden.

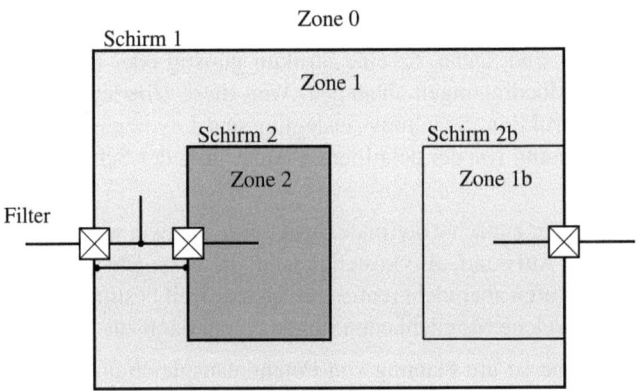

Bild 7.1 EMV-Zonen

EMV-Zonen sind Bereiche, in denen EMV-Störgrößen in ihrer Höhe festgelegt sind. Zonen, in denen Störungen ungedämpft auftreten können, werden EMV-Zone 0 genannt. Innerhalb eines Schirms befindet sich ein Bereich, Zone 1 genannt, in der die Störgrößen reduziert sind. Feldgebundene Störungen werden durch den Schirm gedämpft. Signal- oder Versorgungsleitungen, die durch den Schirm hindurchgehen, müssen gefiltert werden, damit keine leitungsgebundenen Störungen von außen in das Zoneninnere und umgekehrt gelangen können. Durch Staffelung solcher Zonen ineinander kann die Dämpfung schrittweise weiter vergrößert werden. Feldgebundene Störungen werden durch einen weiteren Schirm, leitungsgebundene durch ein weiteres Filter gedämpft. Man erhält Zonen mit unterschiedlicher Stördämpfung gegenüber der Außenwelt. Die Stör*festigkeits*werte von im Inneren einer Zone mit höherer Stördämpfung betriebenen Geräten dürfen entsprechend geringer sein. Der Aufwand, der nötig wäre, um die Störfestigkeit der Einzelgeräte sehr hoch zu machen, wird ersetzt durch einen – i. Allg. geringeren – Aufwand zur Dämpfung der Störungen für die gesamte EMV-Zone. Andererseits müssen dort betriebene elektrische und elektronische Geräte und Einrichtungen entsprechend niedrige Stör*aussendungs*grenzwerte erfüllen [1]. Stark störende Einrichtungen oder sehr empfindliche Schaltungen können von der übrigen Schaltung im Inneren einer Zone durch Unterbringung in eine eigene Zone getrennt werden.

Regel: An jeder EMV-Zonengrenze müssen feld- und leitungsgebundene Störungen gedämpft werden. Die feldgebundenen werden durch einen Schirm, die leitungsgebundenen durch Filter, ggf. ausgestattet mit Überspannungsschutzeinrichtungen, reduziert.

Schirme können von leitungsgebundenen, aus elektrostatischen Entladungen stammenden, influenzierten, induzierten oder eingestrahlten Störströmen durchflossen sein. Sie besitzen also Potentialunterschiede zwischen verschiedenen Punkten. Schirme zweier Zonen mit unterschiedlicher Stördämpfung dürfen deshalb höchstens *eine* Verbindung miteinander haben, damit diese Potentialdifferenzen nicht über Impedanzkopplung zu Störungen im jeweils anderen Schirm führen.

Im Bild 7.1 ist die Zone 1 durch ein Gehäuse und ein Filter gegenüber der Zone 0 gedämpft. Ebenso liegt dies bei der Zone 2 gegenüber der Zone 1 vor, nicht jedoch für den mit Zone 1 b bezeichneten Raum gegenüber der Zone 1. Dieser hat jeweils nur *eine* Gehäusewand und *ein* Filter zur Zone 0. Deshalb wurde dieser Raum zur Zone 1 b erklärt. Seine Einrichtung kann trotzdem sehr sinnvoll sein, wenn Schaltungen in den Zonen 1 und 1 b voreinander geschützt werden sollen.

7.1.1 Einrichten von EMV-Zonen in elektronischen Schaltungen

Das EMV-Zonenkonzept ist ein effektives Werkzeug zur EMV-Planung von elektronischen Schaltungen. Die Einrichtung von Zonen kann nicht nur der Entkopplung zu entwickelnder Schaltungen gegenüber der Umgebung dienen, sondern auch – innerhalb einer Schaltung – der Entkopplung von Baugruppen und Stufen untereinander. Kriterien, eine

---

[1] Die Grenzwerte für Störaussendung und Störfestigkeit sind für verschiedene Anwendungsbereiche in Normen festgelegt. Sie sind aber für eine *qualitative* Diskussion der Aufbautechniken von Schaltungen nicht interessant und werden deshalb nicht weiter verfolgt.

Schaltung oder einen Teil von ihr als EMV-Zone einzurichten, sind eine besondere Störempfindlichkeit oder Störfähigkeit. Durch die Zonenbildung soll die unnötige Kopplung feld- und leitungsgebundener Störungen aus oder in Schaltungen oder Schaltungsteile verhindert werden. Die Einteilung einer Schaltung in Zonen hat auch einen arbeitspsychologischen Effekt: Sie vermittelt dem Planenden eine viel bessere Übersicht über die häufig sehr komplexe EMV-Situation insbesondere bei sehr umfangreichen, unübersichtlichen Schaltungen; besonders störempfindliche oder störende Schaltungsteile werden als Zone markiert und gegenüber der umgebenden Schaltung entkoppelt – entweder insgesamt oder nur ihr störempfindlicher oder störender Kern. So sollte bei leistungselektronischen Schaltungen schon die „kritische Masche" mit dem geschalteten Strom eine eigene Zone bilden (s. Abschn. 8.17.1). Dann können Störungen erst gar nicht in benachbarte Schaltungsteile ausgekoppelt werden, die mit dieser Störungsursache nichts zu tun haben, sie aber weiter verbreiten könnten.

Gelangen hochfrequente Signale von außen in elektronische Schaltungen, so können sie sich sowohl direkt dem Nutzsignal überlagern und dieses stören. Sie können aber auch an den gekrümmten Kennlinien der Halbleiterbauteile demoduliert werden, so dass deren Demodulationsprodukte sich dem Nutzsignal störend überlagern. Selbst unmodulierte Träger können so den Arbeitspunkt verschieben und die Schaltungsfunktion beeinflussen. Das Eindringen hochfrequenter Signale in eine zu entwickelnde Schaltung sollte deshalb gedämpft werden. Die Verkopplung von Signalmaschen mit der Umgebung kann kapazitiv oder induktiv geschehen; diese Kopplung kann man durch Schirmen oder andere Maßnahmen (s. Kap. 3) unterdrücken. Die Verkopplung kann aber auch über Teilmasseflächen und an die Schaltung angeschlossene Leitungen und ggf. ihre Schirme erfolgen, die sehr wirksame Antennenstrukturen ([4], [5]) schon aufgrund ihrer Abmessungen bilden. Die von ihnen empfangene Hochfrequenz gelangt dann *leitungsgebunden* in die Schaltung. Umgekehrt regen Massepotentialdifferenzen leitungsgebunden diese Antennenstruktur zur Abstrahlung an. Häufig tritt eine Strahlungskopplung zwischen einer Schaltung und der Umgebung erst über diesen Effekt auf (s. Abschn. 7.3).

Erfolgt die Dämpfung feldgebundener Störungen durch Schirmung, so definiert der Schirm die Zonengrenze; durch sie hindurchtretende Leitungen müssen dort gefiltert werden und nicht erst im Inneren der Zone. Feldgebundene Störungen aus benachbarten Schaltungen können auch schon durch einen größeren Abstand hinreichend gedämpft werden. Dann könnte auf einen Schirm zwischen ihnen verzichtet werden. Man erhält nun bezüglich der feldgebundenen Störungen gleichsam *nicht scharf begrenzte Zonen*. Für solche Zonen gilt – etwas anders als oben definiert –, dass in den zu schützenden Bereichen feldgebundene *und* leitungsgebundene Störungen *hinreichend klein* sein müssen; dasselbe gilt umgekehrt für Störungen aus der betrachteten Schaltung in externe Schaltungen. Das Ziel solcher Überlegungen sollte sein, ein *leitfähiges* Gehäuse aus Kostengründen zu vermeiden.

Leitungsgebundene Verkopplungen zwischen einer Schaltung in einer EMV-Zone und ihrer Umgebung treten auch über Masseschleifen auf (s. Abschn. 6.2, S. 130), die häufig erst durch Zusammenschalten mit anderen Schaltungen z. B. externen Geräten entstehen. Bei der Entwicklung elektronischer Schaltungen wird üblicherweise dieser Mechanismus der Wechselwirkung mit der Umgebung nicht oder nicht zwingend berücksichtigt. Indem zur Analyse in das Schaltbild einer zu entwickelnden Schaltung Masseschleifen durch direkte

7.1 EMV-Zonen
153

äußere Verbindung der Massepunkte aller nach außen gehenden Verbindungen eingezeichnet werden, werden wir im Folgenden diesen Mechanismus an Baugruppen, Geräten und Anlagen diskutieren. Diese Verbindungen als äußeren Kurzschluss der Massepunkte einzuzeichnen, stellt den Worst Case für die Wirkung dieser Masseschleifen dar; das Innere anzuschließender Schaltungen – wie etwa der externen Test-Geräte bei den EMV-Messungen – muss dann nicht bekannt sein. Zur Dämpfung solcher Verkopplungen können verschiedene Entkopplungsmethoden eingesetzt werden (s. Abschn. 6.3, S. 131 ff.), von denen die Sternstruktur (s. Abschn. 6.3.2, S. 133) eine herausragende Bedeutung hat, weil mit ihr die Koppelimpedanz zu null gemacht werden kann. Als wesentliche Aufgabe wird sich deshalb die Festlegung eines Potentialbezugspunktes oder eines kleinen Potentialbezugsbereiches für jede EMV-Zone erweisen, auf deren Potential sich das Schaltungsinnere und alle von außen kommenden und nach außen gehenden Leitungen einschließlich ihrer Filter beziehen.

7.1.2 Ein leitfähiges Gerätegehäuse als EMV-Zonengrenze

Bild 7.2 zeigt ein leitfähiges Gehäuse, in das verschiedene Leitungen – Signal- oder Energieversorgungsleitungen – führen. Auf der linken Seite werden schlechte Lösungen gezeigt, bei denen die Störungen erst auf die Leiterplatte im Inneren des Gerätes geführt werden. Bei hochfrequenten feldgebundenen Störungen bilden die Kabel Antennenstrukturen. Die Ströme dieser Antennen können ebenfalls leitungsgebunden in das Gerät gelangen; die Geräteinnenschaltung stellt den Empfänger dar. Umgekehrt werden hochfrequente Potentialdifferenzen aus dem Geräteinneren über diese Antenne auch abgestrahlt. Steckverbinder, bei denen der Kabelschirm von der Bauart her nicht großflächig, sondern nur mit Pigtails[2] auf das Gehäuse aufgelegt werden kann oder sogar vom Gehäuse isoliert ist, sollten nicht verwendet werden. Isoliert montierte Steckverbinder werden gern eingesetzt, weil man meint, damit Masseschleifen vermeiden zu können; durch diese Maßnahme kann aber eine bereits bestehende, in der Regel nicht erkannte Masseschleife sich viel schlimmer auswirken, wie die Analyse zeigen wird. Zwar kann im Experiment tatsächlich das Auflegen eines Kabelschirms zu höheren Störungen führen. In dem Fall sind die Ströme auf der Kabelmasse zu hoch, die Störungen werden über die Masseimpedanz oder Transferimpedanz des Kabels (s. dazu Abschn. 7.7.1, S. 184) in die Signalmaschen eingekoppelt. Dies ist aber ein anderes Problem; es muss entsprechend behandelt und nicht mit dem Nichtauflegen durch einen weiteren Fehler kompensiert werden. Unter anderen Randbedingungen – z. B. im praktischen Einsatz – kann das Ergebnis nämlich völlig anders ausfallen als im Test.

Im Bild 7.2 wurde mit den links dargestellten Lösungen die mit einem leitfähigen Gehäuse geradezu angebotene Einrichtung einer EMV-Zone verschenkt. Auf der rechten Seite hingegen sind die Anschlüsse richtig gestaltet: Schirmströme werden großflächig auf die Gehäuseoberfläche geleitet. Steckverbinder müssen eine großflächige Auflage des Schirms

---

[2] Pigtails erhält man, wenn man den Schirm mit einem Draht oder, am Ende zusammengedreht, an Masse anschließt; s. dazu auch Abschn. 7.7

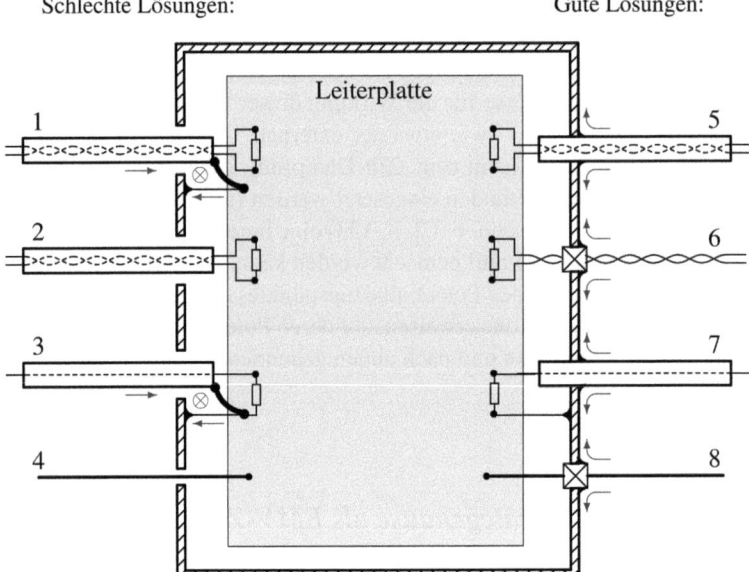

Bild 7.2 Schlechte Kabeleinführungen (*links*) und gute (*rechts*)

und niederimpedante Ableitung der Schirmströme ermöglichen. Bei nicht geschirmten Leitungen – auch Netzleitungen – können die Störungen nur herausgefiltert und auf die Gehäuseoberfläche abgeleitet werden; Voraussetzung für die Wirkung ist, dass sich die Störungen in einem anderen Frequenzbereich befinden als das Nutzsignal. Sind von außen kommende Störungen erst einmal auf das Gehäuse abgeleitet, können sie auf *irgendeinem* Weg zur Quelle zurückfließen, ohne das Schaltungsinnere zu berühren. Prinzipiell kommt dafür *jede* der angeschlossenen Leitungen, einschließlich Netz und Schutzleiter, oder die parasitäre Kapazität des Gehäuses gegen die Umgebung in Betracht. Den genauen Weg der Ströme müssen wir nicht kennen – das erleichtert die EMV-Arbeit; wir dürfen ihn nur nicht versperren. Für Störungen, die im Geräteinneren entstehen, gilt der Zusammenhang sinngemäß. Wenn wir ihnen einen hinreichend niederimpedanten Weg zur Quelle zurück im Geräteinneren ermöglichen, brauchen sie nicht über äußere Senken zu fließen. Das Verhältnis der Impedanz über den gewünschten Weg zu der über den störenden Weg bestimmt die Dämpfung der Störung.

Bei geschirmten Leitungen wurde angenommen, dass ihr anderes Ende ebenfalls in eine Zone 1 mündet, das Schirminnere also durchgehend als Zone 1 betrachtet werden kann. Wäre dies nicht der Fall, müssten die Signalleitungen ebenfalls gefiltert werden. Bei hinreichend langen Leitungen jedoch kann sich der Störstrom über die Kapazität Innenleiter/Schirm und das Gehäuse zur Quelle schließen. Das Ende kann dann durchaus in einer Zone 0 liegen. Das Kabel selbst ist das Filter. Dies leuchtet sofort ein, wenn man sich den *geschlossenen* Umlauf des Störstromes ansieht.

7.1.3 Konstruktive Voraussetzungen für EMV-Filter

Bild 7.3 zeigt links ein nach den Gesichtspunkten des EMV-Zonenkonzeptes richtig konstruiertes Filtergehäuse: Ein- und Ausgänge liegen bei einer Montage des Filters auf eine leitfähige Gehäusewand in *unterschiedlichen* EMV-Zonen; ein solches Filter kann man – selbst bei fehlenden EMV-Kenntnissen – kaum falsch anschließen. Man benötigt für den Kabelanschluss außerhalb des Gehäuses allerdings Bausätze, die bei entsprechenden Spannungen die Forderungen des Personenschutzes erfüllen müssen. Die allermeisten am Markt angebotenen Filter besitzen aber ein aus EMV-Sicht ungünstiges Gehäuse (rechts); denn Ein- und Ausgänge liegen in *derselben* EMV-Zone. Das Kabel mit dem ungefilterten Signal wird so – häufig über einen längeren Weg – innerhalb eines als EMV-Zone nutzbaren leitfähigen Gehäuses geführt. Werden Ein- und Ausgangsleitungen bei der Montage noch dazu in denselben Kabelbaum gelegt, macht der damit erzeugte kapazitive Bypass die vorgesehene Wirkung des Filters weitgehend zunichte. Um solchen aus Unwissenheit oder Gedankenlosigkeit entstehenden Fehlern vorzubeugen, dürften in der üblichen Bauform konstruierte Filter überhaupt nicht am Markt verfügbar sein! Ursache für Wahl dieser Bauform ist ihre vielseitige Anschlussmöglichkeit, die noch dazu das Filter billiger erscheinen lässt. Dagegen stellen die leitend in die Gehäusewand einlassbaren Netzfilter mit integriertem Stecker (z. B. Kaltgerätestecker) ein Beispiel eines optimalen Filteraufbaus dar. Das Anschlussproblem wurde durch Verwendung eines genormten Steckers gelöst.

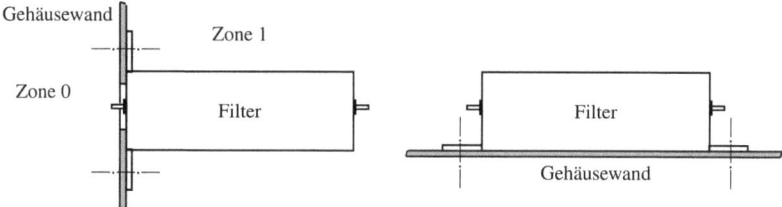

Bild 7.3 Erforderliche Filterbauform (*links*) und übliche Bauform (*rechts*)

Mit EMV-Filtern oder Überspannungsschutzeinrichtungen herausgefilterte Störungen müssen sich auf einem günstigen Wege zu ihrer Quelle schließen können; es dürfen durch sie auf der Masse der zu schützenden Schaltungen keine störenden Spannungen entstehen.

7.2 Massestruktur von Baugruppen

Nun soll diskutiert werden, wie einzelne Baugruppen als EMV-Zonen eingerichtet werden können. Als „Baugruppe" sollte immer eine Leiterplatte mit elektronischen Schaltungen angesehen werden. Aber auch einzelne Stufen oder aus ihnen aufgebaute Funktionsgruppen – z. B. sehr empfindliche oder stark störende – können darunter verstanden werden. Man wird sie bei der EMV-Planung des Schaltungsentwurfes als Blöcke beschreiben. Für die EMV-Planung müssen die Schaltungseinzelheiten einer Baugruppe noch nicht feststehen. Lediglich Werte wie Eingangsempfindlichkeit und Grenzfrequenz oder maximales du/dt oder di/dt müssen in der Größenordnung bekannt sein. Die Dämpfung von leitungs- und feldgebundenen Störungen zwischen der betrachteten Baugruppe und der Umgebung muss für Ein- und Auskopplung hinreichend hoch gemacht werden. Dafür spielt die Massestruktur der Baugruppe eine entscheidende Rolle. Es gibt günstige und ungünstige Strukturen. Zunächst sollen die günstigen Strukturen hergeleitet werden. Mit ihnen kann das angestrebte Ziel meist ohne Aufwand an „EMV-Bauelementen" und auch ohne ein leitfähiges Gehäuse erreicht werden. Dies ergibt äußerst kostengünstige Lösungen. Für die Fälle, in denen diese optimalen Strukturen nicht angewendet werden können, zeigt die Analyse ebenfalls Lösungshinweise.

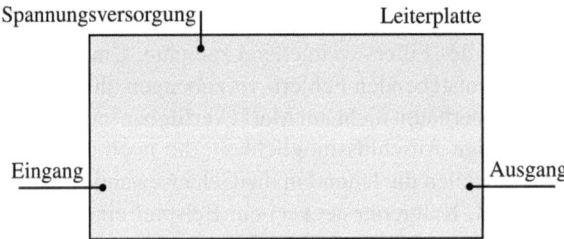

Bild 7.4 Leiterplatte mit am Rand verteilten Masseanschlüssen von Leitungen

Einer der häufigsten Fehler beim Aufbau von Baugruppen entsteht dadurch, dass die Masse-Anschlüsse der von einer Leiterplatte nach außen führenden Leitungen an weit voneinander entfernte Stellen platziert werden. Beispielhaft zeigt dies Bild 7.4 an einer Leiterplatte. Hier sind der Versorgungsanschluss und zwei Masseanschlüsse – willkürlich der Eingangs- bzw. Ausgangsseite zugeordnet, zu denen jeweils auch eine größere Anzahl von Signalleitungen gehören können – am Umfang der Leiterplatte verteilt gezeichnet. Für diese übliche, auf den ersten Blick nicht unvernünftige Platzierung werden meist eine Reihe gewichtiger Gründe angeführt z. B. anschlusstechnischer oder ergonomischer Art. Manchmal ist tatsächlich keine andere Platzierung möglich. Meist wird aber nur unreflektiert die aus dem Signalfluss sich ergebende graphische Struktur des Stromlaufplanes und die dort gezeichnete Lage der Anschlüsse auf das Layout der Leiterplatte übernommen. Dies erleichtert das Auffinden der Bauteile nach dem Stromlaufplan, ist aber aus EMV-Sicht sehr ungünstig; denn so wird eine Reihenmassestruktur erzeugt (s. Abschn. 6.1, S. 128)!

7.2.1 Verkopplung einer Baugruppe mit der Umgebung

Wird die Leiterplatte aus Bild 7.4 mit einem Störgenerator wie im Bild 7.5 zusammengeschaltet, so liegt die dargestellte Signalmasche in einer Masseschleife und wird gestört. Die Masseschleife entsteht häufig betriebsmäßig durch das Zusammenschalten mit einem anderen Gerät; sie besteht selbst über galvanische Trennungen durch Netz- oder Signaltrans-

7.2 Massestruktur von Baugruppen

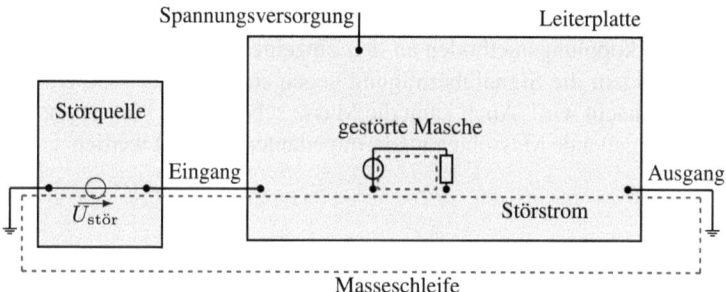

Bild 7.5 Die Stromanalyse zeigt die Störkopplung auf einer Leiterplatte

formatoren und Optokopplerschnittstellen hinweg. Es ist deshalb sinnvoll, für die EMV-Planung die Existenz einer solchen Masseschleife mit Störquelle anzunehmen und sie in das Schaltbild einzuzeichnen. Erst so wird deutlich, wie über sie Störungen importiert oder exportiert werden können. Ein eingeprägter Störstrom muss sich über irgendeine weitere angeschlossene Leitung schließen. Dabei fließt er über die Schaltungsmasse. An deren Längsimpedanz erzeugte Spannungsabfälle werden in die Signalmasche(n) eingekoppelt, wie die Stromanalyse zeigt. Sie können u. U. so groß werden, dass Bauteile zerstört werden. Ähnliche Verkopplungen wie im Bild 7.5 lassen sich auch für die Kombination mit den anderen angeschlossenen Masseleitungen feststellen. Ebenso wird ein durch den Signalstrom der gezeichneten Masche erzeugter Spannungsabfall auf der Leiterplattenmasse über die Masseschleife exportiert; er ist zu messen, wenn der Störgenerator durch einen Messempfänger ersetzt wird. Die Beeinflussung verläuft also jeweils in beide Richtungen (für Einkopplung und Auskopplung).

Häufig sieht man auch einen am Umfang umlaufenden Ring, der eine Kurzschlussschleife bildet und an den, über die ganze Länge verteilt, die einzelnen Stufen angeschlossen sind (Bild 7.6). Abgesehen von der Tatsache, dass der Ring eine ihm zugedachte Dämpfung magnetischer Felder erst oberhalb einiger 10 kHz und nicht schon bei 50 Hz besitzt (s. Abschn. 2.7.1, S. 26), werden auf dem Ring entstehende Störspannungabfälle ebenfalls in die Signalmaschen der Schaltung ein- oder ausgekoppelt.

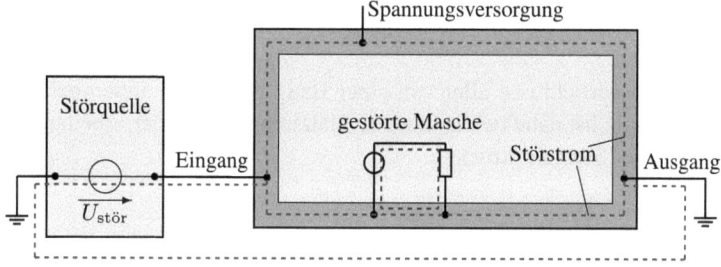

Bild 7.6 Als Kurzschlussring am Leiterplattenrand ausgebildete Masse (*dunkel* dargestellt)

Diese Verkopplung kann durch Anwenden einer Reihe von im Abschn. 6.3 (S. 131 ff.) beschriebenen Entkopplungsmethoden an den einzelnen Stufen und Signalmaschen verbessert werden, indem die Signalübertragung gegen störende Massepotentialdifferenzen unempfindlich gemacht wird. Auch kann die Masse schon durch kürzere, breitere Leitungen oder als durchgehende Masselage niederimpedanter gemacht werden.

7.2.2 Entkopplung durch Sternstruktur

Bild 7.7 zeigt, wie auch die gesamte Baugruppe durch Anschluss in einer Sternstruktur gegen die Umgebung entkoppelt werden kann. Dafür müssen die Masseanschlüsse aller nach außen gehenden Leitungen nahe beieinander platziert und niederimpedant miteinander verbunden werden, wie es Bild 7.7 zeigt. Störströme, die über irgendeine Leitung zur Baugruppe fließen, können sich über irgendeine andere zu ihrer Quelle schließen, ohne über die Schaltungsmasse der Baugruppe zu fließen und die Schaltung zu beeinflussen. Ebenso können Massepotentialdifferenzen innerhalb der Baugruppe kaum über äußere Masseschleifen exportiert werden. Der Bereich für den Anschluss der externen Leitungen ist der *Potentialbezugsbereich* nach außen wie für die Schaltung im Inneren. Die *Koppelimpedanz* zwischen dem Baugruppeninneren und der Umgebung wird *für die gesamte Baugruppe* sehr niedrig. Hieraus wird eine Forderung formuliert, die, weil sie ohne zusätzliche Bauteile allein durch aufbautechnische Maßnahmen (Layout) umgesetzt werden kann, bei der EMV-Planung möglichst gut erfüllt werden sollte:

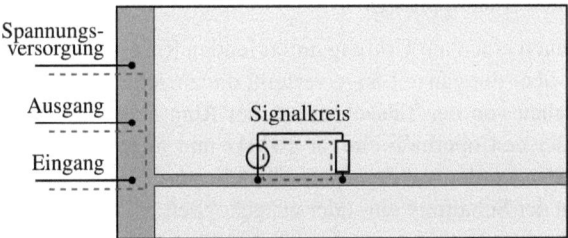

Bild 7.7 Günstige Anordnung der Masseanschlüsse, Masse dunkel gezeichnet

Regel: Die Masseanschlüsse aller von einer Baugruppe nach außen gehenden Leitungen sind möglichst nahe beieinander zu platzieren und niederimpedant miteinander zu verbinden (Sternstruktur).

Die auf diese Weise erzeugte Massestruktur ist sehr störungssicher. Eine sich u. U. ergebende kapazitive Kopplung zwischen den nun relativ nah beieinander liegenden Signalleitungen ist zu berücksichtigen. Einkopplungen von Störungen auf den Leitungen in die

7.2 Massestruktur von Baugruppen

Ein- oder Ausgangsmaschen der Baugruppen sind getrennt zu analysieren (s. Abschn. 7.7) und unwirksam zu machen.

7.2.3 Verkopplung durch kapazitiven Rückschluss

Bei höheren Frequenzen der Störung muss die Kapazität der Schaltung und der Schaltungsmasse gegenüber der Umgebung – z. B. gegenüber einem leitfähigen Gehäuse – berücksichtigt werden; dies wurde bisher vernachlässigt. Trotz eines Anschlusses der Leiterplatte wie in Bild 7.7 können hochfrequente Störströme durch die Leiterplattenmasse fließen (s. Bild 7.8). Ihre Wirkung kann reduziert werden durch:

- Verringerung der Kapazität selbst (dies ist meist schwer zu verwirklichen),
- eine Gleichtaktdrossel (die sich ausbildende Serienresonanz ist zu beachten),
- einen „Bypass" mit Hilfe eines Schirms, den man ebenfalls auf den Sternpunkt legt (s. Bild 7.9).

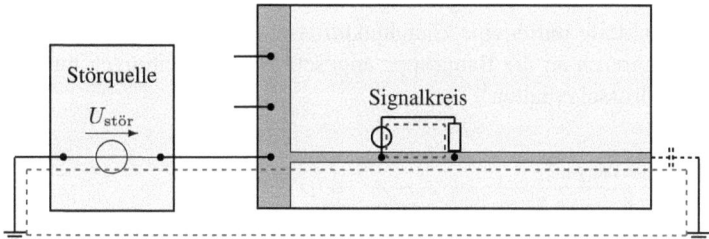

Bild 7.8 Verkopplung trotz Sternstruktur durch kapazitiven Rückschluss

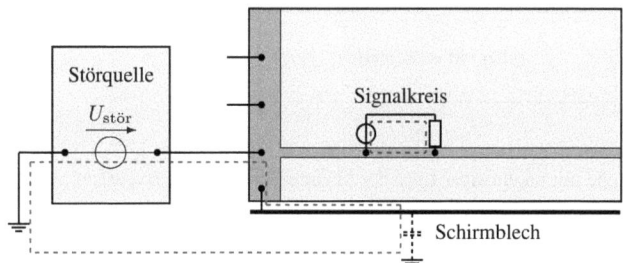

Bild 7.9 Ein als Bypass geschalteter Schirm macht den kapazitiven Rückschluss unwirksam. Das Schirmblech wurde aus Gründen der Darstellung unter die Leiterplatte gezeichnet

Mit einem Bypass und seinem speziellen Anschluss wird dem kapazitiven Strom ein Pfad bereit gestellt, mit dem er sich nicht mehr über die Schaltungsmasse, sondern über den

Schirm, schließt. Wie der Schirm ausgebildet werden muss, ob er die gesamte Schaltung umgeben muss, ob ein Blech zwischen Schaltung und Gehäuse reicht oder ob nur Schaltungsteile geschirmt werden müssen, ist in einem weiteren Schritt zu überlegen. Ungeeignet als Schirm ist eine Lage einer Leiterplatte in Multilayertechnik, weil die kapazitive Kopplung zur Masselage zu stark ist. Der Strom wird sich auf beide Lagen verteilen.

7.2.4 Entkopplung zwischen Baugruppe und Umgebung durch eine weitere Masseschleife

Ist der Aufbau einer optimalen Massestruktur nicht möglich, kann die Dämpfung zwischen dem Inneren und Äußeren der Schaltung auch durch einen Bypass erhöht werden (Bild 7.10). Dieser Bypass könnte z. B. durch Verbindung aller Masseanschlüsse über Stehbolzen mit einem Montageblech zugleich mit der Montage entstehen. Wie Bild 7.10 zeigt, bestehen nun eine „innere" und eine „äußere" Masseschleife; es ist also eine weitere Masseschleife entstanden. Die „innere" Masseschleife ist niederimpedanter geworden, die Verkopplung der einzelnen Stufen der Baugruppe kann dadurch größer sein. Dem ist durch entsprechende „Entkopplungsmethoden" zu begegnen; z. B. kann die Impedanz der inneren Masseschleife durch eine Gleichtaktdrossel ($Z_{\mathrm{E,int}}$ im Bild 7.10) wieder erhöht werden. Bei mehreren an die Baugruppe angeschlossenen Leitungen muss jede Leitung eine Gleichtaktdrossel erhalten[3].

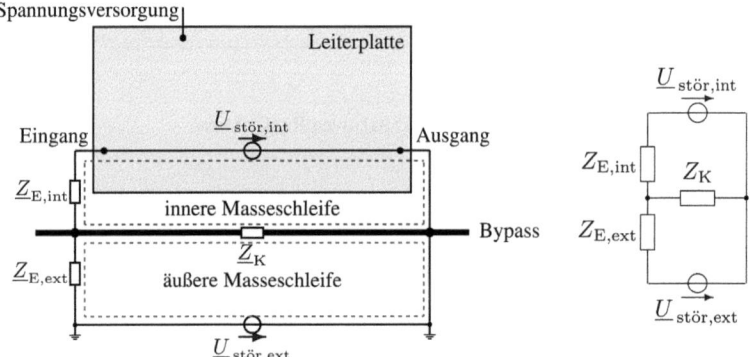

Bild 7.10 Baugruppe mit ungünstiger Lage der Masseanschlüsse und Bypass, *rechts*: ESB

Das Ersatzschaltbild im Bild 7.10 (rechts) zeigt einen Spannungsteiler, bestehend aus $Z_{\mathrm{E,int}}$, Z_{K} und $Z_{\mathrm{E,ext}}$, der die Verkopplung der Baugruppe mit der Umgebung in beide Richtungen dämpft, von $U_{\mathrm{stör,int}}$ nach außen und von $U_{\mathrm{stör,ext}}$ nach innen. Die Dämpfung

---

[3] Eigentlich brauchten bei n Leitungen nur $n-1$ mit einer Gleichtaktdrossel versehen werden. Man kann sie darüber hinaus auch als Filter (Frequenzbereich!) zur Einrichtung einer EMV-Zone nutzen, dann aber bei allen Leitungen.

dieses Spannungsteilers sollte zuerst durch eine Verringerung von Z_K erhöht werden, da dies nur durch konstruktive Maßnahmen und ohne teure EMV-Bauelemente geschehen kann. Erst dann könnte sie bei Bedarf durch weitere entkoppelnde Impedanzen ($Z_{E,int}$ und/oder $Z_{E,ext}$) vergrößert werden.

Bemerkenswert ist, dass die erhöhte Störungsdämpfung zwischen dem Baugruppeninneren und der Umgebung durch eine *zusätzliche Masseschleife* erreicht wurde. Dies ist verwunderlich, heißt doch eine der Regeln in vielen EMV-Leitfäden: „Masseschleifen sind unbedingt zu vermeiden". Dass Masseschleifen Störungen verursachen können, wurde ausgiebig diskutiert. Das ist aber nur die halbe Wahrheit. Richtig angewandt, können sie auch sehr hilfreich sein. An diesem Beispiel wird wieder deutlich, wie fragwürdig das blinde Anwenden von Regeln und wie wichtig eine geeignete Analyse und das Verständnis der EMV-Situation ist.

Man bedenke aber: Die Bypassstruktur ist zwar viel besser als eine ausgedehnte Reihenmassestruktur, gegenüber einer Sternstruktur jedoch nur eine zweitbeste Lösung!

7.2.5 Maßnahmen bei ungünstiger Platzierung der Anschlüsse

Wenn die Sternstruktur mit der geforderten Platzierung der Anschlüsse an eine Leiterplattenseite, aus welchen Gründen auch immer, nicht realisiert werden kann, kann die Baugruppe gegenüber der Umgebung durch eine der folgenden Möglichkeiten entkoppelt werden:

1. Einzelne kritische Stufen werden durch eine der „Entkopplungsmethoden" (Abschn. 6.3, S. 131 ff.) gegenüber ihrer Umgebung entkoppelt.
2. Die Impedanz der Masse der gesamten Baugruppe zwischen den Anschlüssen wird durch Vermaschung oder eine durchgehende Masselage möglichst gering gemacht (s. Entkopplungsmethode „Vermaschung", Abschn. 6.3.1, S. 132).
3. Durch einen niederimpedanten Bypass wird eine weitere Masseschleife geschaffen, die die Dämpfung zwischen dem Schaltungsinneren und der Außenwelt vergrößert (s. Abschn. 7.2.4 und Bild 7.10).
4. Der Weg durch die Schaltungsmasse muss im gesamten Testfrequenzbereich sehr hochohmig gemacht werden z. B. durch eine galvanische Trennung (s. Abschn. 6.3.3, S. 136) mit zusätzlichen Gleichtaktdrosseln oder nur durch Gleichtaktdrosseln (s. Bild 7.11).

Aus Kostengründen sollte zunächst die verkoppelnde Impedanz so weit wie möglich reduziert werden. Erst danach muss man ggf. die entkoppelnden Impedanzen erhöhen. Meist wird in der Praxis die erste, die kostengünstige Möglichkeit, gar nicht erwogen; so treibt man die EMV-Kosten und auch das Bauvolumen unnötig hoch.

Bei zuzukaufenden Baugruppen *kann* die Verteilung der Anschlüsse am Leiterplattenrand ein Hinweis auf ungünstige EMV-Eigenschaften oder eine uneffektive Gestaltung der Masse sein!

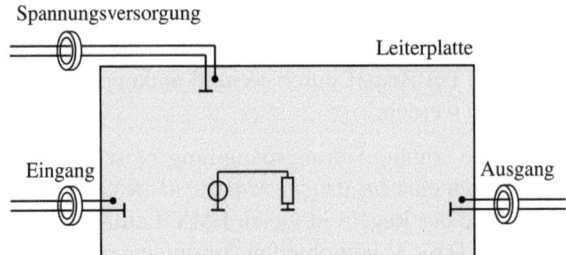

Bild 7.11 Baugruppe mit ungünstiger Lage der Masseanschlüsse und Gleichtaktdrosseln

7.2.6 Entwicklungbegleitendes Testverfahren zur Prüfung des Massesystems

Aus den Erkenntnissen bei der Diskussion um eine geeignete Massestruktur lässt sich mit einem Testverfahren selektiv die Massestruktur von Leiterplatten prüfen.

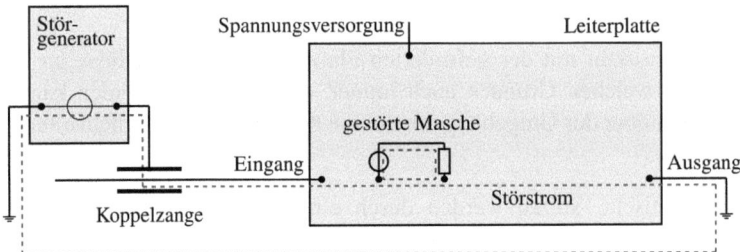

Bild 7.12 Testverfahren zur selektiven Prüfung der Koppelpfade einer Schaltung

Grundlage ist die im Bild 7.12 dargestellte Anordnung. Als „Störquelle" kann ein für EMV-Tests üblicher Generator verwendet werden. Man koppelt die Störung (z. B. über eine übliche Koppelzange) kapazitiv auf eine der angeschlossenen Leitungen ein. Nacheinander müssen sämtliche anderen Massepunkte der zu testenden Leiterplatte, an welche Leitungen zu externen Baugruppen angeschlossen sind, auf die Masseklemme des Prüfgenerators gelegt werden. Die Schaltung wird also für alle Kombinationen von Masseanschlüssen auf Funktionsfähigkeit getestet.

Dieses Testverfahrens hat eine Reihe von Vorteilen:

- Wie bei der Planung mit Hilfe der Stromanalyse können mit dem Test die verschiedenen Koppelwege leitungsgebundener Störungen alle selektiv messtechnisch überprüft werden.
- Der Test steht in direktem Zusammenhang mit dem Analyseverfahren; denn es wird genau die Prüfung praktisch durchgeführt, die bei der Planung mit der Stromanalyse theoretisch angestellt wurde. Die Messung kann also die Analysetechnik bestätigen –

oder verwerfen – und damit die Erfahrung und die Sicherheit im Umgang mit ihr verbessern.
- Mit dem Verfahren hat man eine experimentelle Möglichkeit, die Qualität der Massestruktur an unbekannten, z. B. zugekauften Baugruppen *quantitativ* zu bestimmen oder für zuzukaufende Baugruppen vorzugeben.
- Das selektive Testen einer einzelnen Baupruppe ist mit dem Verfahren auch möglich, wenn sie schon mit anderen Baugruppen zusammengeschaltet ist und eventuell nur im Zusammenspiel mit ihnen bestimmungsgemäß arbeiten kann.

7.3 Strahlungskopplung bei ungünstiger Massestruktur

Einen wichtigen Zusammenhang, der bei hohen Frequenzen auch die Strahlung betrifft, haben wir bereits im Kap. 3 erkannt: Hin- und Rückleiter einer HF-Strom führenden Leiterschleife sollten möglichst nah beieinander liegen, damit sich die magnetischen Felder von Hin- und Rückleiter möglichst gut kompensieren sowie die induktive Kopplung über die Gegeninduktivität zu anderen Maschen und auch die Strahlungskopplung mit der Umgebung gering bleiben. Ungünstige Massestrukturen können aber ebenfalls Ursache für Strahlungskopplung sein. Im Folgenden wird an Beipielen gezeigt, wie Teile des Schaltungsaufbaus als Antennenstrukturen dienen können, über die Störungen abgestrahlt oder empfangen werden können.

7.3.1 Teilmassen und Kabel als Antennenstrukturen

Bei einer Leiterplatte mit einer Massestruktur wie im Bild 7.4 (S. 156) tritt neben der leitungsgebundenen Störkopplung auch eine Strahlungskopplung auf, wenn die Störspannung hochfrequent ist (s. auch [4], [5]). Dies soll mit einem Gedankenexperiment für den Fall der Abstrahlung verdeutlicht werden: Bild 7.13 zeigt auf einer Leiterplatte eine digitale Schaltung. Ihr Hochfrequenz enthaltender Signalstrom erzeugt an der Impedanz der Masseleitung die Spannung U_{HF}. Die Masse der Versuchsschaltung ist links mit dem umgebenden Gehäuse verbunden, rechts aber nicht, wie es aus Angst vor Masseschleifen häufig gemacht wird. Die Masseleitungen auf der Leiterplatte und die außen an die Leiterplatte angeschlossenen Masseleitungen oder Leitungsschirme wirken als Antenne, die von U_{HF} zur Strahlung angeregt wird (Bild 7.14). Die Anordnung strahlt auch, wenn die Leiterplatte geschirmt ist, sofern die genannten Potentialdifferenzen zwischen den außen angeschlossenen Leitungen bestehen bleiben. Dies wird im Versuch durch Fehlen der rechten Masseverbindung („Ausgang") zum Gehäuse erreicht. Die Abstrahlung der Leiterplatte selbst kann zwar durch die Abschirmung beherrscht werden. Um aber die Strahlung der Leitungen zu reduzieren, muss man die Potentialdifferenz zwischen den Massepunkten, an die sie angeschlossenen sind, minimieren. Das kann durch Auflegen *aller* den geschirmten Bereich verlassenden Masseleitungen auf den Schirm geschehen. Dadurch entsteht

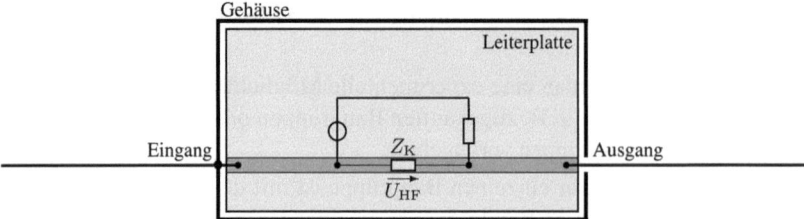

Bild 7.13 Hochfrequente Massepotentialdifferenzen regen die angeschlossenen Leitungen zur Strahlung an; die rechte Masseleitung ist nicht mit dem Schirm verbunden

Bild 7.14 ESB als Antenne mit Sendereinspeisung

eine zusätzliche Masseschleife, die sich über den flächigen und damit niederimpedanten Bypass schließt und, wie im Abschn 7.2.4 für leitungsgebundene Störungen erläutert, die Stördämpfung zwischen Innen- und Außenraum der Zone erhöht. Der geschirmte Bereich wird eine EMV-Zone.

Die Koppelimpedanz zwischen Innen- und Außenraum kann aber sehr viel wirksamer durch eine Platzierung der Anschlüsse der Leitungen auf der Leiterplatte nah beieinander und damit durch eine Sternstruktur (s. Bild 7.15) reduziert werden. Dann werden die Leitungen ebenfalls nicht mehr angeregt. Die Sternstruktur verhindert, dass Massepotentialdifferenzen der Schaltung über die angeschlossenen Leitungen zur Abstrahlung führen. Ein Schirm ist nun nicht mehr nötig. Der Effekt wirkt wieder in beide Richtungen, also auch für Einstrahlung.

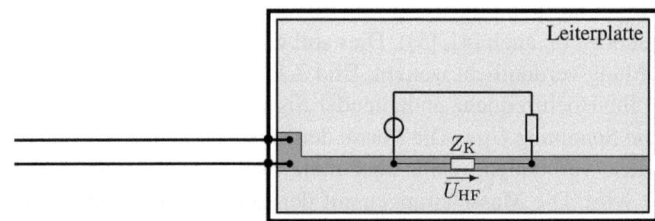

Bild 7.15 Minimierung der Antennenfußpunktspannung durch eine Sternstruktur der angeschlossenen Masseleitungen

Bild 7.16 belegt diesen Zusammenhang durch Messergebnisse. Sie wurden an einer wie in den Bildern 7.13 und 7.15 aufgebauten Leiterplatte in einer GTEM-Zelle aufgenommen. Die Leiterplatte mit einer digitalen Oszillatorschaltung (20 MHz, 74F04, TTL), einem RC-Glied als Last und Batterien zur autarken Spannungsversorgung wurde in ein

7.3 Strahlungskopplung bei ungünstiger Massestruktur

Ungünstige Massestruktur   **Optimale Massestruktur**   **Ohne Masseanschlüsse**

Schaltung ungeschirmt:

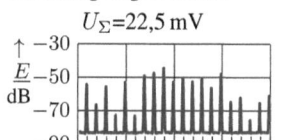 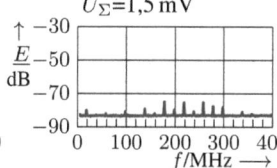 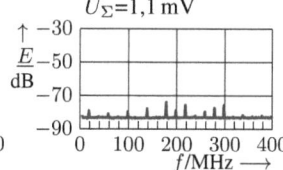

Schaltung geschirmt:

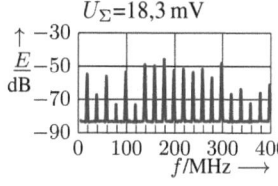 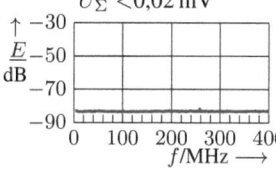 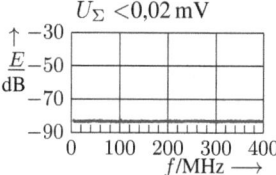

Rechte Leitung auf Masse:

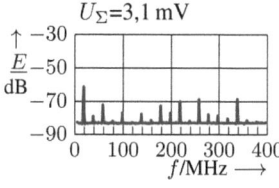

Bild 7.16 Vergleich der Abstrahlung einer Leiterplatte mit ungünstiger (*links*) und optimaler Massestruktur (*Mitte*) sowie ohne angeschlossene Masseleitungen (*rechts*) jeweils ungeschirmt (*obere Reihe*) und geschirmt (*zweite Reihe*)

Blechgehäuse gebaut, dessen Deckel man abnehmen kann, so dass das abgestrahlte Spektrum der Anordnung bei geschirmter und ungeschirmter Schaltung bestimmt werden kann. Die Schaltungsmasse ist nur an der linken Seite („Eingang") mit dem Gehäuse verbunden. Drähte von ca. 30 cm Länge stellen angeschlossene Masseleitungen dar und sind, wie im Bild 7.13 und 7.15 beschrieben, steckbar an die Masse der Leiterplatte anzuschließen. Sie bilden die Antenne, die von den hochfrequenten Spannungsabfällen auf der Masse der Leiterplatte angeregt wird. Im Bild 7.16 (linke Spalte) ist das abgestrahlte Spektrum zu der im Bild 7.13 gehörigen Anordnung mit ungünstiger Massestruktur dargestellt. Wie die breitbandig gemessenen Spannungen U_Σ zeigen, ist kein wesentlicher Unterschied (nur ca. 1,8 dB) zwischen nicht geschirmter (linke Spalte, oben) und geschirmter Leiterplatte (linke Spalte, Mitte) zu erkennen. Fährt man die geschirmte Anordnung mit einer HF-Sonde ab, so wird man trotz Schirmung eine Strahlung entlang des gesamten Aufbaus einschließlich der angeschlossenen Leitungen feststellen. Mit einer solchen Schirmung wird die gewünschte Wirkung verfehlt. Wird allerdings auch die rechts angeschlossene Masseleitung auf das Schirmgehäuse gelegt, wird die hochfrequente Potentialdifferenz durch die niedrige Impedanz des Gehäuses reduziert und die Strahlung verringert. Im gemessenen Fall war die Masse mit zwei parallel geschalteten ca. 2,5 mm langen Drähten, also nicht großflächig und damit auch nicht optimal, auf das Gehäuse gelegt, um zu zeigen, wie sorgfältig das Auflegen zu erfolgen hat (noch vorhandene Strahlung s. linke Spalte, unten).

In der mittleren Spalte sind die Messergebnisse für den Fall zu sehen, dass die Masseleitungen wie im Bild 7.15 sternpunktmäßig angeschlossen wurden. Nun ist schon die ungeschirmte Schaltung sehr strahlungsarm (ca. $-23{,}5\,\text{dB}$ weniger). Es erhebt sich die Frage, ob überhaupt noch geschirmt werden muss. Das abgestrahlte Spektrum bei Schirmung (mittlere Spalte, unten) liegt unterhalb der Messgrenze. Das tatsächlich von der Schaltung auf der Leiterplatte abgestrahlte Spektrum bei nicht geschirmter Leiterplatte ist zu erkennen, wenn die externen Leitungen abgezogen sind (rechte Spalte, oben). Der Vergleich mit dem in der Mitte oben dargestellten Spektrum zeigt, dass das Feld der nicht geschirmten Leiterplatte auch die an den Sternpunkt angeschlossenen externen Leitungen noch etwas anregt.

Gegen die beschriebene Strahlung werden üblicherweise Filter eingesetzt. Aber eine Filterung gegen eine „unsaubere" Bezugsmasse hilft nicht! Man macht sich nicht klar, dass und warum beim üblichen Aufbau die Masse die Potentialdifferenzen enthält.

Auch die Streitfrage, ob man auf Leiterplatten freie Flächen als Masseflächen ausbilden oder wegen erhöhter Strahlungkopplung dies lassen sollte, ist nun klar zu beantworten: Die Frage ist falsch gestellt! Das eigentliche Problem ist, die Antennen darstellenden Teilmasseflächen an ein gemeinsames, gleiches Bezugspotential anzuschließen. Richtig angeschlossen, strahlen sie nicht und übernehmen die ihnen zugedachte Schirmfunktion sehr wohl.

> Die Sternstruktur, die leitungsgebundene Kopplungen zwischen der Schaltung einer Leiterplatte und ihrer Umgebung verhindert, schafft auch hier wirkungsvolle Abhilfe. Dies bestärkt die Forderung nach einer Sternstruktur als kostengünstiger Standardstruktur für Leiterplatten. Auf sie sollte nicht ohne triftigen Grund verzichtet werden!

7.3.2 Strahlung von ICs durch Ground-Bounce

Eine andere Erscheinung desselben Zusammenhanges tritt beim „Ground Bounce" digitaler Schaltungen auf. In digitalen ICs treten beim Umschalten der Stufen zwei Effekte gleichzeitig auf (s. dazu Abschn. 5.2, S. 70), die zu Stromspitzen mit einem hohen di/dt führen, aber sorgfältig unterschieden werden müssen:

1. Beim Schalten von Gegentaktstufen leiten für einen kurzen Moment beide Transistoren gleichzeitig und schließen zeitweise V_{CC} mit GND kurz[4].
2. Die Signalströme müssen die Lastkapazitäten umladen.

---

[4] Der Stromanstieg ist aus der Versorgungsspannung (V_{CC}) und der Innenimpedanz des Versorgungssystems – d. i. praktisch die Induktivität L_{abbl} der Abblockmasche – zu berechnen: $di/dt = V_{CC}/L_{abbl}$

7.3 Strahlungskopplung bei ungünstiger Massestruktur

Beide Effekte können am Störstrahlungspektrum unterschieden werden:

1. Bei dem ersten Effekt entstehen bei jeder Taktperiode *zwei* Störspitzen *gleicher Polarität*; das hat im Spektrum der Störstrahlung *geradzahlige* Harmonische der Taktfrequenz zur Folge – die unterste auftretende Frequenz ist die *doppelte* Taktfrequenz. Dies gilt bei gleichen Amplituden beider Störspitzen; wegen ungleicher Amplituden entstehen auch Anteile mit ungeradzahligen Harmonischen.
2. Signalströme haben pro Taktperiode zwei Stromspitzen mit *unterschiedlicher* Polarität; das zugehörige Störspektrum besitzt *ungeradzahlige* Harmonische der Taktfrequenz.

Aus Störstrahlungsdiagrammen sollten beide Ensembles von Spektrallinien getrennt und, auf die zugehörige(n) Taktfrequenz(en) bezogen, ermittelt werden, um sie der Ursache ihres Entstehens zuordnen und richtige Maßnahmen konsequent treffen zu können. Im Bild 7.16, oben links, S. 165, sind beide Ensembles der Harmonischen des 20 MHz-Oszillators deutlich zu unterscheiden. Obwohl für diesen Versuch die Spitzen im Signalstrom genutzt wurden, sind die Störungen durch den zeitweiligen Kurzschluss noch mit relativ hoher Amplitude zu sehen.

Die Stromspitzen beider Effekte fließen über die Induktivitäten der Masse- und Versorgungsanschlüsse der ICs – auch der internen Bonddrähte – und erzeugen an ihnen Spannungsimpulse mit hochfrequenten Anteilen. Sie lassen die Potentiale der IC-internen Masse und Versorgung gegenüber denen der Leiterplatte von null verschieden werden. In hochintegrierten taktgesteuerten ICs schalten sehr viele Stufen mit dem Takt gleichzeitig, so dass insbesondere durch den zeitweisen Kurzschluss sehr hohe hochfrequente Störspannungen an den IC-internen Masse- und Versorgungspunkten gegenüber den IC-externen entstehen, deren Spektrum von der Taktfrequenz bestimmt wird. Die an das IC angeschlossenen Signalleitungen beziehen sich auf die IC-interne Masse, wenn die Ausgänge auf „L" liegen, und auf den inneren Versorgungsanschluss, wenn sie auf „H" liegen. Mit der räumlichen Ausdehnung der Schaltung auf der Leiterplatte werden automatisch Antennenstrukturen aufgebaut. In Bild 7.17 bilden die vom IC angesteuerte(n) Leitung(en) einerseits und die übrige Schaltung andererseits die Antennenstruktur. Diese wird mit der hochfrequenten durch Ground Bounce entstehenden Spannung angeregt und strahlt das Störspektrum ab. Das kann selbst dann geschehen, wenn gar kein Nutzsignal gesendet wird oder die Ausgangsstufen abgeschaltet (disabled) sind, allein schon bei Anlegen des Taktes; dies ist ein sicheres Analysekriterium! Die Anzahl der IO-Stufen ist gegenüber der Anzahl der taktgesteuerten Stufen relativ gering und die Ausgangssignale werden, bezogen auf die

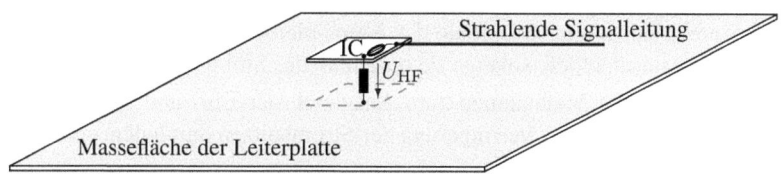

Bild 7.17 Strahlung eines ICs infolge der hochfrequenten Potentialdifferenz U_{HF} zwischen IC- und Schaltungsmasse (nur für den Masseanschluss gezeichnet)

Anzahl der Taktflanken, relativ selten geschaltet; deshalb gehen von ihnen viel weniger Störungen aus.

Die Strahlung von ICs durch Ground Bounce bekommt mit zunehmender Integrationsgröße bei gleichzeitig größer werdender Schaltgeschwindigkeit der ICs eine wachsende Bedeutung.

Um die Strahlung zu verringern, muss entweder die Potentialdifferenz U_{HF} verringert werden, die die Antennenstruktur anregt, oder die Abstrahlung der Antennenstruktur verhindert werden. Dazu gibt es mehrere Möglichkeiten *innerhalb und außerhalb* des ICs:

Maßnahmen innerhalb des ICs:

- Die einfachste und weitaus beste Lösung wäre, das IC im Inneren abzublocken. Denn im Gegensatz zu den Signalströmen zu anderen ICs müssten sich die Ströme durch den zeitweisen Kurzschluss, die ein sehr viel höheres Störpotential besitzen, *nicht* über die Bonddrähte, die Masse- und Versorgungsanschlüsse und den externen Abblockkondensator schließen; sie könnten es schon über den internen. Die Bonddrähte besäßen nun für die Ströme durch den zeitweisen Kurzschluss entkoppelnde Wirkung. Wirkungsvoller kann man ein IC gar nicht abblocken! Das von IC-Herstellern angeführte Argument, die ICs würden durch eine interne Abblockung zu teuer, ist nicht stichhaltig: Denn den Mehrkosten für den sowieso erforderlichen Kondensator steht der Vorteil einer deutlich billigeren, dabei effektiveren, nun störungsarmen und platzsparenden *Gesamtlösung* gegenüber (vgl. den Aufwand in den Bildern 7.19 und 7.20).
- Die Induktivität der Verbindungen zwischen den inneren Masse- und Versorgungsanschlüssen des ICs und den Masse- und Versorgungspins muss möglichst klein gemacht werden durch möglichst *kurze* Verbindungen (Gehäusebauform, z. B. ist ein PLCC-Gehäuse in diesem Punkt schlechter als ein BGA-Gehäuse) oder Parallelschalten *mehrerer* Verbindungen.
- Die an das IC angeschlossenen Ausgangsleitungen werden in ihrem Bezugspotential durch das GND- und V_{CC}-Potential der sie treibenden *End*stufen festgelegt. Diese Potentiale müssen frei von Anteilen des Taktsignals sein. Die taktgesteuerten Stufen befinden sich meist ausschließlich im IC-Kern (Core). Erhalten der Kern und die I/O-Stufen jeweils eigene Masse- und Versorgungsanschlüsse und werden diese auch getrennt und niederimpedant abgeblockt, so können sich die Ströme auf *getrennten* Pfaden schließen. Die Koppelimpedanz zwischen beiden Schaltungsteilen ist dann minimiert. Damit enthalten die Bezugspotentiale der I/O-Stufen im IC-Inneren nur wenig taktbezogenen Anteile, selbst wenn die Bezugspotentiale des Kerns unsauber sind. Voraussetzung dafür wäre allerdings, dass keine andere nennenswerte Kopplung z. B. über das Substrat zwischen den Potentialbezugspunkten des Kerns und der I/O-Stufen auftritt. Taktbezogene Anteile der Bezugspotentiale des Kerns bleiben bei der Ansteuerung der I/O-Stufen nahezu unschädlich, solange sie innerhalb des Störabstandes liegen.
- Schaltungstechnische Maßnahmen zum Ausgleich der Ein- und Ausschaltzeiten der Transistoren und damit zur Verringerung der Stromspitzen durch den zeitweisen Kurzschluss.
- Spitzen im *Signal*strom können *kompensiert* werden, wenn gleichzeitig ebenso viele Ausgänge von „L" nach „H" wie von „H" nach „L" schalten entweder durch einen

7.3 Strahlungskopplung bei ungünstiger Massestruktur

symmetrischen Bus, angesteuert durch Treiber mit optimierten Schaltverhalten, oder z. B. durch den I^{2}Q-Bus[5]; hier wurde zu drei ternär codierten Datenleitungen eine vierte – quasi symmetrierende – hinzugefügt, mit der die Stromsumme zu null gemacht und komplementäre Zustandsänderungen programmiert werden.

Maßnahmen innerhalb eines ICs sind natürlich Aufgabe des IC-Herstellers. Der Anwender muss aber die Problematik für die Auswahl geeigneter ICs und ihren richtigen Anschluss kennen.

Maßnahmen außerhalb des ICs:

- Spitzen im *Signalstrom* können durch Serienwiderstände z. B. in den Signalleitungen begrenzt werden. Die Lastkapazitäten werden dann langsamer umgeladen, was die Schaltgeschwindigkeit reduziert. Häufig sind die Schaltgeschwindigkeiten größer als benötigt; dann kann und sollte mit dieser Maßnahme die Schaltgeschwindigkeit kontrolliert reduziert werden.
- Die Anschlussimpedanzen der ICs an die Masse- und Versorgungslagen der Leiterplatte sind so klein wie möglich zu halten z. B. durch möglichst 2 parallelgeschaltete Durchkontaktierungen aller GND- und V_{CC}-Anschlüsse (z. B. zu beiden Seiten der IC-Pins, innen und außen).
- Hat das IC bereits getrennte GND- und V_{CC}-Anschlüsse für den Kern und die I/O-Stufen, so sind dafür auch *getrennte* Durchkontaktierungen und ggf. Abblockungen vorzusehen. Es dürfen möglichst keine Versorgungsströme des Kerns über die Anschlussimpedanzen der I/O-Stufen fließen.
- Bei ICs mit Anschlüssen am Umfang (etwa wie im Bild 7.18) werden die Abblockkondensatoren zweckmäßig auf die Bestückungsseite der Leiterplatte in unmittelbare Nähe zu den V_{CC}- und GND-Anschlüssen des ICs platziert und mit ihnen *direkt* verbunden, so dass die Ströme durch den zeitweisen Kurzschluss nicht über die Durchkontaktierungen fließen müssen. Dazu bildet man die Bestückungslage als Masselage oder als Teilmasse (s. Bild 7.18) aus.
- Ground Bounce wirkt erst dadurch störend, dass die hochfrequente Potentialdifferenz eine Antennenstruktur treibt. Man kann also die Strahlung auch folgendermaßen verhindern:

  - Die strahlenden Leitungen werden im Bereich der Leiterplatte durch Einbetten zwischen durchgehende Masse- oder V_{CC}-Lagen geschirmt (s. Bild 7.19). Leitungen, die die Leiterplatte verlassen, strahlen aber trotzdem, wenn sie nicht geschirmt sind.

  - Deshalb wird der Bereich nahe dem/den Steckverbinder(n) als Potentialbezugsbereich gewählt. Dort platzierte Filter oder als Filter wirkende Treiber beziehen die Leiterplatte verlassenden Signale auf dieses Bezugspotential (Bild 7.20); die Signale sind nun frei von Ground-Bounce-Störungen. Für hochohmig abgeschlossene Eingangssignalleitungen gilt diese Forderung nicht. Auch die Masseanschlüsse aller Steckverbinder müssen, unabhängig von ihrer Platzierung, dort angeschlossen sein.

---

[5] Inter IC Quad Bus

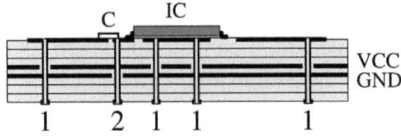
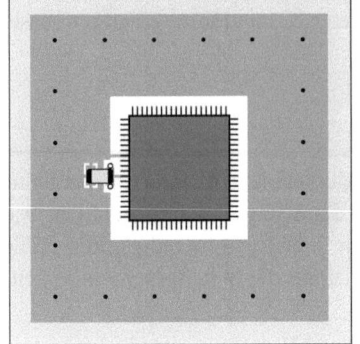

Durchkontaktierungen:
1: Teilmasse zum Masselayer
2: V$_{CC}$-Anschlüsse

Bild 7.18 Teilmasse in der Bestückungslage bei einem 8-Lagen-Multilayer, Schnitt (Schema, nicht maßstäblich) und Draufsicht

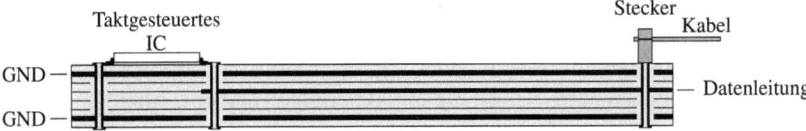

Bild 7.19 An die Leiterplatte (im Schnitt) angeschlossene Leitungen strahlen

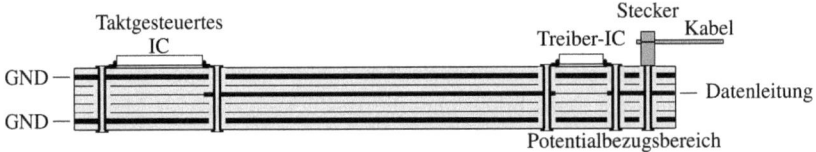

Bild 7.20 Der dazwischen geschaltete, im Potentialbezugsbereich der Leiterplatte auf Masse gelegte Treiber verhindert die Strahlung

So wird eine Sternstruktur erzeugt. Das Potential des Massebezugsbereiches ist Bezugspotential der Leiterplatte nach innen und außen (s. auch Abschn. 7.4, S. 173).

7.3.3 Strahlung von Schlitzantennen

Ein weiterer für die Gestaltung des Massesystems wichtiger Effekt soll an dem folgenden Gedankenexperiment verdeutlicht werden. Die Anordnung im Bild 7.21 zeigt eine abgewinkelt geführte Signalleitung über einer durchgehenden Masselage unter verschiedenen

7.3 Strahlungskopplung bei ungünstiger Massestruktur 171

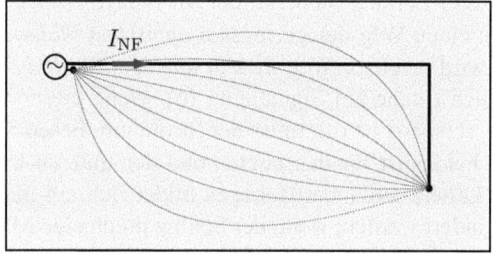

a: Kriterium bei niedrigen Frequenzen: minimaler ohmscher Widerstand

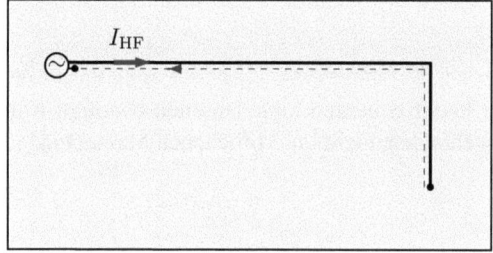

b: Kriterium bei hohen Frequenzen: minimale Induktivität der Signalmasche

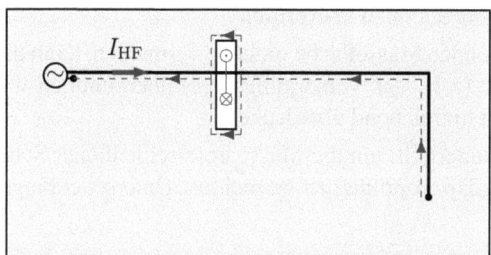

c: Massefläche mit Schlitz, Folge: Strahlung

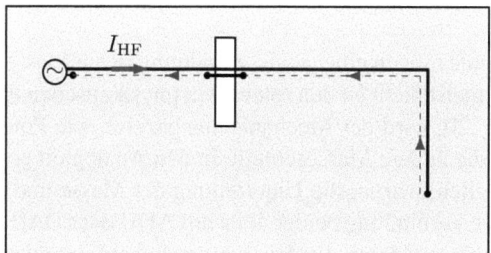

d: Überbrückter Schlitz: Strahlung ist beseitigt

Bild 7.21 Stromdurchflossener Leiter mit Massefläche als Rückleiter, Stromverlauf auf der Masse unter verschiedenen Bedingungen

Bedingungen; der Signalstrom dieser Leitung fließt auf der Masselage zurück. Bei tiefen Frequenzen sucht der Strom sich einen Weg des geringsten *ohmschen Widerstandes* (a), bei hohen Frequenzen dagegen wird er einen Weg finden, auf dem die *Induktivität der Signalschleife* minimal ist: möglichst nahe am Signalleiter (b). Wenn dieser Weg durch einen Schlitz in der Massefläche versperrt ist (c), muss der Strom um diesen Schlitz herumfließen. Die Richtung des H-Feldes ist für den oberen und den unteren Umlauf entgegengesetzt und senkrecht zur Leiterplattenoberfläche; es bildet sich ein magnetischer Dipol, der strahlt. Das kann verhindert werden, wenn der Schlitz durch eine Massebrücke in unmittelbarer Nachbarschaft zum Signalleiter überbrückt wird (d).

Dieses Phänomen hat Konsequenzen für die Massegestaltung hochfrequenter digitaler Schaltungen.

> **Regel:** Jede Signalleitung mit hochfrequenten Signalanteilen benötigt in ihrer unmittelbarer Nähe einen durchgehenden, nicht unterbrochenen Massepfad.

- Dient als Signalrückleiter eine Massefläche, so darf sie unter Signalleitungen mit hochfrequenten Anteilen im Signalstrom (hohe Flankensteilheit) nicht unterbrochen sein. Dies ist bei der Layouterstellung leicht zu überprüfen.
- Sind Schlitze in der durchgehenden Massefläche nicht zu vermeiden, kann die Aufgabe auch von einer anderen Lage (z. B. der Versorgungslage) übernommen werden. Die beteiligten Lagen müssen sich hinreichend überdecken.
- Masseflächen werden häufig unterteilt, um die Masse unterschiedlicher Schaltung von einander zu trennen und Impedanzkopplung zu vermeiden. Unterscheidungsmerkmale können z. B. sein:

  – die Versorgungsspannung (5 V-Bereich, 3,3 V-Bereich oder andere),
  – die Funktion (Eingangs-/Ausgangs-Bereich und Schaltungskern oder analoge und digitale Schaltungen).

Diese Unterscheidungsmerkmale mögen eine gewisse Ordnung in die Massegestaltung bringen, orientieren sich aber meist nicht an den relevanten physikalischen Zusammenhängen. Im Abschn. 8.12, S. 220, wird der Mechanismus gezeigt, wie Potentialdifferenzen des Digitalteiles über die äußere Masseschleife in den Analogteil eingekoppelt werden. Dabei wird auch deutlich, *warum* die Unterteilung der Masse und die in Applikationsschriften empfohlene Verbindung beider Teile am ADU oder DAU gerade die Antennenbildung, ihre Anregung und damit die Abstrahlung hoher Frequenzen begünstigt, was man auch messtechnisch beobachten kann.

7.4 Strukturierung der Masse digitaler Baugruppen

Für die Verkopplung einer digitalen Baugruppe mit der Umgebung – dem Netz und anderen Schaltungen – gelten prinzipiell die gleichen Mechanismen wie für Analogschaltungen. Dennoch sind einige Besonderheiten zu beachten, die zu eigenen Lösungen führen.

Die durch die Signalströme auf der Signalmasse verursachten Potentialunterschiede verursachen – anders als bei Analogschaltungen – bei digitalen Schaltungen aufgrund des Störabstandes der Schaltkreise keine *Funktions*störungen, sofern sie nur die Schwelle unterschreiten. Ebenso gilt dies für über die Masse der Schaltung fließende Störströme aus externen Quellen. Die Masse von Digitalschaltungen ist dadurch aber als ein Gebilde mit örtlich unterschiedlichen und zeitlich veränderlichen Potentialen zu sehen. Schließt man an Punkte mit unterschiedlichen Massepotentialen nach außen gehende Leitungen an (s. Bild 7.22), können die Massepotentialdifferenzen ($U_{HF,12}$, $U_{HF,23}$, $U_{HF,13}$) als Störungen exportiert werden, leitungsgebunden aber auch strahlungsgebunden, indem die angeschlossenen Leitungen als Antennen dienen (s. auch Abschn. 7.3, S. 163). Zu erkennen ist dieser Effekt durch die Ausprägung *ungerader* Harmonischen der Taktfrequenz im Störstrahlungsspektrum (s. Abschn. 7.3.1, S. 163); denn die Signalströme mit ihren Spikes sind die Ursache. Über denselben Mechanismus werden auch HF-Störungen importiert.

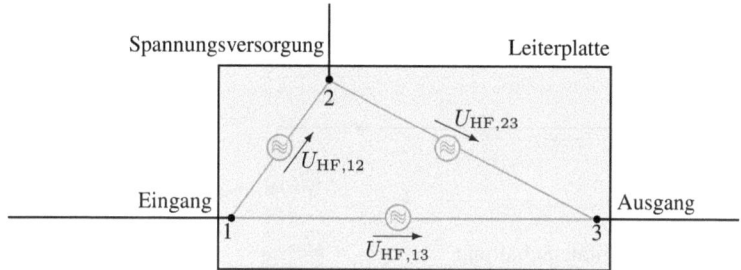

Bild 7.22 Strahlung einer digitalen Baugruppe: Hochfrequente Massepotentialdifferenzen regen die Antennenstruktur, gebildet durch die angeschlossenen Kabel, an

Der große Vorteil des Störabstandes digitaler Schaltkreise ermöglicht eine gegenüber analogen Schaltungen ganz andere Herangehensweise an die Gestaltung der Masse. Die bei Analogschaltungen meist sehr strenge Forderung nach einem sauberen Bezugspotential erfordert, den störenden Einfluss von Masseschleifen gering genug zu halten. Bei Digitalschaltungen dagegen führt das Parallelschalten vieler Massepfade – also das Erzeugen vieler Masseschleifen – zu einer Vernetzung der Masse und damit zu der gewünschten niedrigeren Masseimpedanz. Diese wird durch parallel geschaltete, ebenfalls vernetzte Versorgungssysteme noch unterstützt. Eine möglichst niederimpedante Signalmasse ergibt nicht nur eine hohe Funktionssicherheit und geringe Störempfindlichkeit der Schaltung, sondern auch eine geringe Störaussendung, da die durch Signalströme erzeugten ausgekoppelten Massepotentialdifferenzen geringer sind. Die Impedanz der Signalmasse zwischen nach außen gehenden Anschlüssen ist jeweils auch die Koppelimpedanz mit der Umgebung.

Digitale Schaltungen mit Schaltkreisen mäßiger Anstiegsgeschwindigkeit können in Zweilagentechnik realisiert werden. Die relativ hohen Impedanzen (Induktivitäten) der Masseleitungen können toleriert werden, wenn die Stromänderungsgeschwindigkeiten der ICs hinreichend klein sind. Bei Schaltkreis-Familien mit höherer Flankensteilheit und ICs höherer Komplexität muss man auf die Multilayertechnik übergehen; sie bietet mit der Möglichkeit flächiger Masse- und Versorgungslagen eine um mehrere Größenordnungen kleinere Masseimpedanz und damit kleinere Massepotentialunterschiede.

Folgende Überlegungen zur Bauteileplatzierung und zur Layoutgestaltung sind förderlich:

1. Man wähle IC-Familien mit der geringst möglichen Flankensteilheit aus, mit der die Schaltungsfunktion erreicht werden kann.
2. Bauelemente mit vielen Signalverbindungen untereinander sollten nah beieinander, Bauelemente mit wenigen oder ohne Signalverbindungen untereinander können weiter entfernt voneinander platziert werden. Unterschiedliche Flankensteilheiten können berücksichtigt werden, indem die Signalverbindungen mit einem Faktor aus dem Verhältnis der Flankensteilheiten bewertet werden. Durch dieses Platzierungskriterium wird die resultierende wirksame Länge der Masseleitungen im Layout verkürzt und damit die Spannungsabfälle auf der Masse reduziert.
3. Die Impedanz des Masse- und Versorgungssystems zwischen beliebigen Punkten der Leiterplatte muss hinreichend niedrig sein: Man erreicht dies bei zweilagigen Leiterplatten durch möglichst breite und gut vernetzte GND- und V_{CC}-Leiter, bei Multilayern mit durchgehenden Masse- und Versorgungslagen.

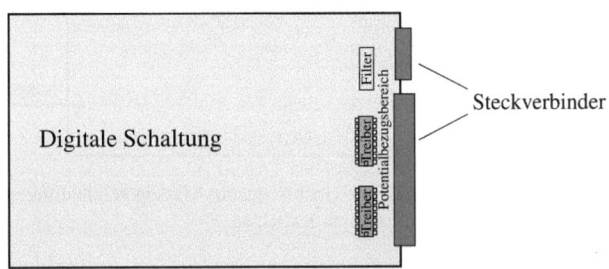

Bild 7.23 Prinzipieller Aufbau einer digitalen Baugruppe mit Sternstruktur

Eine deutlich geringere Verkopplung mit der Umgebung erhält man, wie hergeleitet wurde, durch die Wahl einer Sternstruktur: *Alle* Anschlüsse der Leiterplatte nach außen werden nahe beieinander – z. B. an eine Seite – platziert oder über eine einzige Steckerleiste geführt (s. Bild 7.23, vgl. auch Bild 7.7, S. 158, und Bild 7.20, S. 170). Der Massebereich nahe den Steckverbindern im Bild 7.23 wird Potentialbezugsbereich der Schaltung nach innen und außen. Filter oder als Filter dienende Leitungstreiber für alle nach außen gehenden Leitungen befinden sich ebenfalls in diesem Bereich und beziehen ihr Massepotential von dort – Eingangsleitungen sind wegen der höheren Eingangsimpedanz (Eingangskapazität beachten!) etwas unkritischer. Damit besitzen alle diese Leitungen das (nahezu) gleiche Bezugspotential. Die Koppelimpedanz zwischen der Schaltung auf der Leiterplatte und der Umgebung ist (nahezu) null. Potentialdifferenzen auf der Masse der Schaltung sind zwar vorhanden, können aber kaum nach außen exportiert werden. Somit ist die leitungs- *und* strahlungsgebundene Verkopplung der Schaltung mit der Umgebung sehr reduziert (s. Fallbeispiele Abschn. 8.12, 8.14, 8.15 und 8.16, S. 222 ff.). Dies verringert nicht nur die Strahlung infolge der Massepotentialdifferenzen durch Signalströme, zu erkennen an den ungeradzahligen Harmonischen der Taktfrequenz(en), sondern auch bei taktgesteuerten hochintegrierten ICs infolge Ground Bounce, zu erkennen an den geradzahligen Harmonischen (s. Bild 7.20, S. 170). Die Aufgabe des einheitlichen Potentialbezugs mit einer Sternstruktur kann auch anders als im Bild 7.23 gelöst werden. So können die Steckverbinder durchaus an verschiedene Stellen der Leiterplatte platziert sein, die herausgeführten Masseleitungen müssen nur an den festgelegten Massebezugspunkt der Leiterplatte oder Baugruppe angeschlossen sein und die zugehörigen Signale sich damit auf dessen Potential beziehen.

Werden alle an eine Leiterplatte angeschlossenen Kabel in einem gemeinsamen Kabelbaum verlegt, können Reste exportierter hochfrequenter Massepotentialdifferenzen sich über den kapazitiven Nebenschluss im Kabel schließen; auch die Feldausbreitung und der Antennenwirkungsgrad ist schlechter als bei getrennt geführten Leitungen.

7.5 Massestrukturen von Geräten

An hypothetischen Gerätestrukturen, bei denen noch keine Schaltungseinzelheiten bekannt sind, können bereits Störungsmöglichkeiten diskutiert werden.

Bild 7.24 zeigt eine typische Struktur eines Gerätes. Mehrere Stufen oder Baugruppen seien der Reihe nach mit Masse verbunden (Reihenmassestruktur). Das Massesystem sei auf der einen Seite an das Netzteil (hier die Sekundärwicklung des Netztransformators) angeschlossen, auf der anderen Seite mit einer Signalverbindung (SM) – Eingang oder Ausgang. Um die Darstellung übersichtlicher zu gestalten, wurde das Netzfilter vereinfacht. Da hier nur die Gleichtaktstörungen betrachtet werden sollen, wurde der Gegentaktteil weggelassen. Denn Gegentaktstörungen sind einfach zu behandeln: Grenzfrequenz und Dämpfung müssen richtig gewählt werden.

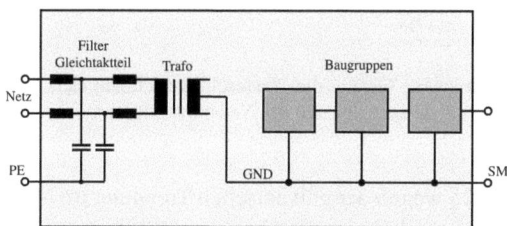

Bild 7.24 Typische Massestruktur eines Gerätes

Die Störungsmöglichkeiten werden sofort deutlich, wenn zwei Geräte mit einer solchen Struktur – z.B. Signalgenerator und Oszilloskop – zusammengeschaltet werden und die Stromanalyse durchgeführt wird (Bild 7.25): Es entsteht eine Masseschleife, die sich sowohl über die PE-Anschlüsse beider Geräte (oben) als auch über die Netzeingänge (unten) und jeweils über die Kapazität des Netztransformators schließt. Sie ist die Ursache gleich mehrerer verschiedener Störungsmöglichkeiten:

1. Alle Stufen beider Geräte sind mit dieser Masseschleife über die zugehörigen Koppelimpedanzen verkoppelt und damit auch untereinander: alle Stufen oder Baugruppen im Gerät 1 untereinander, im Gerät 2 untereinander sowie die des Gerätes 1 mit denen des Gerätes 2 und umgekehrt.
2. Die Analyse zeigt auch, über welchen Mechanismus beide Geräte empfindlich gegen Netzstörungen ($U_\text{stör}$) sein werden und selbst Störungen in das Netz einspeisen können (dafür ersetze man die Störquelle durch einen Messempfänger).

Hier wird deutlich, dass die übliche Unterscheidung zwischen „innerer" und „äußerer" EMV nicht sinnvoll ist, da beide von *demselben* Mechanismus bestimmt sind.

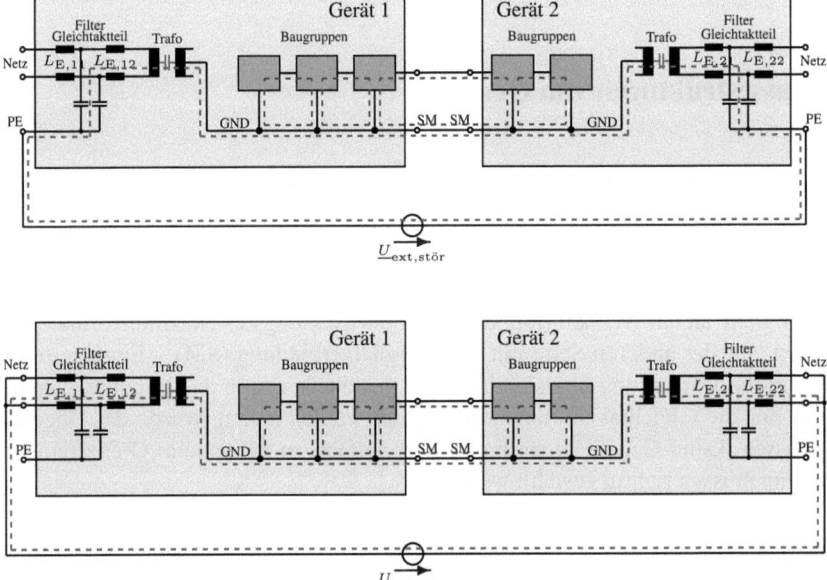

Bild 7.25 Störungen durch Zusammenschalten zweier Geräte; die Masseschleife schließt sich oben über den PE unten über den Netzeingang und jeweils über die Kapazität der Netztransformatoren

Während die Masseschleifen im Bild 7.25 wegen der galvanischen Trennung im Netztrafo erst von einer unteren Grenzfrequenz an wirken, ist dies bei einer Struktur mit mehreren Signalverbindungen ohne eine galvanische Trennung (Bild 7.26) oder, wenn die Signalmasse SM mit dem Schutzleiter verbunden ist, anders; schon kleine Störspannungen

7.5 Massestrukturen von Geräten

($\underline{U}_{\text{stör}}$) können bei einer geringen Impedanz der Masseschleife zu hohen Strömen führen. Die genauen Pfade solcher Kopplungen in einem Gerät hängen vom Aufbau ab und sind in jedem Fall zu analysieren.

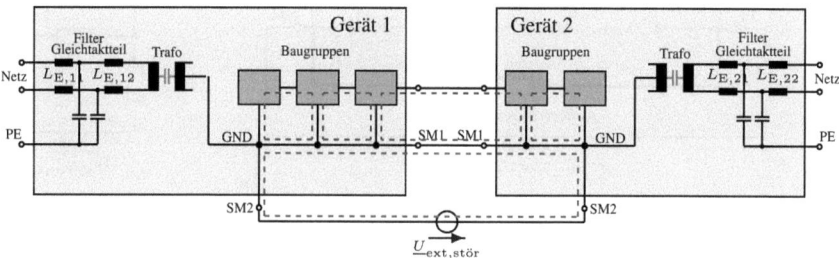

Bild 7.26 Masseschleife durch eine weitere Signalverbindung (von ihr wurde aus Gründen der Übersicht nur die Masseverbindung SM2 gezeichnet)

Die Bilder 7.25 und 7.26 zeigen, *dass* und *wie* durch das Zusammenschalten zweier Geräte Masseschleifen entstehen. Für *qualitative* Überlegungen, die bei der EMV-Planung an einem Gerät zum Zwecke der EMV-Optimierung ausschließlich angestellt werden müssen, brauchen Einzelheiten dieser Masseschleifen, wie Impedanz außerhalb des zu analysierenden Gerätes und externe Störspannung, nicht bekannt zu sein. Wir können also, um ein einzelnes Gerät zu analysieren, diese Masseschleifen einfach als direkte äußere Verbindungen mit einer beliebigen Störspannung in den Stromlaufplan einzeichnen, wie wir das schon bei der Analyse der Baugruppenstrukturen (s. Abschn. 7.2.1, S. 156) getan haben. Diese Erkenntnis ist deshalb so wichtig, weil bei einer Geräteplanung ein zweites Gerät und damit die unbekannte Umgebung anders gar nicht berücksichtigt werden könnte.

> Die direkte äußere Verbindung der Massen aller Aus- und Eingänge des zu planenden Gerätes stellt eine Möglichkeit und noch dazu den Worst Case dar, die Störsituation mit der Umgebung zu berücksichtigen, ohne dass diese in ihren Einzelheiten bekannt sein muss.

Im Bild 7.27 wird diese Vorgehensweise für ein zu planendes Gerät mit einem leitfähigen Gehäuse gezeigt. Um die Darstellung übersichtlicher zu gestalten, wurde vom Netzfilter der Gegentaktteil weggelassen. Zur Betrachtung von Gleichtaktstörungen interessiert nur die Summe der Ströme von Außen- und Neutralleiter; deshalb können wir beide Wicklungen des Gleichtakt-Filters zusammenfassen. Außerdem sind die Filterinduktivitäten durch ihre Impedanz dargestellt. Gleichtaktnetzstörungen werden durch das Netzfilter auf das Gehäuse abgeleitet. Ebenso sei die Masse der nach außen gehenden Signalverbindung(en) (SM) in einem Steckverbinder und/oder Signalfilter auf das Gehäuse gelegt. Damit ist eine Bypassstruktur mit zwei Masseschleifen, einer äußeren und einer inneren, entstanden; das Gehäuseinnere wird eine eigene EMV-Zone.

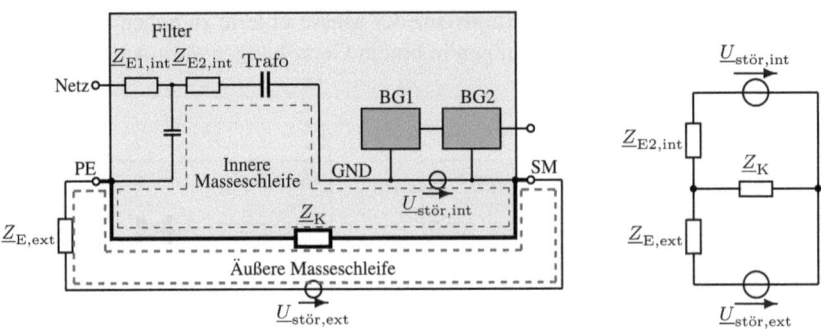

Bild 7.27 Koppelimpedanz $\underline{Z}_K$ zwischen Innen- und Außenraum des Gerätes

Die Impedanz $\underline{Z}_K$ des Gehäuses zwischen den Masseanschlüssen ist die Koppelimpedanz zwischen den EMV-Zonen „Innenraum" und „Außenraum" wie auch zwischen den beiden zugehörigen Masseschleifen. Sie muss *möglichst gering* sein. Dies ist eine konstruktive Aufgabe und sollte, da sie praktisch keine zusätzlichen Materialkosten erfordert, als erste gelöst werden. Da die Störspannungen ($\underline{U}_{\text{stör,int}}$ und $\underline{U}_{\text{stör,ext}}$) hochfrequent sein können, sollte die Verbindung so kurz und breit wie möglich sein; Gehäuseteilungen mit der Gefahr isolierender Eloxal- oder Farbschichten sollten *dort* vermieden werden. Es muss eine im gesamten interessierenden Frequenzbereich dauerhafte, korrosionsbeständige, niederimpedante Verbindung vorhanden sein. Optimal unter *diesen* Gesichtspunkten wäre eine Anordnung der Massebezugspunkte aller nach außen gehenden Verbindungen nah beieinander (Sternpunktstruktur). Im einfachsten Fall wäre dafür nur ein Blech nötig, auf das die Massen dieser Verbindungen einschließlich ihrer Signal- und Netzfilter niederimpedant aufgelegt werden. Sind Signalfilter nahe bei den zugehörigen Steckverbindern platziert oder in sie intergriert, können die herausgefilterten Störströme zu ihrer Quelle zurückfließen, ohne Störungen in der jeweils anderen EMV-Zone zu erzeugen. Dies ist eine konstruktive Frage. Auch die Innenschaltung sollte mit geeigneten Entkopplungsmethoden leitungs- und feldgebunden störungssicher aufgebaut sein. Dann könnte ggf. ein Kunststoffgehäuse verwendet werden. Erst nach Lösung dieser Aufgaben sollte geprüft werden, ob die Dämpfung der leitungsgebundenen Störungen in *beide* Richtungen durch entkoppelnde Impedanzen ($\underline{Z}_{\text{E2,int}}$ und/oder $\underline{Z}_{\text{E,ext}}$) erhöht werden muss. Lässt man bei der Analyse die Masseschleife sich über den Netzeingang schließen, wird die Bedeutung von $\underline{Z}_{\text{E1,int}}$ offenbar.

Mit dem Auflegen von Schutzleiter und Signalmasse auf das Gehäuse und der Schaffung einer weiteren Masseschleife wurde – vielleicht entgegen der Erwartung – die Dämpfung zwischen dem Gerätäußeren und -inneren erhöht, wie auch aus dem ESB (Bild 7.27, rechts) deutlich wird. Tut man dies aus Angst vor Masseschleifen nicht, so werden die äußere und innere Masseschleife identisch und damit die Verkopplung zwischen Außen- und Innenraum maximal (Bild 7.28).

Dennoch ist hier Vorsicht geboten: Die Impedanz der *inneren* Masseschleife wird durch das zusätzliche Auflegen von SM geringer und damit die Verkopplung der betroffenen Stufen und Baugruppen größer; dies kann durch Einfügen von $\underline{Z}_{\text{E2,int}}$ kompensiert werden.

7.5 Massestrukturen von Geräten

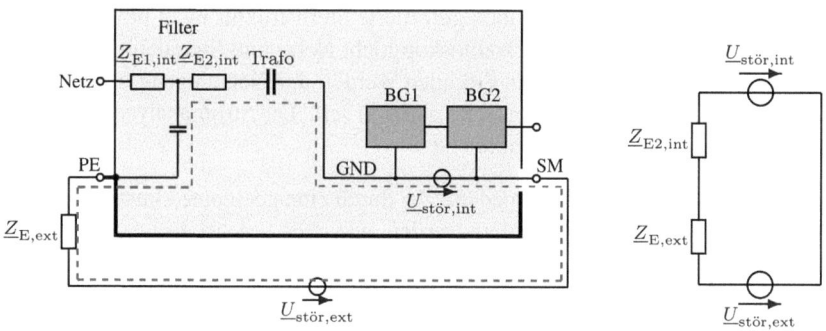

Bild 7.28 Maximale Verkopplung durch Nichtauflegen von SM

Aber auch die Impedanz der *äußeren* Masseschleife wird durch das Auflegen von SM geringer insbesondere bei tiefen Frequenzen wegen der fehlenden entkoppelnden Wirkung des Netztransformators. Dies kann (z. B. durch Netzunsymmetrien) zu einer starken Erhöhung des durch $\underline{U}_{\text{ext,stör}}$ verursachten Stromes in der Masseschleife und zu erhöhten Störungen z. B. über die Transferimpedanz des Kabels (s. Abschn. 7.7.1, S. 184) führen. Dieses Problem muss analysiert und mit entsprechenden Entkopplungsmethoden gelöst werden. Die Beobachtung dieses Sachverhaltes verleitet aber häufig dazu, SM nicht auf das Gehäuse aufzulegen. Damit wird die EMV-Zone zerstört, nur ein Fehler durch einen zweiten kompensiert. Zur Abhilfe könnte die EMV-Zone anders festgelegt werden; dann ist ein leitfähiges Gehäuse aus EMV-Gründen überflüssig.

Man bemerke: Durch Einfügen einer weiteren Masseschleife wird die Dämpfung zwischen Innen- und Außenraum einer EMV-Zone *erhöht*. Die genaue Wirkung dieser Maßnahme ist erst durch die Analyse und über ein ESB zu verstehen.

> Regel: Zum Zwecke einer Verringerung der Verkopplungen zwischen dem Außen- und Innenraum eines Gerätes müssen die Massen aller durch die Gehäusewand hindurchtretenden Leitungen, ggf. ihre Schirme, ihre Filter und Überspannungsschutzeinrichtungen, bei einer Netzleitung das Netzfilter, möglichst niederimpedant untereinander und mit dem Gehäuse oder einem Potentialausgleichsblech verbunden sein. Die Impedanz zwischen diesen Massepunkten, die Koppelimpedanz zwischen der/den inneren und äußeren Masseschleife(n), muss möglichst gering sein. Optimal ist es, wenn diese Massepunkte nah beieinander positioniert sind.
> Ziel: Verzicht auf ein leitfähiges Gehäuse; der Potentialausgleich beschränkt sich auf ein Potentialausgleichsblech; es stellt die Zonengrenze dar.

Eine solche Sternstruktur sollte nicht ohne triftigen Grund bei der Geräteplanung aufgegeben werden, weil damit die besten EMV-Bedingungen nur durch geschickte konstruktive Maßnahmen erreicht und so Bauelemente, Bauvolumen, Gewicht und erhebliche Kosten eingespart werden können!

Es gibt aber Fälle, in denen eine oben geforderte Sternstruktur nicht praktikabel ist: Beispielsweise wird man bei einem Oszilloskop nicht Netz- und Signaleingang nebeneinander anordnen. Aus ergonomischen Gründen werden der Netzeingang an der Rückwand und die Signaleingänge an der Frontseite platziert sein. Die Stromanalyse und das ESB im Bild 7.27 zeigen auch, was dann zu tun ist:

- Auch dann muss die Koppelimpedanz $\underline{Z}_K$ durch eine geeignete konstruktive Gehäusegestaltung möglichst klein gehalten werden, wie oben beschrieben wurde.
- Die Kopplung kann durch Erhöhen der entkoppelnden Impedanzen $\underline{Z}_{E,\text{int}}$ und ggf. zusätzlich $\underline{Z}_{E,\text{ext}}$ der beiden Masseschleifen weiter reduziert werden.

Bei einem Gerät ohne Schutzleiteranschluss (Bild 7.29) ist die Masseschleife über den Netzeingang wegen der Trafokapazität für tiefe Frequenzen hochohmig und nur für höhere Frequenzen über die parasitäre Trafokapazität geschlossen – ein wesentlicher Vorteil! Wir definieren die elektronische Schaltung des Gerätes als EMV-Zone, im Bild 7.29 dunkel markiert. Die störende Wirkung der Masseschleife wird mit Entkopplungsmethoden verringert: z. B. durch eine Sternstruktur oder nur durch eine Verringerung verkoppelnder Impedanzen (Z_{K1} und Z_{K2}), eine Vergrößerung der entkoppelnden Impedanz mit L_{CM} oder, abhängig von Schaltungsdetails, noch anderer. Wir können auch die Masse der elektronischen Schaltung des Gerätes mit einem Bypass versehen (Bild 7.30). Dadurch entsteht eine zusätzliche Masseschleife. Z_K und die Impedanzen von L_{CM1} und L_{CM2} bestimmen die Dämpfung zwischen dem Innen- und Außenraum der Zone.

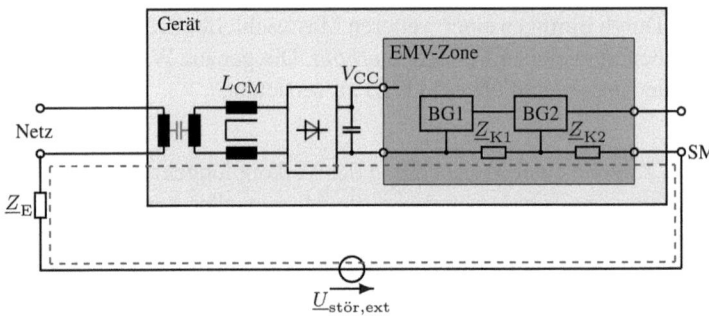

Bild 7.29 Gerät ohne Schutzleiteranschluss, Einrichtung einer EMV-Zone

Bei den Analysen der Gerätestruktur wurde bis jetzt nur der Netzeingang und eine einzige Signalverbindung berücksichtigt. Bei mehreren Signalverbindungen sind die Analysen auch für die anderen Pfade durchzuführen. Im Bild 7.31 ist ein Gerät mit zwei Signalverbindungen zur Umgebung dargestellt. Beide Signalmassen liegen auf dem leitfähigen Gehäuse oder Potentialausgleichsblech, das die Zonengrenze markiert, auf. Dadurch wird eine Bypassstruktur erzeugt. Es bilden sich wieder eine innere und eine äußere Masseschleife. Die Impedanz $\underline{Z}_K$ ist die Koppelimpedanz zwischen beiden Masseschleifen. Die innere Masseschleife besteht nun auch schon, wie die äußere, durch die fehlende galvanische Trennung von der Frequenz $f = 0$ an. Die Stromanalyse macht die Kopplungen

7.5 Massestrukturen von Geräten

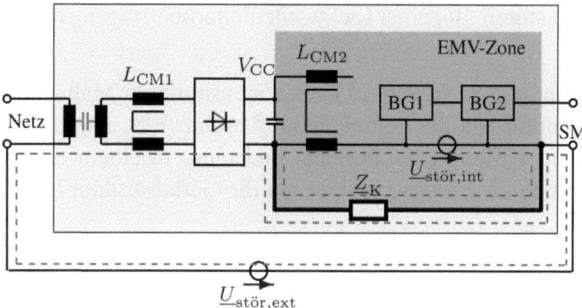

Bild 7.30 Einrichtung eines Bypasses

deutlich. Mit dem Spannungsteiler, bestehend aus $\underline{Z}_K$ und den entkoppelnden Impedanzen durch Gleichtaktdrosseln in den Signalleitungen wird die innere Zone gegen die äußere entkoppelt. Legt man die Signalmassen nicht auf, sind wieder die innere und die äußere Masseschleife identisch, die Kopplung zwischen Innen- und Außenraum maximal. Darüber hinaus ist der Einsatz weiterer Entkopplungsmethoden zu prüfen, von denen die Sternstruktur mit $\underline{Z}_K \rightarrow 0$ die einfachste, billigste und wirkungsvollste ist. Beim Einsatz einer galvanischen Trennung wird eine hohe entkoppelnde Impedanz eingefügt. Sie unterstützt daher die EMV-Zonenbildung und gehört konsequenterweise an die Zonengrenze. Als EMV-Ersatzschaltbild für eine galvanische Trennung dient eine Kapazität. Für hohe Frequenzen muss deshalb die galvanische Trennung durch eine Gleichtaktdrossel unterstützt werden. Ein für die galvanische Trennung eingesetzter Optokoppler ist üblicherweise in die zu entkoppelnde Schaltung integriert und dort platziert; dies stört das Zonenkonzept und ist nur tolerabel, wenn dann auch die Signalverbindung bis zum Gerätegehäuse geschirmt und *dort* unter Einbeziehung der für hohe Frequenzen notwendigen ergänzenden Gleichtaktdrossel gefiltert wird. Eine Platzierung des Optokopplers an die Steckverbindung nach außen am Gerätegehäuse ist mit einem größeren Aufwand verbunden, ist aber aus Sicht des Zonenkonzeptes die konsequentere Lösung und sollte durchaus erwogen werden. Mit ihr würde sogar das Nichtauflegen des Schirms am zugehörigen Ausgangssteckverbinders auf das Potentialausgleichssystem das Zonenkonzept zumindest

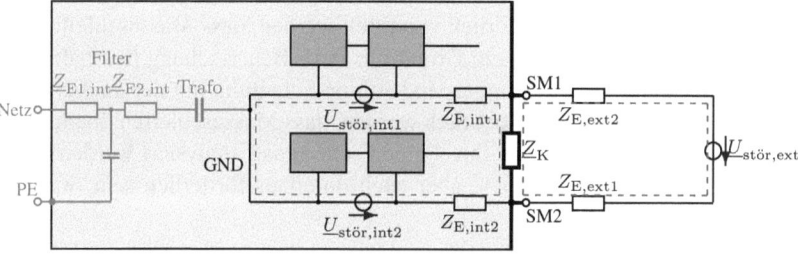

Bild 7.31 Masseschleifen bei einem Gerät mit 2 Signalverbindungen

dieses Gerätes nicht stören. Bei einer Lichtwellenleiterübertragung bestehen diese Schwierigkeiten nicht.

Die Signalübertragung *außerhalb* des Gerätes ist mit diesen Maßnahmen noch nicht geschützt. Die Einkopplung in die Leitungen (s. Abschn. 7.7), etwa infolge zu hoher Störströme in der äußeren Masseschleife, kann und muss in einem eigenen Analyseschritt untersucht werden und kann Konsequenzen auf die Gerätestruktur haben.

7.6 Masseschleifen und Kopplungen in einer Anlage

Die gleiche Vorgehensweise wie im letzten Abschnitt macht auch die Verkopplung einer Anlage oder eines Teiles davon mit der Umgebung deutlich. Im Bild 7.32 wurde als Beispiel angenommen, dass die Teile der Anlage in verschiedenen Gebäuden liegen. Ein Anlagenteil wurde modelliert: Mit den zwei Bypässen – der Potentialausgleichsschiene mit $Z_{K,PA}$ und am Gerätegehäuse mit $Z_{K,G}$ – entstehen drei Masseschleifen; sie sind jeweils einer EMV-Zone zuzuordnen: In jede können Störungen unterschiedlicher Herkunft eingekoppelt werden. Für die geräteinterne Störung $\underline{U}_{stör,G}$ und die außerhalb des Gebäudes liegende $\underline{U}_{stör,ext}$ sind die Impedanzen der beiden Bypässe *verkoppelnde* Impedanzen; sie müssen möglichst klein gehalten werden. Durch die Staffelung der EMV-Zonen sind die Außenwelt und das Geräteinnere stärker entkoppelt. Jeder weitere derartige Bypass, z. B. in jeder Etage des Gebäudes, würde die Dämpfung erhöhen. Da z. B. der Störstrom der äußeren Masche durch den Potentialausgleich am Fundamenterder nicht mehr durch die Kabel im Gebäude fließt, kann er dort auch keine Störungen über die Transferimpedanz (s. Abschn. 7.7.1) einkoppeln. Die *ent*koppelnden Impedanzen können durch Einfügen von Gleichtaktdrosseln vergrößert werden. Auch die Störwirkung anderer z. B. gebäudeinterner Störungen (im Bild 7.32 durch $\underline{I}$ oder im ESB durch seinen Spannungsabfall $\underline{U}_{stör,B}$ an den Leitungen) sind mit dem Bild zu erkennen. Die Stromanalyse macht die Verkopplungen deutlich. Die unterschiedlichen Bezugspotentiale an den verschiedenen Teilen der Anlage wie auch die über die Transferimpedanz eingekoppelten Störungen verlangen eine hinreichend störspannungstolerante Signalübertragung zwischen den Anlagenteilen (s. Entkopplungsmethoden, Abschn. 6.3, S. 131 ff.).

Fazit: Es soll hier nicht der Eindruck vermittelt werden, dass Masseschleifen harmlos sind; wir haben uns aus gutem Grund mit ihrer Beherrschung beschäftigt. Und alle diese angestellten Überlegungen sind auf die Schaltung mit der *inneren* Masseschleife anzuwenden. Hier soll deutlich werden, dass Masseschleifen überhaupt erst einmal richtig erkannt und dann ihre Folgen sehr genau analysiert werden müssen. Masseschleifen können schädlich, aber auch durchaus förderlich sein, wenn man richtig mit ihnen umgeht!

7.7 Verbindung von Baugruppen 183

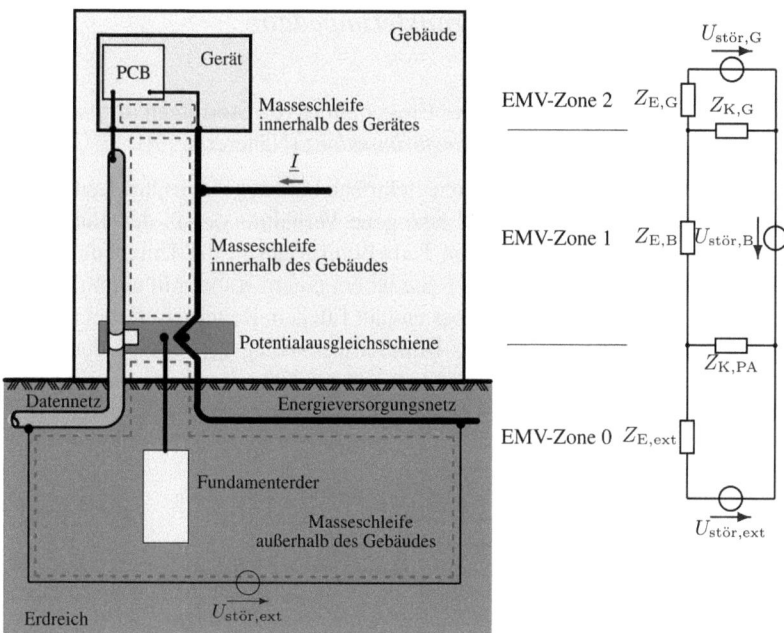

Bild 7.32 Masseschleifen in einer Anlage und ESB

7.7 Verbindung von Baugruppen

In diesem Kapitel waren bisher die Störungsbetrachtungen auf Baugruppen, Geräte oder Anlagenteile selbst beschränkt worden. Störungen, die bei der Übertragung *zwischen* diesen auftreten können, wurden ausgeklammert. Sie sollen in diesem Abschnitt diskutiert werden.

Übertragungsleitungen sind prinzipiell über alle Kopplungsmechanismen Störeinkopplungen ausgesetzt. Über dieselben Mechanismen können Störungen auch exportiert werden. Die kapazitive und elektromagnetische Einkopplung in eine Leitung kann gut mit Schirmung gedämpft werden. Die Dämpfung kann durch Verwendung hochwertiger Kabelschirme ggf. erhöht werden. Unübersichtlich wird es, wenn mehrere Koppelmechanismen zugleich und in Verbindung mit Masseschleifen auftreten. Mit dem Vorhandensein von Masseschleifen sollte man grundsätzlich rechnen. Deshalb wird im Folgenden auch immer von der Existenz von Masseschleifen mit einer treibenden Spannung $\underline{U}_\text{stör}$ zwischen den Massebezugspunkten zweier Geräte, Baugruppen oder Anlagenteile ausgegangen.

7.7.1 Transferadmittanz und Transferimpedanz

Wesentliche Größen zur Beurteilung der Einkopplung von Störungen in geschirmte Kabel sind die *Transferadmittanz* und die *Transferimpedanz* (Näheres s. [3]).

Die *Transferadmittanz* $\underline{Y}'_T$ wird für einen elektrisch kurzen geschirmten Leitungsabschnitt ($l \ll \lambda$) als das auf die Kabellänge l bezogene Verhältnis des in den Innenleiter influenzierten Stromes $\underline{I}_{I,stör}$ zur außen am Kabelschirm gegen die Umgebung anliegenden Spannung $\underline{U}_{stör}$ angegeben (Bild 7.33). Sie ist bei einem Kabel mit einem massiven Kabelschirm null. Ein Geflechtsschirm aber enthält Lücken. Bei einem Kabel mit Geflechtsschirm kann die Transferadmittanz als Blindleitwertsbelag $\underline{Y}'_T$ infolge der Teilkapazität C_I vom Innenleiter durch die Lücken hindurch zur Umgebung interpretiert werden (s. Teilkapazität C_{12} im Bild 2.20, S. 21)[6].

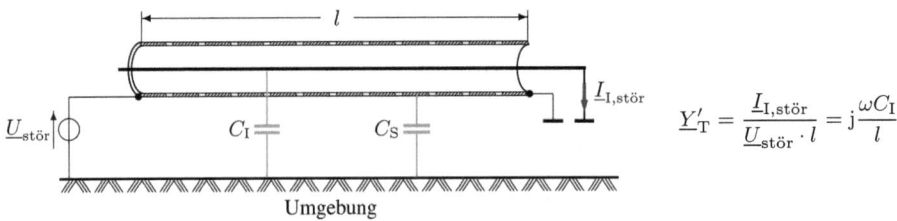

Bild 7.33 Einkopplung eines Störstromes über die Transferadmittanz infolge der Teilkapazität C_I (Umgebung-Innenleiter), verursacht durch Lücken im Geflechtschirm

Die *Transferimpedanz* $\underline{Z}'_T$ stellt für einen elektrisch kurzen geschirmten Leitungsabschnitt ($l \ll \lambda$) das Verhältnis einer in die Signalmasche eingekoppelten Störung $\underline{U}_{S,stör}$ durch den verursachenden Schirmstrom $\underline{I}_{stör}$, bezogen auf die Kabellänge l, dar (Bild 7.34). Dieser Schirmstrom kann Folge einer zwischen den Schirmenden liegenden Spannung $\underline{U}_{stör}$, erzeugt durch Induktion oder Impedanzkopplung, oder auch ein in den Kabelschirm influenzierter Strom sein. Man könnte vermuten, dass die Spannung $\underline{U}_{stör}$, die am Außenleiter des Kabels anliegt, direkt in die Signalmasche eingekoppelt wird und damit bei beidseitigem Abschluss des Kabels mit dem Leitungswellenwiderstand zur Hälfte an der Last $\underline{Z}_0$ ansteht. Dass dies nicht ganz richtig ist, soll nun deutlich gemacht werden.

Prägt man in einen Schirm aus einem massiven zylindrischen Rohr (wie bei „Semi-Rigid-Kabeln") mit der Wandstärke d einen Strom ein, so ist bei $f = 0$ und bei tiefen Frequenzen die Stromdichte über dem Strömungsquerschnitt konstant. Der Gleichstromwiderstandsbelag $R'_=$ des Schirms bestimmt hier also die Transferimpedanz. Bei höheren Frequenzen wird aufgrund der Stromverdrängung, beschrieben durch die *Skineindringtiefe* oder *äquivalente Leitschichtdicke* δ, die Stromdichte und damit der Spannungsabfall an der Innenseite des Schirms kleiner als an der Außenseite. Entsprechend unterscheiden sich die von außen zu messende Impedanz des Kabelschirms (im Bild 7.34: $\underline{Z}_S = \underline{U}_{stör}/\underline{I}_{stör}$) und

---

[6] Die Teilkapazität Innenleiter-Schirm wurde im Bild 7.33 weggelassen, weil im Bild die Spannung an ihr und damit der Strom durch sie null ist

7.7 Verbindung von Baugruppen

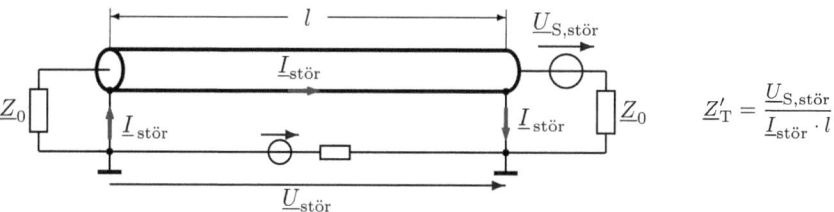

Bild 7.34 Einkopplung einer Störung über die Transferimpedanz

der aus der Transferimpedanz $\underline{Z}'_T \cdot l$ berechnete, in der Signalmasche wirksame Wert bei höheren Frequenzen. Die Transferimpedanz hat den im Bild 7.35 dargestellten Verlauf mit einer durch δ bestimmten Grenzfrequenz f_g in der Größenordnung von 1 MHz. Oberhalb dieser Grenzfrequenz nimmt ihr Wert ab. Das Verhältnis von eingekoppelter Störspannung zu verursachendem Störstrom sich als frequenzabhängigen Widerstand vorzustellen, ist insofern problematisch, als er für den äußeren und inneren Maschenumlauf (in der Masseschleife und der Signalmasche) unterschiedliche Werte besitzen müsste. Theoretisch konsequent ist es, die Transferimpedanz als längenbezogene stromgesteuerte Spannungsquelle zu modellieren (Bild 7.36). Damit werden Schaltbilder aber unübersichtlich; deshalb wurden im Bild 7.39 beide Impedanzen angegeben.

Besteht der Kabelschirm nicht aus einem massiven Leiter, sondern aus einem Geflecht, so fließt der Strom durch die einzelnen Drähte des Geflechtes. Das magnetische Feld im Inneren des Schirms ist nun nicht mehr null. An der mit diesem Feld verknüpften Induktivität entsteht zusätzlich ein frequenzproportionaler Spannungsabfall. Den resultierenden Verlauf der Transferimpedanz von Kabeln mit Geflechtschirmen zeigt prinzipiell Bild 7.37 für unterschiedliche induktive Anteile. Kabel mit geringerer Transferimpedanz bei hohen

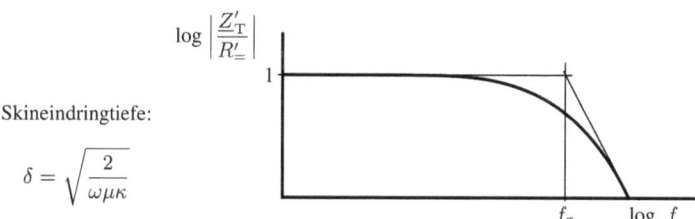

Bild 7.35 Transferimpedanz von Kabeln mit massivem Schirm (Semi-Rigid-Kabel)

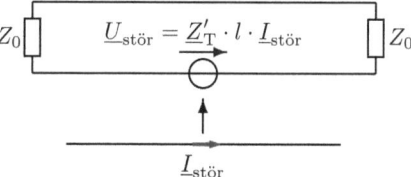

Bild 7.36 Transferimpedanz als längenbezogene stromgesteuerte Spannungsquelle

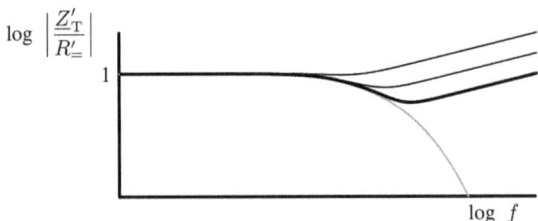

Bild 7.37 Transferimpedanz von Kabeln mit Geflechtsschirm unterschiedlicher Qualität (induktiver Anteil der Transferimpedanz als Parameter)

Frequenzen sind aufwändiger gefertigt und damit teurer. Denn der induktive Anteil hängt von der Qualität des Schirmgeflechtes ab. Er kann aber auch durch eine schlechte Anschlusstechnik vergrößert werden. Deshalb muss ein Kabelschirm an den Enden rundum auf Masse gelegt sein: durch Schellen oder Steckverbinder, die einen solchen Anschluss ermöglichen. Häufig findet man einen Anschluss mit sogenannten „Pigtails". Sie entstehen durch Zusammendrehen des Schirmendes oder durch Verwendung eines Anschlussdrahtes; sie erhöhen die Koppelimpedanz um die Pigtailinduktivität und sollten unbedingt vermieden werden.

7.7.2 Ein- oder beidseitiger Anschluss von Kabelschirmen

Die Frage, ob ein Kabelschirm einseitig oder beidseitig auf Masse gelegt sein soll, wird nun unter Berücksichtigung des Einflusses der Kopplungsmechanismen diskutiert. Ein wesentlicher Parameter ist dabei auch die Kabellänge.

1. Bei *kapazitiver* Kopplung und einseitigem Auflegen hebt der in den Schirm influenzierte Strom das Potential des offenen Schirmendes an, so dass ein Teil dieses Stromes über die Kapazität zwischen Schirm und Innenleiter(n) auf den(die) Innenleiter gelangt und an der Parallelschaltung von $\underline{Z}_q$ und $\underline{Z}_L$ eine Störspannung verursacht (Bild 7.38 oben, hier wurde $\underline{Z}_L \gg \underline{Z}_q$ angenommen). Bei beidseitigem Schirmanschluss kompensieren sich diese Spannungsabfälle auf dem Schirm mindestens teilweise, bei zur Kabelmitte symmetrischer Einkopplung sogar ganz (Bild 7.38 unten).
2. Eine durch *induktive Kopplung* oder *Impedanzkopplung* entstandene Spannung $\underline{U}_{\text{stör}}$ wird bei *ein*seitigem Schirmanschluss der Signalquellenspannung direkt überlagert (s. Bild 7.39, oben). Bei *beid*seitigem Anschluss wird nur der durch den Spannungsteiler, gebildet aus $\underline{Z}_i$ und $\underline{Z}_S$, reduzierte Anteil an $\underline{Z}_S$, multipliziert mit dem Verhältnis $\underline{Z}'_T \cdot l/\underline{Z}_S$, in die Signalmasche eingekoppelt (s. Bild 7.39, unten). Bei tiefen Frequenzen ist $\underline{Z}'_T \cdot l/\underline{Z}_S = 1$. Infolge der niedrigen Impedanz der entstandenen Masseschleife kann der in ihr fließende Strom sehr hohe Werte annehmen und ggf. den Kabelschirm zerstören.

7.7 Verbindung von Baugruppen 187

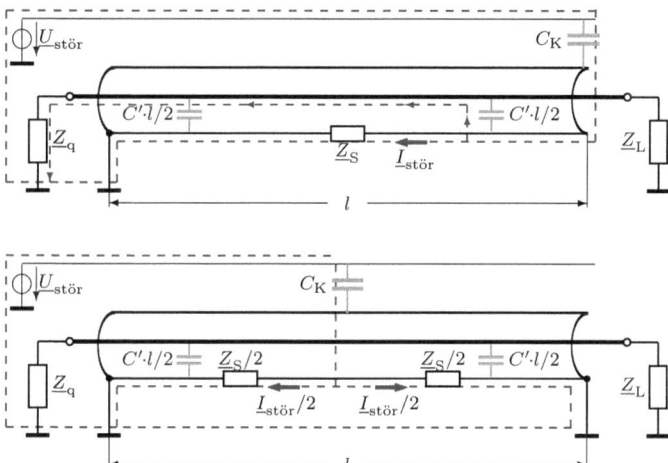

Bild 7.38 Koaxialkabel mit kapazitiver Kopplung, Schirm einseitig (*oben*) und beidseitig (*unten*) angeschlossen

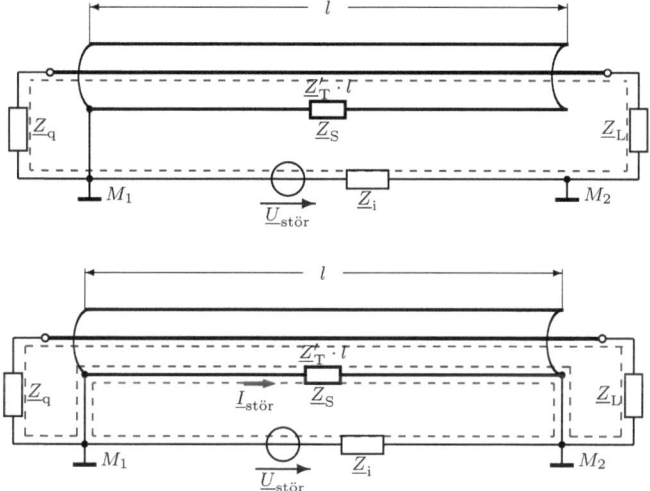

Bild 7.39 Koaxialkabel bei induktiver Kopplung und Impedanzkopplung, Schirm einseitig (*oben*) und beidseitig (*unten*) angeschlossen; Transferimpedanz mit unterschiedlichen Werten für die äußere und innere Masche modelliert

3. Der bei beidseitigem Anschluss in der Masseschleife fließende Strom erzeugt auf dem Schirm Potentialdifferenzen, die über den Kapazitätsbelag zwischen Kabelschirm und Innenleiter(n) Störungen in die Signalmasche(n) einkoppeln.
4. Durch Verlegen eines Kabels nahe an leitfähigen Strukturen, die auf Massepotential liegen (z. B. an Stahlträgern in Hallen oder Gehäuseteilen in Geräten), wird das Kabel

im *elektrischen* Feld einem geringeren elektrischen Potential ausgesetzt. Aber auch die Fläche der Masseschleife und damit die infolge *magnetischer Wechselfelder* in sie induzierte Spannung wird dadurch geringer. Die aus beiden Quellen entstehenden Störungen sind reduziert.

5. Die beim beidseitigen Auflegen des Schirms infolge magnetischer Wechselfelder entstehenden Schirmströme kompensieren oberhalb der Grenzfrequenz der Masseschleife, die aus ihrer Induktivität L und ihrem Widerstand R über $f_g = R/2\pi L$ zu berechnen ist, nach der Lenzschen Regel den magnetischen Fluss in der Masseschleife und damit den weiteren frequenzproportionalen Anstieg der induzierten Störspannung, der bei nur einseitigem Auflegen entsteht (s. Bild 7.40 und auch Abschn. 2.7.1, S. 26).

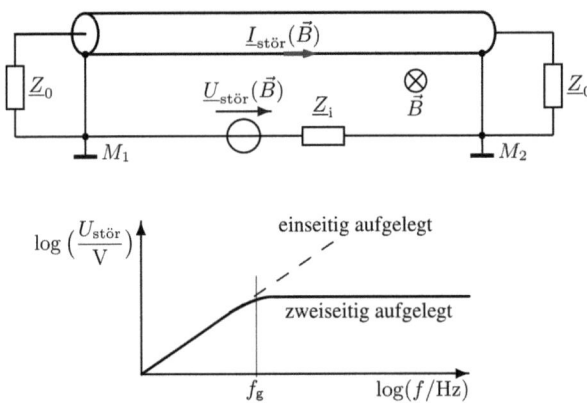

Bild 7.40 Kompensation eines magnetischen Störfeldes durch beidseitiges Auflegen des Schirms

6. Kabelschirme bilden Antennen, auf denen sich in einem *hochfrequenten elektromagnetischen Feld* Spannungs- und Stromverteilungen über der Länge ausbilden. Diese werden leitungsgebunden in die angeschlossenen Schaltungen eingekoppelt (Immission), oder diese Antennenstrukturen werden durch Massepotentialdifferenzen angeregt (Emission).

7. Die Anschlussimpedanzen des Kabels müssen möglichst niedrig sein, der Kabelschirm muss also großflächig aufgelegt sein, damit Schirmströme das Potential des Kabelschirmes möglichst wenig erhöhen. Das würde nämlich einerseits zu einer höheren kapazitiv in den(die) Innenleiter influenzierten Störung führen. Andererseits würde eine hochfrequente Spannung auf dem(den) Innenleiter(n) ebenfalls das Potential des Kabelschirmes erhöhen und bei hohen Frequenzen zu Abstrahlung führen (Fallbeispiel s. Abschn. 8.5, S. 207). Auch ein hoher Induktivitätsbelag des Kabelschirmes kann solche Auswirkungen haben.

Die Störkopplungen wirken grundsätzlich über denselben Mechanismus in beide Richtungen, führen zu Ein- und Auskopplung.

7.7.3 Anschluss von Kabeln

Nun werden weitere verschiedene Signalverbindungen und die aus EMV-Sicht resultierenden Ergebnisse diskutiert: für ungeschirmte und geschirmte Kabel, unsymmetrische und symmetrische Kabel, einseitig und beidseitig aufgelegte Kabelschirme, für Spannungs- und Stromübertragung. Die Einkopplung von Störungen in ungeschirmte Signalmaschen wurde schon im Kap. 3 eingehend beschrieben. Deshalb werden hier vor allem die Effekte durch Masseschleifenbildung über den Signalrückleiter und eine weitere Verbindung (z. B. das Netz) untersucht.

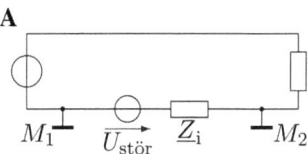

Anordnung A: Ungeschirmte Signalleitung, Masse als Rückleiter.

Ergebnis: Die Störspannung $\underline{U}_{stör}$ zwischen den Massepunkten M_1 und M_2 von Sender bzw. Empfänger überlagert sich ungedämpft der Signalspannung.

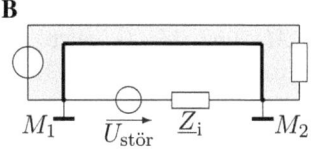

Anordnung B: Nun wurde ein eigener Rückleiter nahe beim Hinleiter verlegt.

Ergebnis: Mit der Reduzierung der Fläche der Signalmasche (grau) wird eine in sie induzierte Spannung geringer. Die Spannung $\underline{U}_{stör}$ wird mit dem Spannungsteilerverhältnis des aus $\underline{Z}_i$ und der Impedanz des Signalrückleiters gebildeten Spannungsteilers reduziert wirksam. Für niedrige Frequenzen der Störung ist dieses Verhältnis durch Vergrößern des Leiterquerschnittes des Signalrückleiters zu verbessern.

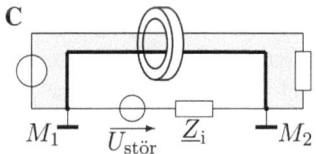

Anordnung C: Eine Gleichtaktdrossel wird in die Signalmasche geschaltet – sie kann auch Teil des Eingangsfilters am Empfänger sein.

Ergebnis: Bei hohen Frequenzen der Störung wird durch die Gleichtaktdrossel der Strom in der Masseschleife verringert. Die Spannung $\underline{U}_{stör}$ wird transformatorisch kompensiert. Die Drossel wirkt gegen induktive Kopplung und Impedanzkopplung.

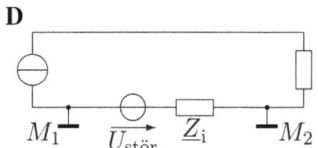

Anordnung D: Wie A, aber Stromübertragung anstelle der Spannungsübertragung.

Ergebnis: Die Stromübertragung ist zwar sehr tolerant gegenüber der Spannung $\underline{U}_{stör}$, aber sehr empfindlich gegenüber kapazitiver Einkopplung. Ohne Schirm sehr unbefriedigend!

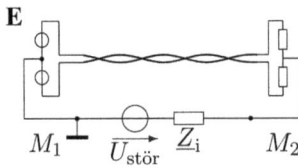

Anordnung E: Symmetrische, ungeschirmte Leitung.

Ergebnis: Kapazitive Einkopplung einer Gegentaktstörung wird durch Symmetrierung, niedrige Signalquelleninnenwiderstände und, wie auch die induktive Kopplung, durch die Verdrillung der Leitungen unterdrückt. Der Einfluss von $\underline{U}_{\text{stör}}$ wird durch Brückenabgleich und hinreichende Gleichtaktunterdrückung des Empfängers beherrscht.

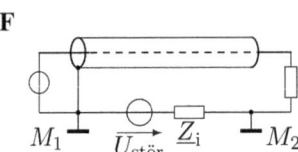

Anordung F: Koaxkabel, Schirm einseitig auf Masse.

Ergebnis: Der Schirm schützt gegen kapazitive und mit Einschränkung gegen Strahlungskopplung. Die Störspannung $\underline{U}_{\text{stör}}$ wird ungedämpft dem Signal überlagert.

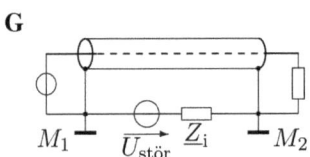

Anordnung G: Koaxkabel, Schirm/Signalrückleiter beidseitig auf Masse.

Ergebnis: Der Schirm schützt gegen kapazitive und Strahlungskopplung. Die Masseschleife dämpft die Störspannung zwischen M_1 und M_2 (s. auch Abschn. 7.7.2); der Schirmstrom koppelt über die Transferimpedanz eine Störspannung in die Signalmasche.
Nachteil: Über den Kabelschirm fließt u.U. ein unzulässig hoher Störstrom.

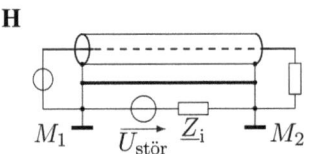

Anordnung H: Ein hoher niederfrequenter Störstrom auf dem Kabelschirm kann durch einen Beidraht reduziert werden; Kriterium für die Verbesserung ist das Widerstandsverhältnis (Kupferquerschnitt).

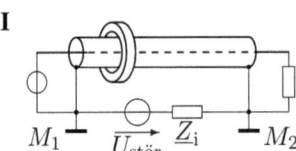

Anordnung I: Ist der Störstrom auf dem Kabelschirm hochfrequent, wird er durch eine Gleichtaktdrossel, die auch Teil des Eingangsfilters auf der Empfängerseite sein kann, reduziert. Mit steigender Induktivität wird die Grenzfrequenz f_g (s. Abschn. 7.7.2) erniedrigt.

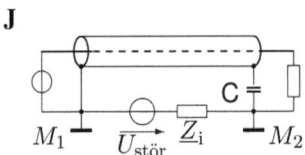

Anordnung J: Der Schirmstrom ist bei tiefen Frequenzen verringert mit den Vorteilen eines beidseitigen Schirmanschlusses bei hohen Frequenzen. Die Grenzfrequenz wird wesentlich durch C bestimmt.
Ergebnis: Die Schaltung verhält sich unterhalb der Grenzfrequenz wie F, oberhalb wie G. Der Anschluss der Kapazität und damit auch des Schirmes hat induktivitätsarm zu erfolgen, nicht mit „Pigtails".

7.7 Verbindung von Baugruppen   191

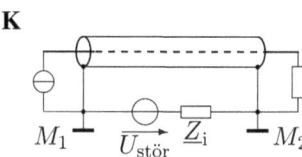

Anordnung K: Wie G, aber mit Stromübertragung. Ergebnis: Die Stromübertragung ist unanfällig gegenüber eingekoppelten Spannungen, aber empfindlich gegenüber kapazitiver Einkopplung. Deshalb sollte der Schirm beidseitig aufgelegt sein. Sehr störsichere Anordnung! Nachteil wie bei G.

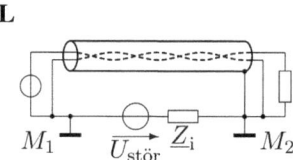

Anordnung L: Der Schirm ist nun nicht mehr Signalrückleiter. $\underline{U}_{\text{stör}}$ tritt aber immer noch zwischen den Signalmassen von Sender und Empfänger auf. Deshalb praktisch keine Vorteile gegenüber G.

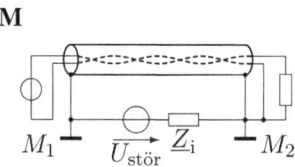

Anordnung M: Der Schirm hat eine Potentialausgleichsfunktion. Durch eine eigene Leitung bekommt der Sender das Bezugspotential vom Empfänger; sein Ausgangssignal wird, auf M_2 bezogen, richtig gesendet. Spannungsabfälle durch Störströme auf dem Schirm werden nicht über Impedanzkopplung in die Signalmasche eingekoppelt. Sie können nur noch kapazitiv einkoppeln.

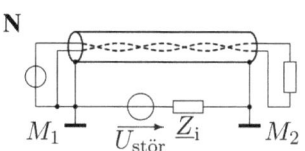

Anordnung N: Ähnlich wie M; aber der Empfänger bezieht sein Bezugspotential vom Sender; die Senderausgangsspannung wird, auf M_1 bezogen, richtig empfangen.

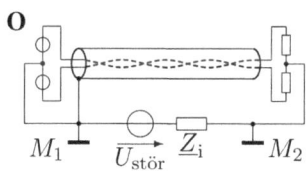

Anordnung O: Die Signalübertragung wurde symmetrisch ausgelegt. $\underline{U}_{\text{stör}}$ tritt als Gleichtaktspannung auf. Die aus den (nicht gezeichneten) Innenimpedanzen der Signalquellen, den Lastimpedanzen und den parasitären Impedanzen der Leitung bestehende Brücke wandelt bei nicht exaktem Abgleich einen Teil der Gleichtaktspannung in ein Gegentaktsignal um (Gleichtakt-Gegentakt-Konversion). Außerdem liegt bezogen auf das Massepotential des Empfängers am Schirm ebenfalls $\underline{U}_{\text{stör}}$ ungedämpft und koppelt kapazitiv auf die Signalleitung einen Störstrom ein, der, abhängig vom Brückenabgleich und der Höhe der Innenimpedanz der Signalquellen, eine Störgegentaktspannung an der Last verursacht.

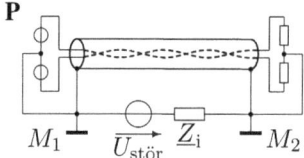

Anordnung P: Ähnlich wie O. Vorteile beidseitiger Schirmauflage s. Abschn. 7.7.2. Der Kabelschirmstrom kann u. U. unzulässig hoch werden. Eine weitere Verbesserung kann durch Stromübertragung in dieser Anordnung erreicht werden.

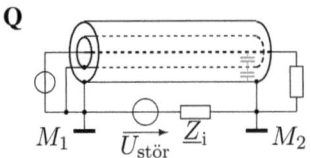

Anordnung Q: Bei einem doppelt geschirmten Kabel wurde der äußere Schirm wie in G beidseitig aufgelegt, der innere Schirm nur einseitig, er soll kapazitive Kopplung vom äußeren Schirm auf den Innenleiter vermeiden. Infolge der hohen Kapazitäten zwischen den Schirmen ist die Wirkung begrenzt.

7.7.4 Verbindung digitaler Schaltungen mit Flachbandkabeln

Verbindungen zwischen Leiterplatten mit digitalen Schaltungen über Flachbandkabel benötigen eine ausreichende Zahl von Masseleitern, die gleichmäßig zwischen die Signalleitungen verteilt werden sollten. Damit wird die Schleifen*fläche* bestehend aus Hin- und Rückleiter jeder Signalmasche und damit auch die partielle Induktivität der Masse kleiner. Ströme erzeugen kleinere Spannungsabfälle auf ihr. Die angeschlossenen Baugruppen bilden Antennenstrukturen, die weniger angeregt werden. Bild 7.41 zeigt verschiedene Verteilungen der Masseleitung. Bei dem Beispiel in der Mitte sind die Induktivitäten der Signalschleifen doppelt so groß wie links. Das Beispiel rechts stellt die schlechteste Möglichkeit überhaupt dar; eine Verlagerung der einzigen Masseleitung in die Mitte brächte für die entgegengesetzte Leitung (Worst Case) schon eine Verbesserung um den Faktor zwei.

Bild 7.41 Verteilung der Masseleitungen in Flachbandkabeln

7.8 Zonen mit definiertem Massebezugspotential

Ein genaues Bezugspotential ist nur für einen einzigen Punkt einer Schaltung definierbar. Für Schaltungen mit geringer räumlicher Ausdehnung kann in der Regel für alle Stufen ein gemeinsames definiertes Bezugspotential durch eine Sternstruktur erreicht werden. Bei etwas größerer Ausdehnung kann man versuchen, den Bereich um einen Punkt definierten Bezugspotentials durch Verwenden eines eigenen „stromlosen Potentialbezugssystems" zu vergrößern. Auch dies hat seine Grenze, nämlich in der Bedingung der Stromlosigkeit und der steigenden Impedanz mit wachsender Größe dieses Systems.

Sobald eine Schaltung räumlich weiter ausgedehnt ist – sei es innerhalb eines größeren Gerätes oder in einer aus mehreren Geräten aufgebauten Anlage –, lassen sich größere

Massepotentialunterschiede zwischen einzelnen Schaltungsbereichen nicht vermeiden. In diesem Fall gliedert man eine Schaltung in Zonen (s. Bild 7.42), für die man jeweils einen Potentialbezugspunkt definiert. Signalverbindungen zwischen Zonen müssen bei zu erwartenden erhöhten Störpotentialdifferenzen diese Fehlerspannungen tolerieren können. Außer der Erhöhung des Signalpegels (bei Analogschaltungen) kann man dazu weitere für den Anwendungsfall geeignete Entkopplungsmethoden (s. Abschn. 6.3) verwenden.

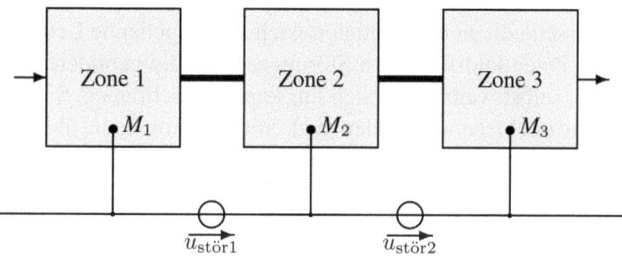

Bild 7.42 Zonen mit definiertem Bezugspotential in einer Reihenmassestruktur. Die Signalverbindungen müssen Massepotentialunterschiede tolerieren können

Alle diese Entkopplungsmethoden besitzen auch nur begrenzte, z. B. vom Frequenzbereich abhängige Störungsdämpfung. Und sie sind unterschiedlich aufwändig.

Interessant ist die Tatsache, dass einige der angesprochenen Entkopplungsmethoden, so die galvanische Trennung, die symmetrische und die Stromübertragung, letztere in Form der 20 mA-Schnittstelle, durchaus als Lösung zur Verbindung von Schaltungsteilen mit unterschiedlichem, Massepotential genutzt werden, allerdings jeweils in ganz bestimmten Produkt-Bereichen. Eine Ausnahme bildet die Gleichtaktdrossel, die häufig als das einzige – und letzte – Mittel bekannt ist. Diese Entkopplungsmethoden sind dort Standard, man baut die Schaltungen schon aus Kompatibilitätsgründen nicht anders. Dagegen ist ja auch nichts zu sagen. Erstaunlich ist, dass dieselben Methoden, wenn keine der Standardsituationen vorliegt, unbekannt zu sein scheinen. Man ist sich offenbar ihrer Wirkung und ihrer Allgemeingültigkeit nicht bewusst. Dies zu ändern, ist ein wichtiger erster Schritt. Bei der Planung der Partitionierung eines neuen Gerätes oder einer neuen Anlage sollte man *alle* Entkopplungsmethoden diskutieren, ihren oft erheblichen und günstigen oder weniger günstigen Einfluss auf die Gestaltung der Schaltung und ihre Vor- und Nachteile, auch im Hinblick auf Konstruktion und Preis, sich deutlich machen.

7.9 Zusammenfassung

In diesem Kapitel wurde ein wesentlicher und unübersichtlicher Grund für Störungen, nämlich die Kopplung zwischen einer elektronischen Schaltung und der Umgebung über Masseschleifen, diskutiert. Neben der direkten Kopplung über kapazitive, induktive Kopplung und Strahlungskopplung gelangen Störungen über Masseschleifen aus der Umgebung in eine Schaltung und umgekehrt. Für die Einkopplung in eine Schaltung wurde eine externe Störung angenommen, deren Ursache und Höhe wir für eine qualitative Planung nicht kennen müssen. Ein Störstrom muss sich schließen; er wird das über den impedanzärmsten Weg tun oder über mehrere parallele Wege entsprechend den jeweiligen Impedanzen. Wir haben uns die Pfade angesehen, über die er in die Schaltung gelangen kann, und uns überlegt, wie wir ihm Pfade zur Verfügung stellen können, damit das nicht passiert. Umgekehrt müssen wir uns die Masse einer elektronischen Schaltung als ein ausgedehntes Gebilde vorstellen, das zeitlich und räumlich sich ändernde Potentiale aufweist. Werden an Punkte mit unterschiedlichen Potentialen nach außen gehende Leitungen angeschlossen, so werden die Potentialdifferenzen Störungen über die gebildeteten Masseschleifen exportieren können, selbst wenn diese sich nur kapazitiv schließen. Sind die Potentialdifferenzen hinreichend hochfrequent, bilden die Leitungen Antennen, über die die Störungen abgestrahlt werden. Über denselben Mechanismus wird eine Schaltung auch empfindlich gegen Einstrahlung.

Eine wichtige Hilfe bei der Planung stellt das EMV-Zonenkonzept und die dafür wichtige Festlegung eines Potential-Bezugspunktes oder -Bezugsbereiches dar. Die dafür verwendete Sternstruktur bietet mit ihrer Eigenschaft, die Koppelimpedanz zwischen Schaltung und Umgebung zu null oder in der Praxis sehr klein zu machen, ein einzigartiges Instrument, Schaltungen störungssicher aufzubauen. Ihr Einsatz sollte deshalb sorgfältig geprüft und nicht ohne Not aufgegeben werden. Aber selbst, wenn die Sternstruktur nicht einsetzbar ist, sollte versucht werden, zunächst die *verkoppelnden* Impedanzen zwischen den EMV-Zonen „Schaltung" und „Umgebung" zu minimieren und dann die Dämpfung ggf. noch durch *entkoppelnde* Impedanzen zu erhöhen. Beide Arten von Impedanzen bilden ein Dämpfungsglied. Durch Schaffen weiterer Masseschleifen, können solche Dämpfungsglieder in Reihe geschaltet und die Dämpfung erhöht werden. Die vorgestellten Verfahren ermöglichen es, diese Zusammenhänge zu visualisieren und eine systematische Planung durchzuführen.

Masseschleifen sind nicht nur schädlich; richtig eingesetzt, können sie auch segensreich sein. Man muss ihre störende Wirkung und die Möglichkeiten, mit denen man mit ihnen umgehen kann, genau kennen. Die weit verbreitete Regel, Masseschleifen unbedingt zu vermeiden, ist nur die halbe Wahrheit.

Da die Analyse und die darauf aufbauende Planung häufig zu unüblichen Lösungen führt, ist der Aufbau eines Prototypen ohne eingehende Planung sinnlos.

Literatur

1. Franz, J.: Gestaltung des Massesystems elektronischer Schaltungen unter EMV-Gesichtspunkten, Tagungsband „Rechnergestützter Entwurf von modernen Bauelementeträgern (CAD/CAE)", Juni 1992, Ingenieurtechnischer Verband KDT e.V., Gesellschaft für Elektrotechnik
2. Hasse, P./ Wiesinger, J.: EMV Blitzschutz-Zonen-Konzept, Pflaum Verlag, München, VDE-Verlag, Berlin, Offenbach, 1994
3. Kaden,H.: Wirbelströme und Schirmung in der Nachrichtentechnik, Springer Verlag, Berlin, Göttingen, Heidelberg, Zweite Auflage, 1959

4. Öing, St.: Elektromagnetisches Strahlungsfeld elektronischer Komponenten und Systeme, Dissertation, Universität Paderborn, Verlag Shaker, ISBN 3-8265-1048-8
5. Öing, S./ Eckardt, H.: Einfluss inhomogener Teilmasseflächen auf das abgestrahlte elektromagnetische Feld, Tagungsband „Internationale Fachmesse und Kongress für Elektromagnetische Verträglichkeit" '98, VDE-Verlag, Berlin, Offenbach, 1998
6. Vance, E. F.: Electromagnetic Interference Control, IEEE Transactions of Electromagnetic 22 (1980) Heft 4

Kapitel 8
Fallbeispiele

In diesem Kapitel sollen die bisher erarbeiteten Methoden und die damit gewonnenen theoretischen Zusammenhänge auf praktische Fälle angewandt werden. Die angeführten Beispiele entstammen alle Projekten aus der – meist industriellen – Praxis. An ihnen wird u. A. deutlich, dass beim Aufbau der Massestruktur immer wieder die gleichen Fehler gemacht werden, offenbar resultierend aus einer ungenügenden theoretischen Durchdringung der praktischen EMV-Situation. Damit nicht die gleichen Fehler wieder gemacht werden, sei hier ausdrücklich gewarnt, die im Folgenden erarbeiteten Lösungen als „Entstörmaßnahmen" anzusehen und auf andere Projekte mit möglicherweise anderen Voraussetzungen unreflektiert zu übertragen. Sie dienen allein dazu, beispielhaft die *Anwendung* der Methodik aufzuzeigen und damit die EMV-Arbeitsweise auf eine neue, effektivere Basis zu stellen. Nicht die Lösung, sondern der Weg dorthin sollte im Blickpunkt stehen. Gute EMV-Lösungen bedürfen immer einer sorgfältigen Analyse und eines daraus resultierenden tiefen Verständnisses der gerade vorliegenden EMV-Situation. Die Zeit für diese Arbeit muss man sich nehmen, um dann wirklich Zeit und Kosten sparen zu können.

8.1 Das klassische Spannungsteiler-Problem

Beim klassischen Spannungsteiler-Problem handelt es sich um das Phänomen von Dämpfungsfehlern bei Spannungsteilern im Bereich hoher Dämpfungen; es tritt gleichermaßen bei Filtern mit hoher Sperrdämpfung im Sperrbereich auf.

Das Bild 8.1 zeigt in seinem oberen Teil einen Signalkreis mit einem eingefügten Teiler. Die Schaltung muss für eine EMV-Analyse im Zusammenspiel mit der – in dieser Schaltung nicht gezeichneten – Umgebung gesehen werden. Wir müssen die Versorgung von Signalquelle und Signalsenke aus einem gemeinsamen Netzteil oder auch getrennten Netzteilen und das Zusammenschalten dieser Schaltung mit anderen Schaltungen berücksichtigen. Dadurch kommen Masseschleifen zustande. Diese Masseschleifen, im Bild 8.1 (unten) vereinfacht durch die Masche 3 repräsentiert, sind Ursache des angesprochenen Phänomens. Um die Störpfade deutlich zu machen, ist das Ersatzschaltbild für eine Tei-

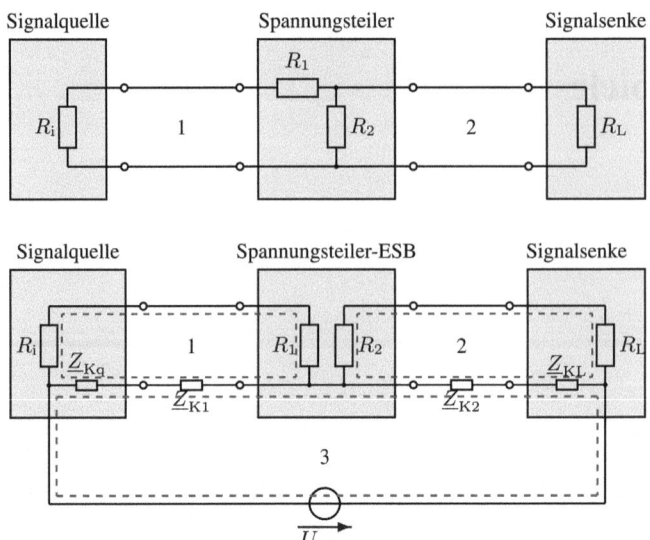

Bild 8.1 Signalkreis mit Spannungsteiler (*oben*), Ersatzschaltbild des Störungsproblems und Stromanalyse (*unten*)

lerdämpfung $a \to \infty$ gezeichnet. Der Lastwiderstand in der Masche 1 wird dann R_1 und der Quelleninnenwiderstand, den der Teiler für die Masche 2 darstellt, R_2. Unter Berücksichtigung der wirksamen verkoppelnden Masseimpedanzen – das können $\underline{Z}_{Kq}$ innerhalb der Schaltung der Signalquelle, $\underline{Z}_{K1}$ und $\underline{Z}_{K2}$ die der Verbindungen (z. B. die Transferimpedanz koaxialer Leitungen) und $\underline{Z}_{KL}$ innerhalb der Signalsenke sein – erhalten wir ein Ersatzschaltbild wie im Bild 8.1 (unten). Mit der Stromanalyse wird die Verkopplung der Maschen 1 und 2 über die eingezeichneten Masseimpedanzen mit der Umgebung, dargestellt durch die Masche 3, offenbar. Die Kopplung über die Masche 3 führt zu den zwei Störphänomenen:

1. Die Maschen 1 und 2 sind miteinander verkoppelt: Die Spannungsabfälle an $\underline{Z}_{Kq}$ und $\underline{Z}_{K1}$ durch den Signalstrom der Masche 1 treiben einen Strom durch die Masche 3, der wiederum Spannungsabfälle an $\underline{Z}_{K2}$ und $\underline{Z}_{KL}$ erzeugt. Diese überlagern sich der Teilerausgangsspannung und führen zu den angesprochenen Dämpfungsfehlern bei hohen Dämpfungswerten.
2. Es werden Anteile einer externen Störquelle ($\underline{U}_{stör}$) eingekoppelt. Dies führt zu einem verschlechterten Störabstand insbesondere in der Masche 2.

Für Filterschaltungen mit hoher Sperrdämpfung besteht das gleiche Problem im Sperrbereich des Filters. Die erreichbare Sperrdämpfung ist durch die aufgezeigte Impedanzkopplung begrenzt.

Eine hohe Dämpfung des Spannungsteilers kann ebenso wie eine hohe Sperrdämpfung des Filters überhaupt nur wirksam werden, wenn die Verkopplung der Maschen 1 und 2 miteinander hinreichend gering gehalten wird. Eine gute Schaltungs- und Layoutauslegung muss die Wirkung der Masseschleife durch Anwendung geeigneter Entkopplungsmethoden[1] reduzieren. Besonderes Augenmerk muss auf den Massepotentialunterschied zwischen dem Spannungsteiler und der Folgeschaltung gelegt werden. Maßnahmen müssen zum Ziel haben,

- die Masseimpedanzen $\underline{Z}_{K2}$ und $\underline{Z}_{KL}$ zu verringern (z. B. durch Platzierung des Teilers nahe an die Signalsenke und eine günstige Massestruktur in der Signalsenke) und
- den Störstrom durch diese Impedanzen über eine Erhöhung der Impedanz der Masseschleife zu reduzieren (z. B. durch eine Gleichtaktdrossel, galvanische Trennung oder differenzbildende Schaltung) oder
- den durch den Störstrom auf der Masse verursachten Spannungabfall unwirksam zu machen (Differenzbildung, symmetrische Übertragung oder Stromübertragung)

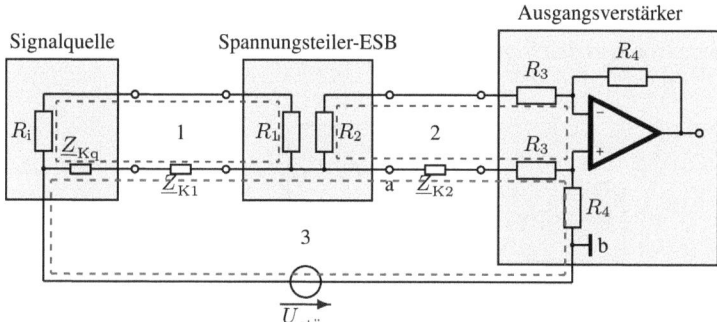

Bild 8.2 Beispiellösung: Der Ausgangsverstärker ist in einer differenzbildenden Schaltung ausgeführt

Ein Lösungsbeispiel möge dies verdeutlichen: In einem Signalgenerator folgt üblicherweise dem Teiler zur Einstellung der Ausgangsspannung ein Ausgangsverstärker. Es bietet sich geradezu an, diesen als differenzbildende Schaltung (s. Entkopplungsmethode „Differenzbildung", S. 137) auszuführen. Entweder verwendet man die im Bild 8.2 dargestellte Schaltung, bei der die mit R_3 und R_4 bezeichneten Widerstände sehr genau abgeglichen sein müssen, oder einen integrierten Differenzbildner (Instrumentation-Amplifier). Bei beiden Lösungen wird die Fehlerspannung aus dem Nutzsignal herausgerechnet und die Masseschleife hochohmig gemacht. Dämpfungsfehler sowie eine Verringerung des Störabstandes infolge $U_{\text{stör}}$ sind dann weitgehend aufgehoben.

8.2 Stereoverstärker

Masseschleifen schließen sich oft über Netzteile, entweder ein zentrales (*ein* Netzteil für alle Stufen und Baugruppen) oder auch galvanisch getrennte. Weithin bekannt ist diese Problematik bei Stereo-Leistungsverstärkern; sie kann aber sinngemäß auch auf andere

---

[1] S. dazu Abschn. 6.3 und auch 7.1 und 7.2.

Schaltungen mit ähnlicher Struktur übertragen werden. Die Eingangs-Massen der Leistungsverstärker beider Kanäle sind im Vorverstärker verbunden, die Ausgangsmassen am Netzteil (Bild 8.3). Denn würden die Versorgungsspannungen für die Endverstärker an der Eingangsseite eingespeist, könnten durch eine begrenzte Abblockwirkung bedingte Reste der Ausgangsströme schädliche Spannungsabfälle im Eingangsmassebereich erzeugen (s. dazu auch Bild 4.3, S. 61). Aufgrund der räumlichen Ausdehnung der Schaltungen entstehen üblicherweise Reihenmassestrukturen. Die Verbindungen führen zu einer inneren Masseschleife; galvanisch getrennte Netzteile würden die Verhältnisse nur bei tiefen Frequenzen verbessern. Es entstehen aber auch äußere Masseschleifen durch parasitäre Verbindungen der Eingangsmasse des Vorverstärkers (z.B. am Eingangsfilter) zum PE und über das Netzteil. Die Stromanalyse zeigt die Verkopplungen beider Kanäle miteinander und über die äußeren Masseschleifen auch mit dem Netz. Die Folgen können sein: Brummen, Schwingneigung, verminderte Kanaltrennung, erhöhter Klirrfaktor und eine Verschlechterung des Frequenzganges unter Last durch Einkopplung von Anteilen der Lautsprecherströme in den Signaleingang.

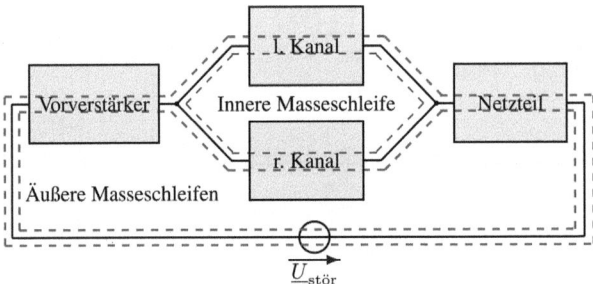

Bild 8.3 Masseschleifen bei Stereoleistungsverstärkern

Bei der Entwicklung eines Stereoverstärkers waren bereits sorgfältig unter EMV-Gesichtspunkten das Schaltungsprinzip ausgesucht und das Layout der Leiterplatte entwickelt worden. Eine Zweilagen-Leiterplatte war gewählt worden, weil das Layout wegen sich kreuzender Leitungen nicht mit einer Lage zu erstellen war. Die zweite Lage wurde auch als (fast) durchgehende, niederohmige Masselage verwendet, die gleichzeitig eine Schirmfunktion übernahm. Zur Dämpfung von Masseschleifen über das Netzteil (Bild 8.3) bekam jede Verstärker-Leiterplatte ihr eigenes Netzteil, versorgt von getrennten Sekundärwicklungen auf einem Ringkerntransformator[2]. Beim Testen war unmittelbar am Lautsprecher noch ein ganz leises Netzbrummen zu hören. Der erzielte Störabstand war zwar völlig ausreichend. Trotzdem wurde dieser Störung nachgegangen. Zwei Fragen wurden an das System gestellt:

1. Kommt das Brummen aus dem Vorverstärker oder der Endstufe? Zur Analyse wurde die Signalverbindung zum Vorverstärker getrennt, nicht aber die Masse. Das Brummen bestand unverändert, musste also aus der Endstufe kommen.

---

[2] Eine solche Maßnahme ist teuer. Sie kann nützlich sein. Für diesen Anwendungsfall gibt es aber wirksamere und billigere Möglichkeiten (s. Bild 8.7, S. 203)

8.2 Stereoverstärker

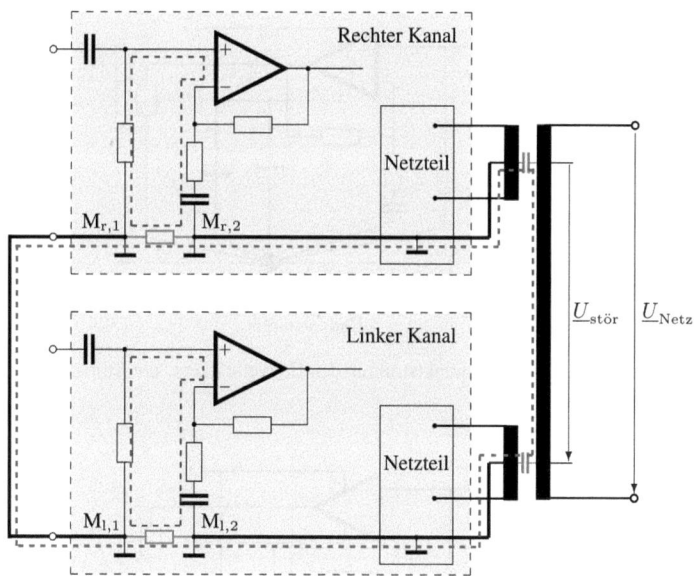

Bild 8.4 Masseschleife mit einem kapazitiv im Netztransformator eingekoppelten Massestrom

2. Entsteht das Brummen aus einer Masseschleife, oder hat es andere Ursachen? Zur Analyse wurde die Masseverbindung zum Vorverstärker unterbrochen. Das Brummen war verschwunden; es kam, wie vermutet, aus einer Masseschleife.

Da der Layoutentwicklung sorgfältige Analysen vorausgegangen waren, war die Ursache schnell gefunden: Die Eingangsmassen $M1$ und $M2$ (Bild 8.4) der Verstärker waren jeweils im Abstand von 6 cm auf die durchgehende Masselage gelegt worden; der aus einer Impedanzkopplung resultierend Fehler wurde als unerheblich eingestuft, was das Ergebnis quantitativ ja bestätigte. Über die Masselage floss aber ein Störstrom, der durch den Aufbau des Netztrafos verursacht und wegen der galvanischen Trennung der Netzteile auch nicht vermutet wurde: Die Sekundärwicklungen des Trafo lagen unterschiedlichen Teilen der Primärwicklung gegenüber (s. auch Abschn. 2.8.6), mit denen sie kapazitiv verkoppelt waren. Der Kurzschlussstrom zwischen den Mittelanzapfungen der beiden Sekundärwicklungen betrug ca. 40 μA. Die Masseschleife war durch die Verbindung der Eingangsmassen mit dem gemeinsamen Massepunkt am Vorverstärker geschlossen. Erstaunlich ist, dass ein solch geringer Strom auf einer flächigen Masse für diese Störung reicht! Durch Zusammenlegen der Massepunkte $M1$ und $M2$ auf jeder Verstärkerplatine war die Störung behoben, das Brummen war nicht mehr feststellbar.

Bemerkenswert an diesem Beispiel ist, dass die Ursache dieser sehr geringen Störung innerhalb weniger Minuten zu finden war. Dies gelingt nur, wenn eine Schaltung bei der Entwicklung sorgfältig analysiert wurde. Dann ergeben die experimentellen Fragen an das System auch eindeutige Antworten. Will man über solche Fragen bei in der üblichen Weise entwickelten Schaltungen den Störungen auf den Grund kommen, sind die Antworten sehr unsicher: richtige Maßnahmen verbessern die Störsituation häufig kaum.

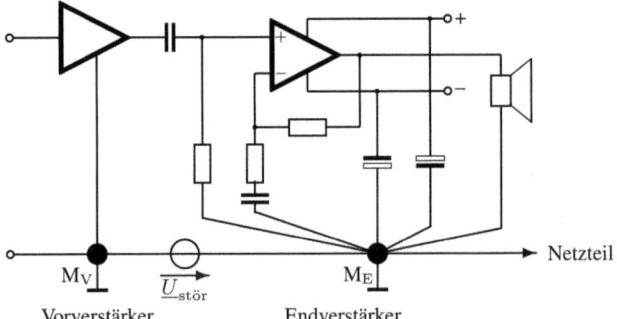

Bild 8.5 Übliche Schaltung mit Sternpunktstruktur des Endverstärkers, die Störspannung wird im Endverstärker mitverstärkt

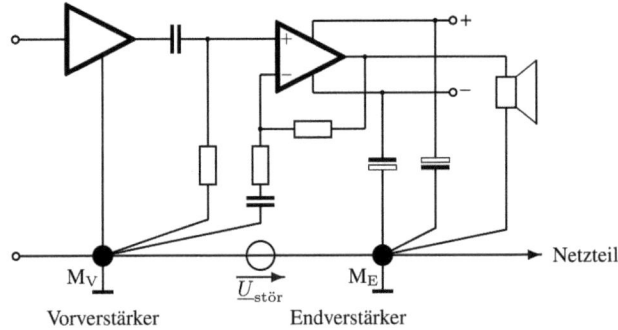

Bild 8.6 Die Störspannung wird unverstärkt auf den Ausgang übertragen

Erst wenn eine Reihe ganz unterschiedlicher Verbesserungen vorgenommen wurde, zeigt sich ein deutlicher Erfolg. Meist sind dafür mehrere Redesigns nötig.

Die Behandlung von Masseschleifen bei NF-Verstärkern soll nun weiter, ausgehend von der üblichen Schaltung eines Verstärkers im Bild 8.5, analysiert werden. Durch eine Sternstruktur beim Layout der Endstufen können die Koppelimpedanzen innerhalb der Endstufen zu null gemacht werden, nicht jedoch diejenigen zwischen den Vor- und Endverstärkern; die zwischen den Massebezugspunkten entstehende Störspannung $\underline{U}_{stör}$ wird vom Endverstärker mitverstärkt. Bezieht man Eingang und Gegenkopplung des Endverstärkers nicht auf die Masse des Endverstärkers M_E, sondern auf die des Vorverstärkers, so ist die Ausgangsspannung des Verstärkers in Bezug auf den Massepunkt M_V richtig, $\underline{U}_{stör}$ erscheint nun unverstärkt am Ausgang (s. Bild 8.6).

Eine vollständige Unterdrückung der Störspannung wird nach [4] erreicht, wenn die Leistungsverstärker in einer differenzbildenden Schaltung (s. Abschn. 6.3.4) aufgebaut werden. Die Störspannung $\underline{U}_{stör}$ zwischen dem gemeinsamen Massebezugspunkt beider Endstufen M_E und dem der Vorstufen M_V wird vom Nutzsignal wieder abgezogen (s. Bild 8.7). Der Vergleichszweig kann für beide Kanäle identisch sein. Die Gleichtaktunterdrü-

8.3 Beispiele für Stromübertragung 203

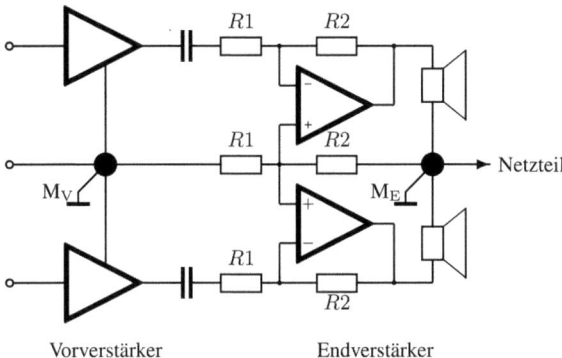

Bild 8.7 Vermeiden der Masseschleife bei Stereoleistungsverstärkern (nach [4])

ckung dieser Schaltung hängt vom Abgleich der Schaltung ab, d. h. die Fehlerklasse aller mit R_1 oder R_2 bezeichneten Widerstände sollte *hinreichend* klein sein.

8.3 Beispiele für Stromübertragung

Im Bild 8.8 bildet ein Verstärker mit einem Transistor in Emitterschaltung und dem Lastwiderstand R_L eine Spannungsübertragung. Im Spannungsquellen-ESB ist der Innenwiderstand der Quelle $R_i \approx R_C$; denn der Innenwiderstand des Kollektor-Emitter-Zweiges des Transistors kann gegenüber dem Kollektorwiderstand R_C als sehr groß angesehen werden. Die Ausgangsspannung der Signalquelle bezieht sich auf die Masse der *Quelle*. Als Störung wird die Spannung $\underline{U}_{stör}$ zwischen den beiden Massen von Signalquelle und Last angenommen. Aus Sicht der *Last* sind die Versorgungsspannung $+U_Q$ und damit die Ausgangsspannung $\underline{U}_S$ – d. i. die Spannung an R_C – um $\underline{U}_{stör}$ falsch. Unter der Voraussetzung $R_L \gg R_C$ steht die Störspannung ungedämpft als Fehler am Lastwiderstand an.

Bild 8.9 zeigt die gleiche Schaltung wie Bild 8.8 nur mit dem Unterschied, dass der Kollektorwiderstand R_C nicht mehr auf der *Quellenseite* an der Versorgungsspannung $+U_Q$ liegt, sondern auf der *Lastseite* (U_L). Die Spannung an R_C bezieht sich also auf das *dort* vorhandene Massepotential; sie enthält die Störspannung nicht. Die Quelle ist jetzt entsprechend dem Transistorinnenwiderstand r_{Tri} sehr hochohmig; es liegt Stromübertragung vor. Die Störspannung kann deswegen nur einen sehr kleinen Beitrag zum Laststrom liefern; die Störung wird mit steigendem Innenwiderstand gedämpft. Obwohl der Unterschied zwischen den beiden Schaltungen so gering ist, dass man ihn leicht übersehen könnte, haben sie dennoch ein prinzipiell anderes Störverhalten [1].

Die Schaltung im Bild 8.9 stellt, allgemein betrachtet, die Verbindung zweier Stufen innerhalb eines Verstärkers dar. Aus Gründen der EMV sollte – entgegen der Gewohnheit – der Kollektorwiderstand einer Transistorstufe besser der Folgestufe zugerechnet und auch gegen deren Massebezugspunkt abgeblockt werden. Das Ausgangssignal der Signalquelle

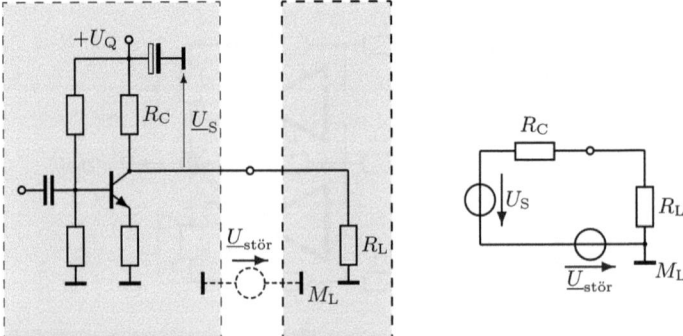

Bild 8.8 Transistor in Emitterschaltung als Spannungsquelle und ESB

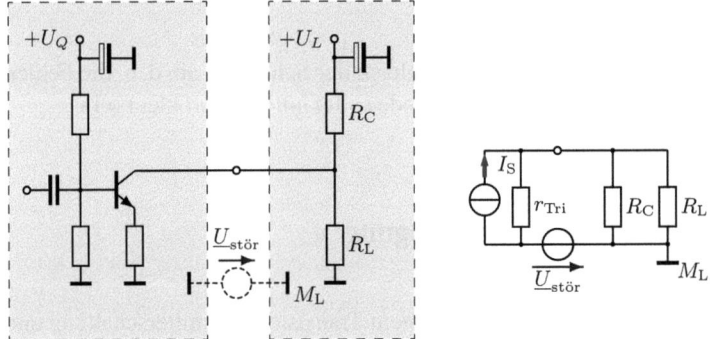

Bild 8.9 Transistor in Emitterschaltung als Stromquelle und ESB

bezieht sich dann auf das Massepotential der Empfängerstufe. Diese Tatsache fordert ein Umdenken bei der Unterteilung von Schaltungen mit diskreten Transistoren in Stufen und bei deren Abblockung.

Eine praktische Anwendung dieser Erkenntnis zeigt der Ausschnitt aus einer Verstärkerschaltung im Bild 8.10, etwa eines Audio-Leistungsverstärkers. Links ist eine übliche Spannungsübertragung verwirklicht. Die Ausgangsspannung der ersten Stufe, die Spannung an $R1$, bezieht sich auf Pkt a, die Eingangsspannung der Folgestufe auf Pkt. b. Potentialdifferenzen zwischen beiden Punkten z. B. infolge von $I_{\text{stör}+}$ überlagern sich dem Nutzsignal. Ebenso kann $I_{\text{stör}-}$ auf der negativen Versorgungsleitung durch ein ungünstiges Layout zu einer Störspannung für die Stromquelle ($T3$) führen. Rechts dagegen sind die Bezugspotentiale durch Sternpunktbildung gleich gemacht, unabhängig von Spannungsabfällen infolge $I_{\text{stör}+}$ oder $I_{\text{stör}-}$; beide Versorgungsspannungen könnten sogar kleine Störspannungen enthalten, die Auswirkung auf das Nutzsignal wäre vernachlässigbar.

Diese Maßnahmen mögen übertrieben wirken. Aber es sind gerade diese Feinheiten, die mit der Schaffung sauberer Bezugspotentiale bei einem schon hohen Störabstand noch zu deutlichen Verbesserungen führen. Sie machen dann die sehr hohe Qualität eines Verstärkers aus – und kosten nichts!

8.3 Beispiele für Stromübertragung

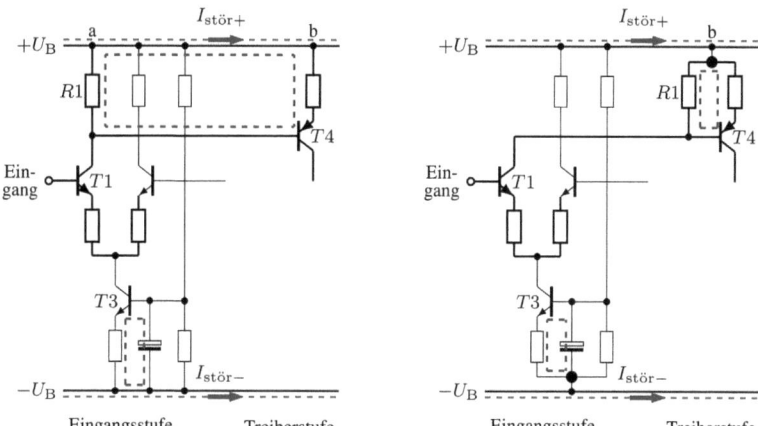

Bild 8.10 Verbesserung des Störabstandes bei einem Verstärker. Links: Störspannungsempfindliche Spannungsübertragung zwischen den Stufen. Rechts: Verbesserter Störabstand durch Stromübertragung und Sternpunktbildung

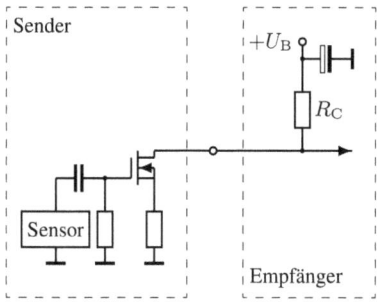

Bild 8.11 Vorverstärker mit Stromübertragung, die Spannungsversorgung befindet sich im Empfänger

Die Schaltung im Bild 8.9 hat noch einen weiteren praktischen Vorteil, wenn z. B. das Signal eines Sensors oder Mikrofons vor der Übertragung über Kabel vorverstärkt werden soll und der Sensor selbst keine Spannungsversorgung braucht: Wird die Schaltung mit einem selbstleitenden Feldeffekttransistor aufgebaut, benötigt man nur noch ein normales geschirmtes Kabel (Prinzip im Bild 8.11) zum Empfänger anstelle eines drei-adrigen. Die Spannungsversorgung liegt im Empfänger und wird mit ihm eingeschaltet. Eine eigene Spannungsversorgung oder eine Phantomspeisung der Quelle entfallen. Die Sensorschaltung wird so weniger aufwändig und trotzdem stör- und betriebssicherer.

Die Stromübertragung ist gegenüber Massepotentialdifferenzen sehr störungstolerant, sie hat gegenüber der symmetrischen den Vorteil, nur 2 statt 3 Leitungen zu benötigen. Nachteil: Mehrere Lasten müssten in Reihe geschaltet werden. D. h. in der Praxis wird man Stromquellen nur für Punkt-zu-Punkt-Verbindungen einsetzen.

Bei sehr hohen Anforderungen an die Störsicherheit kann man die symmetrische und die Stromübertragung kombinieren. Im Bild 8.12 ist eine Empfängerschaltung für eine symmetrische Stromübertragung dargestellt. Bei der symmetrischen *Spannungs*übertragung liegt ein vorhandenes Gleichtaktstörsignal an beiden Eingangsklemmen der Senke. Durch

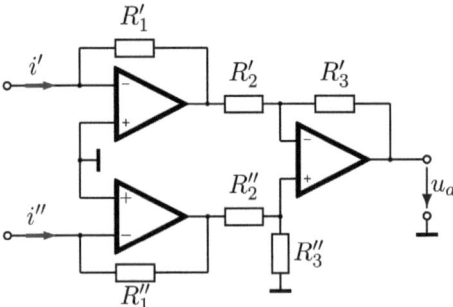

Bild 8.12 Empfänger für ein symmetrisches System mit Stromeingang

die nicht perfekte Gleichtaktunterdrückung der Empfängerschaltung wird ein Teil des Gleichtaktsignales in ein Gegentaktsignal umgeformt und ist dann nicht mehr aus dem Nutzsignal zu entfernen. Ist dagegen wie bei einer Stromübertragung die Gleichtakteingangsspannung null, kann kein Anteil im Gegentaktsignal entstehen. Gleichtaktströme infolge nicht unendlich hoher Quelleninnenwiderstände werden durch Differenzbildung reduziert.

Die Möglichkeit, die Stromübertragung einzusetzen, ist begrenzt durch den Frequenzbereich, in dem Quellen als Stromquellen zu betreiben sind.

Maschen mit Stromübertragung müssen sorgfältig geschirmt werden. Sie sind viel empfindlicher gegenüber kapazitiver Kopplung, als man dies gewohnt ist.

8.4 ESD-Schutz mit falschem Masseanschluss

Bild 8.13 zeigt den ESD-Schutz einer digitalen Schaltung mit einer Funkenstrecke als Grobschutz und einer Schutzdiode (schwarz dargestellt) als Feinschutz. Die Masse dieser Schutzschaltung war über einen eigenen Stehbolzen mit dem Gehäuse verbunden, um die Masse der übrigen Schaltung zu schützen – eigentlich ein richtiger Gedanke! Bei der ESD-Prüfung wurde jedoch das Eingangs-IC der Schaltung zerstört. Eine Überschlagsrechnung ergab, dass bei jeder Zündung der Funkenstrecke infolge der hohen Stromänderungsgeschwindigkeit an der partiellen Induktivität $L_{\text{Stehbolzen1}}$ des zugehörigen Stehbolzens eine Spannung von weit über 100 V entstand. Sie hob das Potential der Teilmasse M_1 der Schutzschaltung gegenüber der übrigen Schaltungsmasse M_2 und damit der Masse des zu schützenden ICs entsprechend an. Die Schutzdiode wurde in Durchlassrichtung leitend

8.5 Ein strahlendes Kabel

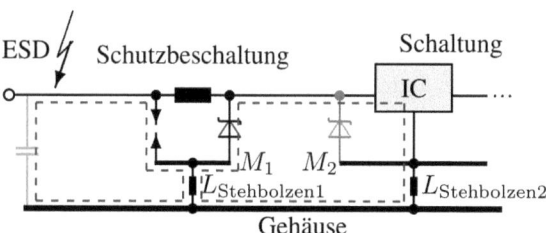

Bild 8.13 Zerstörung einer Schaltung durch falsche Masseanbindung der Schutzdiode des ESD-Schutzes; richtiger Anschluss der Schutzdiode grau dargestellt

und legte diese hohe Spannung an den IC-Eingang. Durch Verlegen der Masse der Schutzdiode auf die IC-Masse konnte die Diode (grau dargestellt) die ihr zugedachte Aufgabe des Feinschutzes übernehmen. Dass der Strom durch die Schutzdiode die Masse der Schaltung nicht stört, muss bei der Layoutgestaltung berücksichtigt werden.

Dies Beispiel zeigt, dass das „Ableiten aller parasitären Ströme nach Masse" ein schlechter Rat ist, sofern man nicht überlegt, was diese Ströme auf ihrem Weg zur Quelle zurück an Störungen in die übrige Schaltung einkoppeln können. Erst diese weitere Überlegung wird konsequent auf richtige Lösungen führen.

8.5 Ein strahlendes Kabel

Eine Anlage, bestehend aus einem Sender, einer digitalen Datenübertragung über ein längeres Kabel und einem Empfänger, hatte trotz guter EMV-Planung eine zu hohe Feldemission im Frequenzbereich ab 50 MHz. Beim Test wurde herausgefunden, dass dies bereits geschah, wenn nur das Kabel mit dem Sender verbunden wurde. Ursache war ein für NF-Signale konzipierter, für die Übertragung digitaler Signale mit hoher Taktfrequenz aber völlig ungeeigneter Steckverbinder. Der Kabelschirm kann bei diesem Stecker nicht großflächig, sondern nur über einen Draht auf Masse aufgelegt werden. Von der Datenleitung wird über die parasitäre Kapazität zum Kabelschirm ein hochfrequenter Strom in

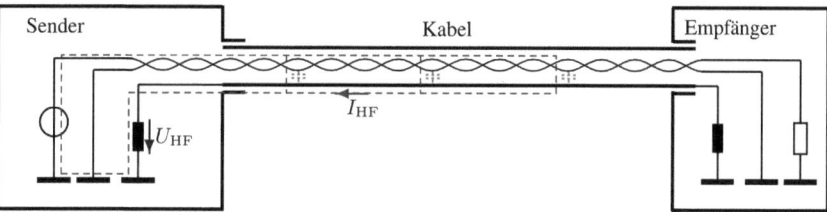

Bild 8.14 Durch den hochohmigen Anschluss des Schirms und das unsymmetrische steilflankige Signal emittiert der Schirm

den Schirm geleitet, der über die hohe Induktivität der Massung am Stecker des Senders zur Quelle zurück fließt. Die Spannung am Schirm gegen die Sendermasse wird um den Spannungsabfall U_{HF} an der Induktivität dieser Masseverbindung (Bild 8.14) angehoben und strahlt.

Bei einer symmetrischen Übertragung und guter Symmetrie wäre die Störung nicht vorhanden, da sich die in den Schirm influenzierten gegenphasigen Ströme kompensieren. Sie verhindert auch hochfrequente Massepotentialdifferenzen, die durch den Signalstrom auf der Masse entstehen und die Antennenstruktur zur Strahlung anregen.

8.6 Messfehler bei elektronischen Messgeräten durch Masseströme.

Messobjekte (z. B. Umrichter) und Messgeräte (z. B. Oszilloskop) sind mit dem Schutzleiter entweder direkt oder über die Kapazität im Netztransformator verbunden. Mit Anschluss der Signalmasse des Messgerätes an die des Messobjektes entsteht eine Masseschleife. Da in der Regel beide Schaltungen eine Massestruktur ähnlich einer Reihenmassestruktur aufweisen, sind die Stufen des Messgerätes mit denen des Messobjektes verkoppelt. Spannungen auf der Masse des Messobjektes, in Bild 8.15 als Quelle gezeichnet, treiben einen Strom über die Masse des Messgerätes, so dass oft schon eine Anzeige auftritt, wenn nur die Masse angeschlossen ist. Ihre Höhe hängt von den Massestrukturen beider Geräte ab. Gleichtaktdrosseln in den Netz- oder Signalleitungen können die auftretenden Störungen dämpfen. Besser jedoch sollte bei der Entwicklung der Messgeräte eine geeignetere Massestruktur vorgesehen werden.

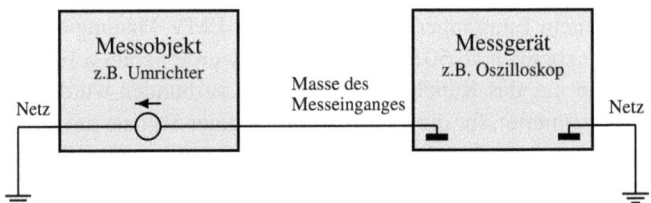

Bild 8.15 Messfehler durch eine Masseschleife

8.7 Signalstruktur höchstempfindlicher analoger Messschaltungen

In Schaltungen, mit denen extrem kleine analoge Signale gemessen und digital weiterverarbeitet werden sollen, wird die permanente Aktivität einer getakteten Digitalschaltung über die nicht zu vermeidende Masseschleife über das Netzteil oder Netz leicht Messfehler im Analogteil erzeugen. Die Probleme der Verkopplung von Analog- und Digitalteil

8.8 Sensoren in elektronischen Schaltungen

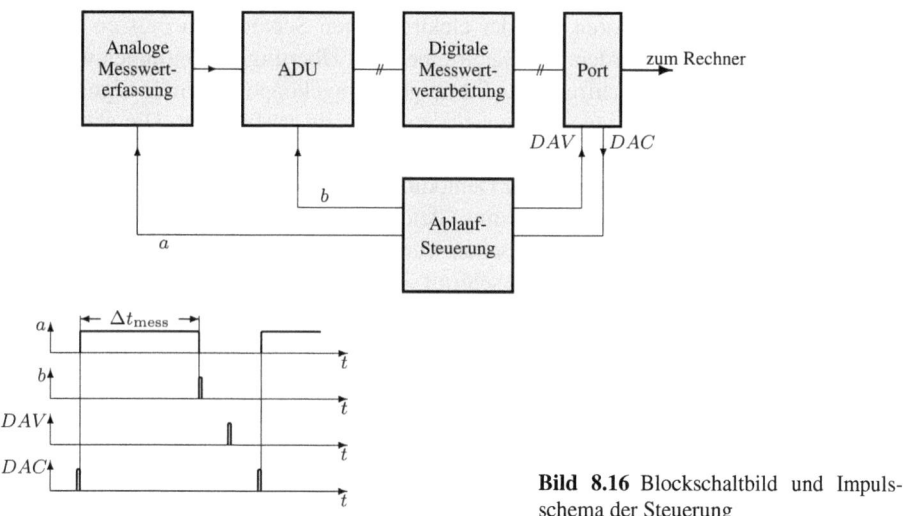

Bild 8.16 Blockschaltbild und Impulsschema der Steuerung

können *neben den bisher diskutierten Möglichkeiten* zusätzlich durch eine Änderung der Signalstruktur folgendermaßen eliminiert werden:

Die Erfassung des analogen Messwertes und seine digitale Weiterverarbeitung werden in unterschiedliche Zeitintervalle gelegt. Voraussetzung dafür ist, dass die Digitalschaltung keinen durchlaufenden Takt besitzt. Schalt*netze* zur Weiterverarbeitung sind unter EMV-Gesichtspunkten sehr viel verträglicher als – z. B. mikroprozessorkontrollierte – taktgesteuerte Schalt*werke*. Falls die digitale Weiterverarbeitung mit Schaltnetzen gelöst werden kann, stellt dies einen großen Vorteil dar.

Bild 8.16 zeigt ein solches Messsystem im Prinzip. Die Erzeugung des analogen Messwertes erfordere die Zeitspanne Δt_{mess}. Danach wird der Messwert in einem Analog-Digital-Umsetzer (ADU) digitalisiert. Die Digitalschaltung soll in dieser Anwendung von einer bestimmten Anzahl von Messwerten den Mittelwert bilden und das Ergebnis an einen digitalen Port legen, damit es an einen entfernten Rechner übertragen wird. Die Ablaufsteuerung, bestehend aus Initialisierung der analogen Messwertbildung, Triggern des ADU und der Erzeugung etwa der Handshake-Signale (DAV: Data Valid; DAC: Data Accepted) für den digitalen Ausgang mit dem externen Rechner, übernimmt der Digitalteil. Der Vorteil einer solchen Vorgehensweise liegt darin, dass während der sensiblen Messphase kein einziger Schaltvorgang im Digitalteil stattfindet.

8.8 Sensoren in elektronischen Schaltungen

Sensoren – ohmsche, kapazitive, induktive Sensoren, Halbleitersensoren oder sonstige Sensoren – sollen nichtelektrische Größen elektrisch messen. Sie sind meist entfernt platziert von den elektronischen Schaltungen, in die sie eingebunden sind. Die Störpotentiale in der Umgebung der Sensoren und der elektronischen Schaltungen müssen als unterschiedlich angenommen werden; die Baugruppen und Übertragungsleitungen wirken außerdem als Antennen für hochfrequente Störungen. Eingekoppelte fremde Signale dürfen das Nutzsignal *im auszuwertenden Frequenzbereich* nicht verfälschen. Die aktiven Bauelemente der Mess- und Auswerteschaltungen müssen aber auch vor hochfrequenten Störsignalen geschützt werden, die nach der Demodulation an den gekrümmten Kennlinien der Halbleiterbauelemente das Messsignal mit Gleich- und Wechselsignalen aus der Trägerfrequenz bzw. ihrer Modulation verfälschen würden. Eine EMV-Zonenbildung – je nach Randbedingungen ungeschirmt oder geschirmt – mit einer Sternmassestruktur und Filter, bei denen Durchführungs- oder Dreipolkondensatoren mit ihrem Tiefpassverhalten besonders hohe Dämpfungen bieten, sind die einfachsten Mittel dagegen.

Während diskrete Sensoren in der Regel keine *galvanische* Verbindung zur Erde der Umgebung an ihrem Einsatzort benötigen, kann das für Sensoren, die bereits in eine am Messort befindliche Messschaltung mit eigener Spannungsversorgung aus dem Netz eingebunden sind, anders sein. Die Konsequenzen bei der EMV-Planung werden für beide Möglichkeiten unterschiedlich sein. Die Schaltungs- und Einsatzbedingungen sind maßgebend, ob getrennte EMV-Zonen für die Schaltungen am Mess- und Auswerteort eingerichtet werden sollten, wie hoch die Dämpfungen an den Zonengrenzen sein müssen und wo Filter und ggf. Überspannungsschutzelemente eingesetzt werden müssen.

8.8.1 Sensoren in Brückenschaltungen

Viele Sensoren werden in Brücken (Viertel-, Halb- und Vollbrücken) betrieben, eingebunden in eine *Messschaltung*. Deren Ausgangssignal wird in einer *Auswerteschaltung* weiterverarbeitet. Die Brücke befindet sich entweder ganz am Ort der Messung oder nur teilweise dort und teilweise am Ort der Messschaltung. Am Messort ist meist keine Erd- oder Masseverbindung zwingend erforderlich; sie wird deshalb hier nicht angenommen. Folgende Kopplungen sind zu berücksichtigen:

- Kapazitive Kopplung über die parasitären Kapazitäten zur Umgebung und induktive Einkopplungen von Störungen durch Fremdfelder in die Schaltungen am Ort des Sensors oder der Mess- oder Auswerteschaltung und in die zwischen ihnen liegenden Verbindungsleitungen,
- Impedanzkopplung durch Störströme an den Brückenelementen, den Leitungsimpedanzen oder den Masseimpedanzen der Schaltungen und
- Strahlungskopplung: Die Baugruppen mit den Verbindungsleitungen (Signal-, Versorgungs- und Masseleitungen) zwischen ihnen bilden Antennenstrukturen und können HF empfangen und senden.

Viertelbrückensensoren Bild 8.17 zeigt einen Sensor ($\underline{Z}1$) in einer Brückenschaltung – das könnte ein resistiver Sensor sein z. B. für eine Temperaturmessung, ein Dehnmessstreifen oder auch ein kapazitiver oder induktiver Sensor; $\underline{Z}2$ muss dann ebenso ein Wi-

8.8 Sensoren in elektronischen Schaltungen

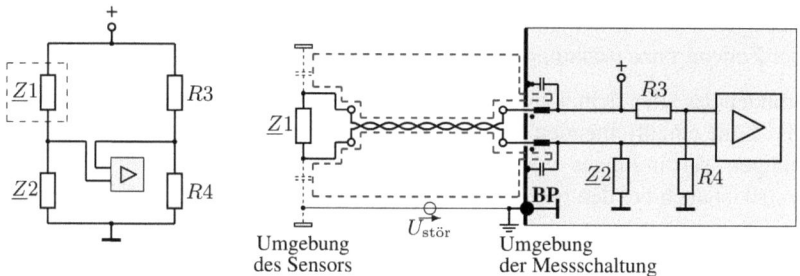

Bild 8.17 Sensor in einer Messbrücke sowie seine Verbindung mit der Messschaltung und Umgebung

derstand, Kondensator bzw. eine Induktivität sein. Der Sensor sei von dem Rest der Brücke und der Messschaltung räumlich getrennt. Die Beschaltung zeigt Bild 8.17 (rechts). Die Signalverbindung ist unsymmetrisch. Das Nutzsignal ist in der Regel niederfrequent. Durch die kapazitive Kopplung werden Störsignale erst bei hohen Frequenzen wirksam. Erreicht man für $\underline{Z}1$ und seine Anschlussleitungen durch einen entsprechenden Aufbau eine Symmetrierung der parasitären Kapazitäten zur Umgebung, kann die Störung mit Hilfe der Gleichtaktdrossel des Eingangsfilters der Messschaltung trotz der unsymmetrischen Last als Gleichtaktsignal erhalten und herausgefiltert werden, während das Nutzsignal ein Gegentaktsignal ist. Die Filterkondensatoren müssen so platziert und an Masse angeschlossen werden, dass die herausgefilterten Störströme nicht durch die Schaltungsmasse der Messschaltung hindurchfließen müssen, um sich zu ihrer externen Quelle zu schließen; dies ist mit der Stromanalyse zu überprüfen. Alle Ein- und Ausgänge der Messschaltung – auch die Spannungsversorgung und der Signalausgang (s. dazu Bild 8.19) – sollten daher eine Sternstruktur mit einem Sternpunkt oder Sternbereich auf der EMV-Zonengrenze bilden, der das Bezugspotential (BP, dick gezeichnet) für innen und außen besitzt.

Der Widerstand des Filters oder seine Impedanz im Messfrequenzbereich könnten die Messung verfälschen. Deshalb ist im Bild 8.18 die Zonengrenze etwas verschoben, der geschützte Bereich ist der rechts neben der Zonengrenze. Das Filter liegt nun in einem

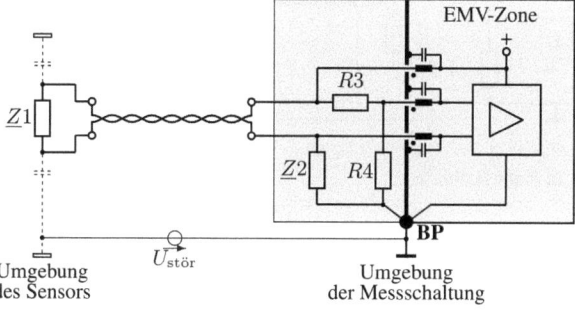

Bild 8.18 Verringerung des filterbedingten Messfehlers durch Verschiebung der Zonengrenze

höherohmigen Bereich; der filterbedingte Messfehler ist dadurch reduziert. Aufbau und Lage der Zonengrenze ist sinngemäß bei allen Sensorschaltungen zu gestalten.

Aus Gründen der Übersicht wurden bisher nur die Verbindungen zwischen Sensor und der als EMV-Zone einzurichtenden Messschaltung dargestellt. Im Bild 8.19 sind die anderen notwendigen Verbindungen und ihre Filterung auf die Zonengrenze mit einbezogen. Sinngemäß ist auch bei den folgenden Beispielen vorzugehen.

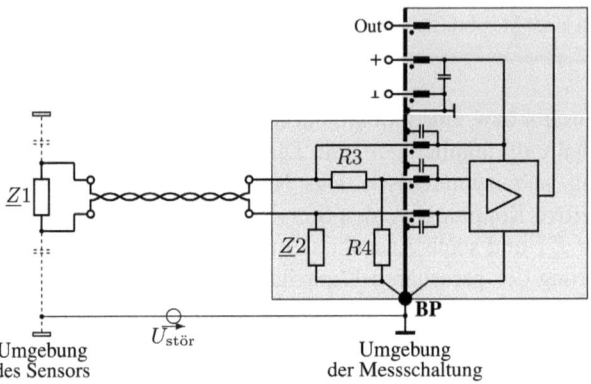

Bild 8.19 Messbrücke mit der Zonengrenze

Halbbrückensensoren Bild 8.20 zeigt die Sensoren $Z1$ und $Z2$ in einer Halbbrücke. Auch hier könnte es sich, wie oben, um beliebige Sensoren handeln. Für die Störungssituation gelten ähnliche Überlegungen wie für die Viertelbrückensensoren.

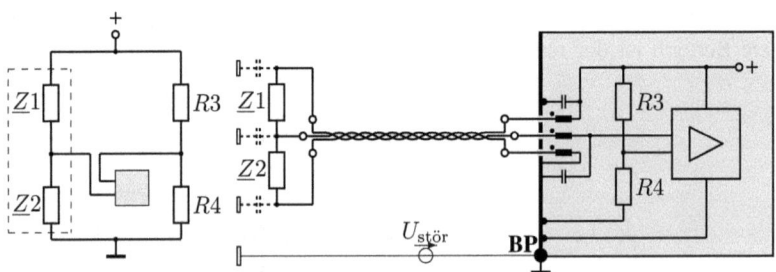

Bild 8.20 Sensoren in einer Halbbrücke

Sensoren in einer Vollbrücke Sensoren in einer Vollbücke (Bild 8.21) sollten so geschaltet sein, dass die Innenwiderstände der beiden Signalleitungen bei jeder Brückenverstimmung gleich sind. Dann ist die Übertragung für alle Frequenzen streng symmetrisch, eine Gleichtakt-Gegentaktkonversion schon deshalb sehr gering. Das Eingangsfilter hat

8.8 Sensoren in elektronischen Schaltungen

die Aufgabe, die kapazitiv sich schließende Masseschleife für hohe Frequenzen hochimpedant zu machen und hochfrequente Gleichtaktstörsignale vom Schaltungseingang fern zu halten. Wenn die Brücke fehlabgeglichen, die Symmetrierung also unvollständig sei kann, muss das auch auftretende Gegentaktstörsignal durch einen Gegentaktteil des Filters gedämpft werden. Die beiden verdrillten Leitungspaare können bei Gleichspannungsversorgung der Brücke in einem einzigen Kabel geführt werden. Bei Wechselspannung muss der Fehler durch Einkopplung aus dem Versorgungsleitungspaar in das Messleitungspaar hinreichend klein sein. Wird das Kabel geschirmt, kann der Schirm die Funktion der Filterkondensatoren annehmen.

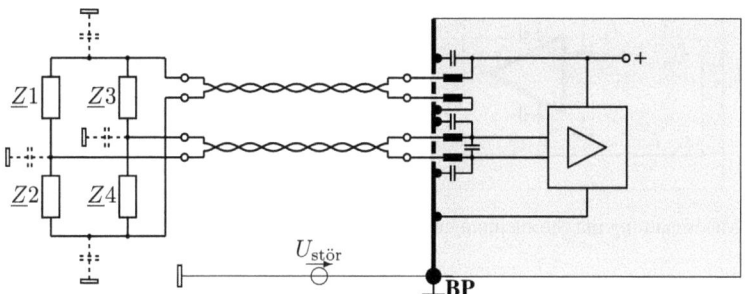

Bild 8.21 Sensorvollbrücke und Verbindungen zur Messschaltung

8.8.2 Andere Messprinzipien für passive Sensoren

Ähnlich wie bei den beschriebenen Brückenschaltungen ist bei anderen Messprizipien vorzugehen: Von Sensoren wird häufig der ohmsche Widerstand oder die Impedanz gemessen. Entweder wird der Strom vorgegeben und die Spannung gemessen oder umgekehrt. Im Bild 8.22 ist die Zonenbildung für eine einfache Messschaltung mit Stromeinprägung und Spannungsmessung gezeigt. Die Anschlüsse und Filter an der EMV-Zonengrenze der

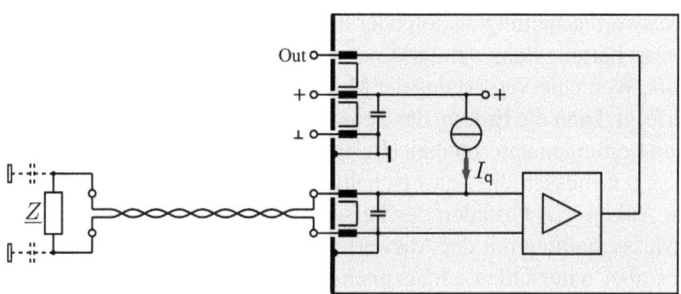

Bild 8.22 Widerstands-/Impedanzmessung durch Stromeinprägung und Spannungsmessung

Messschaltung wurden so gezeichnet, wie sie bei einer Umsetzung in ein Layout mit einer günstigen Sternstruktur platziert werden müssen.

Bei der Schaltung im Bild 8.23 ist der Sensor am Messort mit der Messschaltung in eine EMV-Zone integriert. Auf die gleiche Art können auch Induktivitäten und Kapazitäten – dann sollten R_1 und C_x vertauscht werden – gemessen werden, wenn statt der anregenden Gleichgröße eine Wechselgröße verwendet wird.

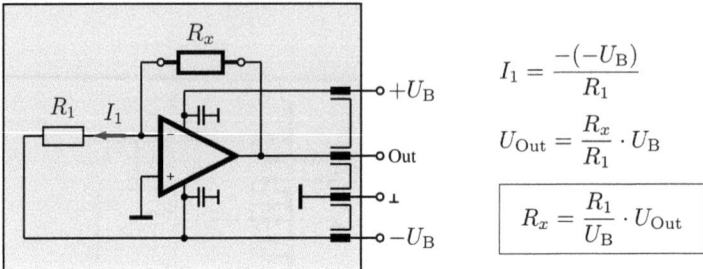

Bild 8.23 Messschaltung mit Stromeinprägung als EMV-Zone, Sensor: R_x

8.8.3 Photodioden

Bei Photodioden ist die Ausgangsgröße ein Strom, der der Beleuchtungsstärke proportional ist. Dieser Effekt kann zu einer sehr einfachen Stromübertragung genutzt werden; als Stromquelle dient die Photodiode ohne weitere Bauelemente. Die zu ihrem Betrieb notwendigen Bauelemente befinden sich auf der Empfängerseite.

8.8.4 Sensoren mit Messschaltung am Messort

Es hat einige Vorteile, die Messschaltung am Messort zu platzieren und von ihr die Übertragung zur Auswerteschaltung analog oder digital vorzunehmen. Das analoge Ausgangssignal der Messschaltung kann verstärkt werden und ist dann meist wesentlich größer als das des Sensors. Wenn die Versorgung der Messschaltung über Leitungen aus der Auswerteschaltung erfolgt, kann die Erdung des Sensors oder der Sensorschaltung am Messort bei nicht zu langen Leitungen unterbleiben (Beispiel: Sensoren in einem Ein- oder Mehrfamilienhaus). Dagegen müssen die Sensorschaltungen bei einer über mehrere Gebäude sich erstreckenden Anlage aus Gründen des Personenschutzes ggf. geerdet werden. Die Verbindung der Messschaltung mit der Auswerteschaltung ist eine Verbindung zweier Zonen mit definierten aber unterschiedlich anzunehmenden Bezugspotentialen. Die Verbindung können wir mit einer störsicheren Signalstruktur ausrüsten: symmetrisch, mit galvanischer Trennung, mit Stromübertragung oder Funkübertragung. Bei digitaler Übertragung kann auf eine störungssichere Busstruktur zurückgegriffen werden. Auf beiden Seiten müssen Filter gegen HF-Einkopplung und ggf. Überspannungsschutzelemente eingesetzt werden.

8.9 Störungen an einem Personal Computer

Ein Beispiel für die im Abschn. 7.5 beschriebenen Störungen ist in Bild 8.24 dargestellt. Sie traten zwar an einem PC älterer Bauart auf, verdeutlichen aber beispielhaft den Wirkungsmechanismus von Masseschleifen: Angenommen, der Drucker werde bei laufendem Rechner etwa im Maximum der Netzspannung eingeschaltet. Hinter seinem Netzschalter springt dann die Spannung in sehr kurzer Zeit auf die Maximalspannung. Infolge der hohen zeitlichen Änderung der Spannung am Netztransformator (du/dt) tritt ein Stromimpuls auf. Dieser fließt über die Kapazitäten zwischen den Wicklungen beider Netztransformatoren, die Masse des Druckerkabels, den Schutz- oder Neutralleiter des Netzes und die Masse im Rechner und Drucker. An höheren Masseimpedanzen, z. B. im Bereich der Steckverbinder auf dem Mainboard des PCs, können hohe Spannungsspitzen auftreten und Störungen verursachen oder die empfindlichen integrierten Schaltungen der Geräte zerstören. Bei dem genannten PC wurde häufig der Eingang der Schnittstellenkarte zerstört; erfolgte das Einschalten beim Booten des Rechners, wurden Register falsch gesetzt. Das Auftreten solcher Funktionsstörungen hängt ab vom Momentanwert der Netzspannung im Einschaltaugenblick und natürlich von Einzelheiten der Massestruktur. Solche Störungen müssen durch entsprechende konstruktive und schaltungstechnische Maßnahmen am Eindringen in die Schaltungsmasse gehindert werden. Bei PCs moderner Bauart werden sie am Gehäuse abgefangen (Bildung einer EMV-Zone) und schließen sich über das Gehäuse; die Schaltung im Inneren ist damit geschützt.

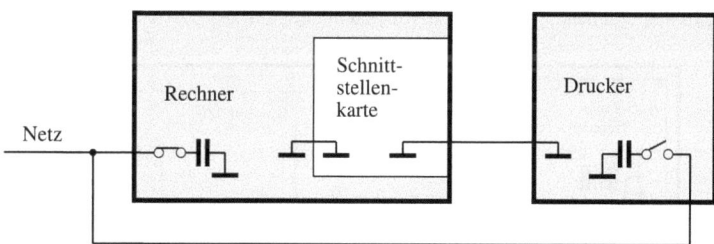

Bild 8.24 Störungen oder Zerstörung von ICs durch Netzeinschaltimpulse am PC; Netztrafos für Gleichtaktsignale als Kapazitäten modelliert

8.10 Ungünstige Massestruktur einer zugekauften Baugruppe

Durch den Zukauf von Baugruppen treten mit einer sehr hohen Wahrscheinlichkeit EMV-Probleme auf, wenn weder die zugekaufte Baugruppe noch die Schaltung, in der diese betrieben werden soll, hinreichend sorgfältig aus EMV-Sicht analysiert werden – auch in ihrem Zusammenspiel. Ein Beispiel soll dieses demonstrieren.

Über ein zugekauftes Interface sollte eine Schaltung an ein Bussystem angeschlossen werden. Das Interface hatte an der einen Schmalseite der Leiterplatte den Busstecker, an der anderen die Geräteverbindung. Es wurde mit einer anderen Baugruppe, die dieselbe Leiterplattengröße und Massestruktur besaß, zu einem Einschub für ein größeres System integriert. Bild 8.25 zeigt diesen Einschub, oben das Interface mit dem Busstecker (links). Die Masse- und Datenleitungen beider Leiterplatten sind über eine Steckverbindung (rechts) mit einem kurzen Flachbandkabel miteinander verbunden. Die im Abschn. 7.2.2 geforderte Sternstruktur ist also bei beiden Leiterplatten nicht realisiert. Beide Leiterplatten sind Teil eines Gerätes zusammen mit anderen Baugruppen (Bild 8.26).

Die Bustreiberstufe des Interfaces ist durch eine Optokopplertrennung in den Datenleitungen und einen DC-DC-Wandler für die Versorgung galvanisch von der übrigen Schaltung getrennt. Trotz dieser galvanischen Trennung war eine sehr große Störempfindlichkeit der

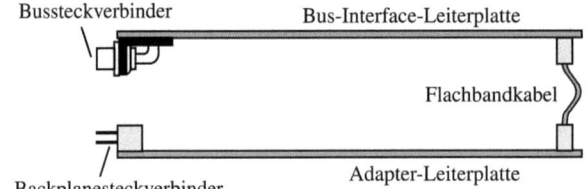

Bild 8.25 Zusammenschaltung zweier Leiterplatten mit ungünstiger Massestruktur (im Schnitt)

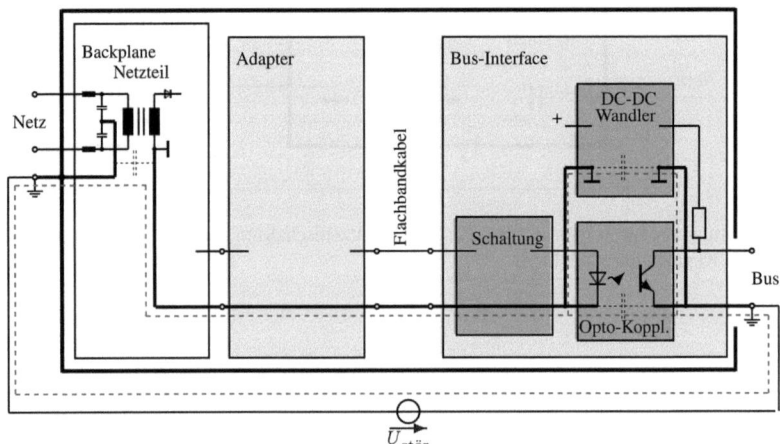

Bild 8.26 Das ganze Gerät und Weg des Störstromes

8.10 Ungünstige Massestruktur einer zugekauften Baugruppe

aus beiden Baugruppen bestehenden Schaltung festzustellen. Das ist verständlich; denn die galvanische Trennung stellt wegen der Koppelkapazitäten der Bauteile kein Hindernis für die hochfrequenten Anteile der Störung dar. Der Störstrom fließt über die gesamte Masse beider Leiterplatten. Spannungsabfälle auf den Massen werden in Signalmaschen eingekoppelt. Besonders ungünstig erwies sich die Verbindung der Leiterplatten über das Flachbandkabel an der rechten Seite im Bild 8.25 wegen ihrer recht hohen Masseimpedanz – durch nur *eine* Masseleitung!

Wie ist eine solche Schaltung zu retten vor dem Hintergrund, dass einmal gewählte Platzierungen ihre Folgen in der Konstruktion des Gerätes haben und häufig nicht einfach von Grund auf geändert werden können? Die beiden Leiterplatten selbst können z. B. dadurch störfest gemacht werden, dass der Störstrom an den Schaltungen auf beiden Leiterplatten vorbeigeleitet wird (Bypass). Dazu wird der Verlauf des Störstromes in die Masse des Layoutes eingezeichnet. Mit der Stromanalyse wird deutlich, wo störende Spannungsabfälle ungünstige Folgen haben werden. Nun kann man sich Wege für den Störstrom überlegen, wo er keine Störung der Schaltung bewirkt. Dann muss die Masseimpedanz im Flachbandkabel zwischen beiden Leiterplatten durch weitere Masseleitungen erniedrigt werden. Zusätzlich kann die Potentialdifferenz zwischen den Massen beider Leiterplatten durch eine Gleichtaktdrossel transformatorisch kompensiert werden. Sie erhöht zugleich die Impedanz der Masseschleife. Dies ist meist mit relativ geringen Layoutänderungen zu erreichen.

Nun könnte man doch eigentlich sehr zufrieden sein! Ein Vergleich der erreichten Lösung, einer nachträglich „gehärteten" Schaltung, mit einer von vornherein konsequent unter EMV-Gesichtspunkten richtig geplanten Schaltung zeigt aber, dass – von dem Aufwand des Redesigns und dem Frust der Entwickler beider beteiligter Firmen, die sich die Schuld natürlich gegenseitig zuschoben, abgesehen – die EMV-Probleme auch viel effektiver und billiger hätten gelöst werden können. Auch ist durch diese immer noch falsche Struktur die Masseschleife durch die beiden Leiterplatten hindurch nicht beseitigt. Sie kann in Wechselwirkung mit anderen Baugruppen innerhalb des Gerätes, z. B. empfindlichen Analogschaltungen, zu Störungen führen.

Der entscheidende Fehler war doch, den Schirm des Buskabels auf die Schaltungsmasse der Bustreiberschaltung zu legen und nicht, zusammen mit Signalfiltern, in das Gerätegehäuse einzulassen. Dadurch wurde der Aufbau einer EMV-Zone verhindert; Störungen von externen Quellen können sich nur über einen Weg durch die Baugruppen des Gerätes schließen. Besser wäre auch eine Sternstruktur der Masse jeder Leiterplatte gewesen. Beide Leiterplatten hätten dazu über die Backplane miteinander verbunden werden müssen, jede von ihnen hätte also ausschließlich an *einer* Seite Verbindungen nach außen gehabt und wäre damit „Sackgasse" für Störströme gewesen (s. auch Abschn. 8.14). Die Sternstruktur hätte jede Leiterplatte für sich sicher gemacht, aber auch die Zusammenschaltung.

Allerdings sieht eine kompakte Einheit wie im Bild 8.25 (oben) auf dem Werbefoto viel Vertrauen erweckender aus. Man stelle sich die Baugruppe mit der geforderten Struktur auf einem Werbefoto vor; sie wäre nicht zu verkaufen, es sei denn, der Leser durchschaut die damit gelösten EMV-Probleme. Wird er das aber – wenn überhaupt – nicht erst auf den zweiten Blick tun können?

Auf ein weiteres, oft auftretendes Problem sei hier hingewiesen. Wie in diesem geschilderten Projekt werden häufig Schaltungen zugekauft. Uneingestanden steht vor dem Hintergrund eines fehlenden oder unzureichenden EMV-Konzeptes auch die Hoffnung, einige der EMV-Probleme abgeben zu können; dafür sind ja nun andere in die Pflicht genommen. Eine solche Hoffnung muss furchtbar enttäuscht werden, ja man handelt sich viel größere Probleme ein, sofern eine durchgehende hinreichende Planung nicht vorliegt und die möglichen EMV-Probleme, die aus dem Zusammenspiel der eigenen Schaltung mit der zugekauften und der Umgebung entstehen, nicht durchdacht und erkannt wurden. Liegt aber eine solche Planung vor, kann mit dem Auftragnehmer ggf. die EMV-Struktur besprochen werden. Man kann, ohne die schaltungstechnischen Einzelheiten der hinzuzukaufenden Baugruppe zu kennen, häufig schon aus der Anordnung der Anschlüsse Hinweise auf die EMV erhalten. Im Gespräch mit Entwicklern erkennt man sehr schnell, auf welchem Niveau EMV betrieben wird. Dies hilft einem, Risiken einzuschätzen und ihnen aus dem Weg zu gehen.

8.11 Brummstörungen an einer Telefonanlage

An einer Telefonanlage traten tagsüber Brummstörungen auf. Bild 8.27 zeigt einen Ausschnitt der gesamten Anlage. Fehler am Fernmeldekabel oder an der Fernmeldeanlage konnten nicht festgestellt werden. Es wurde eine recht hohe Gleichtaktbrummspannung der Adern des Kabels gegen Masse gemessen, von der ein Teil durch (in der Höhe zulässige) Toleranzen der Quellen- und Senkenwiderstände der Fernmeldeanlage in ein Gegentaktsignal konvertiert wurde. Dieser Effekt wurde durch einen Brückenabgleich mit zusätzlichen Widerständen nachgewiesen. Die Schirme der Fernmeldekabelbündel waren jeweils an einem Ende direkt und am anderen Ende über eine Zündfunkenstrecke (Überspannungsableiter) an den Fundamenterdern der Gebäude auf Erde gelegt.

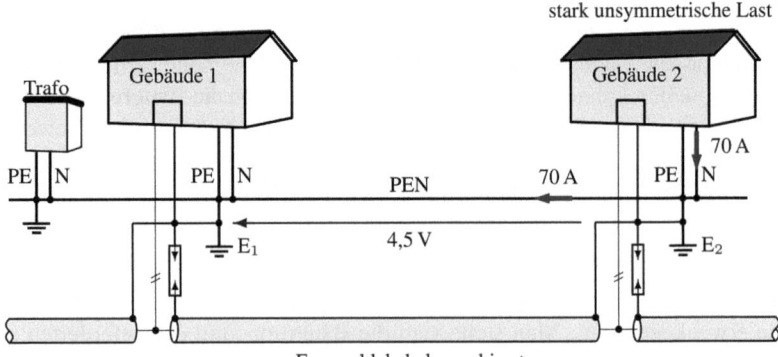

Bild 8.27 Brummstörungen in einer Fernmeldeanlage durch Erdpotentialunterschiede infolge stark unsymmetrischer Last in einem Energieversorgungsnetz (Gebäude 2)

8.11 Brummstörungen an einer Telefonanlage

Zur Diagnose wurden in allen Gebäuden der Anlage jeweils die Leerlaufspannungen und Kurzschlussströme über den Zündfunkenstrecken gemessen. Im Gebäude 1 (s. Bild 8.27) fielen die Werte besonders hoch aus: es wurde eine Spannung von ca. 4,5 V und ein Kurzschlussstrom von ca. 7 A gemessen. Dies ließ auf eine Impedanzkopplung mit dem Energieversorgungsnetz schließen. Deshalb wurden auch noch die Ströme im Neutralleiter (N) am Transformator gemessen: Vom Transformator zum einige 100 m entfernten Gebäude 2 betrug er ca. 70 A. Diese Unsymmetrie stammte von einer hohen unsymmetrischen Last im Gebäude 2. Wurde sie abgeschaltet, war der Strom auf dem Neutralleiter nahezu null und die Brummstörung verschwunden. In jedem Gebäude waren der Neutral- und der Schutzleiter der Gebäudeinstallation miteinander am Fundamenterder verbunden. Das Potential des Fundamenterders im Gebäude 2 nahm infolge des hohen Stromes und des nicht vernachlässigbaren Widerstandes zum Erdungspunkt des Transformators einen erhöhten Wert gegenüber der Umgebung an. Da der Kabelschirm der Fernmeldeleitung zwischen den Gebäuden 1 und 2 am Fundamenterder des Gebäudes 2 aufgelegt war, hatte er auch dieses Potential. Das Bezugspotential der übrigen Fernmeldeanlage lag etwa auf dem Potential des Transformators. Die Potentialdifferenz ließ sich über der Zündfunkenstrecke im Gebäude 1 messen. Diese Störspannung koppelte kapazitiv in das Fernmeldenetz einen Störstrom ein.

Die konsequente, aber teure Lösung wäre, die unsymmetrische Last durch einen Transformator direkt neben dem Gebäude 2 zu versorgen. Wenn die Last selbst schon nicht symmetriert werden kann, könnte man die Versorgung dieses zusätzlichen Transformators symmetrieren. Die Leitungslänge zwischen Transformator und Last wäre dann sehr kurz und der Spannungsabfall infolge des hohen Stromes im Neutralleiter wegen der geringen Leitungslänge niedrig und tolerierbar. In dem speziellen Fall kann das Problem billiger gelöst werden, indem die direkte Erdung des Schirms des Fernmeldekabels nicht im Gebäude 2, sondern im Gebäude 1, das sehr viel näher am Bezugspotential der Fernmeldeanlage liegt, erfolgt. Direkte Erdung und Verbindung über die Zündfunkenstrecke für das Kabel zwischen den beiden Gebäuden müssen also vertauscht werden. Sinngemäß muss mit einem vom Gebäude 2 weiterführenden Fernmeldekabel verfahren werden. Dessen Schirm darf wegen des erhöhten Erdpotentials am Gebäude 2 – wie schon richtig im Bild 8.27 dargestellt – nicht dort, sondern am anderen Ende direkt geerdet werden.

Ähnliche Verhältnisse und damit ähnliche Probleme trifft man auch auf Industriegeländen besonders mit älteren Energieversorgungsanlagen an. Elektronische Schaltungen, die an verschiedenen Stellen des Geländes installiert und dort geerdet sind, liegen auf sehr unterschiedlichen Erdpotentialen. Wenn sie miteinander kommunizieren sollen, ist es wegen unzulässig hoher Schirmströme häufig unmöglich, die Schirme an beiden Enden aufzulegen. Man kann eventuell das Energieversorgungsnetz durch eine geschicktere Lastverteilung symmetrieren oder die Signalübertragung mit einer galvanischen Trennung versehen (z. B. Lichtwellenleiterübertragung).

8.12 Verbindung von Analog- und Digitalmasse

Bei der Verbindung von Analog- mit Digitalbaugruppen muss eine Beeinflussung insbesondere der Analog- durch die Digitalbaugruppe vermieden werden. Deshalb sollen beide Baugruppen – so sagen es die Applikationsempfehlungen – nur an einem Punkt, am AD- oder DA-Umsetzer, miteinander verbunden werden (s. Bild 8.28). Untersucht man solche Schaltungen aber experimentell, stellt man trotzdem eine hohe Beeinflussbarkeit durch die Umgebung fest; manchmal ist die geforderte Trennung beider Massen von Vorteil, manchmal dagegen ihre Verbindung. Die *Ursache* dieses Verhaltens wird sofort deutlich, wenn man eine solche Struktur zusammen mit ihrer Umgebung untersucht.

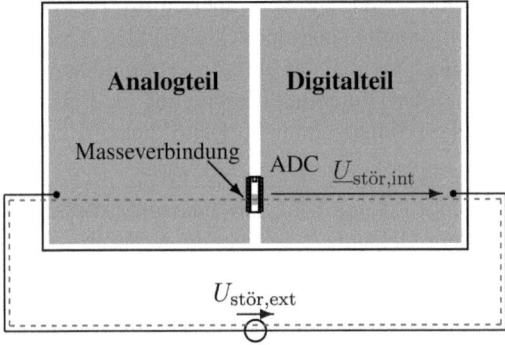

Bild 8.28 Interne und externe Störungen ($\underline{U}_{\text{stör,int}}$ bzw. $\underline{U}_{\text{stör,ext}}$) können infolge der Reihenmassestruktur störende Ströme durch den Analogteil treiben

Im Bild 8.28 wurde für die Baugruppen unter der Voraussetzung der üblichen Platzierung der nach außen gehenden Verbindungen und des damit verbundenen Aufbaus einer Reihenmassestruktur eine Masseschleife eingezeichnet; ihren genauen äußeren Weg müssen wir nicht kennen, sie kann sich auch kapazitiv schließen. Die Reihenmassestruktur der Digitalbaugruppe macht den Export von Störungen (hier $\underline{U}_{\text{stör,int}}$) deutlich und die Rei-

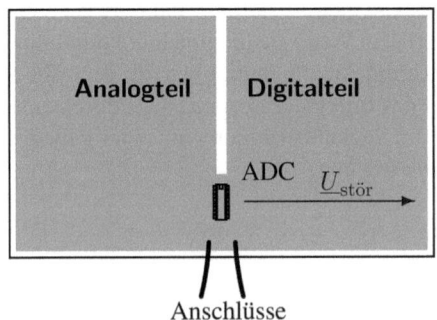

Bild 8.29 Eine Sternstruktur für *alle* Verbindungen beider Baugruppen vermeidet diese Kopplung

henmassestruktur der Analogbaugruppe die Einkopplung von Störungen nicht nur durch diese Spannung, sondern auch durch externe Störspannungen. Hochfrequente Störströme in der Masseschleife erzeugen an der meist schmalen, hochimpedanten Verbindung eine HF-Spannung, die die aus beiden Schaltungen und den Leitungen gebildete Antennenstruktur zur Strahlung anregt. Mit einer Sternstruktur wie im Bild 8.29 sind beide Effekte aufgehoben – ohne jedes EMV-Bauteil.

8.13 Strukturierung einer Digitalschaltung mit einem schnellen Schaltungskern

Innerhalb von Digitalschaltungen ist die Verarbeitungsgeschwindigkeit häufig unterschiedlich hoch. Es kann sein, dass der größte Teil eine geringe Verarbeitungsgeschwindigkeit hat und damit die meisten Bauteile eine geringe Flankensteilheit besitzen sollten, dass es aber einen „schnellen" Schaltungskern mit hochintegrierten ICs gibt, der den Aufbau auf Leiterplatten in Multilayertechnik erfordert. Man wird dann die gesamte Schaltung auf eine einzige Leiterplatte in dieser Technik bauen. Der Bereich mit den hochfrequenten Signalen sollte aber räumlich begrenzt und in einer eigenen EMV-Zone untergebracht sein. Diese Maßnahme hat mehrere Vorteile:

- Eine Feldkopplung hochfrequenter Signale, ausgehend von Leitungen und Bauteilen, die eigentlich keine HF führen müssten, wird vermieden.
- Die Gefahr, dass hochfrequenten Potentialdifferenzen Teile der Masse, die als Antennen wirken können, zur Strahlung anregen könnten, wird gemindert; diese EMV-Zone muss nur richtig an die übrige Schaltung angeschlossen werden (s. Absch. 7.3.1, S. 163).

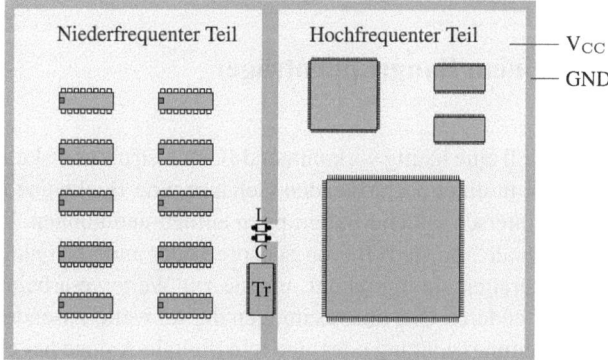

Bild 8.30 Aufteilung einer Schaltung in EMV-Zonen mit Filterung der Signalleitungen durch ein Treiber-IC (Tr) und der Versorgung durch ein LC-Filter, Versorgungslage unterbrochen (*hellgrau*), Masselage durchgehend (untere Lage, *dunkelgrau*)

In die EMV-Zone mit dem schnellen Schaltungsteil (im Bild 8.30 rechts) gehören alle ICs oder Bauteile mit hoher Flankensteilheit. Es wird ein Potentialbezugsbereich als Zonengrenze definiert. Auf dessen Potential beziehen sich beide Schaltungsteile und die Filter an der Zonengrenze. Digitale Leitungen können auch durch „langsame" Leitungstreiber (IC Tr) gefiltert werden. Mit dieser Anordnung wird auch Strahlung durch Ground Bounce bei der Verwendung von hochintegrierten taktgesteuerten ICs, wie im Abschn. 7.3.2 (Bild 7.20, S. 170) hergeleitet, beherrschbar.

Verbindungen an anderen Seiten der Massefläche sollten unterbleiben, damit keine nieder- und hochfrequenten Potentialdifferenzen über eine Masseschleife exportiert werden. Die Massefläche sollte ununterbrochen sein, damit ihre Impedanz überall niedrig ist, und sie muss alle Leitungen abdecken, damit sich keine Schlitzantennen bilden (s. Abschn. 7.3.3, S. 170).

Im Gegensatz zur Masselage kann die Versorgungslage unterteilt werden. Mit einer Verkleinerung der Abmessungen der Versorgungslage verschiebt sich der Modenbereich zu höheren Frequenzen; dies ist günstig bei der üblichen reinen Kondensatorabblockung (s. Abschn. 5.9.5), ungünstig jedoch, wenn der gebildete Leiterplatten-Kondensator auch den Modenbereich abblocken soll.

Man kann jetzt einen Schritt weiter gehen: Wenn der niederfrequente Teil der Schaltung auch auf einer wesentlich billiger herzustellenden Zweilagenleiterplatte störungsfrei aufgebaut werden kann, könnte die Schaltung geteilt werden. Nur der hochfrequente Teil erhält eine Leiterplatte in Multilayertechnik ggf. mit zusätzlichen schirmenden Außenlagen. Ist dieser Teil hinreichend gefiltert, verhält er sich nach außen wie eine „langsame" Baugruppe; d. h. er kann ohne Schwierigkeiten über die relativ hohe (Masse-)Impedanz einer Steckverbindung an die andere angebunden werden. Noch einen Schritt weiter führt die Zusammenfassung des hochfrequenten Teils zu einem kundenspezifischen IC. Die Abmessungen können dadurch weiter verkleinert werden. Eine solche Staffelung findet sich in Rechnern.

8.14 Planung an einem Baugruppenträger

Im folgenden Beispiel soll eine häufig vorkommende Gerätestruktur diskutiert werden. Ein Einschubsystem enthält in einem schirmenden Gehäuse eine Backplane mit einer Reihe von Steckplätzen, die unterschiedliche Baugruppen aufnehmen können. Die Baugruppen verarbeiten analoge Signale, die sie z. B. von Sensoren oder anderen Quellen empfangen, digitalisieren sie und bereiten sie digital auf, um sie zur Weiterverarbeitung, etwa in einem Rechner an einem anderen Ort, über Leitungen digital weiterzusenden. Ebenso wäre die umgekehrte Verarbeitungsrichtung oder eine rein digitale Anlage bei gleicher Struktur denkbar.

Bild 8.31 zeigt eine falsch geplante Massetruktur. Backplane und Baugruppen enthalten getrennte Schirm- und Massesysteme. Beide Leitungssysteme sind an einem zentralen Massepunkt mit dem Gehäuse verbunden. Die „Baugruppen" haben an der Frontplatte z. B. die Analogeingänge. Über die Signalleitungen kommende Störungen sollen durch

8.14 Planung an einem Baugruppenträger

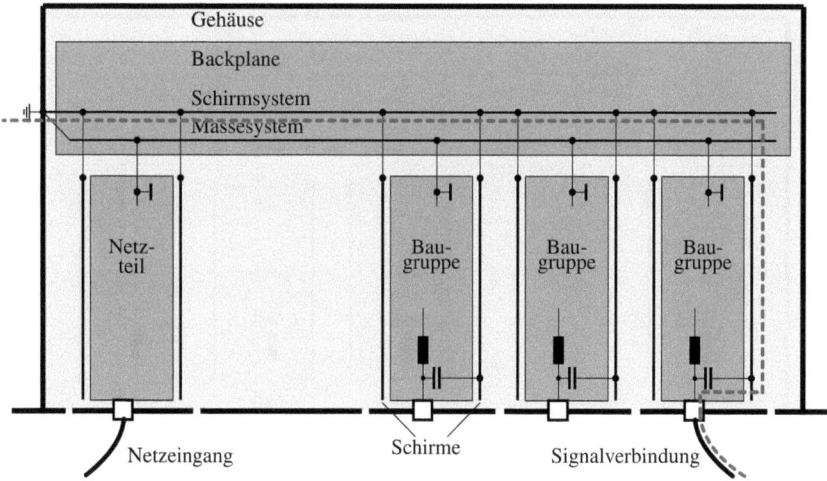

Bild 8.31 Falsch geplante Struktur eines Baugruppenträgers

das vom Massesystem getrennte Schirmsystem abgefangen und an der Schaltung vorbeigeleitet werden. Die einzelnen Baugruppen sind aus jeweils zwei Leiterplatten in Mehrlagentechnik aufgebaut.

Das Einzeichnen eines extern auf eine Signalverbindung eingekoppelten Störstromes in Bild 8.31 zeigt, dass er sich in seinem Verlauf über das Eingangsfilter, das Schirmsystem, den Schutzleiter und zu der (nicht gezeichneten) Störquelle schließt. Auf dem Wege über das Schirmsystem erzeugt er Spannungsabfälle; zwischen Masse- und Schirmsystem steht also eine Spannung. Auf den Leiterplatten in Multilayertechnik sind die durchgehenden Masse- und Schirmlagen über ihre recht hohe Kapazität zueinander eng verkoppelt. Ein Störstrom wird also von der Schirmlage auf die Masse übergekoppelt und erzeugt auch auf dem Massesystem störende Spannungsabfälle. Um genau dies zu vermeiden, war aber diese Struktur gewählt worden.

Bild 8.32 zeigt eine verbesserte Massestruktur. Das leitfähige Gehäuse wird zum Aufbau einer EMV-Zone genutzt. Externe Störungen auf dem Schirm der Signalkabel werden direkt auf das Gehäuse abgeleitet; dazu muss der Schirm im Stecker rundum aufgelegt sein. Auch die Signal-Eingangsfilter leiten die ausgefilterten Störungen auf das Gehäuse ab. Die verheerende Funktion des Schirmsystems, das externe Störungen durch das Gehäuseinnere geleitet und so die Einkopplung in die Schaltung ermöglicht hätte, ist vermieden. Die äußeren Lagen der Leiterplatten der Baugruppen werden nun als Masselagen ausgeführt. Da die Potentialdifferenzen zur Nachbarleiterplatte gering sind, ist eine kapazitive Kopplung zwischen den Leiterplatten vernachlässigbar. Die Baugruppen besitzten noch die falsche Platzierung der Eingangs- und Ausgangsklemmen auf gegenüberliegenden Seiten der Leiterplatte. Deshalb wird die Masse des Signaleingangs an der Schaltung vorbei zu einem Sternpunkt am Steckverbinder zur Backplane geführt. Restliche Störströme fließen nun nicht mehr über die Masse der Baugruppe; sie ist vor Impedanzkopplung mit der Umgebung geschützt.

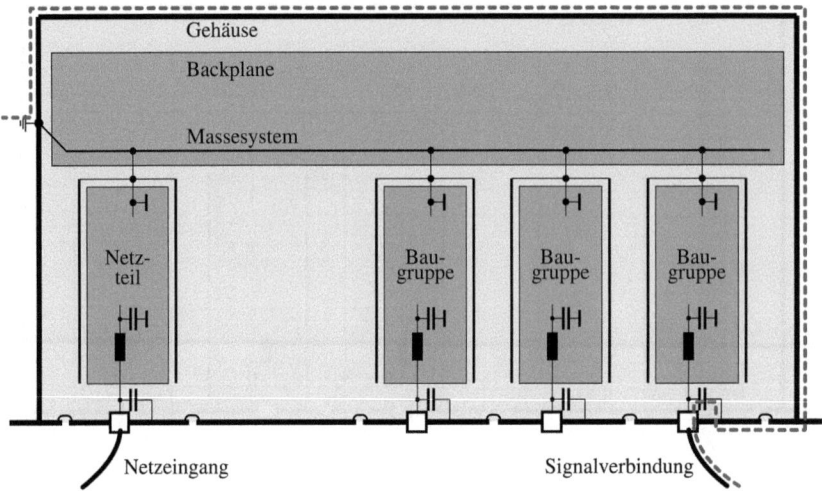

Bild 8.32 Erster Korrekturschritt für die Struktur des Baugruppenträgers

In einem weiteren Korrekturschritt wurde noch die Sandwichbauweise der Einschubbaugruppen (zwei Leiterplatten, verbunden über Drähte) und die Struktur der Platzierung von Eingangs- und Ausgangsklemmen an entgegengesetzte Seiten der Leiterplatten aufgegeben (Bild 8.33). Eingänge, das Netz eingeschlossen, und Ausgänge gelangen, nah beieinander platziert und unmittelbar an der EMV-Zonengrenze gefiltert, durch die Gehäusewand. Die Ein- und Ausgangssignale werden nun über die Backplane zu den einzelnen Baugruppen geführt, so dass sich auf den Baugruppen alle Ein- und Ausgänge an *einer* Seite der einzigen Leiterplatte befinden. Mit dieser *Sternbaumstruktur* erhält man eine optimale Sicherheit gegen Verkopplungen durch leitungsgeführte Störungen, insbesondere, wenn Analogsignale auf der Backplane symmetrisch geführt werden und damit keine Spannungsabfälle auf der Masse erzeugen und selbst dagegen unempfindlich sind. Aber auch die erhöhte Abstrahlung der Leiterplatte infolge hochfrequenter Potentialunterschiede auf der Masse über die Anschlüsse wurde durch die Sternbaumstruktur reduziert (s. Abschn. 7.3). Material- und Fertigungskosten wurden durch diese neue Konstruktion deutlich gesenkt. Diese letzte Version, die dann auch erst aufgebaut wurde, besaß auf Anhieb eine exzellente EMV trotz sehr hoher Anforderungen durch die Schaltung.

Der letzte Korrekturschritt hat weitreichende Konsequenzen: Das neue System ist inkompatibel zum alten. Dass man trotzdem diesen gravierenden Einschnitt wagte, war der Einsicht zu verdanken, dass nur mit einem aus EMV-Sicht kompromisslosen Aufbau die Basis für zukünftige Aufrüstungen dieses Systems gelegt werden konnte. Andernfalls wäre man bald wieder an die Grenzen der EMV gekommen. Darüber hinaus wurde damit für das Entwicklerteam eine klare Linie für eine zukünftige Entwicklungsmethodik unter Einschluss einer EMV-Planung – diese hatte man nun erlernt – vorgegeben. Dieser wagemutige Entschluss, mitgetragen von einem klugen, vorausschauenden Management, zahlt sich schnell in mehrfacher Hinsicht aus!

8.15 EMV-gerechte konstruktive Gerätegestaltung

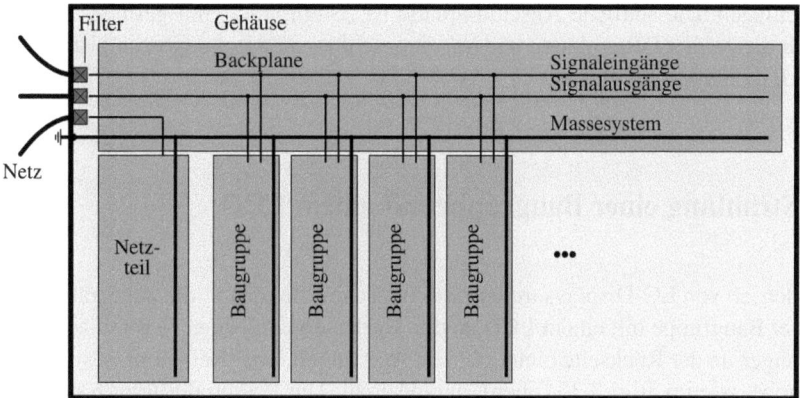

Bild 8.33 Optimale Massestruktur des Baugruppenträgers

8.15 EMV-gerechte konstruktive Gerätegestaltung

Eine Schaltung mit ähnlicher Aufgabe wie im vorherigen Abschn. aber anderer Gestaltung zeigt Bild 8.34: Eine Reihe von Leitungen verbinden das Gerät mit weit verteilten analogen Quellen. Die auf der Leiterplatte (2) bearbeiteten Analog-Signale werden auf einer Digital-Leiterplatte (3) weiterverarbeitet und an einen zentralen Rechner gesendet.

Die „Leitungen" im ersten Entwurf (links) waren zwar mit ihren Schirmen auf ein Anschlussblech (1) zum Potentialausgleich aufgelegt, ausgenommen die Leitungen zum Rechner und zum Netz. Dies ermöglichte Störungen einen Weg *durch* das Gerät. Außerdem bilden die angeschlossenen Leitungen eine Antennenstruktur, die von hochfrequenten Potentialdifferenzen auf der Masse zur Strahlung angeregt werden kann. Da das Gerät ein nicht schirmendes Kunststoffgehäuse erhalten sollte, wurde der Aufbau Bild 8.34 (rechts)

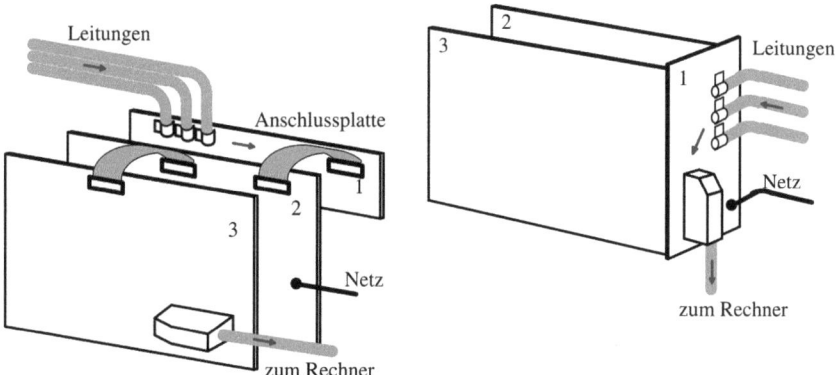

Bild 8.34 Störungsanfälliger (*links*) und störungssicherer (*rechts*) konstruktiver Aufbau eines Gerätes

vorgeschlagen. Die seitliche Anschlussplatte ist „Sternpunkt" mit geringer Koppelimpedanz für die beiden Leiterplatten und *alle* angeschlossenen Leitungen und ist darüber hinaus noch montagefreundlicher.

8.16 Strahlung einer Baugruppe mit einem LCD

Beim Betrieb von LC-Displays treten zwei typische Effekte auf, die zur Strahlung führen. Bei einer Baugruppe mit einem LCD an der Vorderseite und einer Verbindung zu anderen Schaltungen an der Rückseite bietet sich ein Aufbau mit einer Reihenmassestruktur für die Baugruppe, wie im Bild 8.35 (oben), geradezu an. Die Potentialdifferenz auf der Masse der Baugruppe ($\underline{U}_{HF}$) infolge von Signalströmen kann so aber die aus LC-Display und dem hinteren Anschluss gebildete Antennenstruktur anregen. Mit der Festlegung eines Bereiches für das Baugruppenbezugpotential und der Bildung einer Sternstruktur wie im Bild 8.35 (Mitte) besteht *dieser* Effekt nicht.

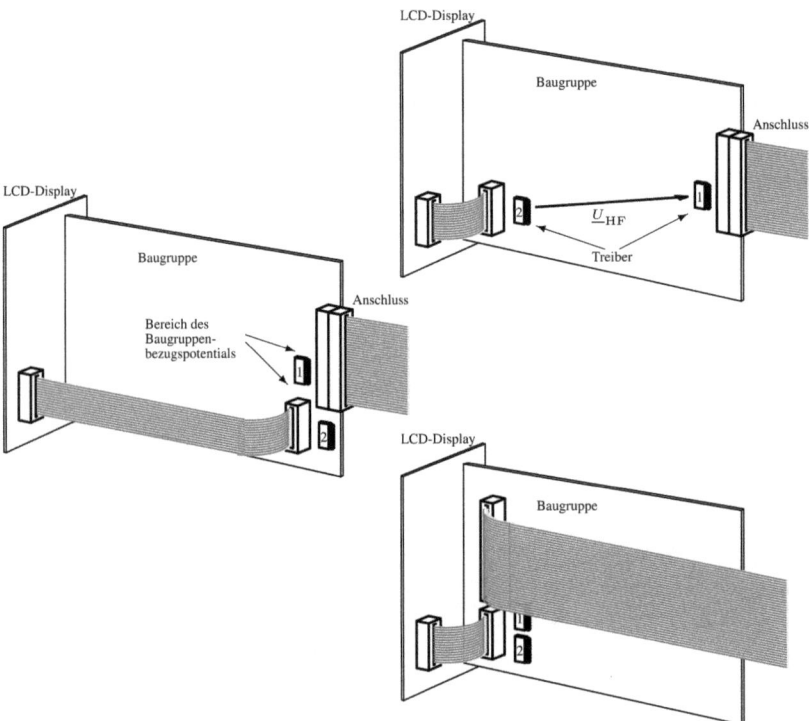

Bild 8.35 Strahlung einer Baugruppe mit einem LC-Display und Beheben der Effekte

8.17 Leistungselektronische Schaltungen

Aber nun können hochfrequente Potentialdifferenzen an der Masseleitung des Kabels zwischen LC-Display und Leiterplatte infolge hoher Flankensteilheiten der Signalströme die Antennenstruktur aus LC-Display und Baugruppe anregen. Für diesen Fall hat man 2 Möglichkeiten:

1. Die Impedanz der Masse des Kabels muss so klein wie möglich gemacht werden: durch mehr Masseleitungen (s. Bild 7.41, S. 192) und/oder eine möglichst geringe Länge. Für diesen Fall müsste also der Potentialbezugsbereich der Baugruppe am Steckverbinder zum LCD liegen Bild 8.35 (unten).
2. Der hochfrequente Strom auf der Masse des Kabels wird zu null gemacht, indem die Datenübertragung symmetrisch ausgeführt wird entweder mit dem I^2Q-Bus (*ternärer* symmetrierter Bus, s. Abschn. 7.3.2, S. 166) oder mit speziellen Treiber- und Empfänger-ICs zur *binären* symmetrischen Übertragung (Nachteil: mehr Leitungen). In diesem Fall kann auch die Anordnung im Bild 8.35 (Mitte) gewählt werden.

8.17 Leistungselektronische Schaltungen

Leistungselektronische Schaltungen sind als starke Störquellen für das Netz und die Schaltungen, in denen sie arbeiten, gefürchtet. Prinzipiell treten durch das Schalten zwei Störungsursachen auf:

1. Eine geschaltete Spannung mit hohem du/dt.
2. Ein geschalteter Strom mit hohem di/dt.

Beide Störungsursachen können am Schaltungseingang und Schaltungsausgang auftretende Gegentakt- und Gleichtaktstörungen erzeugen. Ihre störende Wirkung auf die Umgebung entfalten sie zwar auch über kapazitive und induktive Kopplung. Diese Kopplungen sind relativ einfach zu durchschauen, mit den im Kap. 3 beschriebenen Maßnahmen zu behandeln und werden deshalb hier nicht weiter verfolgt. Die unübersichtlichsten Störungen entstehen durch Impedanzkopplung. Eine besondere Rolle spielt dabei die Störkopplung über Masseschleifen, die meist zwangsläufig mit einer äußeren Verbindung der Eingangs- und Ausgangsmasse der Schaltungen entsteht: entweder einer direkten Verbindung oder erst durch Zusammenschalten mit anderen Schaltungen zustande kommend, manchmal auch nur kapazitiv (z. B. über Transformatoren) sich schließend. Über sie können Störungen in auch entferntere Schaltungsbereiche gelangen. An drei Typen von leistungselektronischen Schaltungen soll beispielhaft gezeigt werden, wie mit der Analyse die Störmöglichkeiten erkannt und Abhilfemaßnahmen entwickelt werden können.

8.17.1 Analyse von Schaltnetzteilen

Die Vorgehensweise der Analyse von Schaltnetzteilen wird zunächst prinzipiell am Beispiel eines Aufwärtswandlers erläutert (s. auch [3]) und dann detailliert am Beispiel einiger Schaltnetzteiltypen gezeigt. Für diese Analyse muss die Umgebung des betrachteten Schaltnetzteiles in ihren Einzelheiten nicht bekannt sein.

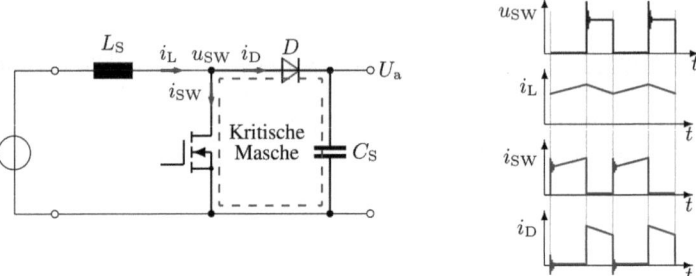

Bild 8.36 Prinzip eines Aufwärtswandlers (*links*) und Spannungs- und Stromverläufe (*rechts*)

Im Abschn. 4.4 (S. 63) wurde mit der Stromumschaltanalyse nach [3] die „kritische Masche" eines Aufwärtswandlers (Bild 8.36), bestehend aus dem Schalter, der Diode D und dem Speicherkondensator C_S, ermittelt. In ihr – und nur in ihr – ist die Flankensteilheit des Stromes sehr groß, wie man auch den dargestellten Stromverläufen entnimmt. Zur Analyse der Auskopplung von Störungen aus der kritischen Masche wird im durch Eingangs- und Ausgangsfilter erweiterten Schaltbild (Bild 8.37) die äußere Masseschleife durch eine direkte Verbindung von Eingangs- und Ausgangsmasse des Schaltnetzteiles geschlossen – die Kenntnis ihres genauen Verlaufes ist für eine qualitative Betrachtung nicht erforderlich. Alle Maschenströme werden eingetragen. Außerdem tritt die geschaltete Spannung u_{SW} als Störquelle auf. Folgende Kopplungen sind wirksam:

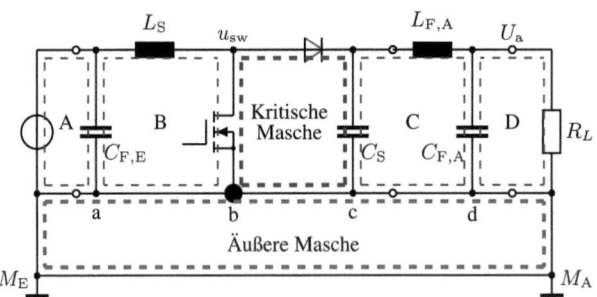

Bild 8.37 Prinzipielle Darstellung der Impedanzkopplung der kritischen Masche mit der Umgebung über drei ihrer Zweige mit Hilfe der Stromanalyse

8.17 Leistungselektronische Schaltungen

1. Die Impedanz des Zweiges b-c ist Koppelimpedanz der kritischen Masche zur äußeren Masseschleife. Der Spannungsabfall an b-c ist am Netzteileingang als Gleichtaktstörung zu messen, wenn die Netzteilausgangsmasse M_A als Bezugspotential gewählt wird, und am Netzteilausgang, wenn die Eingangsmasse M_E das Bezugspotential stellt.
2. Die Impedanz des Zweiges mit dem Schalter ist Koppelimpedanz der kritischen Masche zur Masche B und über das Eingangsfilter nach A.
3. Die Impedanz des Zweiges mit dem Kondensator C_S ist Koppelimpedanz der kritischen Masche zur Masche C und über das Ausgangsfilter nach D.
4. Die Spannung u_{sw} über dem Schalter stellt eine vergleichsweise hohe Störspannung dar; sie koppelt leitungsgebunden Gegentaktstörungen in Richtung von Stromversorgung und Last.
5. Reale und parasitäre Induktivitäten und Kapazitäten der kritischen Masche bilden einen Schwingkreis, der durch das Schalten zu Schwingungen angeregt wird, die ebenfalls als Störungen aus der Masche ausgekoppelt werden (s. den Verlauf von u_{sw} in Bild 8.36).

Mit diesen Erkenntnissen kann man prinzipiell geltende Aufbau-Regeln, zugeordnet zu den genannten Störungen, aufstellen, die unter Berücksichtigung der jeweils vorliegenden Randbedingungen zu optimierten Lösungen führen:

1. Die kritische Masche wird nur an *einem* Punkt und über eine sehr kurze Leitung (Verschiebung der Knotenpunkte, Möglichkeit 2) an Masse – oder ggf. an Versorgungsspannung – angeschlossen, dann ist die Koppelimpedanz von bc zur äußeren Masseschleife null. Im Bild 8.38 ist der Massepunkt BP als Masse-Bezugspunkt des Schaltnetzteiles gewählt.
2. Das Filter, bestehend aus Speicherinduktivität L_S und Kondensator $C_{F,E}$, dämpft Gegentaktstörungen aus der kritischen Masche zum Schaltnetzteileingang. $C_{F,E}$ muss niederimpedant an den Masse-Bezugspunkt BP angeschlossen werden.
3. Der Lade-Elektrolytkondensator soll funktionsbedingt eine niedrige Impedanz bei tiefen Frequenzen bereitstellen. Wegen seiner hohen Impedanz (ESL) bei hohen Frequenzen sollte ihm zur Dämpfung von Gegentaktstörungen ein impedanzarmer Bypass-Kondensator mit der Anschlusslänge null parallelgeschaltet und/oder zwei oder mehrere Elkos parallel anstelle eines verwendet werden. Der Kondensator $C_{F,A}$ eines zur Dämpfungserhöhung nachgeschalteten Filters wird ebenfalls niederimpedant an den Masse-Bezugspunkt BP angeschlossen.
4. Eingangs- und Ausgangsfilter dämpfen auch die Störungen durch u_{sw}.
5. Die Schleifenfläche der kritischen Masche sollte möglichst klein sein. Dies verringert die partiellen Induktivitäten der einzelnen Zweige der kritischen Masche (s. Abschn. 2.7, S. 22) und damit die Spannungsabfälle an ihnen infolge hochfrequenter Anteile ihres Stromes (s. Punkte 1...4) und verändert damit Frequenz und Amplitude der parasitären Schwingung. Mit der geringeren Gegeninduktivität zur Umgebung wird auch die induktive Kopplung dorthin kleiner. Die an den Kollektor/Drain-Anschluss des Schalters angeschlossenen Verbindungsleitungen führen ein hohes du/dt. Ihre Kapazität zur Umgebung sollte ebenfalls klein sein.

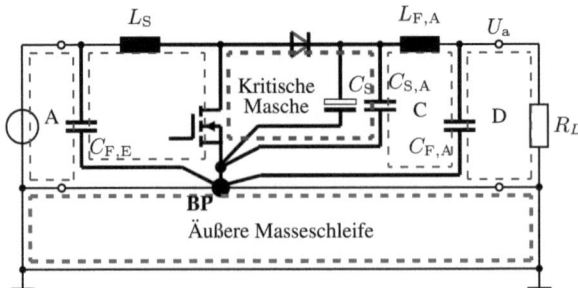

Bild 8.38 Weitgehendes Vermeiden der Kopplung durch Sternpunktbildung und Filterung ($C_{F,E}$ und $C_{F,A}$)

Damit ergibt sich für den Aufbau das Schaltbild im Bild 8.38. Alle darin dick gezeichneten Verbindungen müssen kurz, alle übrigen dürfen lang sein.

Dazu tritt noch ein weiteres Problem auf: Wenn der Schalter nach der Sperrphase wieder eingeschaltet wird, ist die Diode noch leitend und bleibt es solange, bis die Sperrschicht von Ladungsträgern ausgeräumt ist. In dieser Zeit ist der Speicherkondensator über Diode und Schalter kurzgeschlossen. Der Strom steigt entsprechend der Induktivität der kritischen Masche steil an – je kleiner sie ist, um so steiler – bis die Diode sperrt. Auch dieser Impuls regt eine parasitäre Schwingung an (s. i_{sw} und i_D im Bild 8.36). Zur Dämpfung dieses Effektes gibt es folgende Möglichkeiten:

1. Verwendung von Dioden mit kurzer Erholzeit (Fast-Recovery-, Schottky-Dioden).
2. Langsames Einschalten des Schalters durch eine entsprechende Ansteuerung; dies erhöht die Schaltverluste.
3. Einfügen einer verlustbehafteten Induktivität.

Die dargestellte Vorgehensweise ist bei allen Schaltnetzteilvarianten sinngemäß anzuwenden. Beispielhaft werden hier drei Typen diskutiert.

Auch die Applikationsbeispiele in Datenblättern von IC-Herstellern für Schaltnetzteile enthalten häufig Layouthinweise in Form von angedeuteten Sternpunkten. Wenn jedoch der wichtigste Punkt, die kritische Masche, nicht einbezogen wird, reichen diese Hinweise nicht aus, ja müssen zwangsläufig zu Störungen führen.

8.17.1.1 Analyse eines Aufwärtswandlers

Im Bild 8.39 ist die Prinzipschaltung eines mit einem IC aufgebauten Aufwärtswandlers dargestellt. Da die Ermittlung der kritischen Masche bereits gezeigt wurde, ist aus Gründen der Übersichtlichkeit nur die kritische Masche selbst markiert. Sie verläuft über das IC (i_{SW}), die Diode (i_D) und den Speicherkondensator C_S.

Die oben dargestellten Ergebnisse der Analyse führen mit den Layoutanweisungen zum Bild 8.40. Die Stromumschaltpunkte sind die IC-Pins „SWITCH" und „GND". Der Ab-

8.17 Leistungselektronische Schaltungen

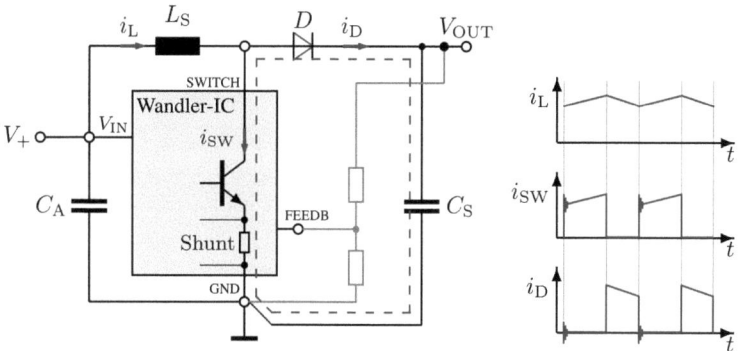

Bild 8.39 Prinzipschaltbild eines Aufwärtswandlers (alle nicht für die Analyse notwendigen Bauteile sind weggelassen) und Stromverläufe

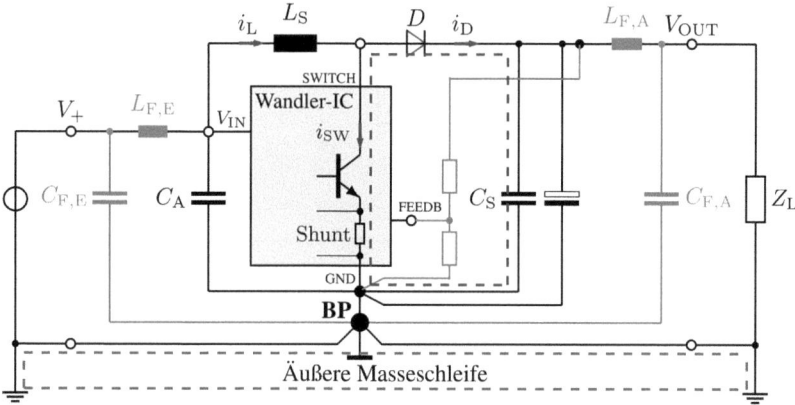

Bild 8.40 Aufwärtswandler, Schaltbild unter Berücksichtigung der Analyseergebnisse

blockkondensator C_A bildet schon zusammen mit L_S ein Filter für die Spannung u_{sw} am Schalter; die Filterwirkung wird mit $L_{F,E}$ und ggf. noch mit $C_{F,E}$ erhöht. Das Schaltnetzteil hat nun einen Sternpunkt für die kritische Masche und einen getrennten zentralen Massebezugspunkt (BP).

Wandler-ICs haben üblicherweise nur einen einzigen Masseanschluss, über den auch der Strom der kritischen Masche fließt. Durch den Spannungsabfall am Bonddraht (Bild 8.41 L_{Bond}) infolge dieses Stromes liegt die IC-interne Masse gegenüber der äußeren auf einem gestörten Potential (Ground Bounce). Dies führt zu Fehlern z.B. auch der Regelspannung (FEEDBACK). Durch einen eigenen Masseanschluss für C_S würde nicht nur der Stromumschaltpunkt vom äußeren Massepunkt zum IC-*internen* verlegt und damit Ground-Bounce im IC vermieden (s. Bild 8.41), C_S wäre auch kaum falsch anzuschließen. Dieser Fehler durch Ground Bounce ist durch interne Schaltungsmaßnahmen beherrschbar. Hier sollte gezeigt werden, dass und wie er durch die Analyse zu erkennen ist.

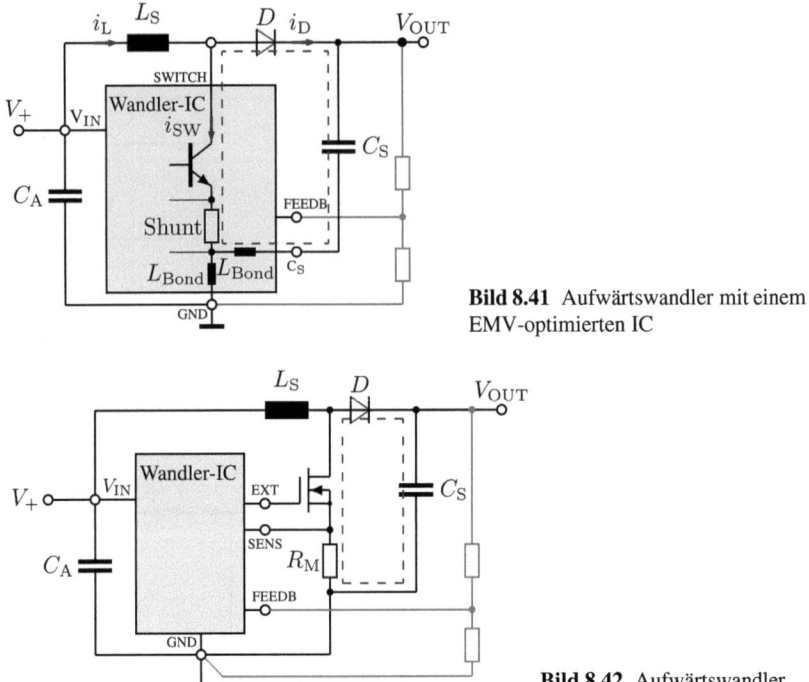

Bild 8.41 Aufwärtswandler mit einem EMV-optimierten IC

Bild 8.42 Aufwärtswandler mit einem externen Schalter

Ähnliche Überlegungen wie oben gelten, wenn das Wandler-IC einen externen Schalter treibt (s. Bild 8.42). Die kritische Masche darf sich nicht über die allgemeine Masse schließen. Ihre Masseverbindung muss mit einer *kurzen* Leitung zum GND-Pin erfolgen; über sie fließt der dreiecksförmige Strom durch L_S.

Die Bilder 8.39 bis 8.42 zeigen auch, wie beim Anschluss des Spannungsteilers für die Regelung (FEEDBACK) an den Ausgangsspannungsanschluss (V_{OUT}) das Einkoppeln von Störungen durch den Strom der kritischen Masche vermieden werden kann. Selbst, wenn der Regelverstärker zu langsam ist, um hochfrequente Störspannungsanteile auszuregeln, sollten diese von dessen Eingang ferngehalten werden, damit keine Fehler durch Demodulationsprodukte entstehen.

8.17.1.2 Analyse eines Abwärtswandlers

Bild 8.43 zeigt die Prinzipschaltung eines Abwärtswandlers. Als wichtigste Vorbereitung für ein Layout muss die kritische Masche ermittelt werden. Bei eingeschaltetem Schalter im Wandler-IC fließt der Strom aus der Spannungsversorgung über die Speicherinduktivität L_S und den Kondensator C_S oder die Last zur Masse; er schließt sich über den Abblockkondensator C_A zur Spannungsversorgung. Nach dem Abschalten des Schalters muss der Strom durch L_S weiterfließen; den Pfad dafür bietet die Freilaufdiode D_F. Die kritische

8.17 Leistungselektronische Schaltungen

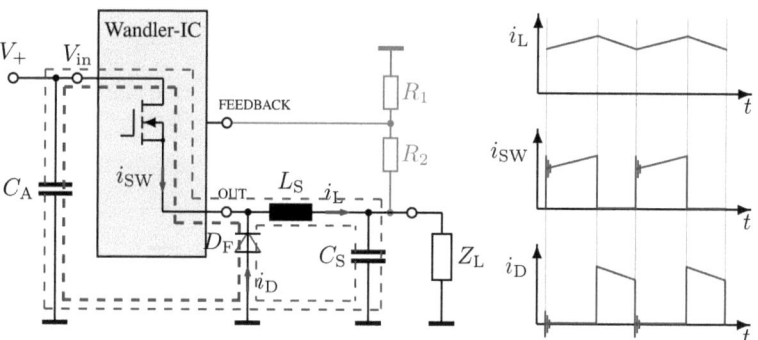

Bild 8.43 Prinzipschaltbild eines Abwärtswandlers und Ströme

Masche umfasst also die Bauteile Schalter, Freilaufdiode D_F und Abblockkondensator C_A. Nur in ihr sind steile Flanken des geschalteten Stromes zu finden. Es sind wieder die oben für die kritische Masche aufgestellten Regeln zu beachten, dass ihre Fläche zu minimieren ist und sie nur an *einem* Punkt an die allgemeine Masse gelegt werden darf. Dieser Verbindungspunkt könnte entweder der Massepunkt des Abblockkondensators (wegen der besseren Erfüllung der Abblockfunktion) oder der der Freilaufdiode (zum Vermeiden des Fehlers der Ausgangsspannung) sein. Entscheidendes Kriterium für die Wahl der ersten der beiden Möglichkeiten ist, dass die Impedanz des Abblockzweiges die Koppelimpedanz der kritischen Masche zum Versorgungssystem ist; eine Störspannung daran ist als Gegentaktstörspannung am Eingang des Schaltnetzteiles zu messen. Die Koppelimpedanz muss deshalb möglichst klein gehalten werden.

Neben seiner Speicherfunktion bildet L_S auch das Ausgangsfilter zusammen mit dem Kondensator C_S, der nicht nur Reste des Stromes der kritischen Masche, sondern auch den dreiecksförmigen Anteil des Stromes durch L_S ableiten soll. C_S sollte hinreichend niederimpedant sein, entweder durch Verwendung mehrerer parallelgeschalteter Elkos anstelle eines oder durch Parallelschaltung eines Bypass-Kondensators $C_{F,A}$.

Bild 8.44 zeigt das Schaltnetzteil, eingebunden in die umgebende Schaltung, mit den Layoutempfehlungen.

Im Gegensatz zum Aufwärtswandler liegen beide Speichermedien, Induktivität L_S und Kapazität C_S, auf derselben Seite des Wandlers, auf der Ausgangsseite. Bei einer Betrachtung des Wandlers ohne Kenntnis der kritischen Masche wird dies zur Überlegung führen, im Layout die Fußpunkte von D_F und C_S zusammenzufassen und Eingangs- und Ausgangsseite sorgfältig zu trennen. Dass die kritische Masche sich über den Abblockkondensator C_A schließt und dass die Verbindung der Fußpunkte von C_A und D_F nur an *einem* Punkt an Masse gelegt werden darf, ist ohne die Analyse überhaupt nicht ersichtlich, ja es erscheint geradezu abwegig, hat aber weitreichende Konsequenzen für die EMV.

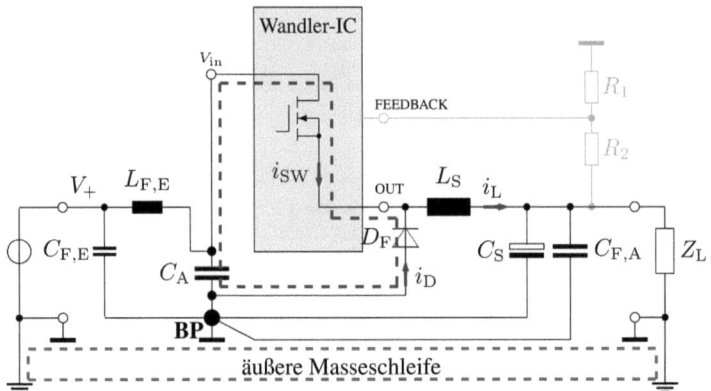

Bild 8.44 Abwärtswandler, Schaltbild unter Berücksichtigung der Analyseergebnisse

8.17.1.3 Analyse eines Sperrwandlers

Für Wandler, die galvanisch getrennte Schaltungen versorgen sollen, verwendet man u.a. Sperrwandler (engl.: Flyback Converter, Prinzipschaltbild s. Bild 8.45, Wandler im „lückenden Betrieb"). Die Speicherspule besitzt hierbei eine Primär- und eine Sekundärwicklung – bei mehreren Ausgangsspannungen mehrere. In der Einschaltphase des Schalters steigt der Strom in der Primärwicklung (Masche A) nahezu linear an. Beim Abschalten des Primärstromes muss der Strom in der Sekundärwicklung (Masche B) entsprechend schnell ansteigen, da sich das magnetische Feld im Trafo nicht plötzlich ändern kann. Danach nimmt der Sekundärstrom nahezu linear ab (Bild 8.45, rechts), indem er den Kondensator C_S lädt.

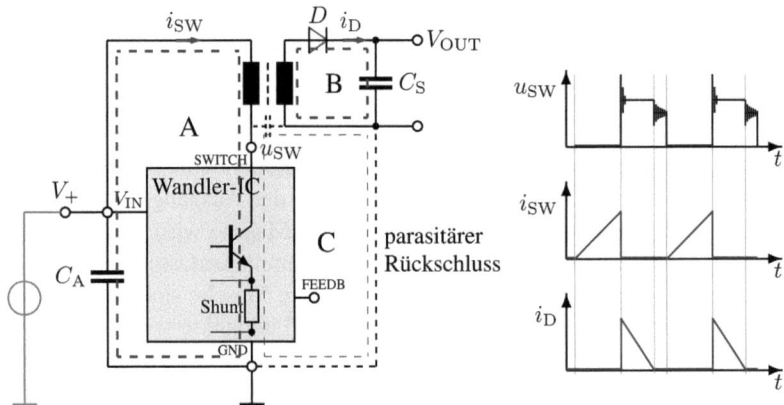

Bild 8.45 Prinzipschaltbild eines Sperrwandlers

8.17 Leistungselektronische Schaltungen

Die Primär-Masche A, bestehend aus IC (Pins SWITCH und GND), Primärwicklung und Abblockkondensator C_A, enthält einen geschalteten Strom und ist deshalb beim Aufbau des Layouts ähnlich zu behandeln wie bei den anderen Wandlern die kritische Masche: Ihre Fläche ist zu minimieren und ihr Strom darf sich nicht über das allgemeine Masse- oder Versorgungssystem schließen. Die Impedanz des Abblockzweiges ist die *verkoppelnde* Impedanz zwischen der Masche A und dem Versorgungssystem; die Spannung an ihr ist als Gegentaktstörung am Netzeingang zu messen. Deshalb müssen die Leitungslängen in diesem Zweig minimal sein; C_A muss auf kürzestem Wege mit den GND- und V_{in}-Pins des ICs verbunden werden. Diese Punkte sind Sternpunkte für die anderen im Bild angeschlossenen Verbindungen. Die Gegentaktstörung kann weiter durch ein Filter (s. Bild 8.47) gedämpft werden. Sinngemäß ist mit Masche B zu verfahren: Die Impedanz des Zweiges mit dem Ladeelko C_S ist Koppelimpedanz zwischen Sekundärmasche und Last. Sie sollte für den Störfrequenzbereich hinreichend niederimpedant sein; ggf. müssen anstelle eines Elkos zwei oder mehrere verwendet werden, oder dem Elko sollte ein entsprechender Bypass-Kondensator parallel geschaltet werden. Dessen Anschlüsse sind die Sternpunkte zur Last. Die restliche Gegentaktstörung kann durch ein Filter ($L_{F,A}$ und $C_{F,A}$) gedämpft werden.

Die Spannung u_{sw} am Schalter enthält mehrere störende Komponenten:

1. Die geschaltete Versorgungsspannung zusammen mit der auf die Primärseite rücktransformierten Sekundärspannung.
2. Beim Abschalten des Primärstromes I_{max} muss die Energie der Streuinduktivität der Primärwicklung abgebaut werden. Der induzierte Spannungsimpuls lädt mit dieser Energie die gerade wirksame parasitäre Kapazität, die seine Höhe bestimmt, auf. Der Spannungsimpuls kann durch Verringern der Streuinduktivität (Verschachteln der Primär- und Sekundärwicklung) verkleinert, seine Höhe durch eine Z-Diode begrenzt (Bild 8.46, links) oder die Energie durch eine zusätzliche Kapazität C (Bild 8.46, rechts) aufgefangen und über den Widerstand R abgebaut werden.
3. Wenn beim sogen. lückenden Betrieb in der Ausschaltphase der Sekundärstrom null wird, wird auch sein di/dt und damit die Sekundärspannung null. Dieser Spannungssprung transformiert sich auf die Primärseite (s. Bild 8.45, rechts).

Jede dieser steilen Flanken im Strom- oder Spannungsverlauf regt den parasitären Schwingkreis an, gebildet aus realen und parasitären Elementen der Primär- und Sekundärseite, die transformatorisch und kapazitiv miteinander gekoppelt sind und deren Einfluss auf Frequenz und Dämpfung vom jeweiligen Schaltzustand abhängt. Die Anregungsenergie kann durch eine Verringerung der Streuinduktivität verkleinert werden. Die Einschwingvorgänge müssen ggf. gedämpft werden, indem zunächst die parasitären Induktivitäten und Kapazitäten der beteiligten Maschen durch eine gezielte Layout-Gestaltung (s. o.) günstig beeinflusst werden, darüber hinaus durch Schaltungsmaßnahmen.

Die Spannung u_{sw} am Schalter erzeugt einen Strom, der sich über die Kapazität zwischen Primär- und Sekundärwicklung des Trafos und die Sekundärseite zum GND-Sternpunkt der Masche A schließen wird (Masche C in den Bildern 8.45 und 8.47). Um die Trafo-Betriebskapazität zu reduzieren, sollte man die der Sekundärwicklung benachbarte Lage der

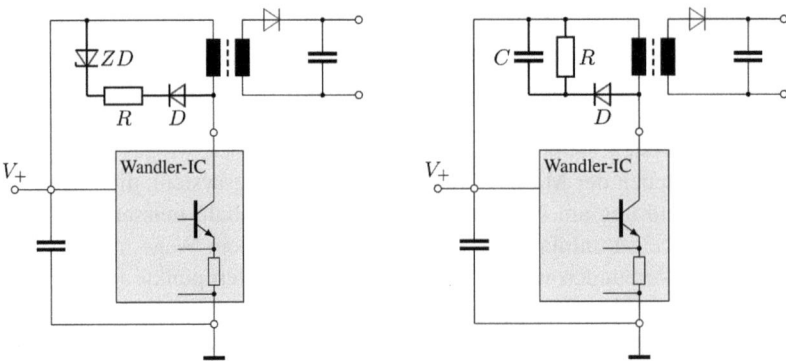

Bild 8.46 Abbau der Spannungsspitze aus der primären Streuinduktivität *links* über eine Spannungsbegrenzung mit D, R und ZD, *rechts* mit D, R und C durch Übernahme der Energie durch einen Kondensator

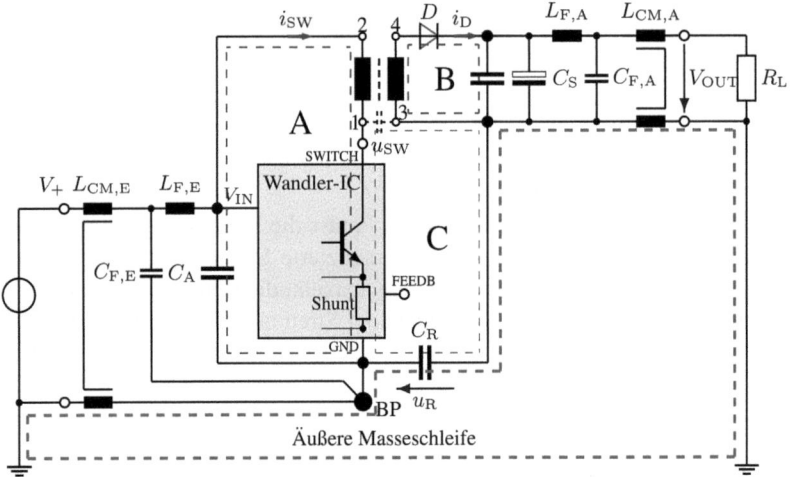

Bild 8.47 Analyse und Aufbauhinweise für einen Sperrwandler

Primärwicklung an die Versorgungsspannung legen; bei verschachtelten Wicklungen sollten diejenigen primärseitigen Lagen der Sekundärwicklung benachbart sein, die jeweils gegen Masse eine geringere Wechselspannung führen. Im Bild 8.47 ist dem influenzierten Strom mit dem Kondensator C_R ein niederimpedanter definierter Rückweg vorgegeben, damit er sich nicht ausschließlich über die äußere Masseschleife schließen muss. Über das Spannungsteilerverhältnis von Trafo-Koppelkapazität zur Impedanz des Zweiges mit C_R kann die Spannung u_R an C_R gering gehalten werden; sie ist *eine* treibende Spannung für den Störstrom in der *äußeren Masseschleife*, der in andere in der Masseschleife liegende Baugruppen Störungen einkoppeln kann. Um diesen Störstrom weiter zu dämpfen, kann in die Masseschleife noch eine verlustbehaftete Gleichtaktdrossel entweder am Eingang ($L_{CM,E}$) oder am Ausgang ($L_{CM,A}$) eingefügt werden.

8.17.2 Entstörung von IGBT-Umrichtern

IGBT-Umrichter sollen induktive Lasten mit sinusförmigen Strömen variabler Frequenz versorgen. Lasten sind i. Allg. Motoren oder die Erregerwicklungen von Generatoren. Die IGBTs schalten mit einer gegenüber der Nutzfrequenz deutlich höheren Taktfrequenz pulsweitenmoduliert aus einem Zwischenkreis eine positive oder negative Gleichspannung an die Last derart, dass der Mittelwert den gewünschten sinusförmigen Verlauf hat. Die Mittelwertbildung für den Laststrom soll durch die Induktivität der Last erfolgen. Der Laststrom sollte daher angenähert sinusförmig sein.

Der Spannungsverlauf am Umrichterausgang aber ist rechteckförmig; er hat eine hohe Flankensteilheit (du/dt). Dies kann über parasitäre Kapazitäten zur Störung von elektronischen Geräten in der Umgebung führen. Das hohe du/dt belastet auch die Wicklungsisolation. Bei langen Leitungen kann es zu Reflexionserscheinungen mit Spannungsüberhöhungen kommen, die Umrichter und Last gefährden. Die genannten Störungen werden durch Tiefpassfilter am Umrichterausgang und durch Schirmen der Leitung zur Last verringert. Durch diese Maßnahmen wird aber ein weiteres Problem verstärkt: Parallel zur Last liegende Kapazitäten bewirken eine Überlagerung des niederfrequenten Laststromes am Umrichterausgang durch hochfrequente Spektren (bis zu einigen 10 MHz), Oberschwingungen der Schaltfrequenz. Solche Kapazitäten können sein:

- in der Last: Die Kapazitäten der Wicklungen gegen das umgebende Eisen oder das Gehäuse, das aus Gründen des Personenschutzes geerdet sein muss,
- die Kapazität der Filterkondensatoren am Ausgang des Umrichters; sie sind üblicherweise nach Masse geschaltet,
- bei geschirmtem Kabel zur Last: die Kapazität zwischen Innenleiter und Schirm.

Alle diese Kapazitäten tragen zu den hochfrequenten spektralen Anteilen im Laststrom bei. Sie sind *eine* Ursache der umrichterspezifischen Störungen. Eine zweite Störungsursache liegt bei der Kommutierung in der kritischen Masche.

Diese Störungen betreffen nicht nur die im Folgenden beispielhaft diskutierten dreiphasigen Umrichter, sondern auch Umrichter mit abweichender Phasenzahl, z. B. auch einphasige, pulsweitenmoduliert schaltende Verstärker, genutzt als NF-Verstärker oder zum Antrieb von Aktoren. Die Problematik ist die gleiche.

Nun sollen die genannten umrichterspezifischen Störungen analysiert und Lösungsmöglichkeiten diskutiert werden [2]. Es wird sich zeigen, dass die gängige Empfehlung „Alle Störungen sind nach Masse abzuleiten" – aus Sicht der Sicherheitstechnik unerlässlich – aus EMV-Sicht verhängnisvoll ist, da Spannungsabfälle durch diese Ströme auf der als Potentialbezugssystem benötigten Masse Störungen ergeben. Unsere Aufgabe wird sein, die geschlossenen Umläufe der Störströme zu ermitteln und Wege für sie finden, auf denen sie nicht stören. Wegen der Vielfalt der Anwendungen und der jeweils vorliegenden Bedingungen einschließlich der Forderungen des Personenschutzes können sich unterschiedliche Optima ergeben. Die angebotenen Lösungen sind also nicht als „Kochrezepte" zu verstehen.

8.17.2.1 Analyse der Störungen

Zunächst sollen die durch die kapazitiven Lasten ausgelösten Störungen analysiert werden. Im Bild 8.48 sind die Verhältnisse für einen dreiphasigen IGBT-Umrichter mit einem Motor als Last dargestellt; aus Gründen der Übersicht sind die störenden Kapazitäten zusammengefasst. Quelle der genannten spezifischen Störungen sind die IGBTs zusammen mit den von ihnen durchgeschalteten Zwischenkreisspannungen. Deshalb müssen sich die Störströme vom Umrichterausgang auch wieder zum Zwischenkreis schließen. Ihr geschlossener Umlauf führt über die störenden Kapazitäten, die impedanzbehaftete Masse und die verteilte Netzimpedanz und bietet vielfältige Möglichkeiten zur Impedanzkopplung. Denn die Masse hat auch die Aufgabe, Bezugspotential für Baugruppen bereitzustellen, die entweder Teil der Umrichteranlage sind oder sich auch in der weiteren Umgebung des Umrichters befinden können. Die Bezugspotentiale der räumlich verteilten, also auf verschiedene Stellen dieser Masse sich abstützenden Baugruppen können durch den Störstrom sehr unterschiedlich werden. Spannungsabfälle an der Masseimpedanz, im Bild 8.48 bespielhaft mit $u_{stör}$ berücksichtigt, werden in Signalkreise zwischen elektronischen Baugruppen, hier die Baugruppen I und II, eingekoppelt und überlagern sich dem Nutzsignal vollständig. Diese Impedanzkopplung entsteht also durch die Vermischung der Aufgaben des Potential*ausgleichs* und des Potential*bezugs* der Masse.

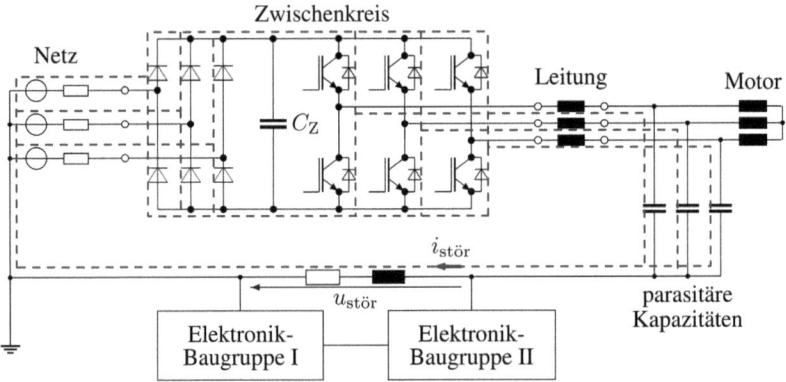

Bild 8.48 IGBT-Umrichter mit dem geschlossenen Umlauf des hochfrequenten Störstromes

8.17.2.2 Lösungsansätze

Ein Netzfilter hat prinzipiell die Aufgabe, den Umrichter vor Störungen aus dem Netz, aber auch das Netz vor Störungen durch den Umrichter zu schützen. Mit den Kondensatoren des Netzfilters im Bild 8.49 schafft man Pfade für die hochfrequenten Störströme des Umrichters, die sich nun schon über die Kondensatoren schließen können und nicht erst über die höhere und räumlich ausgedehnte Netzimpedanz fließen müssen. Damit ein hoher An-

8.17 Leistungselektronische Schaltungen

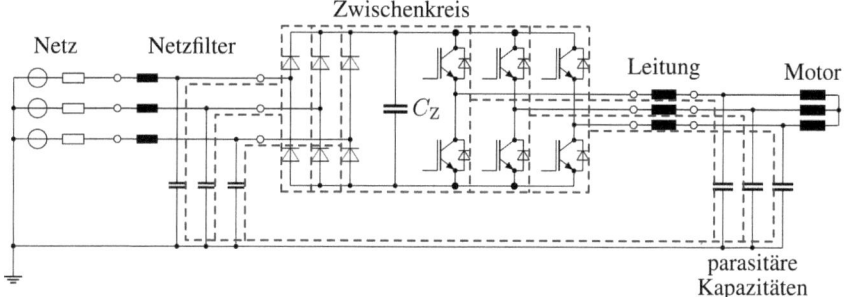

Bild 8.49 Führung der Störströme durch ein Netzfilter

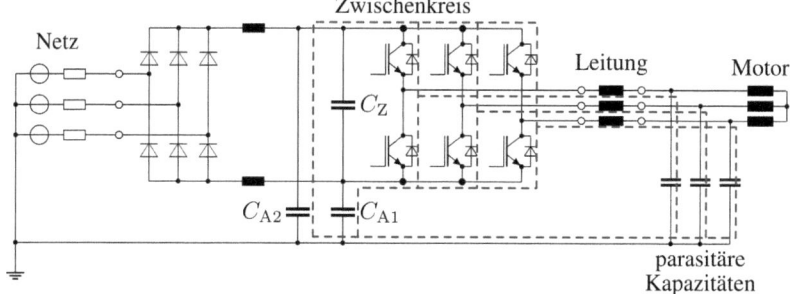

Bild 8.50 Hochfrequente Abblockung des Zwischenkreises gegen Masse: das Netz ist geschützt

teil der Störströme über diese Pfade fließt, müssen die Impedanzen zwischen den jeweiligen beiden Anschlussknoten dieser Zweige im gesamten interessierenden Frequenzbereich möglichst klein sein. Dies bestimmt sowohl die Kondensatorauswahl als auch die Layoutgestaltung: die Anschlusslängen der Kondensatoren müssen minimal sein. Die Impedanz über das Netz dagegen muss mit Induktivitäten, die für diese Aufgabe Gleichtaktdrossel sein können, hinreichend hoch gemacht werden. Die ins Netz eingespeisten Störungen werden tatsächlich abnehmen. Allerdings ist der Pfad zum Zwischenkreis nur während der relativ kurzen Zeit des Stromflusses (Stromflusswinkel) der Gleichrichter geschlossen. Die Störströme fließen aber während der gesamten Zeit, werden sich also zeitweise über parasitäre Pfade (z. B. die Kapazität der Gleichrichter) schließen müssen. Damit wird deutlich, dass mit dem Einsatz eines Netzfilters keineswegs, wie man meinen möchte, ein günstiger Pfad für diese Ströme geschaffen wurde.

Eine bessere Wirkung bei der Führung der Ströme erzielt man, wenn man den Umweg über den Netzeingang vermeidet und, wie in Bild 8.50 dargestellt, den Zwischenkreis mit zwei Kondensatoren (C_{A1} und C_{A2}) hochfrequent gegen Masse abblockt. Diese Maßnahme hat gegenüber einem Netzfilter den Vorteil, dass die Störströme des Umrichters sich *jederzeit* schließen können und auf der Netzseite keine Schaltungsteile (Gleichrichter und Verbindungsleitungen) mehr unnötigerweise durchfließen. Die zeit- und stromabhängigen Längsimpedanzen der Gleichrichter und die der Leitungen können nun sogar für die Erhöhung der Dämpfungswirkung des aus den Abblockkondensatoren und Induktivitäten

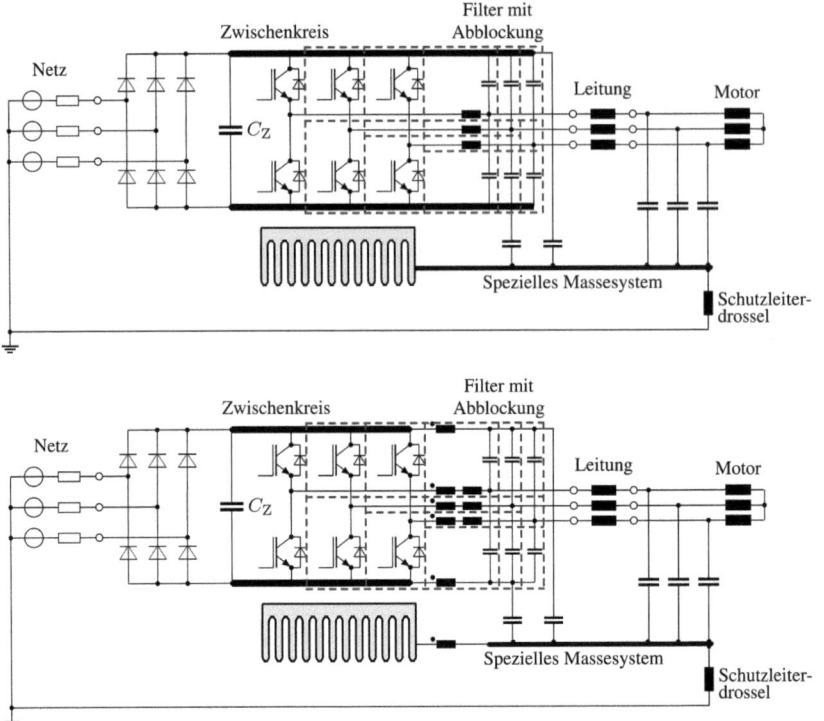

Bild 8.51 Rückführung der Störströme vom Umrichterausgang direkt zum Zwischenkreis sowie über ein spezielles Massesystem und die Abblockung oben ohne, unten mit Gleichtaktdrossel; der Schutzleiter bleibt weitgehend frei von Störströmen

bestehenden Filters genutzt werden. Trotz höherer Dämpfung werden nur 4 statt 6 Bauelemente benötigt.

Am Umrichterausgang werden die Störströme in die als Potentialbezugssystem benötigte Masse geleitet und verursachen dadurch immer noch Störungen. Schaltet man die Kondensatoren eines Filters am Umrichterausgang wie im Bild 8.51 direkt zu beiden Versorgungsklemmen des Zwischenkreises, so können die Ströme sich auf kürzestem Wege schließen ohne den nicht erforderlichen Umweg über die Masse. Es werden jetzt pro Phase zwei Kondensatoren anstelle eines benötigt. Die Filterinduktivitäten sollen auch einer Verringerung der Schaltflankensteilheit der IGBTs und einem damit verbundenen Anstieg der Schaltverluste entgegenwirken; dafür sind Einzelinduktivitäten erforderlich. Weil die hohen Nutzströme den Kern nicht in die Sättigung treiben dürfen, sind mit ihnen keine hohen Induktivitäten und damit Dämpfungen zu erzielen. Zur Erhöhung der Störungsdämpfung sollten deshalb zusätzlich Gleichtaktdrosseln eingefügt werden. Sind diese nicht wie üblich mit je einer Wicklung in den drei Phasen, sondern wie im Bild 8.51 mit 6 Wicklungen aufgebaut, wird ihre symmetrierende Wirkung (s. Bild 6.14, S. 140) genutzt: Die Summe der Störströme wird transformatorisch (fast!) zu null erzwungen und der Kern auch von ihnen nicht magnetisiert.

8.17 Leistungselektronische Schaltungen

Im Bild 8.51 wurden noch weitere Störströme berücksichtigt. Sie können sich über ein *spezielles Massesystem* (dick gezeichnet) und die Abblockkondensatoren zum Zwischenkreis schließen:

- Durch die hohe Kapazität zwischen den IGBT-Gehäusen und dem Kühlkörper fließt ein Strom auf den Kühlkörper, wenn das IGBT-Gehäuse mit dem steilflankigen Ausgangssignal verbunden ist.
- Infolge der begrenzten Filterdämpfung wird ein Rest der Störströme weiterhin über die Last fließen.
- Wird ein geschirmtes Kabel zur Last verwendet, so wird der Kabelschirm auf das spezielle Massesystem geschaltet (Bild 8.53).

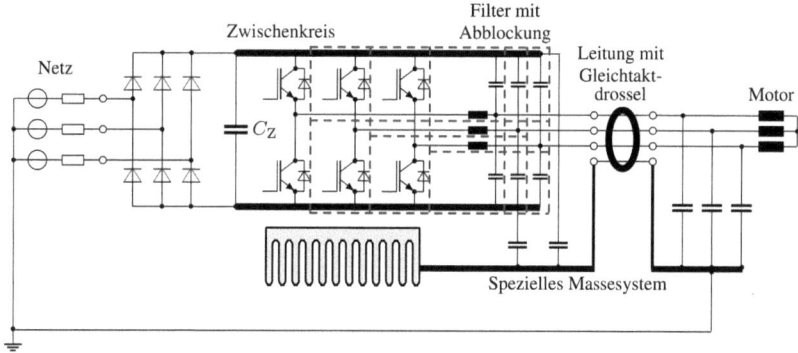

Bild 8.52 Erzwingen des Störstromflusses über das spezielle Massesystem durch eine Gleichtaktdrossel

Der Weg der hochfrequenten Störströme über den Schutzleiter nach Erde wird mit einer Schutzleiterdrossel erschwert. Kann eine solche Schutzleiterdrossel nicht verwendet werden, ist die Schaltung nach Bild 8.52 hilfreich: Der Leiter für das spezielle Massesystem wird im Lastkabel mitgeführt. Über das Kabel werden Ferritringe geschoben. Die damit gebildete Gleichtaktdrossel soll transformatorisch die Störstromsumme im Kabel zu null machen. Damit wird der Rückfluss der Störströme über das Kabel erzwungen und über die übrige Masse gedämpft.

Eine Variante der beschriebenen Lösung ist im Bild 8.53 gezeigt. Dort wird ein konventionelles Ausgangsfilter mit nach Masse geschalteten Kondensatoren verwendet, die jetzt aber wie der Kabelschirm und die Last mit dem speziellen Massesystem verbunden sind. Die Spannungsfestigkeit der Kondensatoren braucht jetzt nur noch etwas mehr als halb so groß zu sein. Der Vorteil des konventionellen Filters ist aber erkauft mit einer höheren Impedanz zum Zwischenkreis, da nun jeweils zwei Kondensatoren *in Reihe* geschaltet sind.

Das in den Bildern 8.51 bis 8.53 verwendete spezielle Massesystem übernimmt die Aufgabe des Potential*ausgleichs*. Auf ihm dürfen Ströme mit hohem Störpotential (hohem di/dt) fließen, ohne Schaden anzurichten. Auf dem übrigen Massesystem sind – selbst bei begrenzter Filterdämpfung – die Störungen erheblich reduziert. Es kann der Funktion des

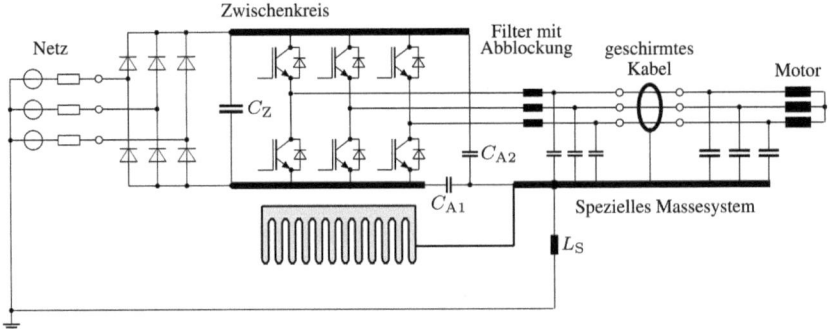

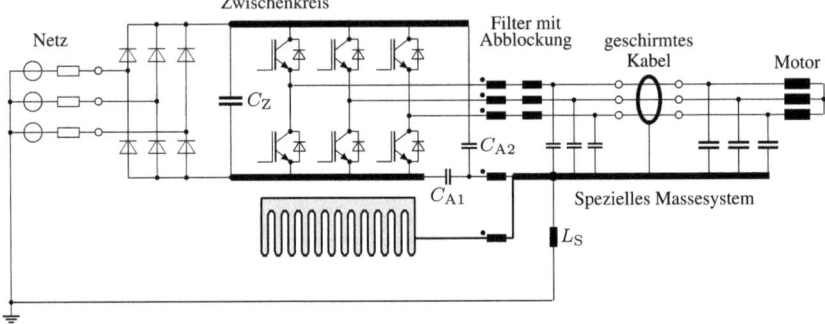

Bild 8.53 IGBT-Umrichter mit Rückführung der Störströme vom Umrichterausgang über ein spezielles, mit dem Kühlkörper der IGBTs verbundenes Leitungssystem (*dick*) und Abblockkondensatoren direkt zum Zwischenkreis oben ohne, unten mit Gleichtaktdrossel; die Störströme fließen weitgehend nicht mehr über die Masse

Potentialbezugs, die es aufgrund der üblichen Massestruktur automatisch hat, damit besser nachkommen. Festzuhalten bleibt, dass sich bei unveränderter Dimensionierung des Filters allein schon durch die andere Anschlusstechnik diese deutliche Verbesserung der Störsituation ergibt. Dies konnte auch durch Messungen an einem handelsüblichen Umrichter bestätigt werden: Durch den üblichen Einbau eines Filters erhöhte sich, wie zu erwarten, der hochfrequente Störstrom auf der Masse im gesamten gemessenen Frequenzbereich geringfügig; allein durch einen Anschluss der Kondensatoren des nicht besonders optimierten Filters direkt gegen den Zwischenkreis wie im Bild 8.51 (oben) ergab sich eine Verringerung des Störstromes um mehr als 20 dB; sie hätte durch eine zusätzliche Gleichtaktdrossel wie im Bild 8.51 (unten), auf die hier aus Aufbaugründen verzichtet wurde, noch deutlich erhöht werden können.

8.17.2.3 Aufbau mit Durchführungskondensatoren

Die im Bild 8.53 dargestellte Schaltungsvariante hat den weiteren Vorteil, dass die Filter- und Abblockkondensatoren als Durchführungskondensatoren ausgeführt sowie groß-

8.17 Leistungselektronische Schaltungen   243

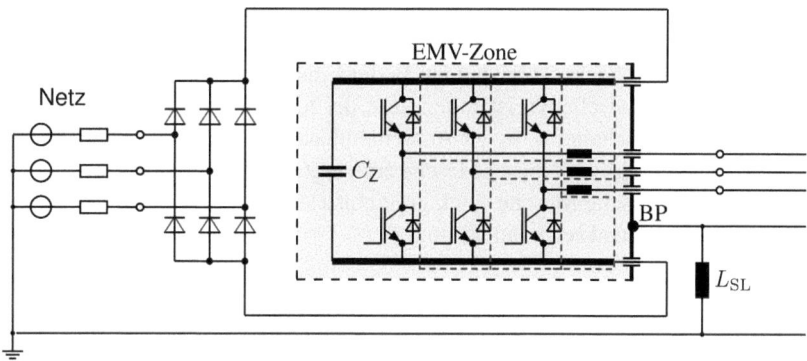

Bild 8.54 IGBT-Umrichter mit Rückführung der Störströme über Durchführungskondensatoren; sie ermöglichen eine sehr hohe Filterdämpfung

flächig und niederimpedant auf die spezielle Masse gelegt werden können. Durchführungskondensatoren sind als Dreipolkondensatoren oder Durchführungsfilter aufgebaut und besitzen selbst schon sehr hohe Durchgangsdämpfungen im Sperrbereich (>100 dB). Durch vorgeschaltete Induktivitäten wird die Grenzfrequenz herabgesetzt. Zu beachten ist, dass der gesamte Laststrom – und nicht nur der Störstrom – über die „Kondensatorplatten" fließt; die Kondensatoren müssen also nach der Strombelastung ausgesucht und vor Überströmen geschützt werden. Bild 8.54 zeigt eine Anordnung, bei der der Leistungsteil des Umrichters (einschließlich des Kühlkörpers) als EMV-Zone mit erhöhtem Störpotential (du/dt und di/dt) aufgebaut ist. Alle Leitungen müssen an der Zonengrenze gefiltert werden. Für den Zwischenkreis und den Umrichterausgang ist dies dargestellt. Die dabei verwendeten Durchführungskondensatoren sollten alle möglichst nahe beieinander platziert werden, damit die von den herausgefilterten Strömen erzeugten Spannungsabfälle im Potential*ausgleichs*bereich vernachlässigbar sind und ein sauberer Potentialbezug (BP) des Umrichter-Leistungsteils zum Zoneninneren und -äußeren gewährleistet ist. Die Erdung des speziellen Massesystems kann bei den hohen Dämpfungen dieser Lösung direkt erfolgen oder, falls noch notwendig, über eine Schutzleiterdrossel oder wie im Bild 8.52 mit Hilfe einer Gleichtaktdrossel.

8.17.2.4 Die Kommutierung und die kritische Masche

Nun soll der Augenblick des Ein- und Ausschaltens der IGBTs genauer betrachtet werden. Wegen der Mittelwertbildung durch die Motorinduktivitäten ist dieser Anteil des Laststromes unmittelbar vor und nach dem Schalten der IGBTs gleich; er wird also nur in seinem Verlauf umgeschaltet. Es muss also eine kritische Masche geben. Diese soll nun mit Hilfe der Stromumschaltanalyse ermittelt werden. Hierfür werden die vorher untersuchten Störströme infolge des hohen du/dt am Umrichterausgang und der kapazitiven Lasten nicht beachtet.

Bild 8.55 zeigt für die positive Halbwelle der oberen Phase die Umschaltanalyse für den am Knoten **a** umgeschalteten Strom für den Fall, dass der Schalter 6 während der betrachteten Zeitintervalle durchgehend leitend ist. In der Einschaltphase von Schalter 1 schließt sich der Strom vom Zwischenkreiskondensator, der als Quelle dient, über den Schalter 1, den Motor und den Schalter 6. In der Ausschaltphase muss der Strom durch den Motor weiter fließen. Die Induktivität dieser Masche erzwingt den Umlauf über die Freilaufdiode im Schalter 2. Die kritische Masche (dick gezeichnet) schließt sich also über die Schalter 1 und 2 und den Zwischenkreiskondensator.

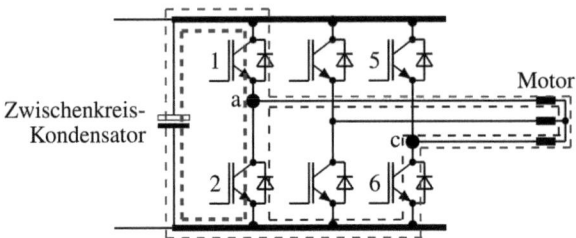

Bild 8.55 Ermittlung der kritischen Masche

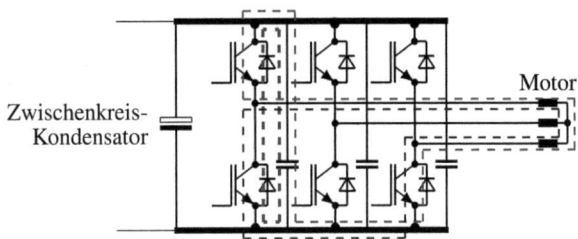

Bild 8.56 Kritische Masche bei hochfrequent abgeblockten Halbbrücken

Die parasitären Induktivitäten und Kapazitäten der kritischen Masche bilden einen Schwingkreis, der durch das Schalten – wie auch durch den Sperrstromimpuls der Freilaufdioden – zu Schwingungen angeregt wird, die ein hohes Störpotential zur Umgebung haben und zu einer höheren Spannungsbelastung (Kosten) der Bauteile, insbesondere der IGBTs, führen. Deshalb sollte die Fläche der kritischen Masche und damit ihre parasitäre Induktivität möglichst klein sein. Der Zwischenkreiskondensator ermöglicht schon wegen seiner Baugröße keine kleine Fläche der kritischen Masche. Über ihn sollten sich die hochfrequenten Ströme nicht schließen müssen. Im Bild 8.56 sind deshalb die Halbbrücken mit Kondensatoren abgeblockt, mit denen sich kleinere Maschenflächen verwirklichen lassen. Die kritische Masche schließt sich nun über drei Bauteile: die beiden IGBTs der Halbbrücke und den Abblockkondensator. Die übrige Schaltung ist frei von hochfrequenten Strömen, sofern die Abblockung entsprechend dimensioniert und aufgebaut wurde. Diese drei Bauteile sind so anzuordnen, dass die eingeschlossene Fläche minimal wird; dies kann ohne Rücksicht auf andere Bauteile geschehen. Die gefundene Struktur wird für die

8.17 Leistungselektronische Schaltungen   245

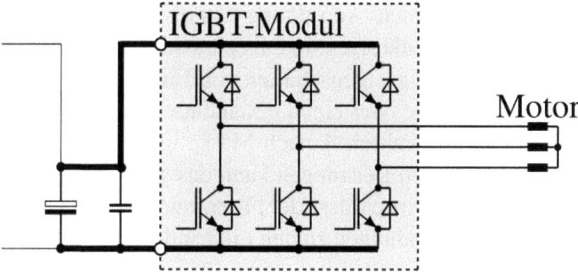

Bild 8.57 Abblockung eines IGBT-Moduls; die *dick* gezeichneten Verbindungen sollten kurz und impedanzarm sein

anderen Halbbrücken übernommen. Wird der Umrichter mit einem IGBT-Modul aufgebaut, wird das ganze Modul abgeblockt; der Abblockkondensator ist, wie im Abschn. 5.6 hergeleitet, anzuschliessen (Bild 8.57).

8.17.2.5 Aufbau mit flächigen Leitern

Um anzuzeigen, dass die vom hochfrequenten Strom durchflossenen Verbindungsleitungen niederimpedant zu machen sind, wurden sie in den Bildern 8.51 bis 8.57 dick gezeichnet. Optimal ist es, solche Leitungen flächig auszubilden und in eine Leiterplatte zu integrieren: in benachbarten Lagen übereinander und nah zueinander wegen des damit verbundenen niedrigen Induktivitäts- und hohen Kapazitätsbelages.

Im Bild 8.58 ist die Anordnung als Dreilagenleiterplatte prinzipiell dargestellt; die mittlere Lage wird auf Masse gelegt, die beiden anderen an den Zwischenkreis (linker Teil). Bei hohen Lastströmen kann mit massiven breiten Leiterblechen, getrennt durch ein Dielektri-

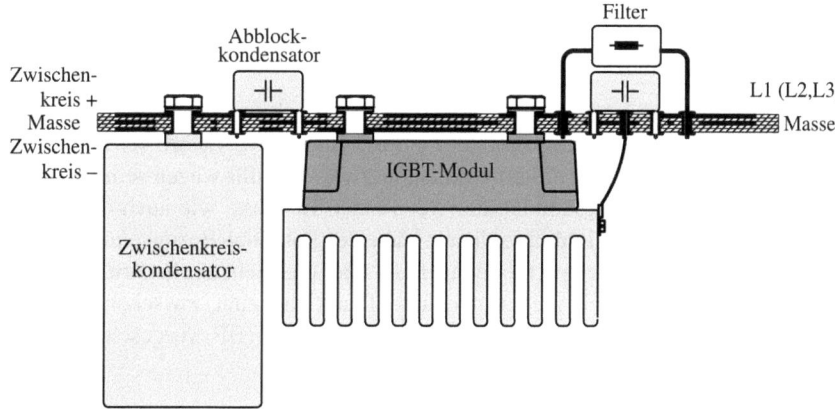

Bild 8.58 Aufbauschema der Verbindungen in Sandwichbauweise

kum, eine entsprechend geschichtete Anordnung (Sandwichbauweise) aufgebaut werden. Die Leitungen z. B. des Zwischenkreises sind als parasitäre Vierpolkondensatoren ausgebildet, die sehr gut die Dämpfungseigenschaften von Filtern unterstützen. In eine solche Verbindung mit einer Leiterplatte oder einen geschichteten Aufbau können eine hochfrequente Abblockung des Zwischenkreises nach Masse und ein Ausgangsfilters integriert werden (rechter Teil). Bei kleinen Leistungen kann das gesamte Ausgangsfilter auf diese Anordnung gebaut werden. Die Anschlüsse der Filterkondensatoren am Umrichterausgang müssen Knotenpunkte für Verbindungen zu den Filterinduktivitäten und zu der Last sein.

8.17.2.6 Integration von Umrichter-Leistungsteil und Motor

Die diskutierten Störströme auf der Masse können sich nur deshalb so stark störend auswirken, weil üblicherweise Umrichter und Last weit entfernt voneinander platziert und über lange Kabel miteinander verbunden werden. Beispielsweise sind in einer Warte die Umrichter für räumlich weit verteilte Pumpen in der Regel mit der übrigen Elektronik (Sensormesswertverarbeitung und Fernübertragung) zusammengefasst. Die Masseimpedanzen zu den Lasten sind, bezogen auf die Höhe der Störströme, hoch und die Masse- und Erdpotentiale sehr verschieden. Störungen sind nur mit hohem Aufwand zu dämpfen. Unter dem Aspekt des EMV-Zonenkonzeptes ist eine Trennung von Generator und Last mit Strömen von solch hoher Flankensteilheit (du/dt und di/dt) ausgesprochen ungünstig. Der Umrichter oder wenigstens sein Leistungsteil, bestehend aus den IGBTs, dem Zwischenkreis und seiner Abblockung, müsste eigentlich direkt an der Last platziert sein; Umrichter und Last gehören in eine einzige EMV-Zone, in ein gemeinsames Gehäuse. Dann ist die stark störende Masche räumlich wenig ausgedehnt und kann, mit einem Massesternpunkt versehen, an die übrige Masse angeschlossen werden. Damit sind die Störungsmöglichkeiten stark reduziert. Eine Abschirmung der Leitung zur Last erfolgt durch das gemeinsame Gehäuse automatisch, eine Filterung ist aus EMV-Gründen unnötig. Dagegen muss die Steuerelektronik nicht in unmittelbare Nähe zum Umrichterkern platziert werden. Signalverbindungen zwischen beiden können leicht fehlerspannungstolerant (s. dazu Abschn. 7.8, S. 192) aufgebaut werden. Insbesondere bei Anwendungen im Automotive-Bereich ist eine Trennung von Umrichter und Motor aus Platz-, Gewichts- und nicht zuletzt Kostengründen indiskutabel.

Bild 8.59 zeigt für solche Anwendungen eine aus der Analyse hergeleitete optimale Verschaltung; eingezeichnet sind die Störströme durch kapazitive Lasten im Motor. Allein die Leitung zur Batterie muss gefiltert werden; hier wurde dafür wegen seiner sehr hohen Dämpfung ein Durchführungskondensator verwendet. Er muss, wie auch der Anschluss des Motors an das Gehäuse, in unmittelbarer Nähe des Potential-Bezugspunktes (BP) liegen, damit die markierten Ströme möglichst nicht über das Gehäuse fließen. Bei Verwendung eines LC-Filters muss ein niederimpedanter Pfad (Kapazität) zwischen der positiven Zwischenkreisspannungsleitung und dem Massebezugspunkt (BP) vorgesehen werden.

8.17 Leistungselektronische Schaltungen   247

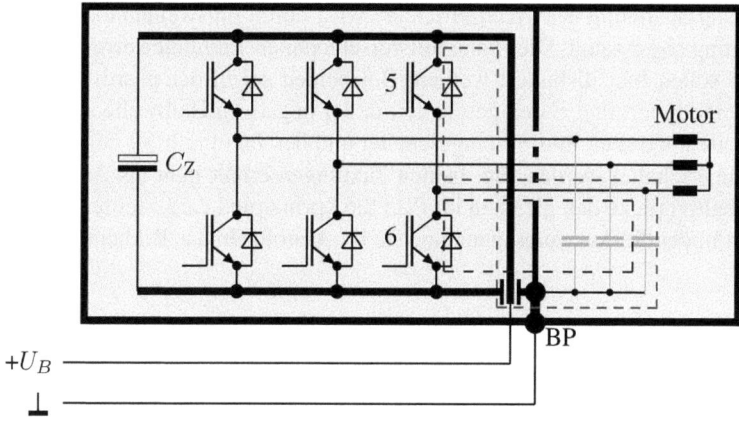

Bild 8.59 Verlauf der Störströme infolge kapazitiver Lasten für schaltenden Schalter 5; Platzierung vom Durchführungsfilter und Anschluss des Motorblechpaketes nahe bei BP

8.17.3 Wechselrichter

8.17.3.1 Wechselrichter mit Ausgangstransformator

Wechselrichter zur Netzeinspeisung mit 50Hz-Ausgangstransformator bieten gegenüber Wechselrichtern ohne Transformator den Vorteil einer galvanischen Trennung und damit des freien Potentialbezugs für Quelle und Elektronik gegenüber der Last. Bild 8.60 zeigt das Prinzipschaltbild eines Vollbrücken-Wechselrichters mit geerdeter Quelle und der äußeren Masseverbindung. Über die parasitäre Trafokapazität können Gleichtaktstörströme sich schließen. Es sollen die beiden für die Leistungselektronik typischen Störungsursachen analysiert werden.

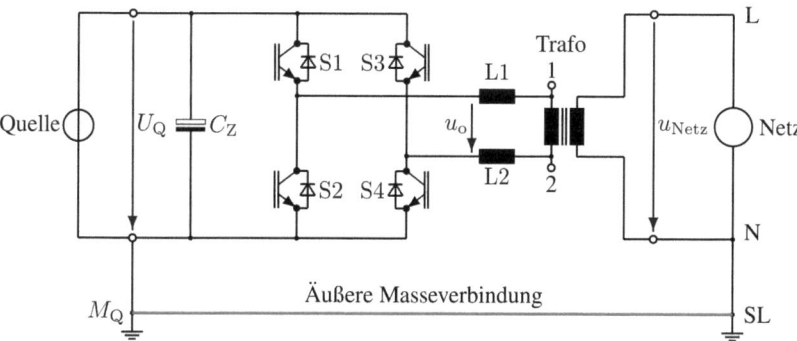

Bild 8.60 Prinzipschaltbild eines Wechselrichters mit Ausgangstransformator

Die Ausgangsspannung des Wechselrichters wird durch pulsweitenmoduliertes Schalten der Spannung U_Q erzeugt. Dies kann mit verschiedenen Taktungen erreicht werden; zwei von ihnen sollen hier diskutiert werden: Bei beiden sei in der positiven Halbwelle $S1$ pulsweitenmoduliert und $S4$ eingeschaltet; in der negativen Halbwelle soll bei Taktung a $S3$ pulsweitenmoduliert und $S2$ eingeschaltet und bei Taktung b $S2$ pulsweitenmoduliert und $S3$ eingeschaltet werden. Bei beiden Taktungen erhält man als Ausgangsspannung u_o der Schalterbrücke den gleichen im Bild 8.61 prinzipiell dargestellten Verlauf. Dessen Mittelwert bildet die Ausgangsspannung; sie ist ebenfalls in das Bild eingetragen.

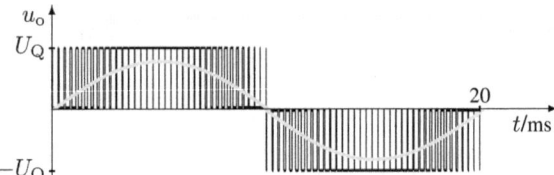

Bild 8.61 Prinzipieller Verlauf der pulsweitenmodulierten Ausgangsspannung der Schalterbrücke eines Wechselrichters und ihres Mittelwertes (*grau*)

Aus den beiden Spannungen u_1 und u_2 an den Klemmen 1 und 2 der Primärwicklung des Transformators gegen die Masse M_Q lassen sich (nach Gl. 2.7 und 2.8, S. 17) ihr Gegentaktanteil $u_{DM} = u_1 - u_2$ (d. i. die transformierte Netzspannung) und ihr Gleichtaktanteil $u_{CM} = (u_1 + u_2)/2$ ermitteln. Der Gleichtaktanteil u_{CM} ist im Bild 8.62 oben für die Taktung a und unten für die Taktung b dargestellt. Während bei beiden Taktungen ein rechteckförmiges pulsweitenmoduliertes Gleichtaktstörsignal mit der Amplitude (Spitze-Spitze-Wert) der halben Quellenspannung auftritt, enthält die Taktung b zusätzlich ein 50 Hz-Rechteck mit der Amplitude der *vollen* Quellenspannung und damit ein höheres Störpotential als Taktung a.

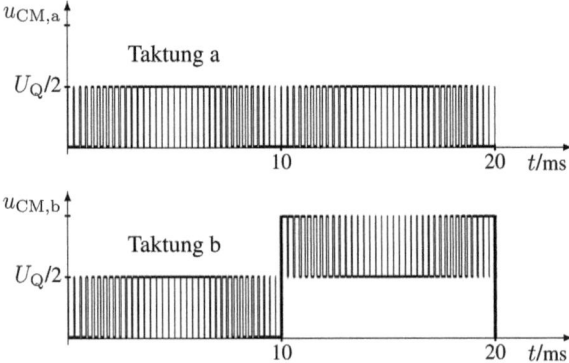

Bild 8.62 Gleichtaktstörsignal u_{CM} am Wechselrichterausgang für beide Taktungen

8.17 Leistungselektronische Schaltungen

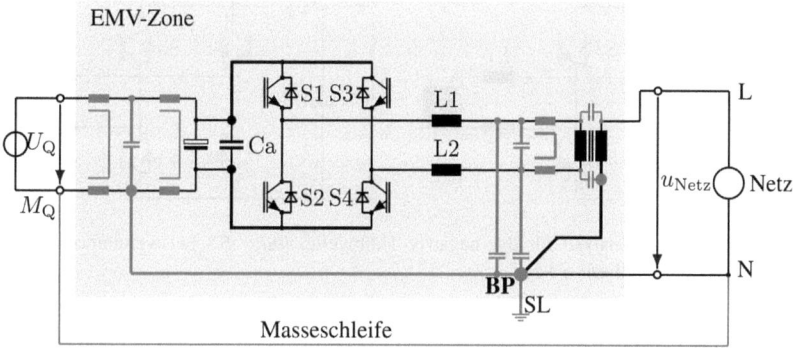

Bild 8.63 Einrichtung einer EMV-Zone mit Eingangs- und Ausgangsfiltern in Sternstruktur mit Potentialbezugspunkt BP und richtigem Anschluss der kritischen Masche

Die Gleichtaktstörung treibt einen sich über die parasitäre Wicklungskapazität des Trafos und die äußere Masseverbindung schließenden Strom und muss gedämpft werden. Die wirksame Trafokapazität (Betriebskapazität) kann prinzipiell durch eine Schirmwicklung verringert werden, mit der der aus der Primärwicklung influenzierte Strom – weitgehend – abgeleitet wird und so die Sekundärwicklung nicht erreicht. Dies kann ohne Zusatzaufwand näherungsweise gelöst werden, indem die der Primärwicklung zugewandte Lage der Sekundärwicklung an Masse gelegt wird (Bild 8.63). Zusätzlich sind Gleichtaktfilter nötig.

Nun soll die kritische Masche ermittelt werden. Im Bild 8.64 ist die Stromumschaltanalyse für die *positive* Halbwelle der sinusförmigen Ausgangsspannung für die Taktung a durchgeführt: Während der gesamten Halbwelle sei Schalter S4 geschlossen. Bei geschlossenem Schalter S1 fließt der Strom über L_1, den Ausgangstrafo, L_2 sowie den Schalter S4 und schließt sich über den Elko C_Z. Wird Schalter S1 geöffnet, muss der Strom durch die Induktivitäten weiter fließen; dies ermöglicht der Pfad über die Freilaufdiode des Schalters S2. Um die Durchlassverluste zu verringern, kann dann dieser Schalter ebenfalls geschlossen werden. Die kritische Masche besteht aus den Elementen $S1$, $S2$ und dem Elko C_Z.

Für die Erzeugung der *negativen* Halbwelle der Ausgangsspannung werden beide oben genannten Möglichkeiten der Taktung diskutiert. Bei der Taktung a ergeben die Umläufe

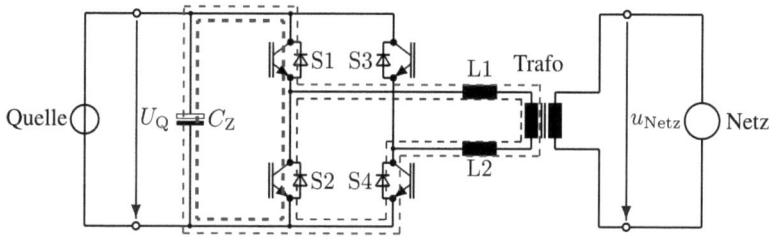

Bild 8.64 Stromumschaltanalyse für die positive Halbwelle (Schalter: S1 pwm, S4 ein); die kritische Masche besteht aus $S1$, $S2$ und C_Z

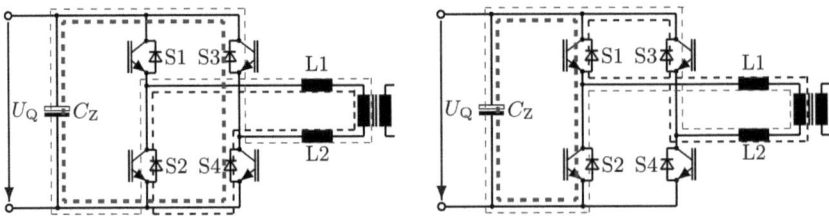

Bild 8.65 Stromumschaltanalyse für die negative Halbwelle, *links*: $S3$ pulsweitenmoduliert, $S2$ ein, *rechts*: $S2$ pulsweitenmoduliert, $S3$ ein

des Stromes eine kritische Masche, bestehend aus den Elementen $S3$, $S4$ und dem Elko (Bild 8.65, links). Bei der Taktung b besteht die kritische Masche – wie während der positiven Halbwelle – aus den Elementen $S1$, $S2$ und dem Elko (Bild 8.65, rechts).

Die störende Wirkung der kritischen Masche muss schon am Ursprung gemindert werden. Der Elko hat meist ein hohes Bauvolumen, so dass die Fläche der kritischen Masche und damit ihre parasitäre Induktivität sowie Gegeninduktivität und Kapazität zur Umgebung hoch sind. Für die hohen Frequenzen sollten – je nach Bauform – entweder mehrere Elkos parallel oder dem Elko ein Bypasskondensator parallelgeschaltet werden mit dem Ziel, die Impedanz des Kondensatorzweiges *und* die Fläche der kritische Masche im Layout für hohe Frequenzen möglichst gering zu machen. Bild 8.63 zeigt, wie die kritische Masche angeschlossen werden muss, damit Potentialdifferenzen auf ihren Leitungen nicht oder möglichst wenig in Richtung Quelle oder Last exportiert werden können; die Verbindungen zwischen den Schaltern und zum Bypasskondensator C_A, im Bild 8.63 dick gezeichnet, müssen kurz und impedanzarm gestaltet sein. Wird ein Halbleiter-Modul verwendet, wird es mit C_A abgeblockt.

Jedes Schalten regt mit seinem hohen du/dt oder di/dt einen parasitären vom jeweiligen Schaltzustand abhängigen Schwingkreis zu einer gedämpften Schwingung an.

Der Strom der kritischen Masche erzeugt an den Impedanzen dieser Masche, den Abblockzweig eingeschlossen (vgl. Bild 8.63), Spannungen, die als *Gegentakt*störsignal am Eingang und Ausgang auftreten und ggf. durch ein Filter gedämpft werden müssen.

Der Wechselrichtereingang entnimmt der Quelle neben dem Gleichstrom einen Wechselstrom, dessen Halbwellen gleichgerichtet sind und der deshalb die doppelte Netzfrequenz und Reste entsprechender Harmonischen als *Gegentakt*störsignal besitzt.

Die Eingangs- und Ausgangsfilter müssen nicht nur eine hinreichende Dämpfung besitzen; damit die Dämpfung auch wirksam wird, dürfen sich die Filter nicht auf gestörte Potentiale abstützen. Die Anschlusslängen der Filterkondensatoren sowie die Länge der Masseverbindungen von Eingangs- und Ausgangsfilter und Trafomassung zum Sternpunkt BP müssen gegen null gehen (Bild 8.63); denn ihre Impedanz ist *ver*koppelnde Impedanz zwischen dem Wechselrichter und der Umgebung in beide Richtungen. Sie sollte deshalb minimal sein.

8.17.3.2 Transformatorloser Wechselrichter

Das Prinzipschaltbild eines transformatorlosen Wechselrichters ist im Bild 8.66 dargestellt. Die Ermittlung der Ausgangsspannung u_o der Schalterbrücke und die der kritischen Masche wird wie beim Wechselrichter mit Transformator durchgeführt; die Primärwicklung des Trafos ist dabei nur durch das Netz selbst zu ersetzen. Die Analyse führt zu denselben Ergebnissen wie dort.

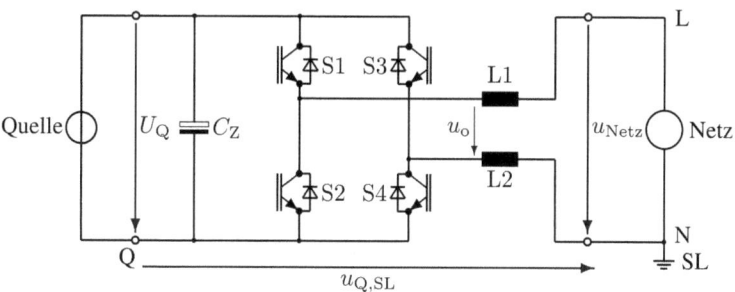

Bild 8.66 Prinzipschaltbild eines tranformatorlosen Wechselrichters

Beim transformatorlosen Wechselrichter werden die Potentialverhältnisse der elektronischen Schaltung jedoch dadurch bestimmt, dass eine der Ausgangsklemmen ohne die galvanische Trennung direkt mit Masse (N, SL) verbunden ist. Damit wirkt sich die oben genannte stark störende Gleichtaktspannung am Schaltungs*eingang* aus. Bild 8.67 zeigt die Spannung $u_{Q,SL}$ am Punkt Q für beide Taktungsarten; das Ergebnis ist prinzipiell das gleiche wie oben mit dem Unterschied, dass der Spannung ein Anteil mit dem halben Spitzenwert des 50 Hz-Ausgangssignals überlagert ist.

Eine solch hohe Spannung an der Quelle dürfte schon aus Gründen des Personenschutzes in den meisten Fällen nicht hinnehmbar sein. Dies kann durch Zwischenschalten einer meist ohnehin nötigen Potential verschiebenden Schaltung gelöst werden – z. B. durch einen mit einem Hochfrequenztrafo versehenen Aufwärtswandler (s. [5], im Bild 8.68 frei gelassen). Sie sollte eine möglichst niedrige Spannungsrückwirkung besitzen und sie wird in die EMV-Zone einbezogen. Die Quelle kann dann wieder an den Schutzleiter gelegt werden. Verglichen mit einem netzfrequent betriebenen Trafo, setzt der Hochfrequenztrafo neben geringerem Gewicht und höherem Wirkungsgrad die Grenzfrequenz der Masseschleife herauf, insbesondere wenn er kapazitätsarm aufgebaut wurde. Dies vereinfacht die Ein- und Ausgangsfilter, die, wie im Zusammenhang mit Bild 8.63 beschrieben, angeschlossen werden müssen.

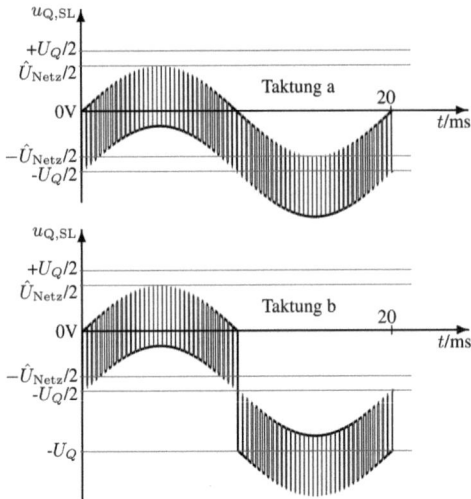

Bild 8.67 Störsignal am Fußpunkt der Quelle eines tranformatorlosen Wechselrichters

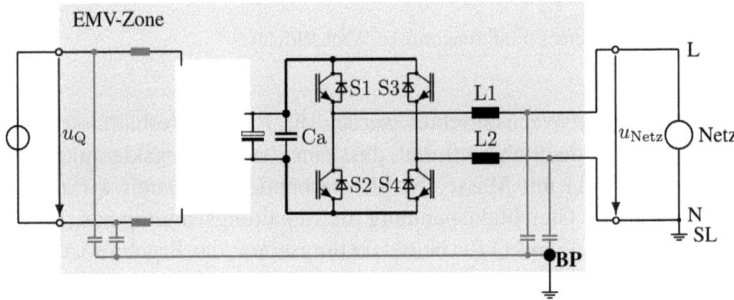

Bild 8.68 Einrichtung einer EMV-Zone; die frei gehaltene Stelle enthält eine Potential verschiebende Schaltung mit hoher Spannungsrückwirkung zwischen Versorgungseingang und Wechselrichter

8.18 Zusammenfassung

Die Fallbeispiele aus der Praxis sollen zeigen, wie durch Anwendung der im Kap. 4 erläuterten, sehr einfachen Verfahren bei der Planung der EMV, insbesondere der Masse, vorgegangen werden kann. Die Kopplung einer Schaltung mit der Umgebung wird so erkennbar und verständlich. Nur daraus können sich wirklich richtige und effektive Maßnahmen konsequent ergeben, Maßnahmen durch Schaffen einer geeigneten Signal- oder Massestruktur, konstruktive Maßnahmen, Umsetzung der Massestrukturen in ein Layout, selbst in kleinste, auf den ersten Blick unwichtige Layoutdetails, mit denen dann höchste Anforderungen nicht nur an die EMV, sondern auch an die Genauigkeit der Funktion analoger Schaltungen erfüllbar sind. Gerade die Beispiele aus der Leistungselektronik zeigen, dass Regeln zwar sehr einleuchtend sein mögen, aber nicht zwingend optimale Strukturen erzeugen, ja sogar äußerst schwierige EMV-Bedingungen schaffen können, die selbst mit hohem Bauteileaufwand kaum beherrschbar sind. Wenn aber die Störungszusammenhänge durch Analyse offengelegt werden und die Struktur der Schaltung zusammen mit ihrer Umgebung untersucht wird, übliche Vorgehensweisen und Gewohnheiten kritisch hinterfragt werden, kann eine gute EMV oft ganz ohne oder mit einem Minimum an EMV-Bauteilen erreicht werden. Eine wichtige Hilfe bei der Planung stellt das EMV-Zonenkonzept und die dafür wichtige Festlegung eines Potential-Bezugspunktes oder -Bezugsbereiches dar. Es sollte auch der Blick auf Veränderungmöglichkeiten an Stellen gelenkt werden, die meist gar nicht infrage gestellt werden. Aber gerade mit dem Infragestellen beginnt die hohe Kunst der Schaltungsentwicklung, die dann auch eine hohe EMV-Qualität einschließt.

Literatur

1. Franz, J.: Störungsunterdrückung durch Stromübertragung, Tagungsband „Internationale Fachmesse und Kongress für Elektromagnetische Verträglichkeit" '98, VDE-Verlag, Berlin, Offenbach, 1998
2. Franz, J.: Entstörung von IGBT-Umrichtern, Tagungsband „Internationale Fachmesse und Kongress für Elektromagnetische Verträglichkeit" '00, VDE-Verlag, Berlin, Offenbach, 2000
3. Holst, D.: Stromanalyse, Verfahren zur Reduzierung aufbaubedingter Kopplungen, Tagungsband „Rechnergestützter Entwurf von modernen Bauelementeträgern (CAD/CAE)", Juni 1992, Ingenieurtechnischer Verband KDT e.V., Gesellschaft für Elektrotechnik
4. Sax, H.: Hi-Fi im Fernsehgerät; 1. Teil Funkschau Heft 24; 2. Teil Funkschau Heft 25–26, Franzis-Verlag, München, 1981
5. Schmidt, H., Burger, B., Kiefer, K.: Wechselwirkungen zwischen Solarmodulen und Wechselrichtern, Fraunhoferinstitut ISE, 2007

Kapitel 9
Abschließende Betrachtungen

Die langjährige Beobachtung der EMV-Arbeit, selbst der von erfahrenen Entwicklern, führt zu dem Ergebnis, dass der EMV-Problematik in der Regel viel zu spät die notwendige Beachtung geschenkt wird. Der Grund für dieses Verhaltensmuster liegt nicht nur in einer gewissen Ungeduld, die Schaltung erst einmal zum Laufen zu bringen, meist auch nicht in einem Unwissen um die EMV-Probleme, sondern er liegt einfach in der Unkenntnis geeigneter Techniken der EMV-Planung. Dies führt zu der Fehleinschätzung, man könne die EMV-Qualität noch oder gar besser am aufgebauten Prototypen erreichen. Sie wird dann am Labortisch oder in EMV-Messkabinen zurechtgebastelt, bis die Grenzwerte gerade eingehalten werden. Wenn dann noch in einer Abteilung der vorhandene Existenzdruck nur von oben durchgereicht wird und einziger Motor ist, wird der Einzelne nie seine Fähigkeiten ausbauen können und nie seine volle Leistungsfähigkeit erreichen. Das Ziel muss verfehlt werden!

Eine Ursache der üblichen regelorientierten Arbeitsweise mag auch auf der Möglichkeit beruhen, Verantwortung abschieben zu können auf diejenigen, die die Regeln entwickelt haben. Wenn man in seiner Meinung im Konsens mit der Allgemeinheit liegt, ist ein Stück Verantwortung von einem genommen, selbst wenn die Anwendung der Regel nicht das erhoffte Ergebnis bringt – es geht ja allen so. Der Weg, die EMV-Zusammenhänge *verstehen* zu wollen, erfordert als erstes den Entschluss, Verantwortung für eigene Analysen zu übernehmen. Damit wird man angreifbar. Man sollte keine noch so logisch klingende EMV-Empfehlung – auch nicht aus diesem Buch – glauben, bis man sie selbst auf die grundlegenden Zusammenhänge der Elektrotechnik zurückgeführt hat und weiß, *warum* sie richtig (oder falsch!) ist. Sich dazu zu entschließen, erfordert nicht nur Mut und Selbstbewusstsein sondern auch eine verständnisvolle, ja würdigende Umgebung. Ein Klima der Ermutigung und des Vertrauens entstehen zu lassen, muss Ziel aller Beteiligten, insbesondere des Managements sein. Nach einer Ausbildung in der vorgestellten EMV-Arbeit könnte die Umsetzung in die praktische Arbeit folgendermaßen erfolgen:

- Alle an einem Projekt Beteiligten erstellen zunächst getrennt Analysen und Vorschläge zur EMV-Planung.

- An den folgenden Gruppenbesprechungen zur EMV-Planung des Projektes sollten möglichst auch Mitarbeiter teilnehmen, die nicht an dem Projekt arbeiten; sie besitzen wie ein externer Berater den Vorteil, weniger betriebsblind zu sein.
- In solchen Gruppenbesprechungen werden *alle* Analysen und Vorschläge diskutiert. Die ersten Vorschläge werden noch unausgereift sein. Aber sie sind notwendig, um spielerisch Widerspruch und bessere, vielleicht ungewohnte Lösungsideen auszulösen.
- Dies wäre auch in größeren Firmen die Gelegenheit, bei der die EMV-Abteilung die Entwicklungsabteilungen in der EMV-Planung unterstützen und begleiten könnte.

Dies benötigt Zeit und verursacht Kosten. Aber es wird sich so nicht nur der Wissensstand aller Beteiligten erhöhen; auch neue Mitarbeiter erlernen diese Technik gleich mit und sind von Anfang an integriert. Eine solche Vorgehensweise muss geübt und vervollkommnet werden. Zusammen mit einem hohen Maß an Engagiertheit und gegenseitigem Verständnis wird eine Arbeitsgruppe so eine hohe Leistungsfähigkeit erlangen, weil jeder Einzelne dann seine Fähigkeiten ganz einbringen kann und wird!

EMV-Arbeit ist sehr komplex und erfordert eine *ganzheitliche* Vorgehensweise. Konstruktive, schaltungs- und layouttechnische Möglichkeiten und Maßnahmen müssen in ihrem Zusammenwirken gesehen werden. Dies ist eine hohe Kunst. Deshalb kann EMV-Arbeit auch kaum regelbasiert durchgeführt werden. Regeln können zwar sehr hilfreich sein und die EMV-Arbeit unterstützen, sie können sie aber nicht ersetzen und schränken – als Nebenwirkung – die Bereitschaft zur Kreativität ein. Dies gilt auch für heuristisches Wissen[1], da aus Phänomenen leicht falsche oder nicht hinreichend umfassende Schlüsse gezogen werden. Regeln und heuristisches Wissen können nur hilfreich sein, wenn die Zusammenhänge, aus denen sie entstanden, verstanden wurden und die Randbedingungen, unter denen sie gelten, angegeben werden. Aber dann kann man dieses Wissen nicht mehr als heuristisch bezeichnen. Bei einer guten Schaltungsentwicklung, die die EMV-Belange von Anfang an einschließt, ist eine Vielzahl von Zusammenhängen und gegenseitigen Abhängigkeiten zu bedenken. Wegen der deshalb notwendigen ganzheitlichen Betrachtung der Schaltung ist der oben gebrauchte Begriff „Kunst" gerechtfertigt. Der Begriff „Technik[2]" beinhaltet vom Ursprung her diese Bedeutung. Die ganzheitliche Arbeitsweise eines Ingenieurs unterscheidet sich prinzipiell nicht von der des Künstlers. Erst sie macht eine hohe Qualität des zu schaffenden Produktes möglich. Und wenn man es recht bedenkt, kann es sich keiner leisten, auf diese „Kunst" zu verzichten.

Ziel des vorliegenden Buches ist es aufzuzeigen, dass und wie EMV-Arbeit schon in einem möglichst frühen Stadium der Geräteentwicklung stattfinden könnte, also bereits in der Planungs- und Entwicklungsphase. Denn nach dem Aufbau des Prototypen sind üblicherweise Festlegungen konstruktiver, schaltungs- und layouttechnischer Art getroffen worden, die unter Berücksichtigung der EMV-Belange ganz anders aussehen würden.

In diesem Buch wurde versucht, für den Bereich der Planung von Baugruppen, Geräten und Anlagen sowie den Schaltungsaufbau auf Leiterplatten die wichtigen Zusammenhänge methodisch geschlossen darzustellen. Die dargestellten Verfahren sind als ein Ansatz zur Entwicklung einer systematischen Vorgehensweise im EMV-Bereich zu sehen. Mit

---

[1] Aus Erfahrung gewonnenes Wissen, von griech. εὑρίσκω: finden
[2] von griech. τέχνη: Kunst, Kunstwerk, Geschicklichkeit, List

9 Abschließende Betrachtungen

ihnen ist die Grundlage für eine ganzheitliche, konsequente EMV-Planung schon in der Projektierungs- und Entwicklungsphase geschaffen. Es kann nun in diesen Phasen geprüft werden, ob konstruktive, schaltung- oder layouttechnische Entwurfsmaßnahmen aus EMV-Sicht günstig zusammenwirken. Ungünstige Lösungen können so sicher vermieden werden. Diese Methode fördert erfahrungsgemäß die Kreativität und das Verständnis für die im konkreten Fall vorliegenden EMV-Verhältnisse.

Das Arbeiten mit der dargestellten Methode hat im Universitätsbetrieb und in der industriellen Entwicklung viel Zeit gespart. Entwickler, die diese EMV-Arbeit kennengelernt haben, formulieren immer wieder den Grund ihres Erfolges so: „Früher kämpften wir gegen einen unsichtbaren Gegner. Jetzt können wir die Störungen in dem Gerät *sehen*". Tatsächlich wird eine gute, systematische EMV-Arbeit die gesamte Entwicklungszeit – und damit die *Time To Market* – drastisch senken. In einem praktischen Fall industrieller Entwicklung wurde dies nachgeprüft: Durch die Einführung dieser systematischen EMV-Arbeit wurde mit einem geringen Aufwand an Ausbildung die Anzahl der Redesigns pro Projekt im Mittel von 4–5 auf eins gesenkt; und dieses eine war nicht mehr aus EMV-Gründen nötig. In dieser und anderen Entwicklungsabteilungen gab es weit über 10 Jahre lang kein einziges Redesign aus EMV-Gründen! Auf Anhieb wurde eine bis dahin nicht für erreichbar gehaltene EMV-Qualität erzielt.

Das Ziel in jeder Entwicklungsabteilung sollte sein, die EMV-Arbeitstechnik so zu vervollkommnen, dass dieses Ergebnis erreicht wird. Der Aufwand dafür wird sich sehr schnell bezahlt machen durch viel niedrigere Entwicklungskosten und durch billigere und besser funktionierende Lösungen. Man sollte aber auch einmal darüber nachdenken, dass der übliche Ärger mit der EMV und die daraus entstehende Entmutigung die Leistungsfähigkeit der Entwickler stark einschränken. Dies führt zu erheblichen Arbeitskosten! Und wieviel Vertrauensverlust beim Kunden könnte vermieden werden! Die infolge einer effektiveren EMV-Arbeit eingesparten direkten und indirekten Kosten tragen gerade auch bei Firmen mit einem sehr hohen Entwicklungsanteil an den Produktkosten zu einer entscheidenden Kostendämpfung bei. Die Sicherung der EMV-Qualität muss viel mehr als bisher als ein Teilgebiet der Qualitätssicherung verstanden werden und ist damit eine entscheidende Aufgabe des Managements. Sie ist nicht mit Druck zu lösen, sondern mit Ermutigung sowie mit Wissen und Verstehen der Zusammenhänge.

Sachwortverzeichnis

A

Abblockimpedanz
  Definition 67
  von Multilayern 92
Abblockkondensatoren
  Dreipolkondensatoren 83
  Durchführungsfilter 83
  Durchführungskondensatoren 83
  Impedanz von - 32
  Parallelschaltung von - 77
  Vierpolkondensatoren 83
Abblockkreis 67
Abblockmasche 67
Abblockung 65
  von Multilayern 90
  Anschlusstechnik 81
  Einkopplung von Störungen 68
  Einzelabblockung 75
  Ersatzschaltbild der - 65
  Gruppenabblockung 75
  Kondensatorauswahl 76
  Layoutbeispiele 85
Abblockung auf Multilayern
  Anzahl der Durchkontaktierungen 110
  Bestimmung der Induktivität des Abblockzweiges 112
  Buried Capacitor 113
  Dämpfung der Moden 115
  durch Abschluss am Leiterplattenrand 116
  Einfluss der Kondensatorzahl 108
  Lage der Durchkontaktierungen 110
  leiterplattenbezogene - 108
  mit RC-Gliedern 112
  Nichtanregung von Moden 108
  stark störender ICs 108
  Abblockimpedanz 92
  Einzelabblockung 105
  Lage der Kondensatoren 105
  Maßnahmen 104
  Moden 95
Abblockzweig 67
Abschlusswiderstand des Versorgungssystems 102
  Berechnung des - 102
Abwärtswandler 232
Analyseverfahren
  Stromanalyse 57
  Stromumschaltanalyse 63
Anschluss von Kabeln 189
Aufwärtswandler 230

B

Betriebskapazität 20
Buried Capacitor 113
Bypass 134

D

Differenzbildung 137
Dreipolkondensatoren 83
Durchführungskondensatoren 83

E

Einzelabblockung 75
EMV
  äußere - 131
  innere - 131
EMV-Filter 155
EMV-Zonen 150
  Baugruppen als - 155
  Einrichtung von - 151
  Geräte als - 175
  in einer Anlage 182

Kabeleinführung 153
schneller Digitalschaltungen 221
Entkopplungsmethoden
   durch Filter 146
   durch Signalstruktur 147
   Bypass 134
   Differenzbildung 137
   Galvanische Trennung 136
   Getrenntes Potentialbezugssystem 142
   Gleichtaktdrossel 138
   Grundlagen 131
   Schutzleiterdrossel 141
   Sternbaumstruktur 134
   Sternstruktur 133
   Stromübertragung 145
   Stromkompensierte Drossel 138
   Symmetrische Struktur 143
   Vermaschung 132
Ersatzschaltbild
   der Abblockung 65
   einer Masseleitung 31
   von Abblockkondensatoren 32
   von integrierten Schaltungen 39
   von Kondensatoren 32
   von Leitungen 30
   von Signalquellen 8
   von Spannungsquellen 8
   von Spulen 35
   von Stromquellen 8
   von Transformatoren 40
   von Transistoren 38
   von Widerständen 31
ESD-Schutz
   mit falscher Masse 206

F

Fallbeispiele 197
   Abwärtswandler 232
   Aufwärtswandler 230
   Brummstörungen 218
   ESD-Schutz mit falscher Masse 206
   Flyback-Regler 234
   Massestruktur am AD-Umsetzer 220
   Massesystem e. Baugruppenträgers 222
   Messfehler am Umrichter 208
   Schaltnetzteile 228
   Sensorik 209
   Spannungsteilerproblem 197
   Sperrwandler 234
   Step Down Regulator 232
   Step Up Regulator 230
   Stereoverstärker 199
   Strahlendes Kabel 207
   Strahlung eines LCDs 226

Stromübertragung 203
Umrichter 237
Ungünstige Massestruktur 216
Filter 146
Flyback-Regler 234

G

Galvanische Trennung 136
Gegeninduktivität 22
Getrenntes Potentialbezugssystem 142
Gleichtaktdrossel 138
Ground Bounce
   Strahlung durch ICs 166
Ground Plane
   als Potentialbezugssystem 142
Gruppenabblockung 75

I

IGBT-Umrichter 237
Impedanz
   entkoppelnde 131
   verkoppelnde 131
Impedanzkopplung 51
Induktivität
   Gegeninduktivität 22
   Induktivitätsbelag 23
   partielle Induktivität 23
   Selbstinduktivität 22
Induktivitätsbelag 23
Innenwiderstand einer Stromquelle
   Auswahl der Stromquelle 15
   Quelle mit OP 11
   Quelle mit Transistor 12
   Quelle mit Transistor und OP 13

K

Kabel
   Anschluss von Kabeln 189
   Transferadmittanz 184
   Transferimpedanz 184
Kapazität
   Betriebskapazität 20
   Teilkapazität 20
Koppelimpedanz
   Definition 52
   in Anlagen 182
   von Baugruppen 158
   von Geräten 177
Kopplungsmechanismen 43
   durch elektromagnetische Felder 55
   Impedanzkopplung 51
   Induktive Kopplung 48

Sachwortverzeichnis

Kapazitive Kopplung 43
Kritische Masche 63
Kurzschlussring 26
  Dämpfung 27

M

Masseschleifen 130
  entkoppelnde Impedanz 131
  verkoppelnde Impedanz 131
Massestruktur
  am AD-Umsetzer 220
  Planung 149
  von Baugruppen 155
  von Geräten 175
Massestrukturen
  digitaler Baugruppen 173
  Grundlagen 127
  Reihenmassestruktur 128
Messfehler am Umrichter 208
Moden auf Multilayern 95

P

partielle Induktivität 23
Pigtail 153, 186
Potentialausgleich
  Definition 127
Potentialbezug
  Definition 127

Q

Quellenersatzschaltbilder 8

R

Reihenmassestruktur 128
  Definition 130

S

Schaltnetzteil
  Stromanalyse 228
  Schaltnetzteile 228
Schirmung
  Betriebskapazität 20
Schutzleiterdrossel 141
Selbstinduktivität 22
Sensorik 209
Signalmasse 74
Signalstruktur 147
Simulation mit SPICE 120
  Aufbau des Modells 122
  Dimensionierung des Modells 121

Spannungsteilerproblem 197
Sperrwandler 234
Spikes
  durch zeitweisen Kurzschluss 73
  im Signalstrom 73
  Störspektren 74
Störabstand 9
Störbeeinflussung
  Modell der - 7
Störspektren bei getakteten Schaltungen 74
Störstrahlung
  gerade und ungerade Vielfache des Taktes 167
  strahlende Masseteile 163
Step Down Regulator 232
Step Up Regulator 230
Stereoverstärker 199
Sternbaumstruktur 134
Sternstruktur 133
  bei Baugruppen 158
Strahlung
  durch Ground Bounce 166
  durch ICs 166
  durch Schlitze 170
  schnelle Digitalschaltung 221
  von Massestrukturen 163
Stromübertragung
  Entkopplungsmethode 145
Stromübertragung 10
  Beispiele 203
  Grundlagen 8
Stromanalyse 57
  am Schaltnetzteil 228
  an NF-Verstärkern 61
  Beispiele 61
  mit Differenzeingängen 61
Stromempfänger 15
Stromkompensierte Drossel 138
Stromumschaltanalyse 63
Symmetrische Übertragung
  Entkopplungsmethode 143
  Grundlagen 16
  in Störquellen 143
  Pseudosymmetrische Übertragung 19
Symmetrische Struktur 143

T

Teilkapazität 20
Transformator
  Gleichtaktverhalten 41
  Rusheffekt 40

U

Umrichter 237

Kritische Masche 243
Lösungen 238
Störungsanalyse 238

V

Verbindung von Baugruppen 183
Verfahren

Stromanalyse 57
Stromumschaltanalyse 63
Verschieb. d. Knotenpunkte 59
Vermaschung 132
Verschiebung der Knotenpunkte 59
Vierpolkondensatoren 83
Vorwort v

If you have any concerns about our products,
you can contact us on
ProductSafety@springernature.com

In case Publisher is established outside the EU,
the EU authorized representative is:
**Springer Nature Customer Service Center GmbH
Europaplatz 3, 69115 Heidelberg, Germany**

Printed by Libri Plureos GmbH
in Hamburg, Germany